Martin Grell ■ Souel Maleh

Atlas der Zahnheilkunde beim Pferd

Martin Grell ■ Souel Maleh

Atlas der Zahnheilkunde beim Pferd

Befunde und Behandlung

Mit einem Geleitwort von
Christoph Lischer

Mit 646 Abbildungen

Schattauer

Martin Grell
Münchehofer Str. 30
15366 Hoppegarten Ortsteil Münchehofe
E-Mail: info@prosaani.de

Souel Maleh
Ober-Ramstädter-Straße 47
64367 Mühltal
E-Mail: info@equiprodenta.de

Bibliografische Information der Deutschen Nationalbibliothek
Die Deutsche Nationalbibliothek verzeichnet diese Publikation in der Deutschen Nationalbibliografie; detaillierte bibliografische Daten sind im Internet über http://dnb.d-nb.de abrufbar.

Besonderer Hinweis:
Die Medizin unterliegt einem fortwährenden Entwicklungsprozess, sodass alle Angaben, insbesondere zu diagnostischen und therapeutischen Verfahren, immer nur dem Wissensstand zum Zeitpunkt der Drucklegung des Buches entsprechen können. Hinsichtlich der angegebenen Empfehlungen zur Therapie und der Auswahl sowie Dosierung von Medikamenten wurde die größtmögliche Sorgfalt beachtet. Gleichwohl werden die Benutzer aufgefordert, die Beipackzettel und Fachinformationen der Hersteller zur Kontrolle heranzuziehen und im Zweifelsfall einen Spezialisten zu konsultieren. Fragliche Unstimmigkeiten sollten bitte im allgemeinen Interesse dem Verlag mitgeteilt werden. Der Benutzer selbst bleibt verantwortlich für jede diagnostische oder therapeutische Applikation, Medikation und Dosierung.
In diesem Buch sind eingetragene Warenzeichen (geschützte Warennamen) nicht besonders kenntlich gemacht. Es kann also aus dem Fehlen eines entsprechenden Hinweises nicht geschlossen werden, dass es sich um einen freien Warennamen handelt.

E-Mail: info@schattauer.de
Internet: www.schattauer.de
Printed in Germany

Lektorat: Dr. med. vet. Ursula von Einem, Ulm
Umschlagabbildungen im Uhrzeigersinn von links oben: Smile mit einer Okklusion und eingezeichneter Schnittlinie (Abb. 3-55a); Kachexie im Kopf- und Halsbereich (Abb. 1-6b); 209 nach Längsfraktur (Abb. 1-44); Torsion von 303 (Abb. 6-3)
Satz: Fotosatz Buck, Zweikirchener Straße 7, 84036 Kumhausen/Hachelstuhl
Druck und Einband: Mayr Miesbach GmbH, Druck · Medien · Verlag, Am Windfeld 15, 83714 Miesbach

ISBN 978-3-7945-2693-2

Geleitwort

In der zweiten Hälfte des 20. Jahrhunderts wurde der Maulhöhle des Pferdes wenig Beachtung geschenkt. Das war ein Fehler, wie sich heute herausstellt, denn wie kaum ein anderes Tier ist das Pferd mit seinem hochspezialisierten Kauapparat und mit seinem fragilen Magen-Darm-Trakt darauf angewiesen, langstängeliges Raufutter in großen Mengen aufzunehmen. Das setzt ein tadelloses Funktionieren seines Gebisses voraus. Die unregelmäßige Abnutzung der Zähne kann neben Kaustörungen auch Schmerzen und Arthrosen im Kiefergelenk verursachen, was sich in Rittigkeitsproblemen äußert und besonders für Sportpferde leistungsmindernd ist.

Zum Glück hat die Zahnheilkunde bei den Pferden in den letzten Jahren eine Renaissance erfahren. Was lange vernachlässigt wurde, wird heute wieder intensiv bearbeitet, erforscht und gepflegt. Dabei werden selten neue Störungen entdeckt, sondern altbekannte Tatsachen wieder ausgegraben. Prof. Dr. Erwin Becker, ein Pionier auf diesem Gebiet, der – wie einer der Autoren dieses Buches – in Berlin wirkte, wies schon vor 60 Jahren auf die Notwendigkeit einer regelmäßigen Zahnkontrolle und Zahnbehandlung hin. Die Grundlage für seine Aussage war die systematische Maulhöhlenuntersuchung von ca. 30 000 Pferden: 94 % hatten zu scharfe Zahnkanten und 76 % wiesen Wunden und Narben in der Mundhöhlenschleimhaut auf. Zu Beckers Zeiten wurden die Zahnbehandlungen vor allem mit wirtschaftlichen Gründen gerechtfertigt, weil bei zahngesunden Pferden erhebliche Mengen von Futtermitteln eingespart werden konnten. Heute stehen jedoch die Gesundheit, die Rittigkeit und die Leistungsfähigkeit der Pferde im Vordergrund.

Wer erst einmal anfängt den Pferden ins Maul zu schauen, wird feststellen wie interessant eine gründliche Untersuchung der Maulhöhle ist. Dieser Atlas motiviert, das Gebiss der Pferde noch genauer zu untersuchen. Der Atlas zeigt auch auf eindrückliche Weise, wie die verschiedenen Befunde mit Zahnspiegel, digitaler Fotografie, intraoraler Kamera, Röntgen, Computertomografie und Magnetresonanztomografie dargestellt werden können. Diese bildliche Darstellung von Zahnproblemen ist wichtig, um die Besitzer aufzuklären, den Verlauf von Zahnbehandlungen zu dokumentieren und seltene Zahnprobleme mit Kollegen zu diskutieren.

In diesem Sinne wünsche ich dem Atlas, dass er zahlreichen Lesern die Augen öffnet für die vielen interessanten Befunde, die sich in der langen und dunklen Maulhöhle eines Pferdes verbergen. Nur wenn wir genau hinschauen und Probleme erkennen, können wir sie auch lösen.

Berlin, im Dezember 2010
Prof. Dr. med. vet. Christoph Lischer

Danksagung

Zuerst gilt es, unseren Familie Dank zu sagen, meinen Eltern für die kritisch-wohlwollende Begleitung bei diesem Vorhaben, unseren Frauen Meike und Katja für die vielen Nachtschichten am Computer und die Übernahme von noch mehr Familienaufgaben, unseren Kindern für ihre Geduld und den zusätzlichen Verzicht auf ihre Väter und meiner Schwiegermutter für die konstruktive Rechtschreibkorrektur.

Ein ganz außerordentlicher Dank für die Rund-um-sorglos-Betreuung in Text- und Bildredaktion geht an Miriam Lewin, ohne sie hätte dieses Projekt nicht verwirklicht werden können.

Auch unseren Praxis-Teams, die dieses Projekt über die normale, zeitaufwendige Praxis hinaus gefordert haben, danken wir für die Mitarbeit und Geduld, insbesondere Julia Wirth und Mathias Kretschmer für die gelungenen Verbesserungsvorschläge.

Ein großer Dank gebührt der praktischen Tierärztin, Mentorin und Lehrmeisterin Marion Eltze, die bei beiden Autoren die Leidenschaft für dieses Thema geweckt und sie über die Internationale Gesellschaft zur Funktionsverbesserung der Pferdezähne e. V. (IGFP) erst zusammengebracht hat.

Unser Dank gilt außerdem dem Schattauer Verlag und der sehr geduldigen, stets freundlichen Betreuung durch Dr. Marie Teltscher, deren Nachsicht es auch Praktikern wie uns ermöglichte, ein solches Werk zu erstellen. Ebenso darf das über ein normales Außenlektorat hinausgehende Engagement von Dr. Ursula von Einem hier nicht unerwähnt bleiben.

Berlin, im Dezember 2010
Für die Autoren, **Martin Grell**

Inhalt

Vorbemerkungen und Nomenklatur

Sharks shall have sharp teeth, horses should not!

Ziel dieses Bildbandes ist es, die Vielfalt der Befunde an den Zähnen und in der Maulhöhle des Pferdes ohne Anspruch auf Vollständigkeit bildlich sortiert darzustellen und Lösungsansätze anzubieten. Dabei wurden überwiegend Fälle ausgewählt, die sich ambulant behandeln lassen.

Bei der Gewichtung wurde dem Komplex der Schneidezahnveränderungen viel Raum gegeben, da dieser oft stiefmütterlich behandelt wird. Ebenso wurden die Erkrankungen der Weichteile (Lippen, Zunge, Schleimhaut) und das Diastema mit Lade, Hengst- und Wolfszähnen ausführlich betrachtet. Die Backenzähne erhielten ein eigenes Großkapitel, ebenso wie die bildgebenden Verfahren, in deren Kapitel beispielhaft die vier Möglichkeiten Röntgen, Computertomografie, Magnetresonanztomografie und Thermografie beleuchtet wurden. Im Gegensatz dazu wurde auf die allgemeine Zahnalterslehre verzichtet, da zu diesem Thema genügend Literatur existiert. Aus dem anatomischen Bereich haben wir die Aufteilung der Quadranten, die Nomenklatur der Zähne sowie die Lage- und Richtungsbezeichnungen der Zähne und der Zahnflächen dargestellt (s. **Abb. V-5** bis **V-10**). Die zahnmedizinischen Geräte sind nur kurz in einer Abbildung abgehandelt (s. **Abb. V-4 a, b** und Herstellerliste, S. 165).

Die dreidimensionalen Gegebenheiten in und um die Maulhöhle in einem zweidimensionalen Buchwerk darzustellen, kann nur unvollkommen gelingen. Ein durch alle Sinne (den Geschmackssinn einmal ausgeklammert), erforschbares faszinierendes diagnostisches Eldorado wird hier auf die Möglichkeiten der visuellen Wahrnehmung reduziert. Ersatzweise werden in den Bildtexten die übrigen Sinne zusätzlich beschrieben – in der Hoffnung auf mögliche kombinierte Hör-, Riech-, Seh- und Fühlbücher der Zukunft. Diese Überlegung forderte die Autoren umso mehr heraus, die hier gegebenen Möglichkeiten zu nutzen.

Um die Struktur des Buches so verständlich wie möglich zu halten, wurden einige Regeln umgesetzt. So ist der Atlas als eine Reise durch die Maulhöhle von außen nach innen sowie von vorn, nasenseitig (rostral), nach hinten, „schwanzwärts" (kaudal), angelegt. Innerhalb der Kapitel sind die Bilder so

Abb. V-1 Milchzahnamulett. Die wohl schönste Variante einer „getragenen" Milchzahnkappe.

angeordnet, dass der Übergang ausgehend von den physiologischen Gegebenheiten zu den pathologischen Veränderungen hin erfolgt, ebenso jeweils von geringgradigen zu hochgradigen Veränderungen. Wo es praktikabel erschien, wurden graduelle Einteilungen vorgenommen, wobei als Bezugsgröße der jeweils körpereigene Zahn definiert ist, da ein Millimeter bei einem Mini-Shetlandpony einen anderen prozentualen Zahnanteil darstellt als bei einem Shirehorse. Eine weitere Sortierungshilfe innerhalb der einzelnen Kapitel bietet die allgemeine Pathologie (Lehre der Krankheitsursachen und ihrer systematischen Gliederung), wie Prof. Wohlsein (TIHO Hannover) in seinem Vortrag auf der Jahrestagung der IGFP (Internationale Gesellschaft zur Funktionsverbesserung der Pferdezähne e. V.) 2009 in herausragender Weise aufzeigte.

Die Zahnpflege und erst recht die Gebisskorrekturen tragen sehr wesentlich zum Wohlbefinden oder „Wellbeing" der Pferde bei. Dieses Wissen wirkt ausgesprochen motivierend, auch in diesem Bereich nach Optimierung zu streben. Gesunde Zähne bedeuten gesündere Pferde, wie die Natur uns vor langer Zeit schon gezeigt hat und wie in **Abbildung V-3 a, b** festzustellen ist.

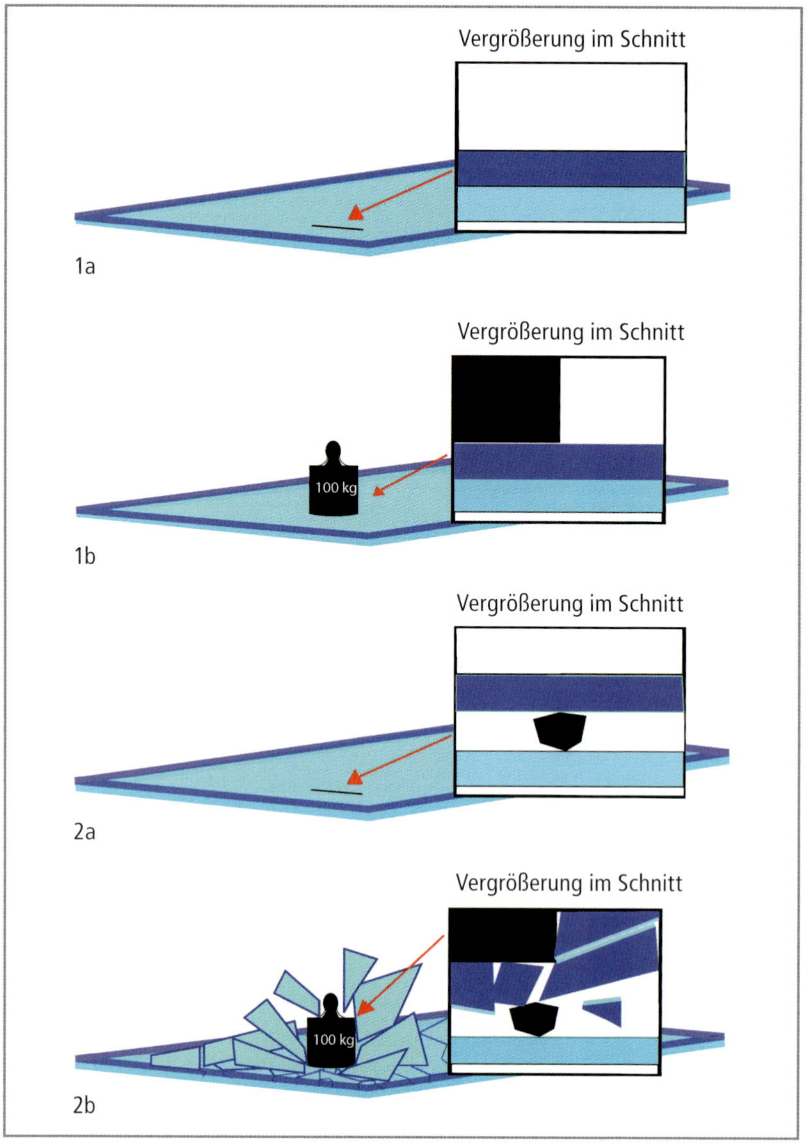

Abb. V-2 In Schema 1a und 1b sind zwei exakt aufeinander liegende Glasplatten dargestellt, in Schema 1b wird diese Fläche durch ein großes Gewicht belastet. Durch die Verteilung der Gewichtsbelastung auf eine große Fläche bleiben beide Glasplatten intakt. Dies ähnelt der physiologischen Situation eines gut mahlenden Kauapparates. In Schema 2a und 2b wird dargestellt, was passiert, wenn man einen Kieselstein zwischen die zwei Glasplatten verbringt. Ohne zusätzliche Druckbelastung bleibt die Glasplatte unbeschädigt. Wenn man jedoch die Glasfläche belastet, konzentriert sich der gesamte Druck auf die minimale Fläche des Kieselsteins und die Platte bricht zwangsläufig. Ziel einer Zahnbehandlung ist es, einen gleichmäßigen Druck auf alle am Kauakt beteiligten Strukturen – Schneidezähne, Backenzähne und Kiefergelenk (Dreipunktbalance) zu verteilen, um eine Überbelastung einzelner Elemente zu vermeiden (s. Abb. 3-101, S. 67). Wenn sich der Druck jedoch z. B. durch einen zu langen Zahn, in der Zeichnung durch einen Kieselstein dargestellt, auf einen Punkt konzentriert, wird das gesamte System gestört. Somit betätigt sich ein Pferdedentalpraktiker vergleichsweise als „Kieselsteinbeseitiger".

Abb. V-3 Pferdeschädel von Ausgrabungen aus Samos. Das Pferd hat ca. 3 bis 6 Millionen Jahre vor unserer Zeit gelebt. Deutlich sieht man den gleichmäßigen Abrieb (Abrasion) im Backenzahnbereich. Auch die Schneidezähne liegen fast exakt horizontal, was auf eine natürliche anterio-posteriore und latero-laterale Kaubewegung hindeutet. Ziel der modernen Zahnbehandlung sollte es sein, diese Balance und natürliche Biomechanik wiederherzustellen. (Mit freundlicher Genehmigung des Landesmuseums Hessen.)

a Ansicht von vorne.
b Ansicht von oben.

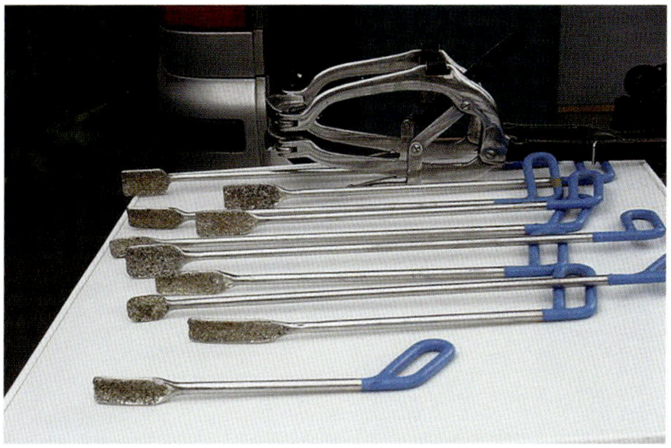

Abb. V-4 Geeignetes Dentalwerkzeug.
a Ein stabiles, funktionstüchtiges Maulgatter ist Grundvoraussetzung für eine gefahrenreduzierte Arbeit im Pferdemaul.
b Anatomisch geformte Raspeln, die geeignet sind, spezifische Zahnprobleme zu lösen, gehören ebenfalls zur Grundausstattung des Pferdedentalpraktikers. Zur maschinellen Bearbeitung der Zähne wird ein laufruhiger, mit kräftigem Durchzug versehener Motor benötigt, auf den die verschiedensten Aufsätze wie z. B. ein Handgriff mit Diamanttrennscheibe zur Schneidezahnkorrektur oder ein „Big John" zum Beschleifen der Mahlzähne aufgesetzt werden können (hier nicht abgebildet, s. Internetseiten der Hersteller, S. 165).

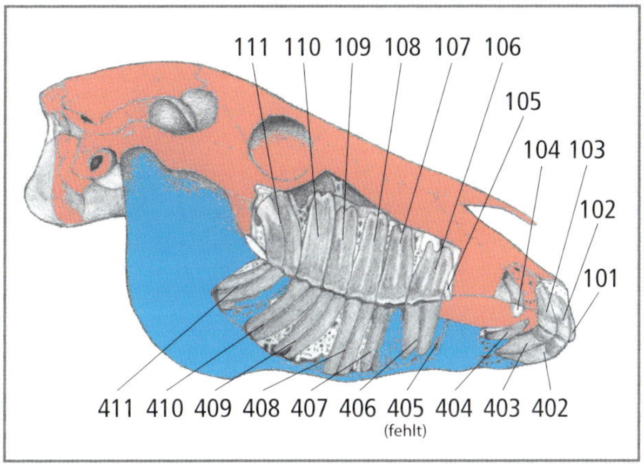

Abb. V-5 Nomenklatur der Zähne der rechten Schädelseite.

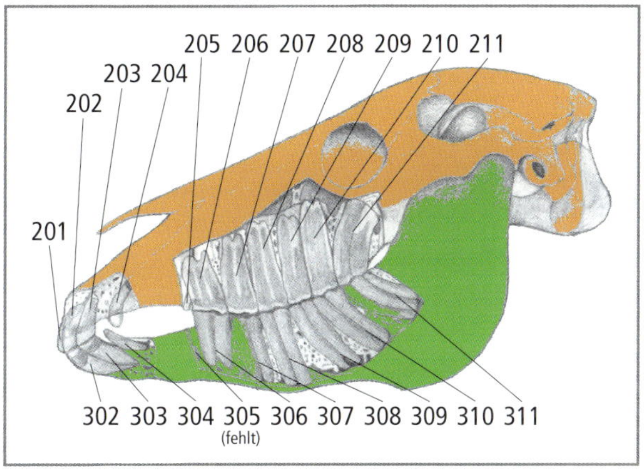

Abb. V-6 Nomenklatur der Zähne der linken Schädelseite.

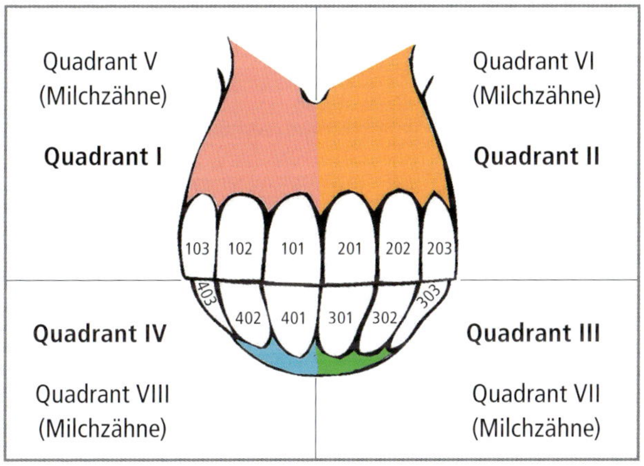

Abb. V-7 Aufteilung der Kiefer in Quadranten und Nomenklatur der Schneidezähne.

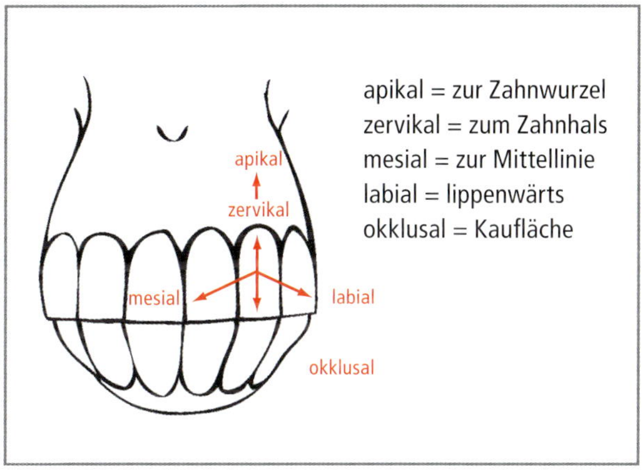

Abb. V-8 Lage- und Richtungsbezeichnungen der Zähne und Zahnflächen, Frontalansicht.

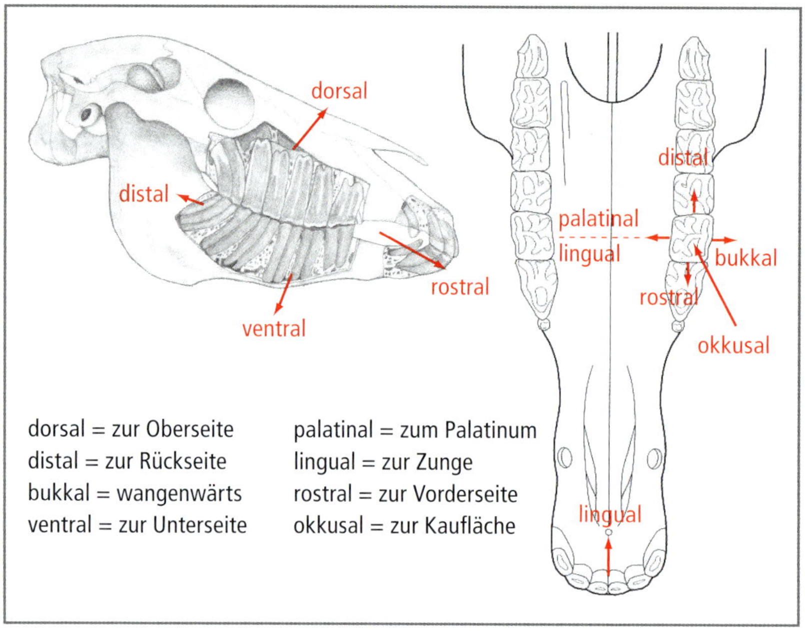

Abb. V-9 Lage- und Richtungsbezeichnungen der Zähne und Zahnflächen, seitlich und in Draufsicht.

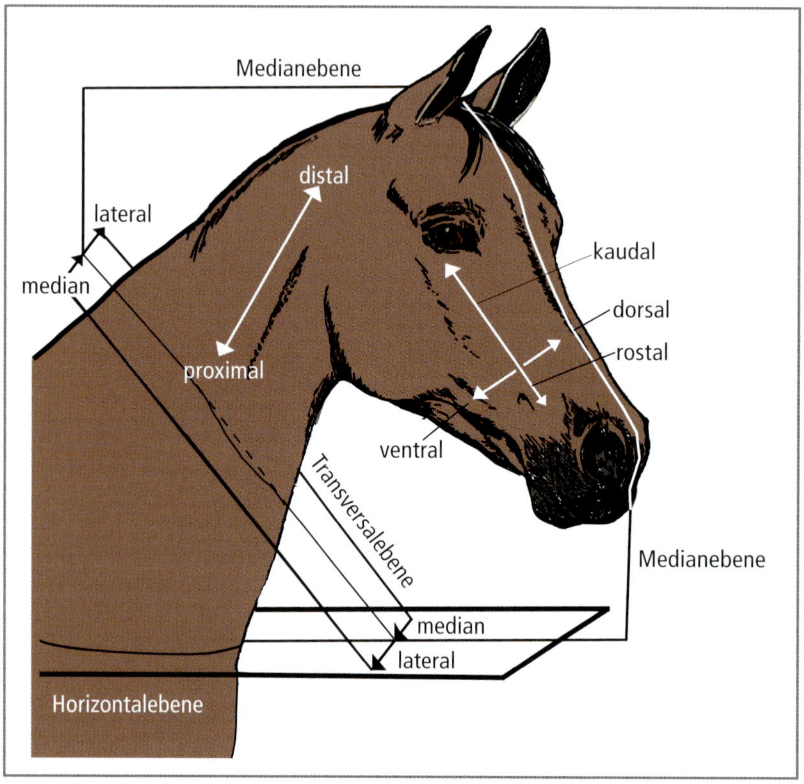

Abb. V-10 Lage- und Richtungsbezeichnungen am Pferdekopf.

1 Adspektion und Exterieur

Im ersten Kapitel wird der Untersuchungsgang systematisch von der Peripherie bis ins Zentrum (Maulhöhle) erläutert (s. **Abb. 1-1**).

Schulmedizinisch ist eine Untersuchung wie folgt aufgebaut: 1. Vorbericht (Anamnese), 2. Betrachtung (Adspektion), 3. Betasten (Palpation), 4. Hören, direkt (z. B. Mahlgeräusch) und indirekt nach Erzeugung eines Schalles durch Beklopfen, hier der Nasennebenhöhlen (Perkussion), 5. Riechen, 6. Befundung und Dokumentation.

Die Anamnese kann wertvolle Hinweise auf mit der Maulhöhle zusammenhängende Erkrankungen geben. Eine Kopfschiefhaltung während des Fressens kann zum Beispiel auf einen erkrankten Backenzahn hinweisen. In der Anamnese muss erfragt werden, ob es Probleme im Training, im Fressverhalten oder nach der letzten Zahnbehandlung gab. Auch vorangegangene Erkrankungen wie Koliken, Durchfall, Schlundverstopfungen, rezidivierende Tränennasenkanalverstopfungen, Entzündungen der Nasennebenhöhlen (Sinusitiden) oder regelmäßiger Husten, sobald das Pferd intensiv gearbeitet wird oder frisst, sowie Medikationen sollten in Erfahrung gebracht werden. Ein wichtiges Symptom kann auch das Kopfschlagen (Headshaking) sein, dem ebenfalls eine Zahnproblematik zu Grunde liegen kann. Die Angaben sind durch den Betrachtungswinkel des Tierbesitzers jedoch oft subjektiv.

Objektiver sollten hingegen die vom Tierarzt durchgeführten Beobachtungen sein.

Aus der Betrachtung des Umfeldes ergibt sich eine Reihe von wichtigen Erkenntnissen, die im Kapitel 1.1, S. 6, beschrieben sind. Beim zahngesunden Pferd verlässt ein Futterpartikel nach der Aufnahme die Maulhöhle nicht mehr. Passiert dies dennoch, handelt es sich meist um ein Anzeichen von ungenügender Kaufähigkeit (s. **Abb. 1-2** bis **1-4** und **1-9**). Auch Verhaltensauffälligkeiten wie exzessives Nagen (s. **Abb. 1-5**) reihen sich hier ein.

Die eingehende Adspektion und Untersuchung des gesamten Tieres gibt einen Anhaltspunkt dafür, ob beispielsweise eine Sedation bei dem Patienten durchgeführt werden kann. Bei Vorliegen einer schlechten Allgemeinverfassung, wie in **Abbildung 1-8** dargestellt, ist diese mit Risiko behaftet. Dieser und weitere Aspekte werden in Kapitel 1.2, S. 8, näher betrachtet. So werden die stufenweise immer schlechter werdende Allgemeinkonstitution (s. **Abb. 1-6** bis **1-8**) ebenso dargestellt, wie auch die unterschiedliche Ausprägung einzelner Muskelgruppen z. B. am Hals (s. **Abb. 1-6 b**, **1-7** und **1-8**).

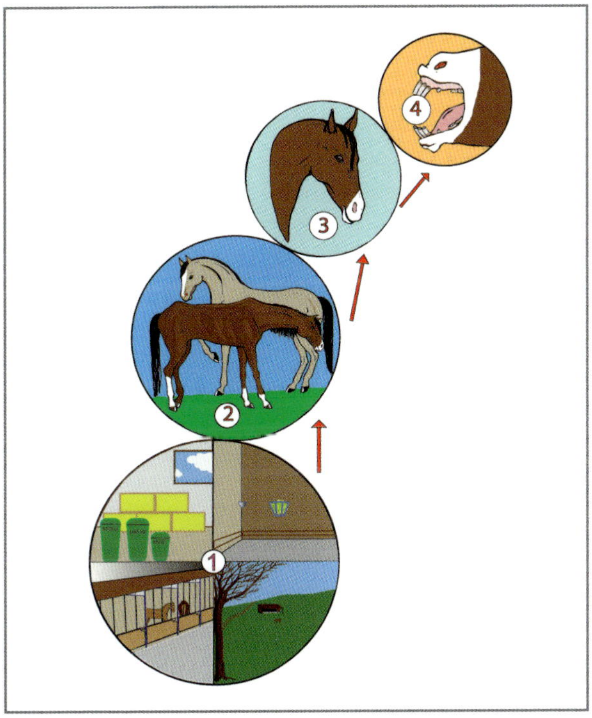

Abb. 1-1 Schema des Untersuchungsganges. Der Untersuchungsgang beginnt damit, die Informationen aus der Umgebung (Kreis 1) zu ermitteln, gefolgt von der Betrachtung (Adspektion) des gesamten Pferdes (Kreis 2) über die Adspektion und Betastung (Palpation) des Pferdekopfes (Kreis 3) hin zur Untersuchung des Mauls einschließlich seiner innen liegenden Strukturen mit allen Sinnen, auch mit dem Geruchssinn.

Bei der spezifischeren Untersuchung des Kopfes (Kap. 1.3, S. 10) kommen mehrere Untersuchungsarten zum Einsatz. Neben der klassischen Untersuchung durch Betrachten, Betasten (Palpation) und Beklopfen (Perkussion) spielt auch der Geruch (olfaktorische Untersuchung) eine große Rolle, der sowohl als Geruch aus der Maulhöhle (Foetor ex ore) als auch als Geruch aus den Nasenöffnungen (Foetor ex nasi) auftreten kann. Weiterführend kann die Untersuchung mittels bildgebender Verfahren (Ultraschall, Röntgen, CT, MRT und Thermografie, s. Kap. 6, S. 145) erfolgen. An den knöchernen Anteilen des Kopfes (Schädel) sind mitunter deutliche

Hinweise auf Zahn- bzw. Kiefererkrankungen zu beobachten (s. **Abb. 1-10** bis **1-15**). Auch die Weichteile des Kopfes (hier am Beispiel der Muskulatur veranschaulicht) können sowohl Ursache von Problemen bei der Futteraufnahme sein (s. **Abb. 1-16** und **1-17**), als auch daraus resultieren (s. **Abb. 1-19** bis **1-22**). Eine sehr gut ausgeprägte Kaumuskulatur ist in **Abbildung 1-18** zu sehen. In der Kopfregion sind durch Nasenausfluss (s. **Abb. 1-23**), Schilddrüsenveränderungen (s. **Abb. 1-24**), Gefäßbesonderheiten (s. **Abb. 1-25**), Tumore (s. **Abb. 1-26**) und veränderte Druckverhältnisse (s. **Abb. 1-27**) eine ganze Palette von Möglichkeiten aufgezeigt, die Hinweise auf Probleme in der Maulhöhle sein können.

Im Kapitel 1.4, S. 15, wird das letzte Glied dieser Untersuchungskette näher beleuchtet. Dabei geht es um die eingehende Untersuchung des Maulhöhlenvorhofes (Vestibulum oris) und der Maulhöhle (Cavum oris proprium) mit den Zähnen (**Abb. 1-28**). Dieses Kapitel gibt einen kurzen Einblick in Befunde die im Bereich der Schneidezähne ersichtlich sind (s. **Abb. 1-29** bis **1-33**) und wird mit einem Abriss von möglichen Veränderungen an den Mahlzähnen fortgeführt (s. **Abb. 1-34** bis **1-44**). Das Vestibulum oris wird in Kapitel 2 mit den Unterkapiteln über Lippenveränderungen (s. Kap. 2.1, S. 21) und Schleimhauterkrankungen (s. Kap. 2.3, S. 27) ausführlich behandelt. Den Abschluß des ersten Kapitels bilden die Grenzen der Zahnerhaltung durch Probleme des Zahnzwischenraumes, durch Zahnteilverluste oder durch Erkrankungen des Zahnhalteapparates (s. **Abb. 1-43** bis **1-45**). Hier sind die oben genannten Untersuchungsmethoden anwendbar. Als weiterführende Methode gewinnt die Endoskopie der Maulhöhle an Bedeutung, da sie eine exaktere visuelle Beurteilung optisch nicht direkt zugänglicher Bereiche ermöglicht. Qualitativ haben sich die dafür verwendbaren Geräte in den letzten Jahren rasant entwickelt. Die hierdurch mögliche Befundung und Dokumentation ist auch forensisch von Bedeutung.

1.1 Umgebung

Die Untersuchung der Umgebung gliedert sich in drei Teilbereiche: die Untersuchung der weiteren Umgebung, der näheren Umgebung und der direkten Umgebung.

- Die zur **weiteren Umgebung** zählenden unterschiedlichen Stallanlagen, wie Boxenhaltung, Offenstall (ggf. mit Futterautomat) und Weide beeinflussen wie auch Nagemöglichkeiten (s. **Abb. 1-5**) das Abnutzungsverhalten der Zähne nachhaltig.

! Merke:
Je naturnäher die Haltungsform ist (das Pferd ist ein Steppentier), desto weniger Zahnprobleme sind zu erwarten (s. **Abb. V-3 a, b**).

- Zur **näheren Umgebung** zählen die Box bzw. der Offenstall selbst (s. **Abb. 1-10**), die Bodenbeschaffenheit, die Einstreu, aber auch die Boxennachbarn bzw. Herdenmitglieder (futterneidische Boxennachbarn können zum Beispiel durch Wetzen Beschädigungen an den Zähnen verursachen, s. Kap. 3.3.2, S. 75). Es ist nicht nur ernährungstechnisch, sondern auch für den Zahnabrieb ein deutlicher Unterschied, ob z. B. Stroh oder Sägespäne als Einstreu verwendet werden. Zudem kann man weitere Hinweise wie Wickel vom Kauen finden, welche sich als kleine, schmale „Futterwürstchen" (s. **Abb. 1-2**) darstellen. Man findet auch so genannte „Bastmatten" (s. **Abb. 1-3**), nicht zerkaute flächenhafte Futterkonglomerate, die auf ein Unvermögen schließen lassen, den so genannten „Powerstroke", also die unter hohem Druck von lateral nach medial geführte Mahlbewegung des Unterkiefers, durchzuführen.
- In der **direkten Umgebung** werden die Futterbestandteile auf dem Boden untersucht, die Art und Anbringung der Raufen und Futterkrippen (s. Kap. 1.1, S. 7), die verwendeten Futtersorten und der Kot (Adspektion der Gesamtbeschaffenheit [hart, weich, Faserlänge, Farbe, Fibrinauflagerungen], Palpation [Gleichmäßigkeit der Konsistenz, futterfremde Zusätze wie z. B. Sand], olfaktorische Kontrolle [weder vergorener noch fauliger Geruch]).

Abb. 1-2 Wickel als Zeichen für scharfe Kanten im Backenzahnbereich. Mit diesem Wickel (auf der Kaufläche der Mahlzähne des linken Ober- und Unterkiefers [2. und 3. Quadranten] liegend gefunden) versuchte das Pferd seine Backen abzupolstern. Bei Pferden mit solchen Befunden sind fast immer chronisch-geschwürige (ulzerative) Verletzungen der Backenschleimhaut zu erwarten.

Abb. 1-3 Bastmatten als typische Zeichen fehlender Mahlzähne oder zu langer Schneidezähne und/oder Folge von Kiefergelenksproblemen. Sie kommen unter anderem zu Stande, wenn das Pferd keine laterale Kaubewegung unter vollem Kaudruck („Powerstroke") mehr durchführen kann.

Abb. 1-4 Wickel und Bastmatten als Symptom einer hochgradig fehlerhaften Mahltätigkeit (Malokklusion) durch multiple Backenzahnprobleme.

Abb. 1-5 Massive Nage- und Bissstellen an den hölzernen Stallteilen sind ein mögliches Indiz von Problemen an den Schneidezähnen. Dieses Symptom kommt selten als Zeichen von Langeweile vor, sondern meistens, wenn Pferde versuchen das Problem zu langer Schneidezähne selbstständig zu lösen (s. Kap. 3.1.3, S. 50).

1.2 Pferd

Die Untersuchung des Pferdes kann schematisch in folgende Bereiche eingeteilt werden: Verhalten, Ernährungszustand, Allgemeinuntersuchung, Haut- und Haarkleid sowie Bemuskelung.

- **Verhalten**: u. a. können folgende vom physiologischen abweichende Verhaltensweisen beobachtet werden: Headshaking, Kopfschiefhaltung, Fressen mit erhobenem Kopf, Koppen, Wetzen, kolikähnliches Verhalten.
- **Ernährungszustand**: wird nach dem BSI (Body Score Index) von 1 = schlecht (kachektisch) bis 9 = extrem fett (adipös) eingeteilt. (s. **Abb. 1-6 a, b, 1-7** und **1-8**).
- **Allgemeinuntersuchung**: Diese ist oft sehr hilfreich, da sie Erklärungen für einen schlechten Allgemeinzustand, z. B. aufgrund eines Herzproblems, liefern kann.
- **Haut und Haarkleid**: Bei der Adspektion zeigt die Haut als größtes Organ des Tieres sowohl Mangel- als auch Überflusserscheinungen an. So zeugt ein seidig glänzendes, gleichmäßig langes Haarkleid von einem ausgeglichenen Vitamin- und Mineralhaushalt und lässt in der Regel keine schwerwiegenden Zahnprobleme erwarten. In **Abbildung 1-8** ist zu sehen, dass das Haarkleid ungleich lang, stumpf und schuppig ist („Mottenfraß"). Die Rippen sind durch das Fell deutlich zu erkennen. Entsprechend massiv waren die Zahnbefunde.
- **Bemuskelung**: Insbesondere die Oberhals- und Widerristbemuskelung ist bei Zahnerkrankungen häufig verringert. Schmerzhafte Prozesse im Bereich der Maulhöhle werden durch eine Kopfhaltung unterhalb des Herzens (Blutdruckerhöhung) verstärkt, was im Sinne der Schmerzvermeidung zu einer erhöhten Fressposition führt. Hierbei werden die Muskeln des Unterhalses als Kopfstütze belastet und der Rücken nach ventral weggedrückt (s. **Abb. 1-8**). Auch eine Ungleichmäßigkeit der Bemuskelung, nicht nur der Kaumuskeln (s. **Abb. 1-18** bis **1-22**), sondern beispielsweise auch der Muskulatur des Unterhalses, kann eine dauernde einseitige Belastung des Kauapparates anzeigen, da bei ca. zehntausend Kauausschlägen pro Tag (laut Untersuchungen von Prof. Dr. Hubert Simhofer, Wien) schon eine durch Zahnprobleme verursachte geringgradige Kopfschiefhaltung eine ungleichmäßige Ausprägung der Muskulatur verursacht.

Abb. 1-6 Spanish Mustang, Stute, 4 Jahre.
a Geringgradige Abmagerung (Kachexie). Dieses Pferd konnte durch hochgradige Zahnschärfen und zu lange Schneidezähne nicht richtig fressen.
b Geringgradige Kachexie im Kopf- und Halsbereich.

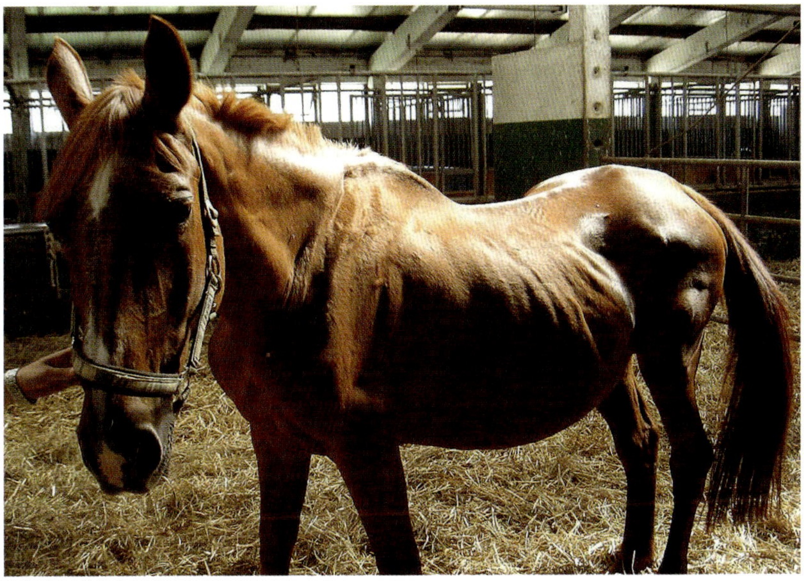

Abb. 1-7 Edles Warmblut, Stute, 18 Jahre. Mittelgradige Kachexie, hervorgerufen durch zwei Meißelzähne im Oberkiefer (108/208), siehe auch Abbildung 5-84, S. 134.

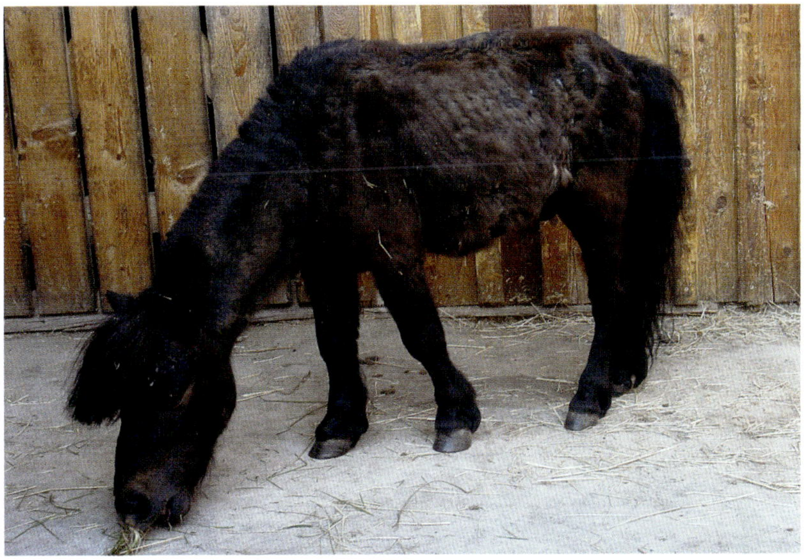

Abb. 1-8 Zirkuspony, Stute, 10 Jahre. Hochgradige Kachexie, hervorgerufen durch vielfältige (multiple) Zahnprobleme, unter anderem einen hochgradig vereiterten (purulenten) Mahlzahn 406.

Abb. 1-9 Haflinger-Mix, Wallach, 21 Jahre. „Heulutschen" wegen mehrerer vereiterter Mahlzähne mit verstärkter Speichelproduktion (Ptyalismus). Guter Allgemeinzustand trotz hochgradiger Zahnprobleme.

! Merke: Wenn die mechanische Zerkleinerung der Nahrung ungenügend ist, versucht der Körper dies über chemisches Aufschließen (vermehrte Speichelproduktion) auszugleichen. Diese Symptomatik kann man gelegentlich auch nach einer Sedierung als Zeichen einer Nebenwirkung beobachten.

! Merke: Nicht immer korreliert der Ernährungszustand, hier Übergewicht, mit der Stärke der Zahnprobleme! Deutlich überernährte Pferde können durchaus verfaulte Zähne haben!

1.3 Kopf

Bei der Untersuchung des Kopfes sind während der **Adspektion und Palpation** Asymmetrien bedeutsam, die sowohl den Schädel insgesamt betreffen können (Horizontal- und Vertikalebenen, s. **Abb. 1-11**) als auch einzelne Kieferanteile wie die Lage der Gesichtsleisten (Christae facialae) und Knochenauftreibungen an Unter- und Oberkiefer (Knäste oder im Englischen Bumps, s. **Abb. 1-12**). Asymmetrien des Schädels sowie sicht- und tastbare Veränderungen der Kieferanteile sollten beim Behandlungskonzept berücksichtigt werden, da sich zum Beispiel Asymmetrien der Kaumuskulatur als direktes Indiz einer schlechten Kaufunktion heranziehen lassen. Auffallend ist auch, wenn Pferde ihr Futter nicht mehr vom Boden fressen, sondern nur noch mit erhobenem Kopf kauen. Dies kann unter anderem auf massive Hakenbildung im Bereich der Backenzähne (Unterkiefer-11er [M3/311,411] und Oberkiefer-6er [P2/106,206]) hinweisen.

Die **Perkussion** der Stirn- und Nasennebenhöhlen gibt Aufschluss über den Füllungsgrad der Nebenhöhlen (Sinusuiden). Physiologisch ist ein relativ hohl klingendes Geräusch.

> **! Merke:**
> Während des Zahnwechsels sind die physiologischen Geräusche beim Beklopfen der Sinusuiden dumpf, da sie großteils mit sich bildenden permanenten Backenzähnen gefüllt sind.

Die **olfaktorische Untersuchung** darf nicht vernachlässigt werden, denn ein eitriger, muffiger, fauliger oder nekrotisch stinkender Geruch kann auf tiefer liegende Zahn- bzw. Zahnfachprobleme hinweisen.

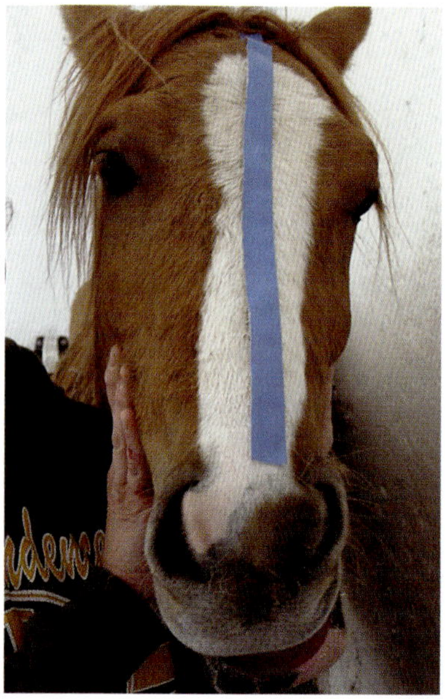

Abb. 1-10 Warmblut, Stute, 1 Jahr. Traumatisch bedingte Schiefnase (Pseudocamphylognathie) durch Ober- und Unterkieferfraktur als Jährling (s. a. Abb. 1-33 a, b, S. 17).

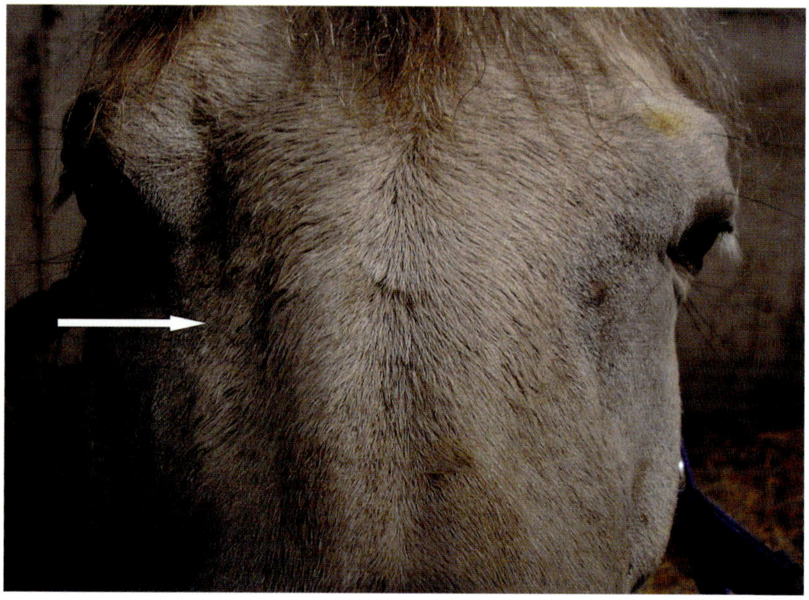

Abb. 1-11 Quarter-Horse, Hengst, 13 Jahre. Ein alter Schädelbruch (Impressionsfraktur) unter dem rechten Auge (Pfeil) verursachte eine Lageveränderung der Mahlzähne, die wiederum eine Gebisswinkelverschiebung bedingte.

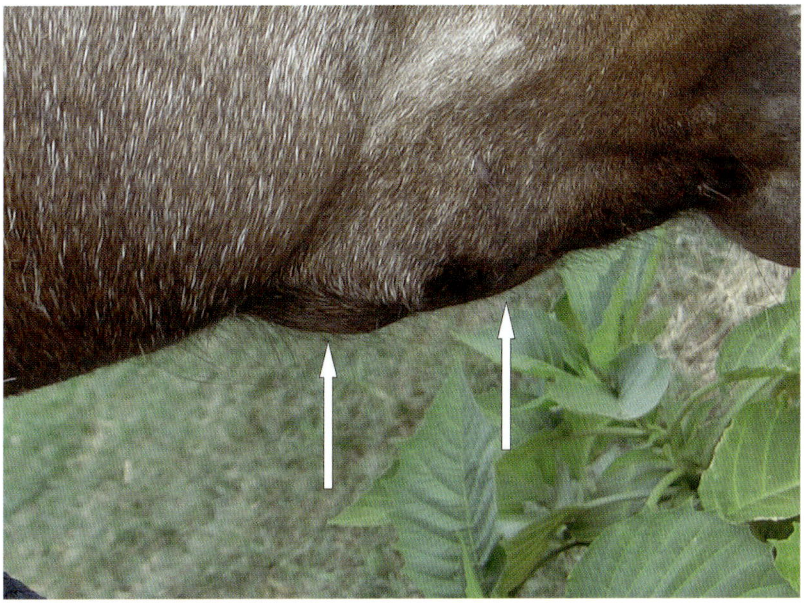

Abb. 1-12 Araber, Stute 3 Jahre. Zwei Unterkieferknäste, auch „Bumps" (Pfeile), im 4. Quadranten (rechter Unterkiefer) durch persistierende Milchzahnkappen (806 und 807). Zusätzlich war 407 lingual verkippt.

Merke: Knäste/Bumps können auch durch verkippte Mahlzahnwurzeln verursacht sein!

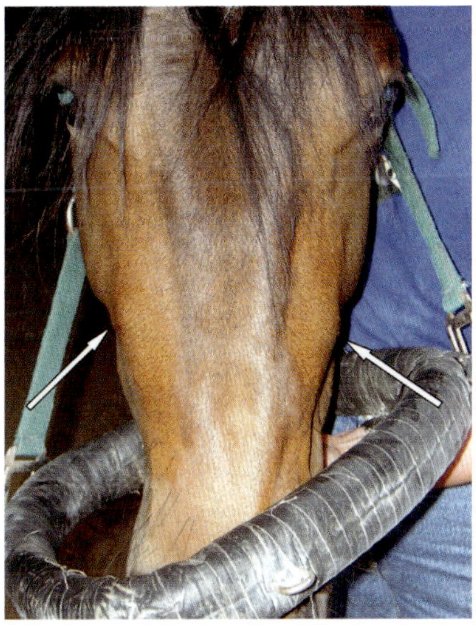

Abb. 1-13 Traber, Hengst, 4 Jahre. Oberkieferknäste (Pfeile) durch persistierende 508 und 608 (Milchzahnkappen), selten so deutlich sichtbar.

Merke: Oberkieferknäste sind oft besser zu ertasten als zu sehen.

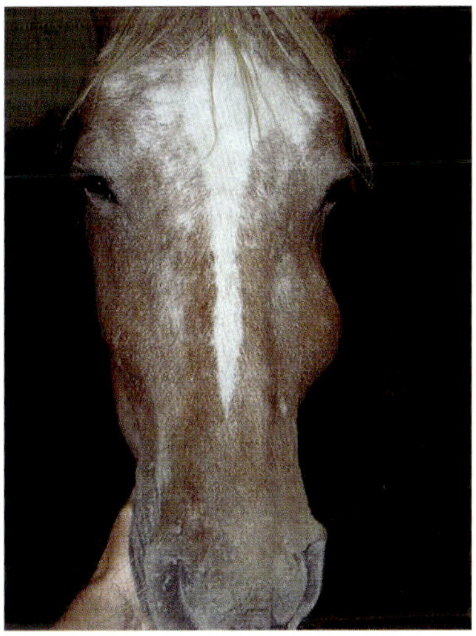

Abb. 1-14 Araber-Criollo-Mix, Wallach, 4 Jahre. Lateralverschiebung von 108 und 208 durch Platzmangel, bei 208 deutlicher ausgeprägt.

Merke: Bei Kreuzungen von Pferden mit verschiedenen Kopf- bzw. Zahngrößen treten folgende Veränderungen gehäuft auf: 1. im Verhältnis zur Einzelzahngröße zu kurze Kieferlänge, was eine seitliche Verlagerung entweder einzelner Zähne (Verkippung) oder der gesamten Zahnreihe (Arkade) als Unterkieferengstand (linguale Bogenführung) erzwingt; 2. unterschiedliche Größen einzelner Zähne bedingen Fehllagerungen oder Rotationen im Mahlzahnbereich.

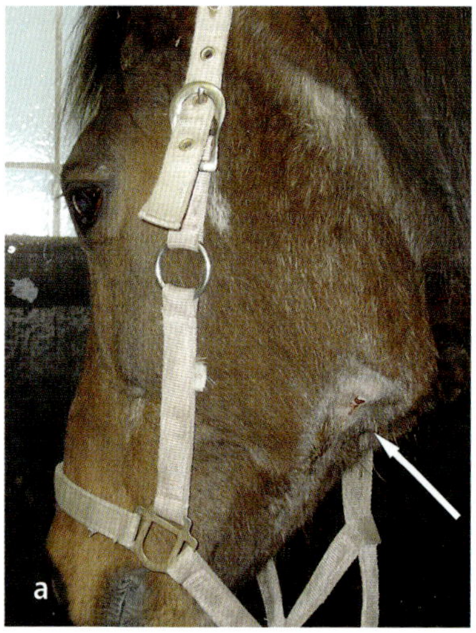

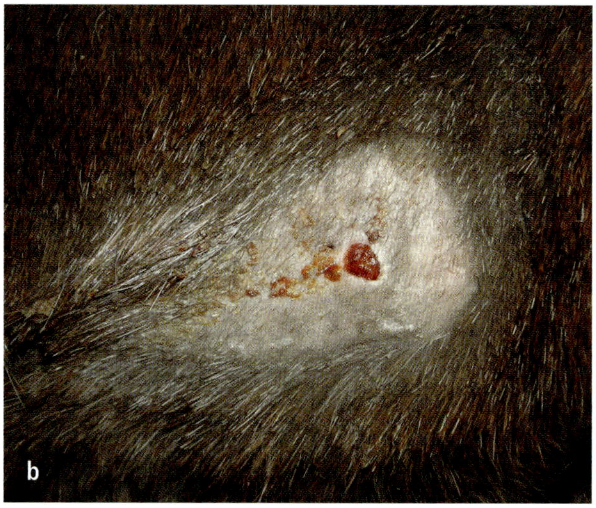

Abb. 1-15 Warmblut, Wallach, 19 Jahre.

a Seit mindestens 10 Jahren bestehende Unterkieferfistel (Pfeil) infolge nicht behandelter hochgradiger Zahnfachentzündung von 310. Dadurch bedingte mittelgradige Kaumuskelatrophie.

b Fistelausgang mit Sekret.

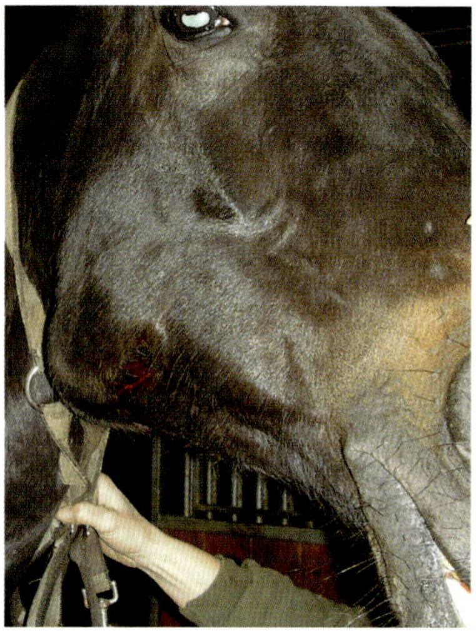

Abb. 1-16 Hannoveraner, Stute, 5 Jahre. Weichteilschaden des Hauptkaumuskels (M. masseter) mit Unterkieferastprellung durch Trittverletzung. Infolgedessen 2 Wochen fast völlige Nahrungsverweigerung.

Abb. 1-17 Warmblut, Wallach, 16 Jahre. Bösartiger Tumor (Fibrosarkom) am linken Unterkiefer mit Verkalkung im M. masseter, Wachstum binnen mehrerer Monate.

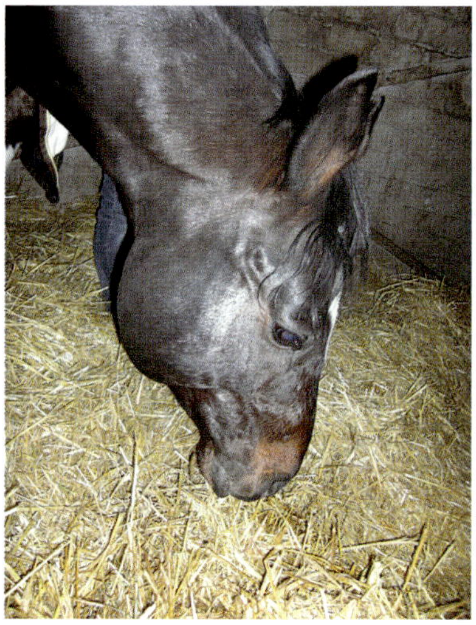

Abb. 1-18 Trakehner-Paint-Mix, Hengst, 16 Jahre. Exzellent ausgeprägte Massetermuskulatur.

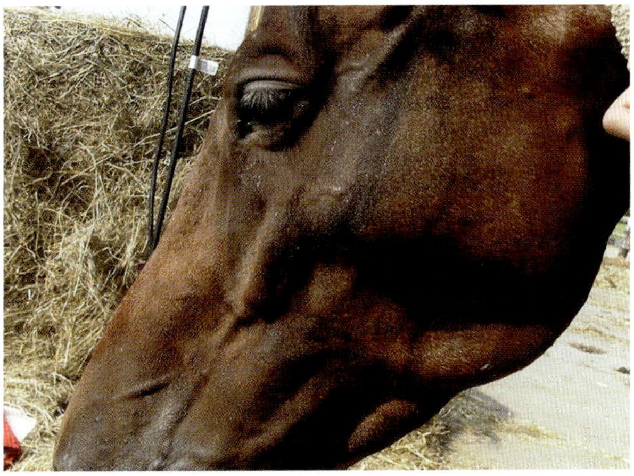

Abb. 1-19 Oldenburger, Wallach, 14 Jahre. Partielle Masseteratrophie. Die Muskelatrophie zeigte sich innerhalb von 14 Tagen nach einer Vollnarkose, die wegen einer orthopädischen Behandlung nötig war. Vermutlich ist ein Trauma des zugehörigen Nervs beim Niederlegen oder Aufstehen die Ursache. Eine starke Einschränkung der Kautätigkeit, vor allem auf der linken Seite, wird die langfristige Folge sein. Die Masseterathropie führte in kürzester Zeit zu einem einseitigen, leichten Scherengebiss. Nach 3 Jahren war die Atrophie kaum mehr sichtbar, da die Nervenfunktion in Selbstheilung wiederhergestellt wurde.

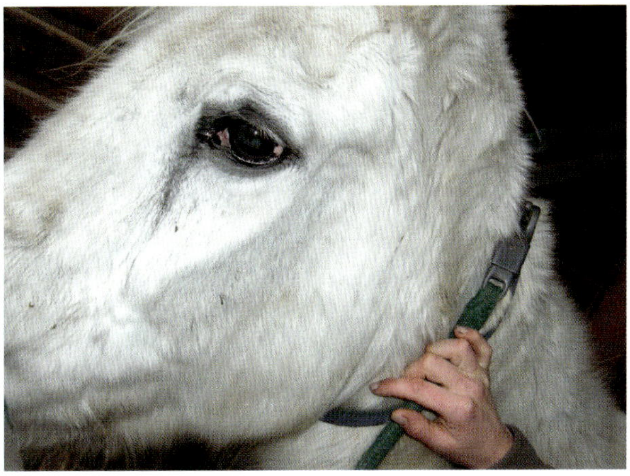

Abb. 1-20 Araber, Stute, 34 Jahre (s. a. Abb. 5-44, S. 122). Fast vollständige Kaumuskelatrophie (M. masseter) durch Schmerzen beim Mahlen. In diesem Alter sind die Backenzähne fast vollständig aufgerieben, das heißt durch Herausschieben aus dem Kiefer sind keine vollständigen Mahlzähne, sondern nur noch Wurzelreste vorhanden. Diese bewegen sich bei Belastung durch mangelnden Halt im Kiefer und verursachen dadurch Schmerzen. Dies nennt man auch Stummelgebiss.

! Merke: Mahlzahnreste (Stummel) schmerzen bei höherem Kaudruck, was bei alten Pferden häufig zu Kaumuskelatrophie führt.

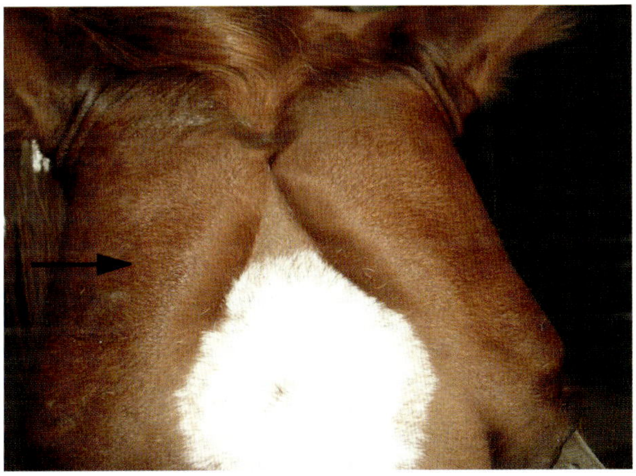

Abb. 1-21 Quarter-Horse, Wallach, 5 Jahre. Geringgradige rechtsseitige Atrophie des M. temporalis infolge von Haken auf 106.

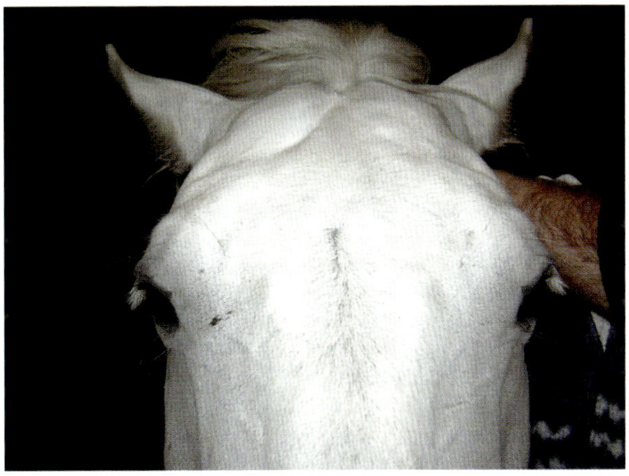

Abb. 1-22 Mittelgradige linksseitige Atrophie des M. temporalis, die durch einseitige Kautätigkeit und/oder durch schlecht ausbalancierte Mahlflächen (Okklusionsflächen) der Backenzähne entstehen kann.

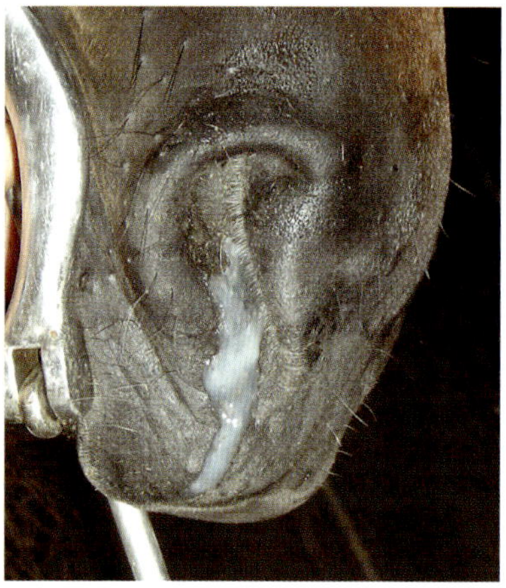

Abb. 1-23 Einseitiger Nasenausfluss (erst in Sedation deutlich). **Ursache:** 109 mit Zahnwurzelentzündung (Pulpitis) und nachfolgender eitriger Nasennebenhöhlenentzündung (Sinusitis).

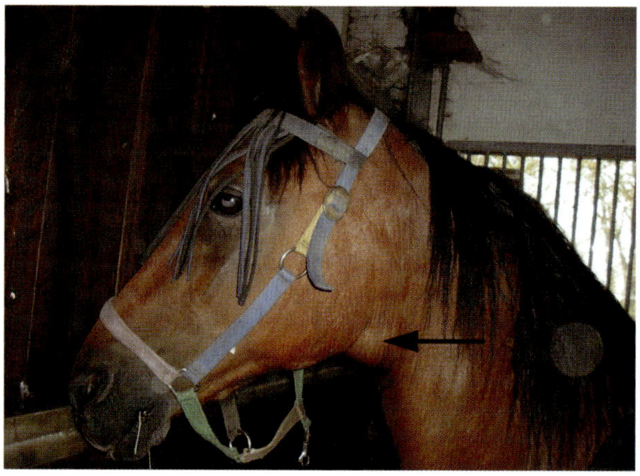

Abb. 1-24 Traber, Wallach, 16 Jahre. Deutlich vergrößerte Schilddrüse beiderseits (Pfeil). Besitzer vermutete Lymphknoten- oder Speicheldrüsenentzündung.

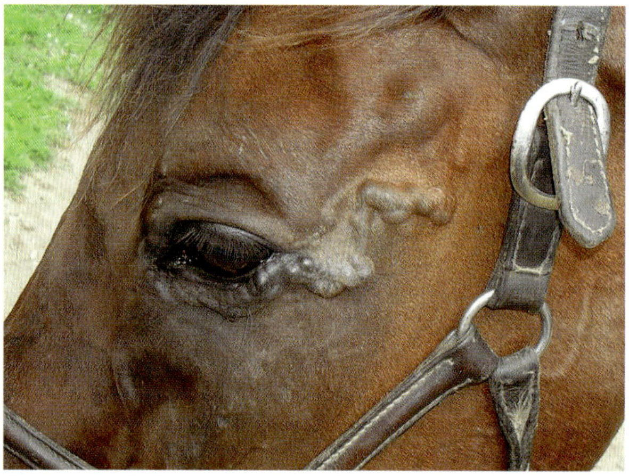

Abb. 1-25 Warmblut, Wallach, 17 Jahre. Sarkoid seit Augenverletzung vor 3 Jahren. Vorberichtlich Headshaking, durch Zahnbehandlung nicht beeinflussbar. Ausgeprägtes Smile (s. Kap. 3.1.3, S. 50), Schärfen im Mahlzahnbereich (s. Kap. 5.3, S. 121) im 1. und 2. Quadranten bukkal, im 3. und 4. Quadranten lingual.

! Merke: Das Headshaking ist Symptom einer schmerzhaften Reizüberflutung des Gesichtsnervs (Nervus trigeminus), die häufig durch Zahnprobleme alleine ausgelöst wird. Oft sind auch mehrere Ursachen für die Entstehung der Reizüberflutung verantwortlich, wobei Zahnprobleme eine wesentliche Rolle spielen.

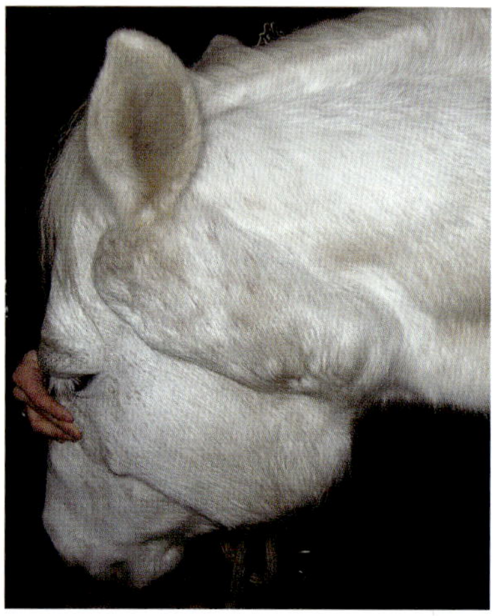

Abb. 1-26 Pony, Stute, 23 Jahre. Hochmassives Melanom, dadurch linke Kieferseite mangeldurchblutet und Mahlzähne brüchiger.

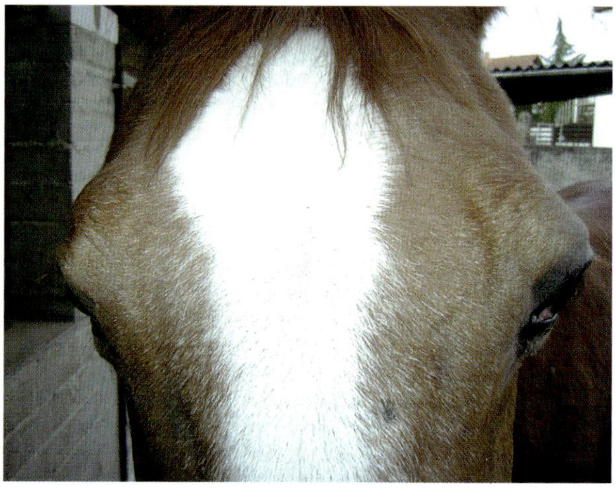

Abb. 1-27 Warmblut, Stute, 17 Jahre. Mittelgradiger Exophthalmus bedingt durch Wurzelvereiterung des 211. Differenzialdiagnostisch ist sowohl ein hinter oder im Augapfel liegender (retro- oder intrabulbärer) Tumor als auch ein Glaukom abzuklären.

1.4 Maulhöhle

Bei viel Geschick und Übung des Untersuchenden ist eine Sedierung zur Untersuchung der Maulhöhle nicht zwingend erforderlich. So gilt auch für die Untersuchung der Maulhöhle: „Viele Wege führen nach Rom" (Isabel Herold und Tilman Simon in „Praxisleitfaden Zahn- und Kiefererkrankungen des Pferdes").

Die Untersuchung der Maulhöhle gliedert sich in folgende Teilabschnitte:

- Zur genauen **Adspektion** der Maulhöhle ist es unerlässlich, diese vorher zu spülen und mit einer ausreichenden Lichtquelle (z. B. LED 1 Watt) zu arbeiten. Ein Spiegel ist ebenso notwendig. Mit diesem kann man kleinere Veränderungen erkennen. Um einen kompletten Überblick auch über kleinste Veränderungen zu erhalten, ist eine Endoskopie sinnvoll. Generell empfiehlt sich ein systematisches Vorgehen, z. B. von den Lippen angefangen kaudal voranschreitend bis zum Schlund und von medial beidseitig nach lateral schwenkend, um keinen Bezirk zu „übersehen".
- Eine **Palpation** (mit kurzen Fingernägeln) ist zwingend durchzuführen, wobei aus versicherungsrechtlichen Gründen ein Maulgatter nur unter Sedation benutzt werden sollte. Die Palpation sollte sowohl den Maulhöhlenvorhof als auch die Maulhöhle umfassen (auch ohne Maulgatter möglich). Es hat sich bewährt, auf den Zahninnenseiten von rostral nach kaudal zu tasten und auf den Zahnaußenseiten von kaudal nach rostral. Jeder Zahn wird einzeln umfasst und auf seine Beweglichkeit überprüft, wobei etwaige Abwehrbewegungen auch in Sedierung oft ein Problem anzeigen. Die Weichteile sind mit den Fingerspitzen zu befühlen. Hierdurch können auch unter der Wangenschleimhaut liegende (submuköse) Muskel- oder Gewebsrisse ertastet werden.
- Die **olfaktorische Untersuchung** ist nach Beendigung der Palpation an der eigenen Hand durchzuführen.

Abb. 1-28 Esel, Wallach, 16 Jahre. Sowohl eine visuelle als auch eine palpatorische Untersuchung (hier beim Esel) sind zwingend erforderlich.

! Merke: Eine visuelle und palpatorische Untersuchung der Maulhöhle ist bei Pferden oft ohne Sedierung möglich!

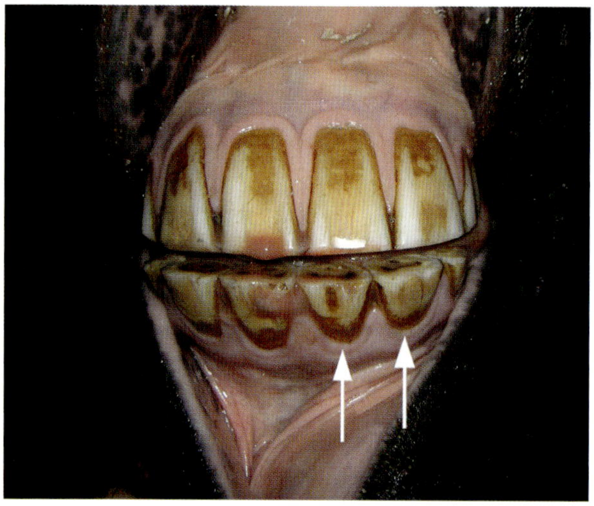

Abb. 1-29 Isländer, Stute, 11 Jahre. Geringgradige Schleimhautwülste um die sichtbaren Schneidezahnteile herum, Zahnzement je nach Lippenkontakt braun verfärbt. Im 3. Quadranten (Unterkiefer, links) sind die Zahnwurzeln geringgradig lateral geneigt. Ein Unterkiefersymphysenbruch ohne Lageveränderung ist sehr wahrscheinlich. 301 und 302 weisen eine Lageänderung (Verkippung) nach lateral auf (Pfeile).

! Merke: Die Knochennahtstellen (Symphysen, beim Jungtier bandhafte Verbindung der beiden Kieferhälften) bieten für Traumata eine „Sollbruchstelle" (s. a. Abb. 1-31).

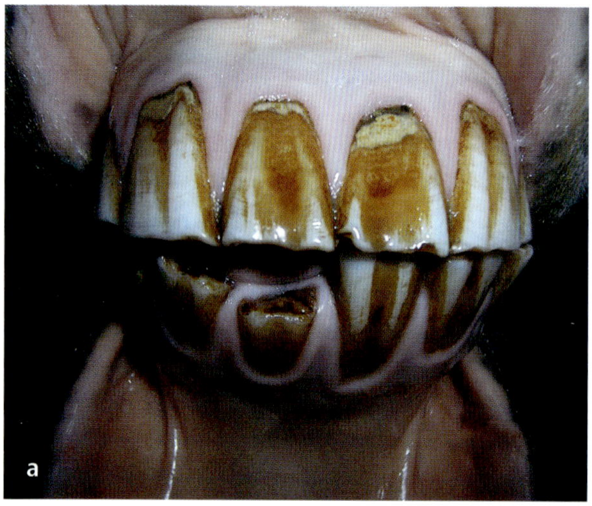

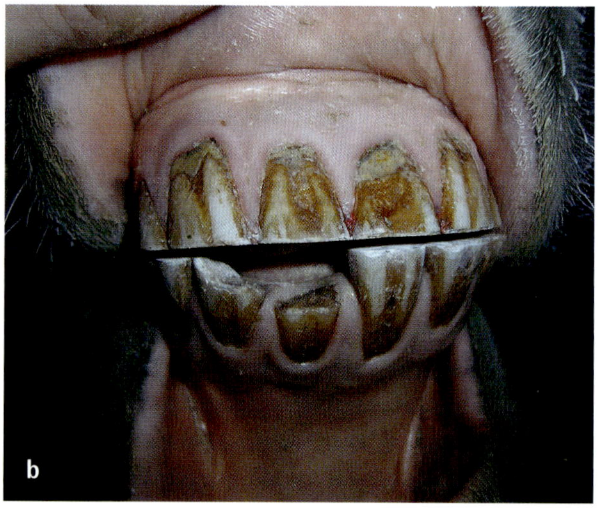

Abb. 1-30 Isländer, Stute, 12 Jahre.
a Ca. 2 Monate nach traumatisch bedingter Fraktur von 401 und 402, Zustand vor der Korrektur.
b Zustand nach der Korrektur.

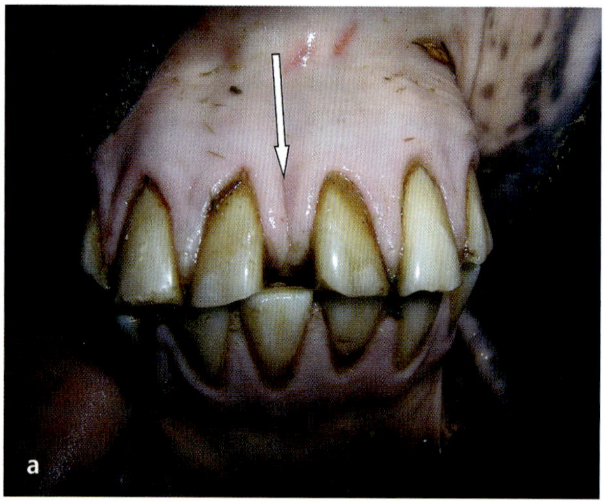

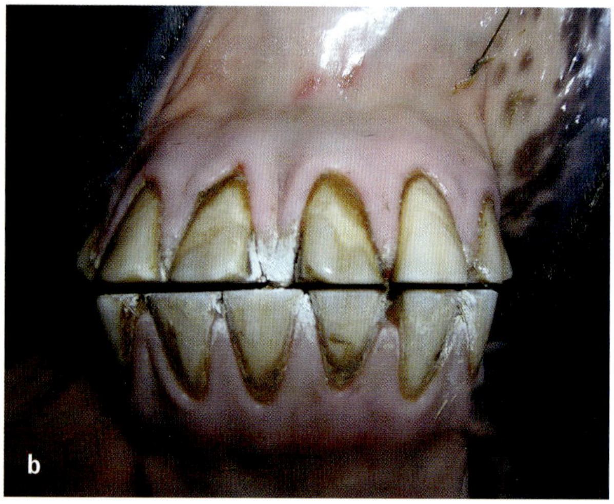

Abb. 1-31 Zweibrücker, Stute, 13 Jahre.
a Wellenförmiges Smile (s. Abb. 3-50, S. 50 und Kap. 3.1.3, S. 50) aufgrund alter Oberkiefersymphysenfrakur (Pfeil) vor der Behandlung.
b Zustand nach der Behandlung.

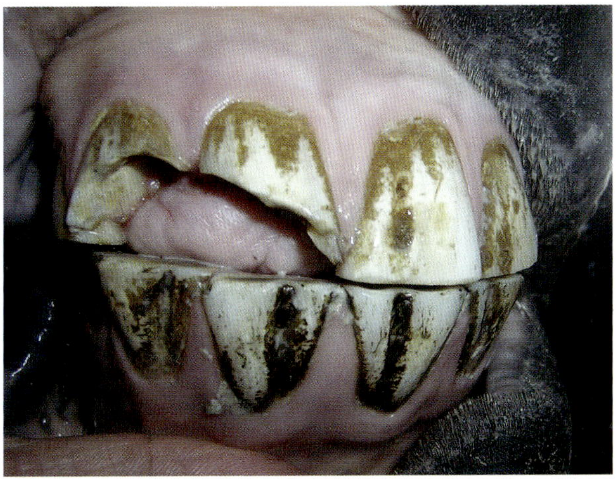

Abb. 1-32 Dänisches Warmblut, Wallach, 6 Jahre. 3 Monate alte Fraktur von 101 und 102.

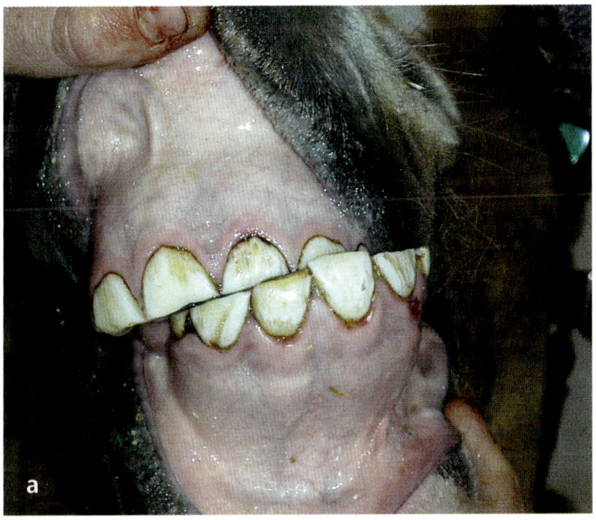

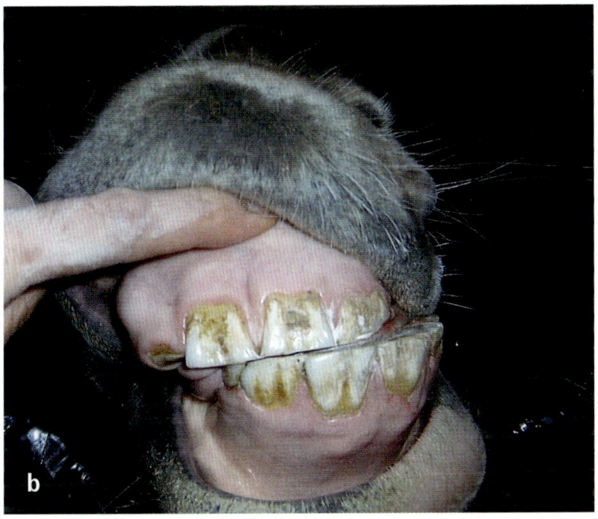

Abb. 1-33 Shetlandpony-Mix, Stute, 2 Jahre (s. a. Abb. 1-10, S. 10).

a Aufsteigender Diagonalbiss (s. a. Kap. 3.1.3., S. 50) durch Unterkieferfraktur im Alter von 6 Monaten.

b Zustand 2 Jahre später, nach halbjährlicher Korrektur.

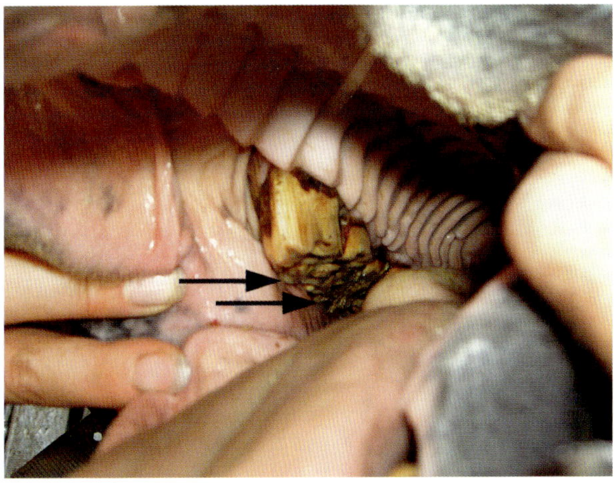

Abb. 1-34 Warmblut, Wallach, 6 Jahre. Mittelgradige bukkale Haken (s. a. Kap. 5.2, S. 115) auf 106 (Pfeile).

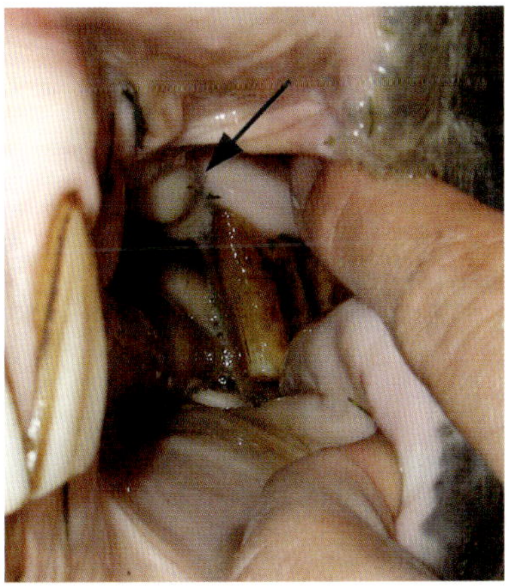

Abb. 1-35 Pony-Mix, Stute, 13 Jahre. Geringe Okklusionsfläche des 2. und 3. Quadranten (Ober- und Unterkiefer, links), die Mahlzahnreihen liegen mehr neben- als übereinander. Blinder Wolfszahn 205 (Pfeil).

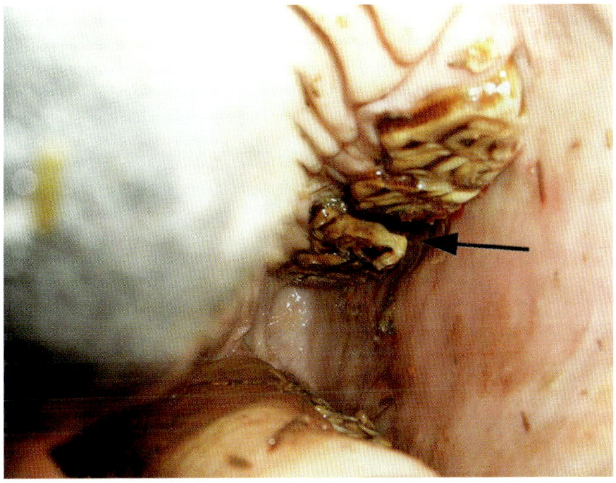

Abb. 1-36 Warmblut, Stute, 11 Jahre. Diastase (Lücke, s. Kap. 5.7, S. 131) zwischen 207 und 208 (Pfeil). 208 palatinal verkippt mit deutlichen bukkalen Schärfen und Schleimhauterosionen. Wolfszahn 205 (s. a. Kap. 4.3, S. 103).

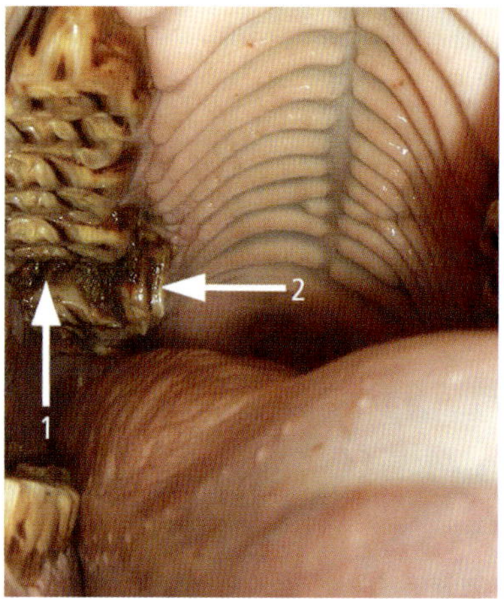

Abb. 1-37 Warmblut, Wallach, 9 Jahre. 209 längs frakturiert (Pfeil 1) mit nach bukkal bzw. palatinal divergierenden Zahnteilen (Pfeil 2). Stufe (Step) auf 409.

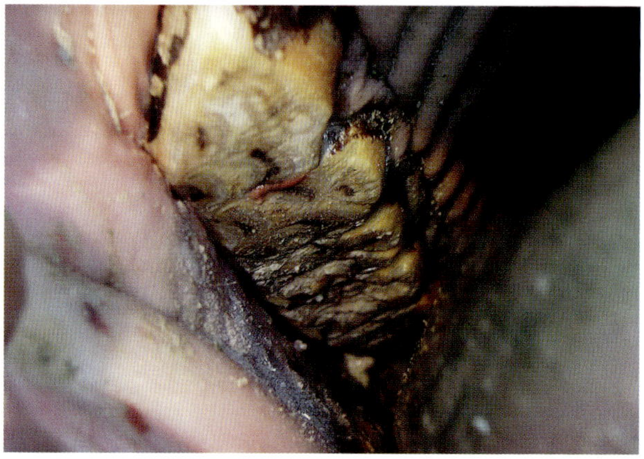

Abb. 1-38 Knappstrupper, Wallach, 19 Jahre. Sekretfluss zwischen 106/107 während der Behandlung als Indiz einer Zahnfacherkrankung (s. Kap. 5.7, S. 131). Das Pferd hatte zwei Jahre zuvor noch starke Rampen (Ramps) auf 406.

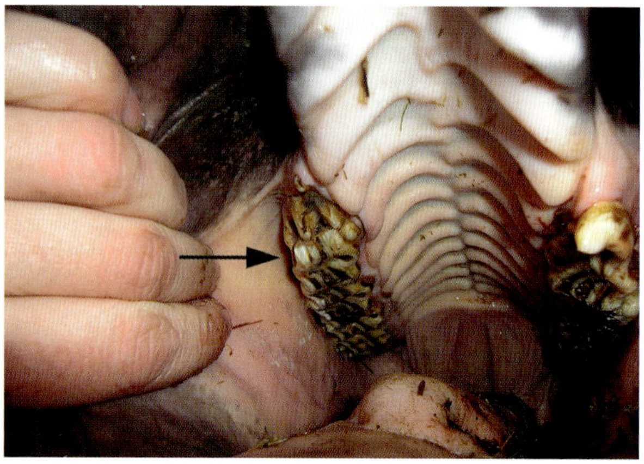

Abb. 1-39 Englisches Vollblut, Hengst, 2,5 Jahre. Kleiner Wolfszahn 105, 506 Milchzahnkappenteil (Pfeil) auf 106 „reitend", 606 noch komplett vorhanden.

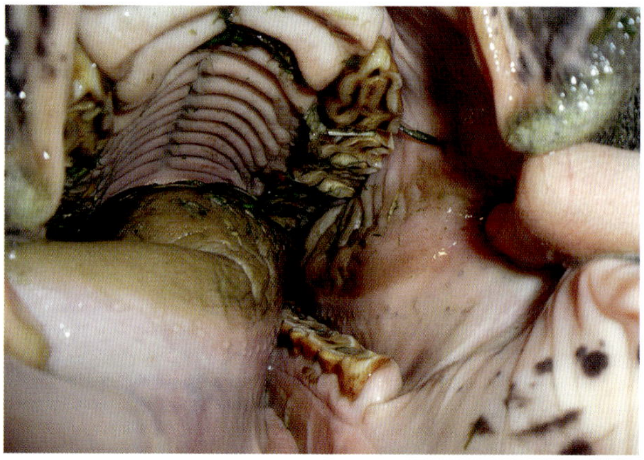

Abb. 1-40 Welsh-Cob, Stute, 26 Jahre. Von 206 zu 207 und von 207 zu 208 kleine Diastasen (s. Kap. 5.7, S. 131), auf 208 hervorstehende Querrillen (ATR – Accentuated Transverse Ridges, s.Kap. 5.4, S. 123). Im 3. Quadranten (linker Unterkiefer) keine Kauwinkel vorhanden (s. Kap. 5.5, S. 126), geringgradige Schärfen (s. Kap. 5.3, S. 121) bukkal und lingual.

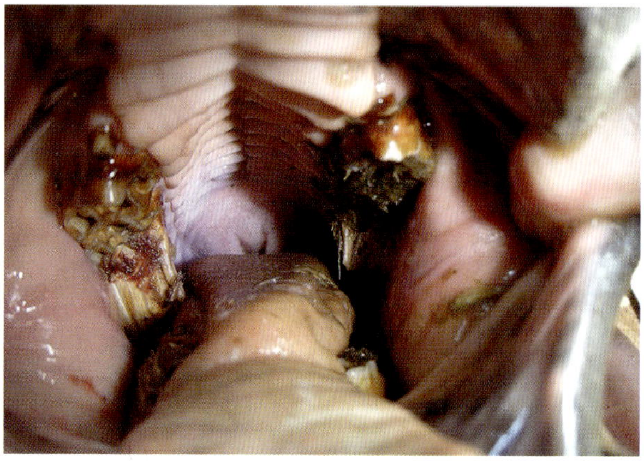

Abb. 1-41 Warmblut, Stute, 18 Jahre. Meißelzähne 108 und 208 (s. a. Abb. 1-7, S. 9 und Kap. 5.8, S. 133).

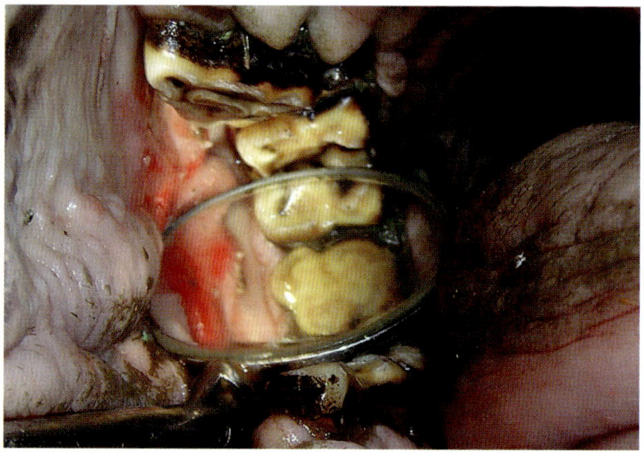

Abb. 1-42 Araber, Wallach, 22 Jahre. 107 mit „Glatze" (Schmelzhypoplasie). Diastase zwischen 107 und 108. Mehrere Schleimhautläsionen bukkal.

Abb. 1-43 Warmblut, Stute, 8 Jahre. 106 Futterteile im Zahnfach palatinal.

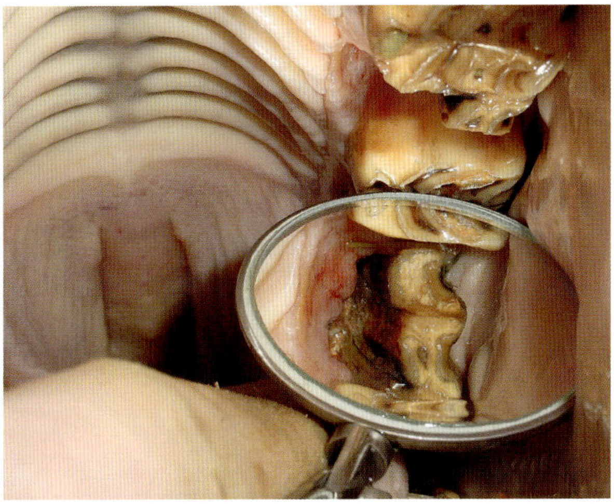

Abb. 1-44 Lipizzaner, Hengst, 10 Jahre. 209 nach Längsfraktur. Palatinaler Zahnanteil fehlt. Der Blick ins vorgereinigte Zahnfach zeigt noch Futterreste.

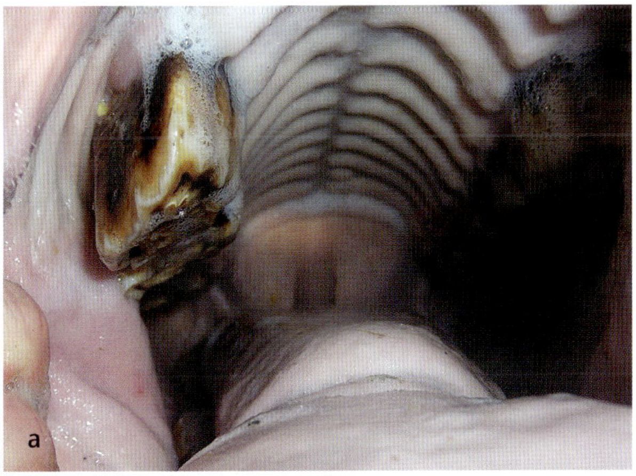

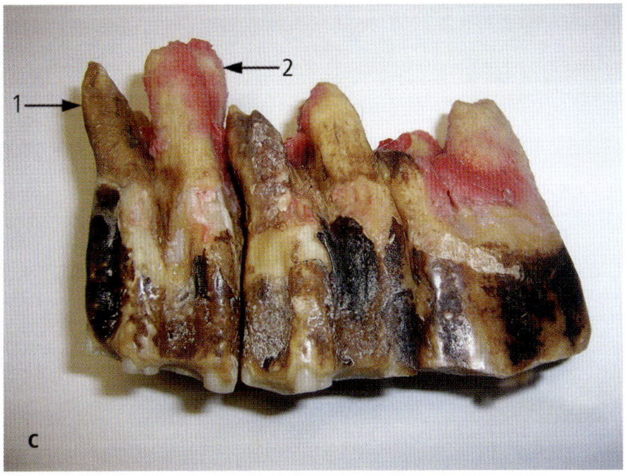

Abb. 1-45 Schwarzwälder, Stute, 26 Jahre.

a Extrem instabile Oberkiefer-Prämolaren (vordere Backenzähne) und Diastase zwischen 106, 107 und 108.

b 106, 107 und 108 nach der Extraktion.

c 106, 107 und 108 in der Ansicht von bukkal. Der Mangel am Zahnhalteapparat wird deutlich sichtbar. Da an der mit Pfeil 1 gekennzeichneten Wurzel keinerlei Zahnfleisch oder Alveolarknochenreste erkennbar sind, war hier der Zahnhalteapparat bis zur Wurzelspitze abgebaut. Dem gegenüber sind in der mit Pfeil 2 gekennzeichneten Wurzel desselben Zahnes Reste des Zahnhalteapparates zu erkennen.

2 Weichteile

Die Maulhöhle des Pferdes ist mit einer blassroten, aber gut durchbluteten Schleimhaut ausgekleidet. Dieses mehrschichtige Plattenepithel ist stellenweise verhornt und dadurch mechanisch extrem belastbar. Man unterteilt zwei Bereiche: Die sehr fest fixierten Bereiche auf dem Zahnfleisch und die sehr bewegliche Auskleidung der Lippen und der Backen. Der Schleimhautüberzug der Zunge nimmt eine Sonderstellung ein, da diese mit eigenen Sinneskörpern versehen ist.

Die Weichteile werden unterteilt in Lippen, bestehend aus Ober- und Unterlippe (s. Kap. 2.1, S. 21), Zunge (s. Kap. 2.2, S. 23) sowie Maulhöhlenvorhof und Maulhöhlenschleimhaut (s. Kap. 2.3, S. 27). Diese müssen immer mit untersucht werden, denn viele Zahnprobleme zeigen in ihrer Folge Symptome an den Weichteilen. So können narbige Veränderungen an der Lippe zum Beispiel auf scharfkantige Schneidezähne hindeuten (s. **Abb. 2-1**, **2-2**, **2-5** und **2-6**).

Verletzungen sind die häufigsten Erkrankungen der Weichteile. Sie können als stumpfe oder spitze Traumata von außen, durch die Zähne selbst (s. **Abb. 2-8**, **2-9**, **2-11**, **2-13**, **2-22**, **2-23**, **2-36** und **2-37**) oder durch Fremdkörper (s. **Abb. 2-10**, **2-14**, **2-15**, **2-17** bis **2-19**, **2-33** und **2-34**, hierzu gehört auch das Trensengebiss, s. Kap. 4.2, S. 99) verursacht werden. Außer Verletzungen gibt es entzündliche und degenerative Veränderungen (Parodontose). Die entzündlichen Veränderungen der Maulhöhlenschleimhaut (Stomatitis) werden je nach Lokalisation definiert. So nennt man die Lippenentzündung Cheilitis (s. **Abb. 2-3**), die Zahnfleischentzündung Gingivitis (s. **Abb. 2-25** bis **2-27**, **2-29** und **2-30**), die Zungenentzündung Glossitis und die Entzündung des weichen Gaumens und der Mandeln Angina. Auch thermische und chemische Noxen können zu Schleimhautveränderungen führen (s. **Abb. 2-8** und **2-32** – Kälte, **2-16** – Verätzung). Auch Tumore können an den Lippen vorkommen. Hier ist speziell das Melanom als häufigste Tumorart zu erwähnen (s. **Abb. 2-7**). Eine komplexe Veränderung sowohl der bläulich verfärbten Blutgefäße als auch eine Cheilitis zeigen die **Abbildungen 2-4** und **2-25**. Es treten Zungenteilamputationen speziell an der Zungenspitze auf (s. **Abb. 2-20** und **2-22**). Eine besondere Ausprägung eines Zungenteilrisses finden wir bei **Abbildung 2-24** als Perforation des Zungenbändchens. Eine Entzündung der Unterlippe durch einen Fremdkörper, in diesem Fall die Drahtcerclage, ist in **Abbildung 2-28** deutlich zu erkennen. Durch mechanische Überbelastung entstehen an den unterschiedlichsten Stellen der Schleimhaut Veränderungen, wie in den **Abbildungen 2-29** bis **2-31** dargestellt. Die **Abbildungen 2-38** und **2-39** zeigen, dass auch das Trensengebiss massive Schäden verursachen kann.

! Merke:
Das Symptom des schlecht bzw. nicht Fressens oder Trinkens kann allein durch die sehr schmerzhaften Veränderungen an den Weichteilen des Maules verursacht werden.

2.1 Lippe

Die Lippen dienen dem äußeren Verschluss des Maulhöhlenvorhofes, sodass beim Fressen kein Futter aus dem Maul herausfallen kann. Außerdem werden die Lippen zum Grasrupfen mitgenutzt, was vorteilhaft ist, falls ein Pferd nicht mehr alle Schneidezähne besitzt. Diese äußere Begrenzung der Maulhöhle weist in vielen Fällen Verletzungen auf, die sich das Pferd entweder mit den Schneidezähnen absichtlich selbst zufügt (Mutulismus) oder unabsichtlich als Drucknekrosen aufbaut, um anderen schmerzhaften Prozessen entgegenzuwirken.

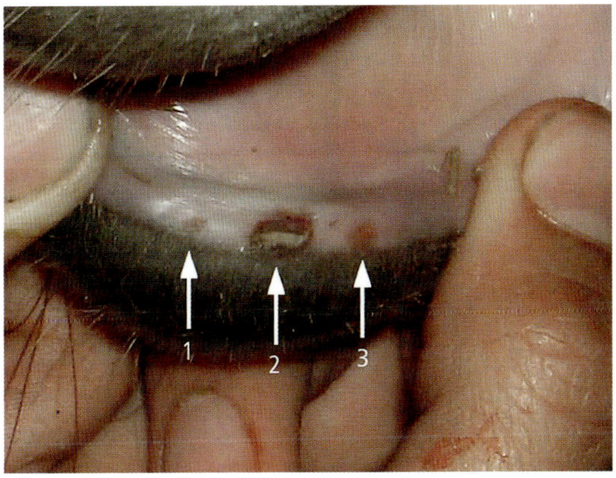

Abb. 2-1 Pony, Stute, 14 Jahre. Geringgradige Unterlippenverletzungen durch scharfkantigen Schneidezahn: Linksseitig (Pfeil 1) vernarbte Verletzung, mittig (Pfeil 2) demarkiert mit abgestorbenem Schleimhautteil, wenige Tage alt, und rechtsseitig (Pfeil 3) Schleimhautquetschung mit Rötung (Erythem).

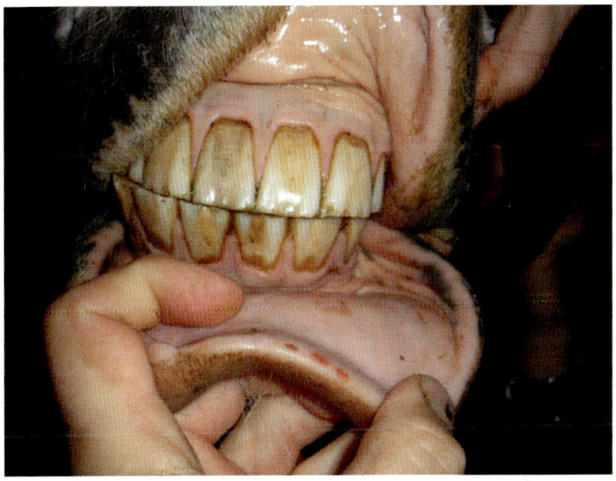

Abb. 2-2 Warmblut, Wallach, 6 Jahre. Mehrfache geringgradige Unterlippenverletzung durch scharfkantige Oberkieferschneidezähne und geringgradigen Vorbiss, wenige Stunden alt, mit Einblutungen in die Schleimhaut.

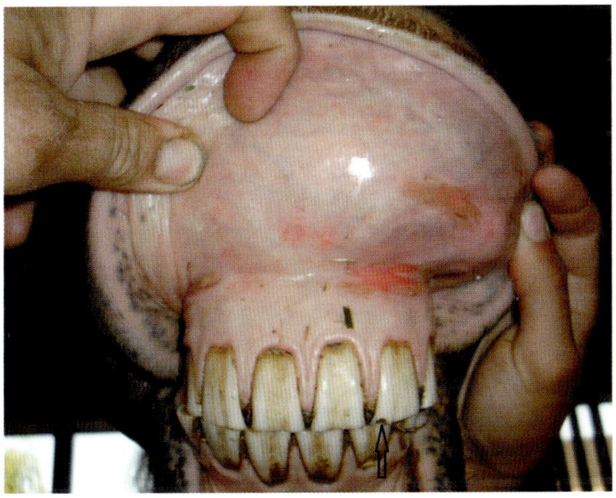

Abb. 2-3 Isländer, Stute, 9 Jahre. Selbstzerstörung (Mutulismus). Mittelgradige Schleimhautverletzung der Oberlippe und des Oberlippenzahnfleischüberganges durch eine kleine, okklusale Zahnteilfraktur des 202 (Pfeil). **Behandlung:** Säuberung und Desinfektion der Schleimhautverletzung. Durch eine Schneidezahnkorrektur (s. Kap. 3.1.3, S. 50, und 3.3.5, S. 85) wird in fast allen Fällen der Grund für den Mutulismus beseitigt.

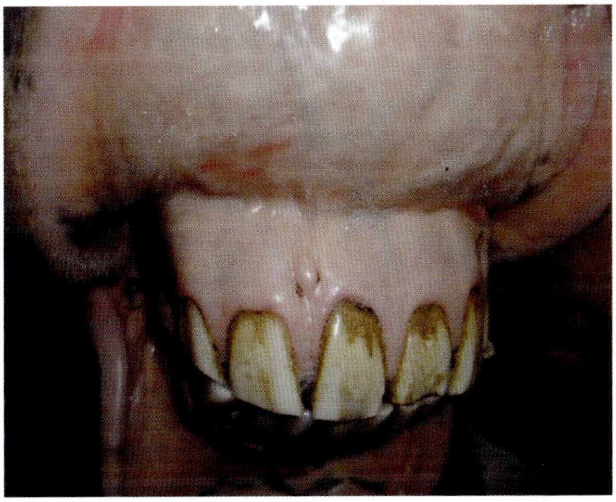

Abb. 2-4 Araber-Mix, Wallach, 8 Jahre. Zahnfleischaphte bzw. Narbe und reaktive Oberlippenerosion. Zufallsbefund, der keine Behandlung erfordert.

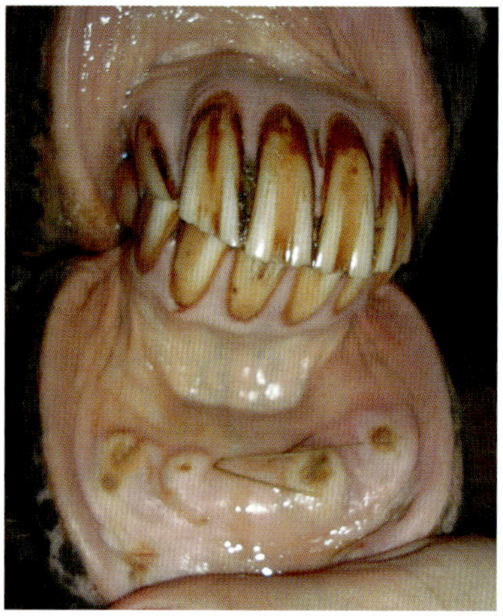

Abb. 2-5 Isländer, Stute, 14 Jahre. Mittelgradige Unterlippengeschwüre (Ulzera) als Folge mehrjähriger unterlassener Schneidezahnbehandlung. Scharfe Schmelzkanten von 101, 102, 201 und 202 sind hier als Ursache gut zu erkennen.

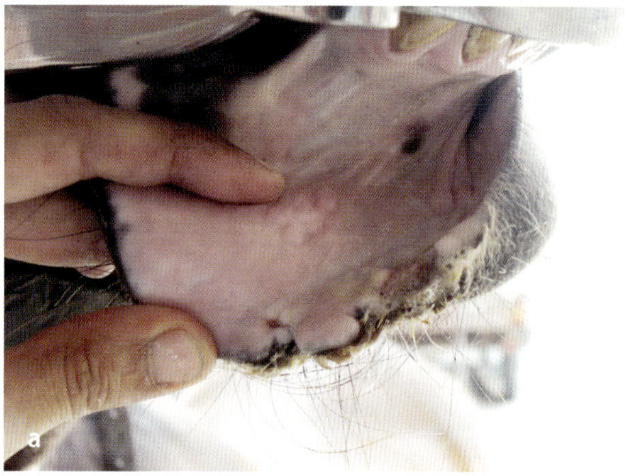

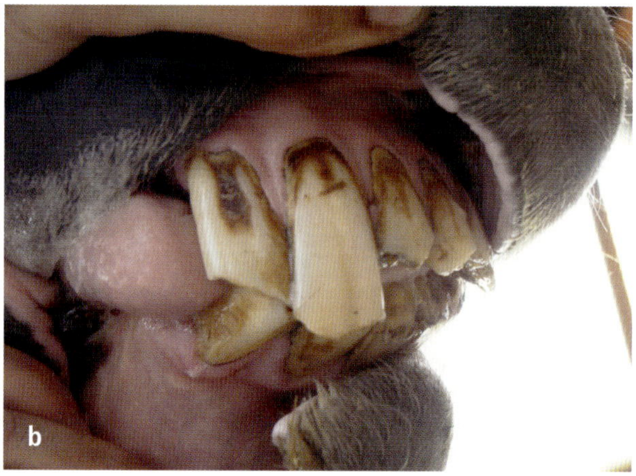

Abb. 2-6 Englisches Vollblut, Stute, 22 Jahre.
a Hier sind multiple, chronische, ulzeröse Verletzungen und Vernarbungen an der Unterlippe zu sehen, welche immer durch den Haustierarzt versorgt worden sind.
b Verletzungsursache sind zwei extrem überlange und scharfe Zähne (102 und 103). Die Wunden waren zwar immer versorgt, die Ursache jedoch nie erkannt und behoben worden.

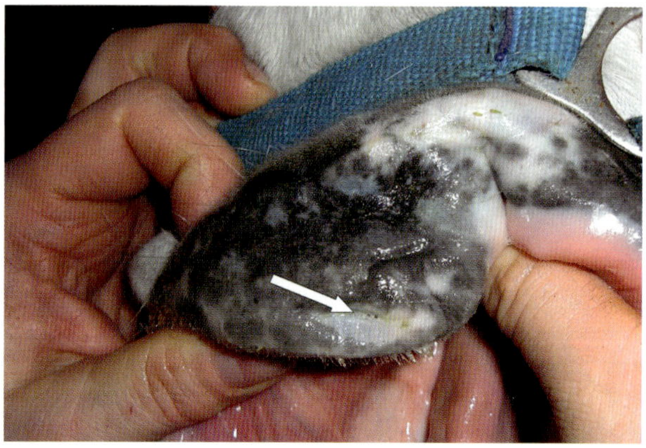

Abb. 2-7 Araber, Wallach, 22 Jahre. Hengstzahneinstempelung (Impression) im Oberlippenmelanom (Pfeil).

! Merke: Häufig treten Melanome im Bereich der 6er auf, was deren Berundung dringend erforderlich macht, aber ggf. auch schwierig gestaltet. Bei Verdacht sollten immer die Lippen nach außen umgekrempelt und abgesucht werden. Werden Melanome (gern auch im Gebisswinkel gelegen) gefunden, sollten die Lippen für die Zahnbehandlung eingecremt bzw. eingeölt werden, da die Tumore die Elastizität stark einschränken.

2.2 Zunge

Anatomisch wird die Zunge in drei Bereiche gegliedert: die Zungenspitze, den Zungenkörper und die Zungenwurzel. In der Mitte der Zungenunterseite liegen die Leitungsstrukturen (Arterie, Venen und Nerven), die dadurch gegen Verletzungen maximal geschützt sind. Hier befindet sich auch das dünnhäutige Zungenbändchen (Frenulum linguae) als elastische, bewegliche Verbindung zum Unterzungenboden.

Die Zunge ist ein Multifunktionsorgan, das Schmerz empfinden, tasten, schmecken und als Muskel arbeiten kann. Zusätzlich ist sie für die Positionierung des Futters in der Maulhöhle zuständig. Sie stabilisiert die Lage des Futters auf den Okklusionsflächen der Zähne und sorgt, zusammen mit den Querrillen (Transverse Ridges, s. Kap. 5.4, S. 123) auf den Oberkieferbackenzähnen und den leicht nach kaudal gerichteten leistenförmigen Gaumenstaffeln (Rugae palatinae), für den Weitertransport des zermahlenen Futters nach kaudal. Veränderungen und Erkrankungen können als Primärerkrankungen an der Zunge direkt „angreifen". Dies gilt z. B. für Verletzungen durch Trensengebisse oder scharfe Zahnanteile. Auch Noxen wie Hitze, Kälte oder Schwermetalle gehören hierzu. Bei Zahnproblemen durch Fehlstellungen, Frakturen, Zahnfleischtaschen oder dergleichen kann die Zunge ebenfalls in Mitleidenschaft gezogen werden. Diese Veränderungen werden als sekundäre Zungenerkrankungen bezeichnet.

! Merke:
Auch bei hochgradigen Verletzungen an Zungenkörper und Zungenwurzel muss kein außerhalb der Maulhöhle sichtbarer Blutaustritt stattfinden, da der Maulhöhleninhalt physiologisch ausschließlich nach kaudal zum Abschlucken bewegt wird.

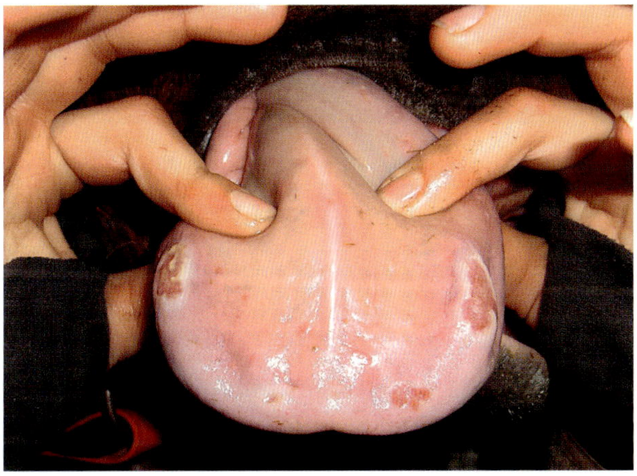

Abb. 2-8 Schweres Warmblut, Wallach, 5 Jahre. Kältebedingte Schleimhautveränderung der Zungenunterseite bei Offenstallhaltung im Winter. **Behandlung:** Sanfte Desinfektion (Jodlösung mit physiologischer Kochsalzlösung), um eine sekundäre Wundinfektion zu verhindern.

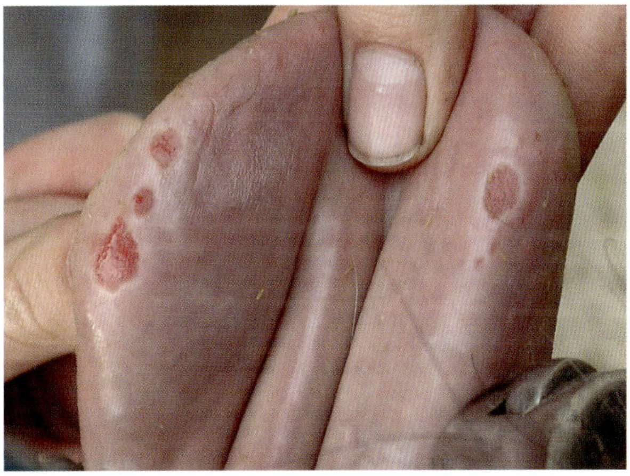

Abb. 2-9 Warmblut, Wallach, 9 Jahre, M-Dressurpferd. Schleimhauterosionen des vorderen Zungenabschnittes. Kiefergelenk beidseits sehr schmerzhaft, links stärker. Die Zunge wurde zur Druckentlastung zwischen die Schneidezähne gelegt. **Behandlung:** Nach Wiederherstellung der Normokklusion heilte die Zungenschleimhaut komplikationslos ab.

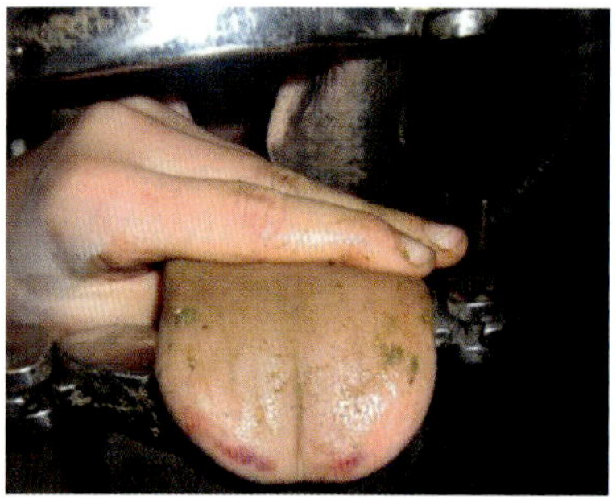

Abb. 2-10 Warmblut, Stute, 4 Jahre. Akute geringgradige Quetschung der Zungenspitze. Beim Öffnen des Maulgatters war die Zunge kurzfristig in der Beißplatte eingeklemmt gewesen. **Behandlung:** Desinfektion sinnvoll.

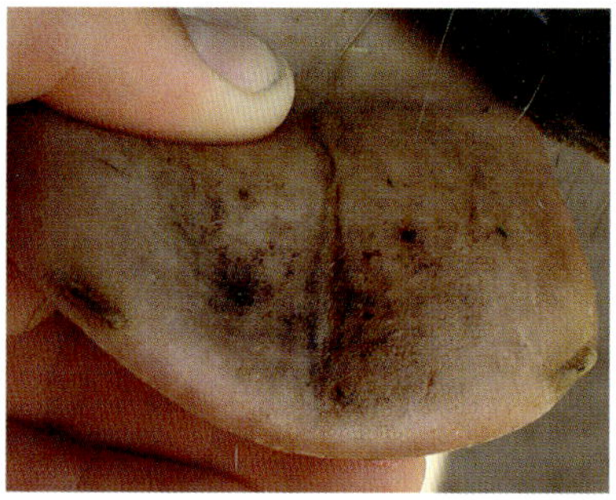

Abb. 2-11 Pony, Wallach, 16 Jahre. Vernarbte Schleimhautbezirke, Zunge liegt zur Druckentlastung für das Kiefergelenk dauerhaft zwischen den äußeren Schneidezähnen (103-403). Keine lokale Behandlung notwendig.

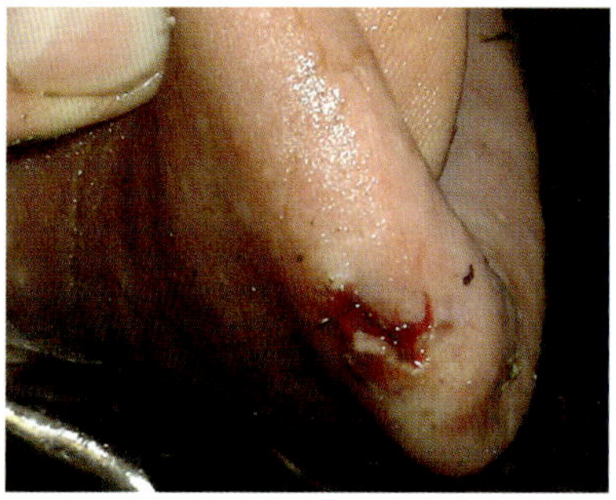

Abb. 2-12 Warmblut, Hengst, 6 Jahre. Akute Rissverletzung der Zungenschleimhaut durch Hengstzahnspitze. **Behandlung:** chirurgische Wundbehandlung nach den Grundsätzen der allgemeinen Chirurgie (s. Abb. 2-8, S. 23).

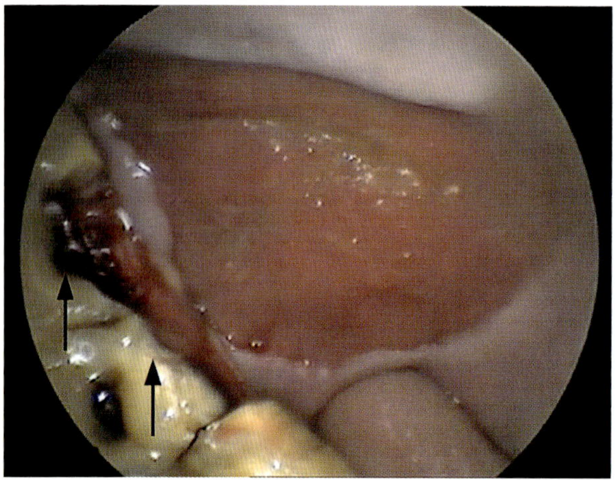

Abb. 2-13 Hier ist eine großflächige Zungenschälwunde durch Mahlzahnschärfen zu erkennen. 409 mit lingualen Zahnteilfrakturen (Pfeile) sind der Grund dafür. **Behandlung:** Versorgung der Zahnteilfrakturen (s. Kap. 4.2.1, S. 102) und der Schälwunde wie in Abbildung 2-8, S. 23.

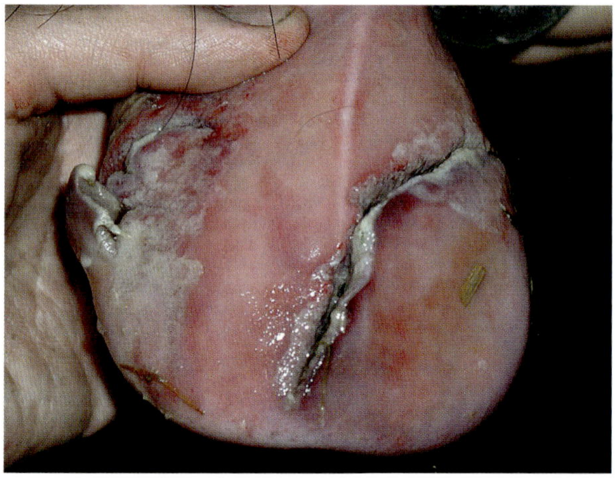

Abb. 2-14 Haflinger, Wallach, 13 Jahre. Mittel- bis hochgradige, mehrere Tage alte, infizierte, nekrotisierende Rissverletzung der Zungenseite und -unterseite „nach Longieren". **Behandlung:** Chirurgische Wundbehandlung nach den Grundsätzen der Allgemeinen Chirurgie (s. Abb. 2-8, S. 23).

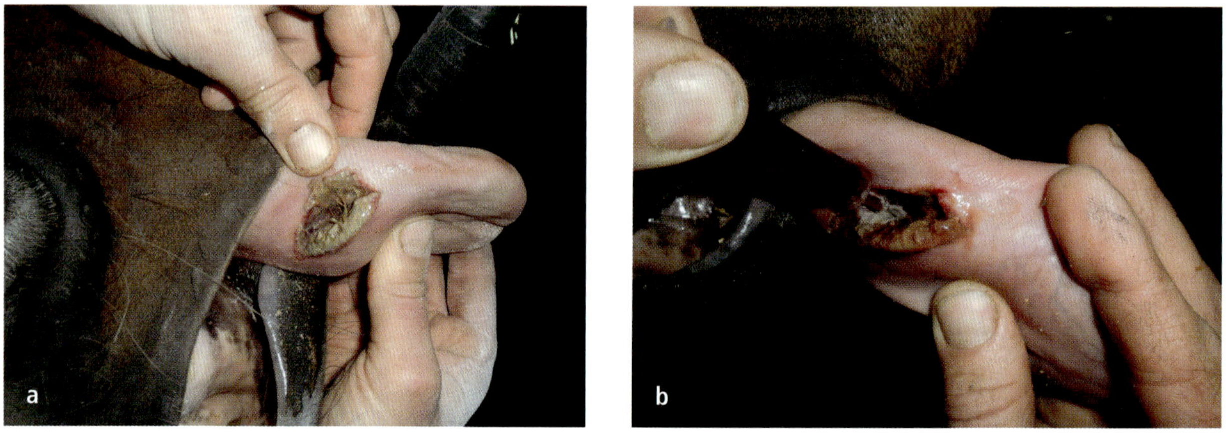

Abb. 2-15 Thüringer Warmblut, Stute, 9 Jahre.
a Tiefe, in die Muskulatur reichende, ca. 1 Woche alte Rissverletzung. Das Fressverhalten ist seit einem Dressurlehrgang mit „Korrekturritt" vor 7 Tagen gestört.
b Zustand nach Wundtoilette. **Behandlung:** Es wird mit Lotagen®-Konzentrat gespült, um eine sterile Wundoberfläche trotz feuchter Umgebung zu erzeugen. Für eine Naht ist die Wunde, wie auch bei Abbildung 2-14, deutlich zu alt.

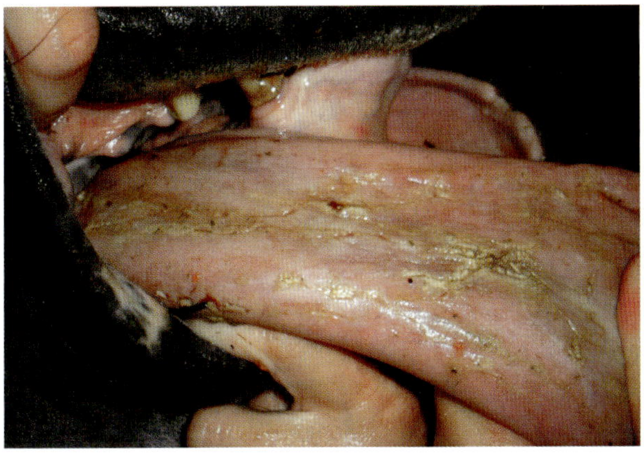

Abb. 2-16 Traber, Stute, 13 Jahre. Diphteroide Beläge auf der Zungenoberseite nach Verätzung (Tränke mit Bleimennige gestrichen). **Behandlung:** wie bei Abbildung 2-8, S. 23.

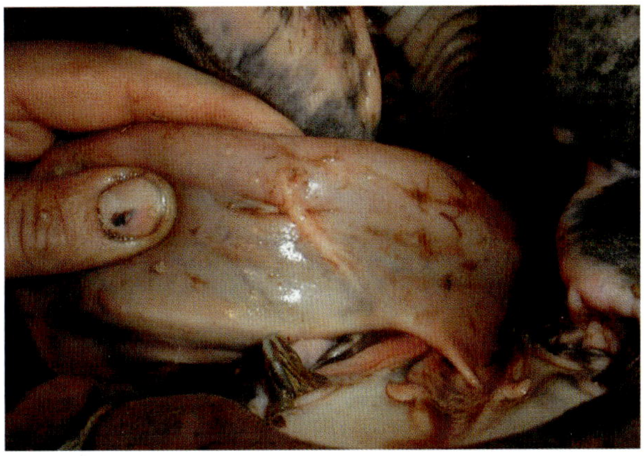

Abb. 2-17 Englisches Vollblut, Wallach, 22 Jahre. Tiefe, in die Muskulatur reichende Narbe der Zungenunterseite.

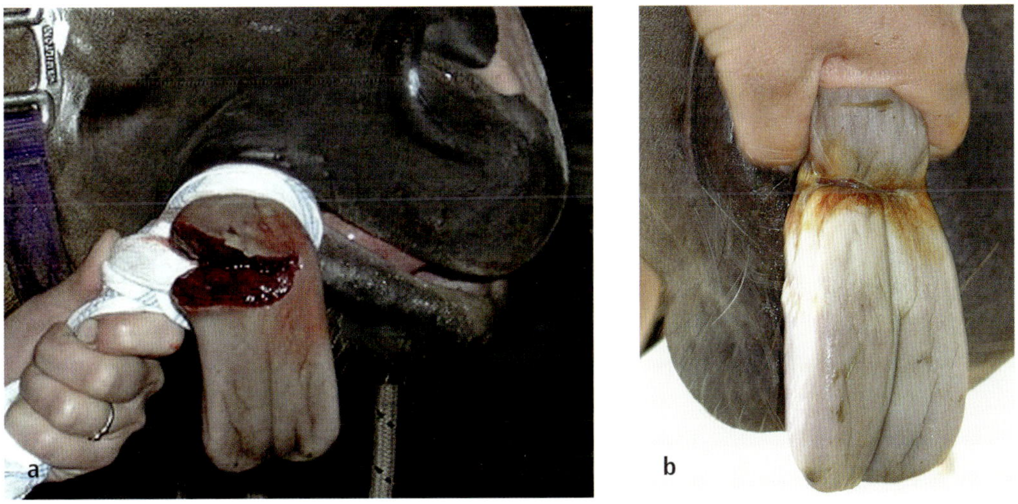

Abb. 2-18 Quarter-Horse, Wallach, 4 Jahre.
a Sehr tiefe Schnitt-/Rissverletzung der Zungenoberseite nach Reiten mit „Draht" anstelle eines Gebisses. Zungenspitze warm, Schmerzreaktionen noch auslösbar, deshalb chirurgische Versorgung statt Amputation.
b Zustand 8 Wochen später.

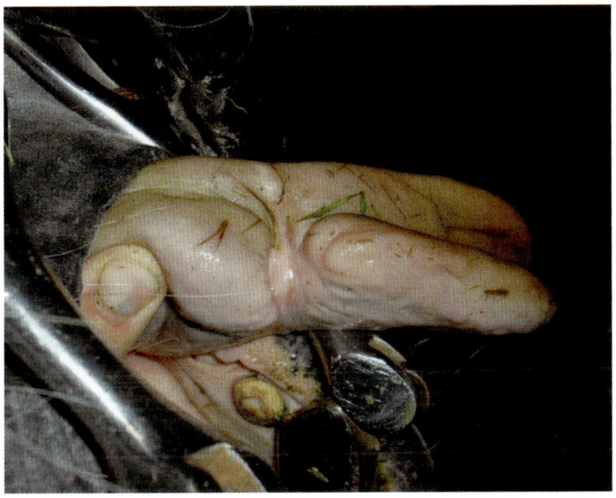

Abb. 2-19 Englisches Vollblut, Wallach, 15 Jahre. Umfassende Narbenstuktur, vier Fünftel des Zungenumfangs betreffend, Pferd mit Gebiss nicht reitbar.

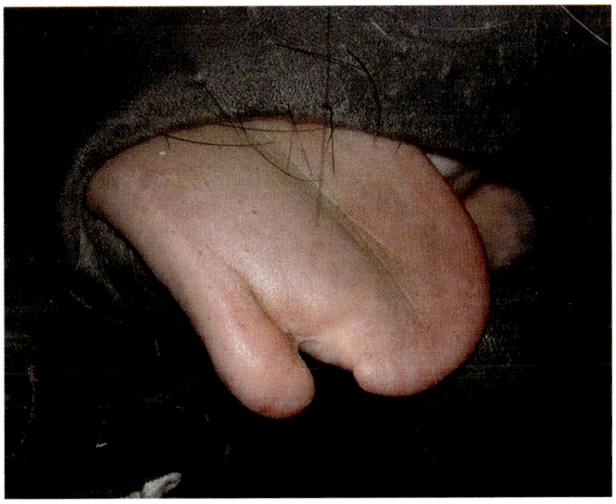

Abb. 2-20 Trakehner, Wallach, 12 Jahre. Vernarbter Zungenriss mit geringgradigem Substanzverlust, Zufallsbefund bei Zahnkontrolle.

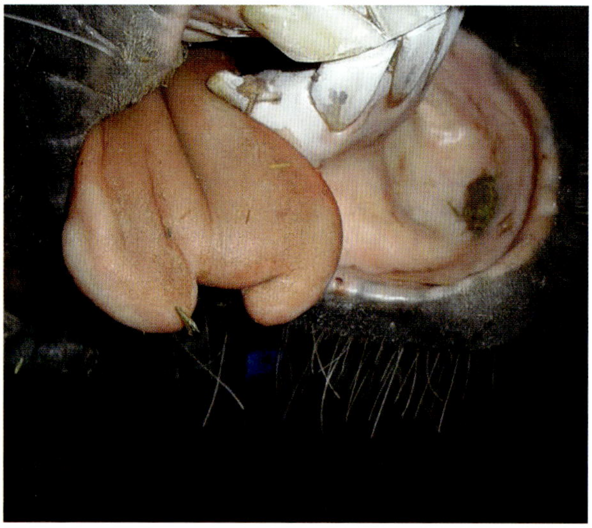

Abb. 2-21 Warmblut, Wallach, 6 Jahre. Vernarbter Zungenteilabriss mit deutlichem Substanzverlust.

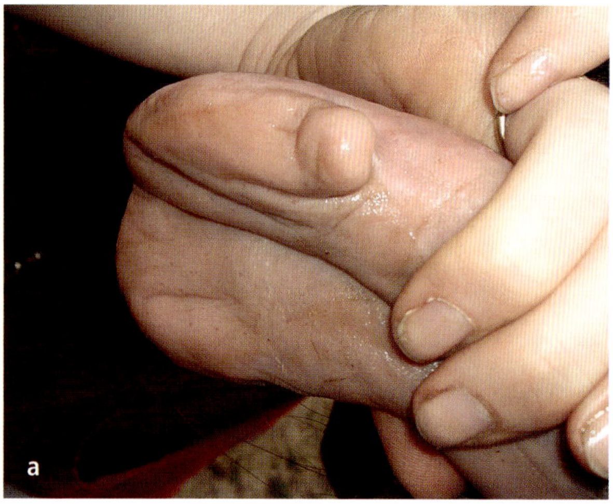

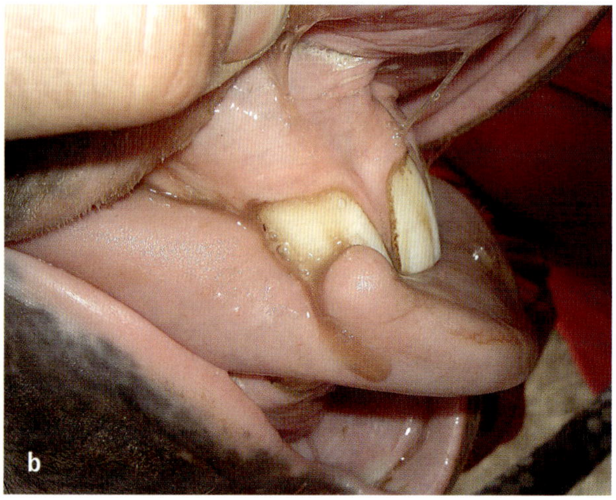

Abb. 2-22 Warmblut, Stute, 8 Jahre.
a Wulstig verheilte Zungenverletzung.

b Physiologische Zungenhaltung.

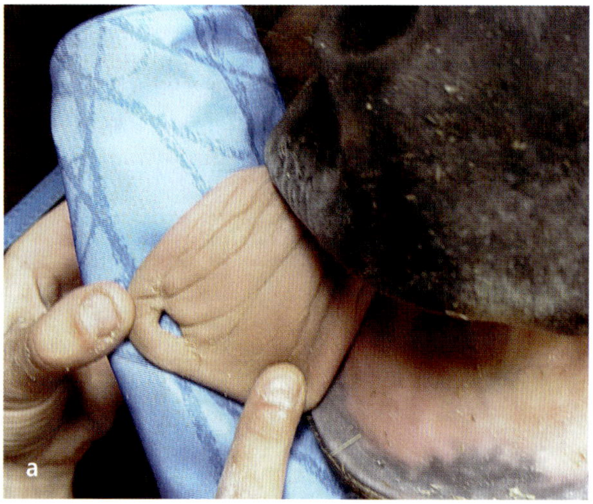

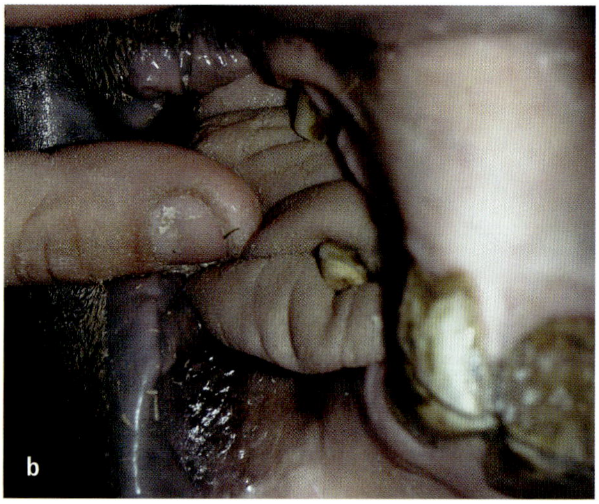

Abb. 2-23 Holländisches Warmblut, Stute, 10 Jahre, Schulpferd.
a Perforation der Zunge.

b Ursache der Perforation war ein Hengstzahn. **Behandlung:** Um das Zungen-„Piercing" nicht zu vergrößern, ist hier eine Kürzung und akkurate Berundung von 404 notwendig.

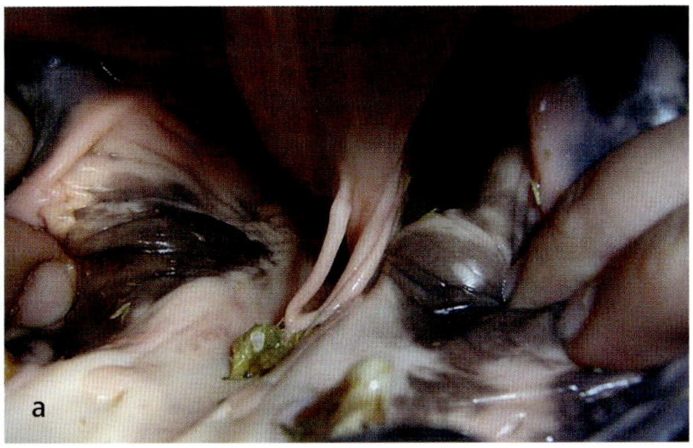

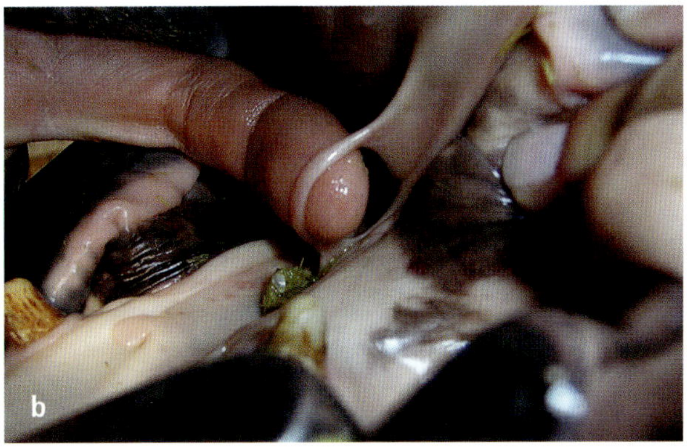

Abb. 2-24 Englisches Vollblut, Wallach, 14 Jahre.
a Riss des Zungenbändchens (Frenulum linguae) aus unbekannter Ursache. Zufallsbefund, keine Behandlung notwendig.
b Nahaufnahme.

2.3 Schleimhautveränderungen

Schleimhautveränderungen lassen sich in Zusammenhangstrennung oder Abweichungen von Form, Farbe und Oberflächenstruktur unterteilen. Die Form der Schleimhaut kann durch eine Schleimhautwucherung (Hyperplasie) oder eine Schleimhautreduktion (Hypoplasie) verändert sein. Die Farbe der Schleimhaut ist physiologisch „schweinchenrosa". Abweichungen sind hier in Richtung hellrosa bis weiß bei Kreislaufstörung oder Blutmangel zu erkennen. Eine deutlich gerötete Schleimhaut weist auf einen entzündlichen Vorgang hin, bläuliche Verfärbung zeugt von einem Sauerstoffmangel, verwaschen-schmutziggrau hingegen von einer hochgradigen Infektion (Septikämie). Auch hier gibt es primäre und sekundäre Veränderungen wie Entzündungen der Lade (s. Kap. 4.2, S. 99) als Beispiel für eine primäre Veränderung oder Aphten als sekundäre Veränderung (s. **Abb. 2-25**). Auch Fremdkörper, zum Beispiel Stöcke (s. **Abb. 2-35**) und Grannen (s. **Abb. 2-34**), können sekundäre Veränderungen verursachen. Manche, meist kleine Pflanzenteile, wandern ganz unter die Schleimhaut und verkapseln sich dort. Diese zu entdecken gelingt ausschließlich mit dem Tastsinn. Weitere Sekundärveränderungen wie Fistelgänge von tiefer liegenden Zahnerkrankungen und Schleimhauttaschen werden in den Kapiteln 5.7, S. 131, und 5.9, S. 134, abgehandelt.

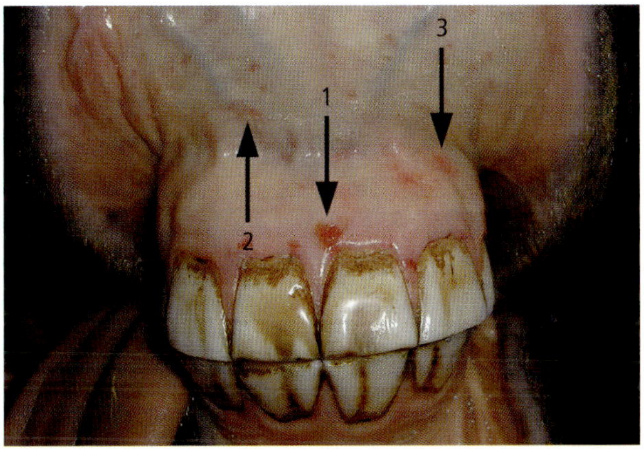

Abb. 2-25 Isländer, Wallach, 7 Jahre. Kleine Schleimhautbläschen (Aphten, Pfeil 1) und geringgradige Blutungen in der Schleimhaut (Pfeil 2 und 3) infolge eines Atemwegsinfektes.
Behandlung: Spülung mit sanft desinfizierenden und/oder adstringierenden Lösungen.

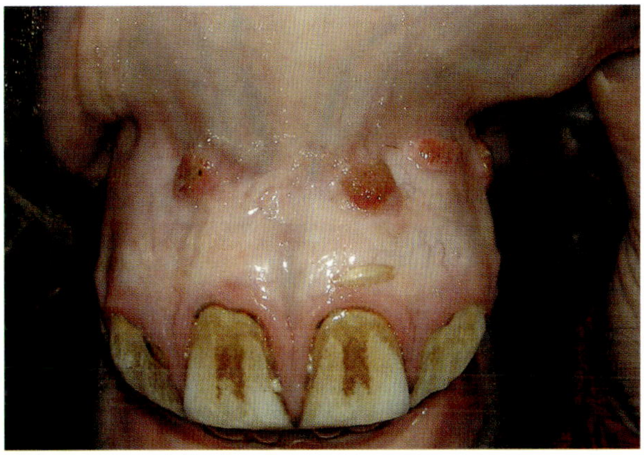

Abb. 2-26 Englisches Vollblut, Hengst, 4 Jahre. Große Schleimhautbläschen (Aphten) durch einen Virusinfekt.
Behandlung: s. Abb. 2-25.

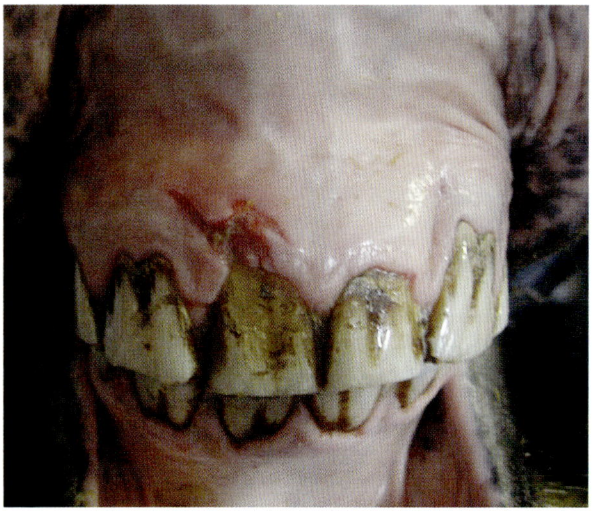

Abb. 2-27 Halbblut, Wallach, 10 Jahre. Mutulismus durch rückwärtig verschobenen 101 und hieraus resultierendem Druckgefühl. **Behandlung:** siehe Abbildung 2-25, S. 27.

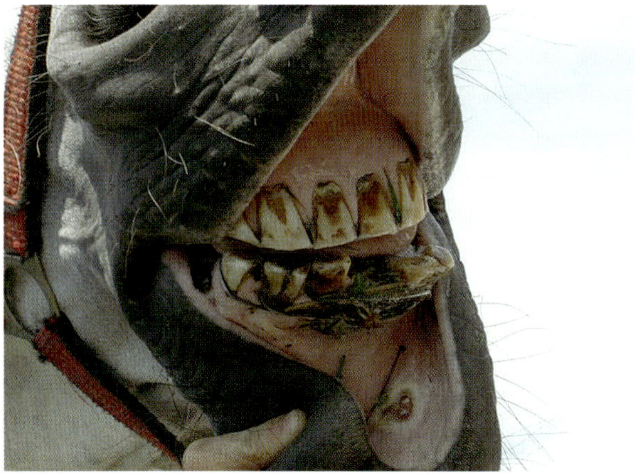

Abb. 2-28 Schweres Warmblut, Stute, 14 Jahre. 4 Wochen nach Unterkieferbruch: druckbedingter, mittelgradiger Unterlippenschleimhautschaden (Dekubitus), verursacht durch die Drahtcerclage zur Stabilisierung der Fraktur. **Behandlung:** regelmäßige Wundtoilette, da die Cerclage noch mehrere Wochen verbleiben muss.

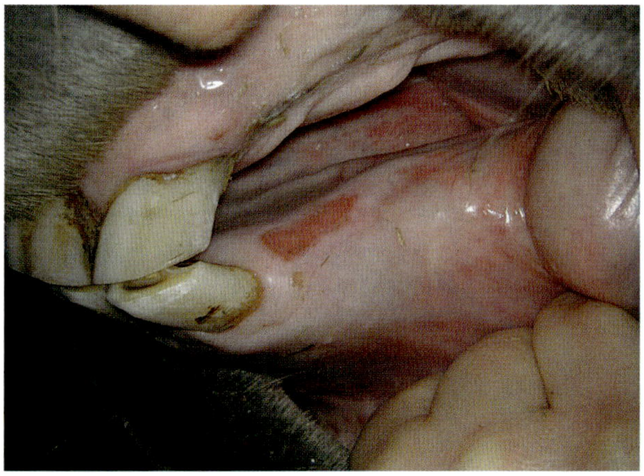

Abb. 2-29 Warmblut, Stute, 6 Jahre. Schleimhautschälwunde (Abrasion) durch deutlich zu locker eingeschnalltes Gebiss. **Behandlung:** Desinfektion mit einem jodhaltigen Tupfer.

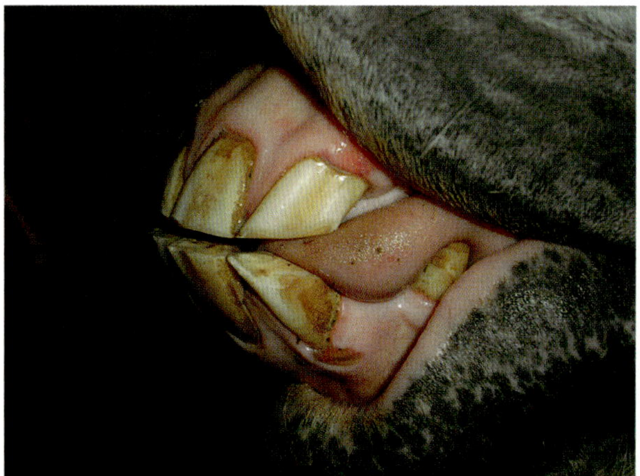

Abb. 2-30 Quarter-Horse, Wallach, 9 Jahre. Mutulismus durch fehlgeformten 303, der ein Druckgefühl verursachte. **Behandlung:** siehe Abbildung 2-25, S. 27.

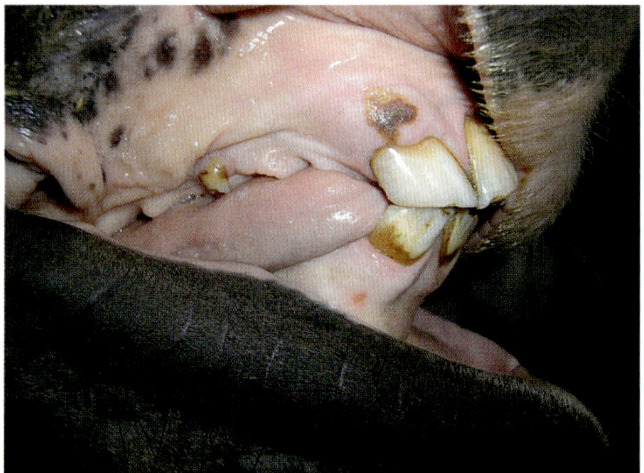

Abb. 2-31 Warmblut, Stute, 8 Jahre. Geringgradige Drucknekrose an 103. Keine Behandlung notwendig.

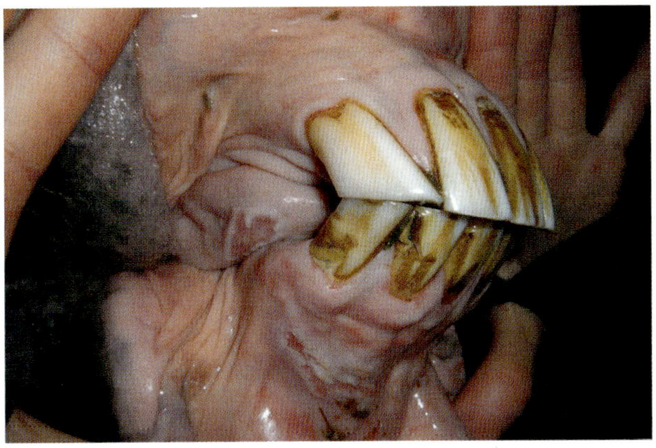

Abb. 2-32 Freiberger, Stute, 13 Jahre. Mittelgradige Schleimhautulzera, nach 2 Nächten bei −20 °C im Offenstall und durchgefrorenen Tränken. **Behandlung:** siehe Abbildung 2-25, S. 27.

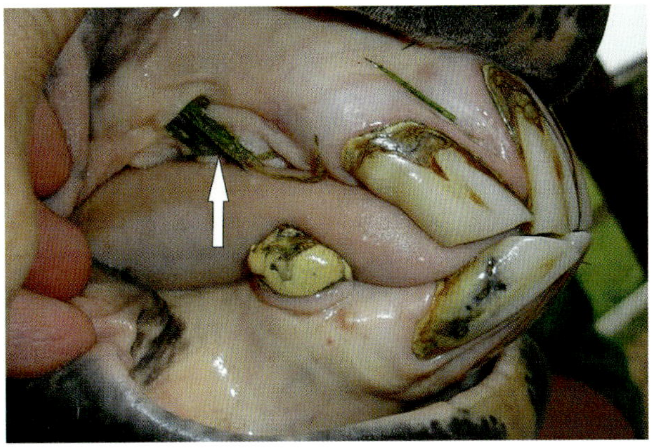

Abb. 2-33 Warmblut, Wallach, 16 Jahre. Schleimhauttasche im Diastema mit Graseinlagerung (Pfeil) und deutlichem Zahnstein an 404. **Behandlung:** Entfernung des Fremdkörpers und Desinfektion.

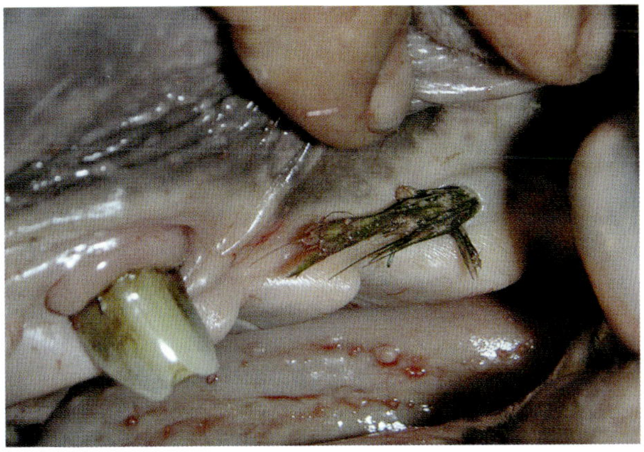

Abb. 2-34 Hannoveraner, Wallach, 12 Jahre. Granne, in eine Schleimhauttasche im Raum zwischen den Schneidezähnen und dem ersten Mahlzahn (Diastema) eingespießt. **Behandlung:** Entfernung des Fremdkörpers und Desinfektion.

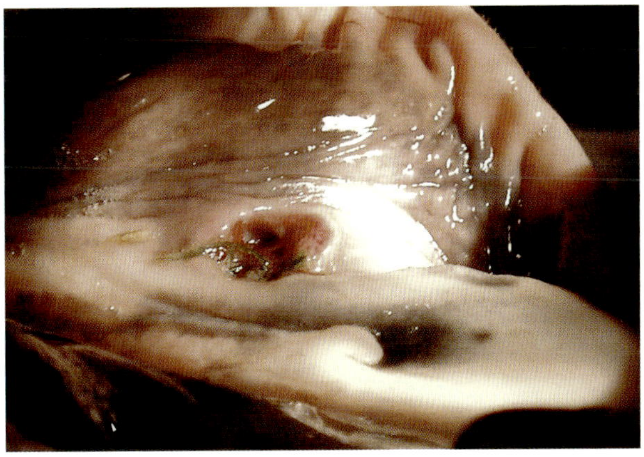

Abb. 2-35 Holsteiner, Stute, 7 Jahre. Tiefe, durch einen Stock verursachte Wunde in der Backenschleimhaut (bukkal) nach Entfernung des Fremdkörpers. **Behandlung:** sanfte Desinfektion (Jodlösung mit physiologischer Kochsalzlösung), um eine sekundäre Wundinfektion zu verhindern.

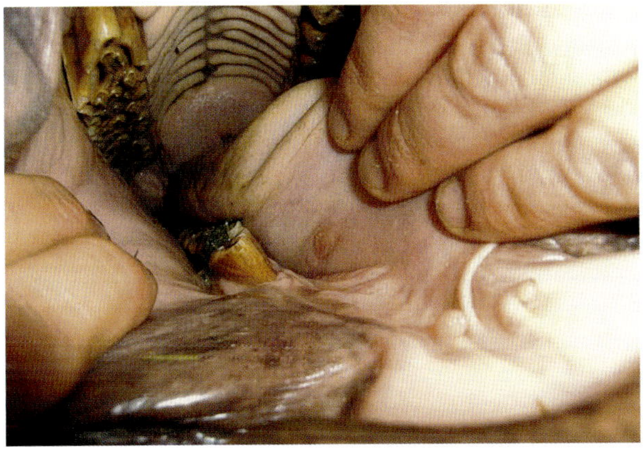

Abb. 2-36 Halbblut, Stute, 17 Jahre. Durch Schärfe von 406 verursachte Schälwunde (Abrasion) am Übergang von der Maulschleimhaut zum Zungengrund. **Behandlung:** siehe Abbildung 2-25, S. 27 sowie Ursachenbeseitigung durch Abrundung der lingualen Mahlzahnkanten.

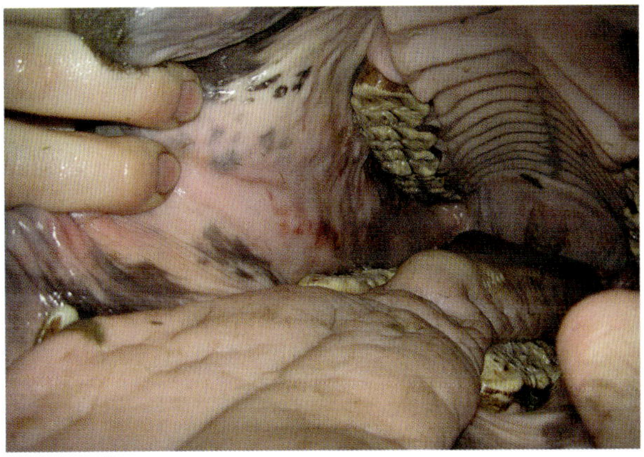

Abb. 2-37 Paint-Horse, Wallach, 12 Jahre. Schärfen im 1. Quadranten (Bild nach Entfernung) verursachten deutliche in und unter der Schleimhaut liegende Quetschungen und geringgradige Schleimhautrisse bukkal.

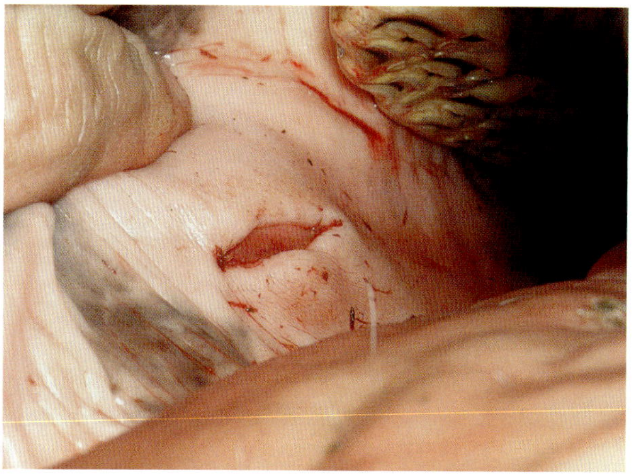

Abb. 2-38 Warmblut, Stute, 5 Jahre, Fahrpferd. Gebissbedingter, mittelgradiger bukkaler Schleimhautriss. **Behandlung:** Eine Spülung mit verdünnter Lotagen®-Lösung (5 ml Lotagen®-Konzentrat in 1 l NaCl-Lösung) ist hier sinnvoll, da eine gute desinfizierende und adstringierende Wirkung in einem Arbeitsschritt erfolgen kann.

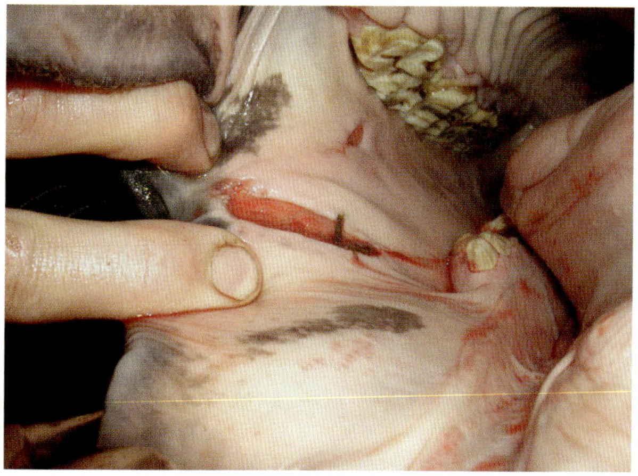

Abb. 2-39 Englisches Vollblut, Hengst, 2,5 Jahre. Tiefe, große Schleimhautrisse nach „scharfem Trainingsritt“. **Behandlung:** wie in Abbildung 2-38 beschrieben.

3 Schneidezähne

Die Schneidezähne werden als beachtungswürdiger Teil der Maulhöhle in der Literatur oft stiefmütterlich behandelt, obwohl sie der Untersuchung sehr zugänglich sind. Aus diesem Grund wird ihnen hier ein ausführliches Kapitel gewidmet.

Grundlage der Ausführungen zu diesem Thema bildet die Dreipunktbalance: Schneidezähne, Mahlzähne und Kiefergelenke sollten bei der Kautätigkeit eine gleichmäßige Druckverteilung erfahren. Dies ist nur bei einem physiologischen Gebisswinkel (s. **Abb. 3-101**) gegeben. Das Kapitel ist in drei Hauptanteile gegliedert: 1. die Abweichung der Schneidezähne von der physiologischen Lage, der Anzahl und der Form, 2. die Erkrankung der zahnumliegenden Gewebestrukturen und 3. der sonstigen Schneidezahnerkrankungen und –veränderungen. In diesem Teil sind die Folgen des Fehlverhaltens (Koppen und Wetzen), die Zahnchirurgie (Zahnfrakturen und -extraktionen sowie Kieferfrakturen) und die EOTRH als Sonderform der Schneidezahnerkrankung eingeschlossen.

In Kapitel 3.1, S. 32, steht die räumliche Anordnung der Schneidezähne im Vordergrund. Das Kapitel 3.1.1, S. 33, befasst sich mit Vor- und Überbiss sowie mit Rück- und Unterbiss als Beispielen für vor-rückwärtige (rostro-kaudale) Fehlstellungen (s. **Abb. 3-1** bis **3-17**).

Definitionen:
Ein **Vorbiss** ist eine rostro-kaudale Fehlstellung, bei der die Schneidezähne des Oberkiefers unphysiologisch weit über die Unterkieferschneidezähne hinausragen. Er kann in Grade unterteilt werden: Ein Vorbiss 1. Grades liegt vor, wenn 301/401 direkt hinter 101/201 enden. Bei einem Vorbiss 2. Grades stehen 301/401 seitlich betrachtet hinter der Okklusionsfläche von 102/202. Befinden sich 301/401 auf halber Höhe von 103/203 spricht man von einem Vorbiss 3. Grades. Besteht kein Kontakt zwischen Ober- und Unterkieferschneidezähnen handelt es sich um einen Vorbiss 4. Grades oder **Überbiss**. Dieser wird auch Karpfengebiss oder Parrot Mouth genannt.
Der **Rückbiss**, bei dem die Schneidezähne des Oberkiefers direkt über oder hinter den Unterkieferschneidezähnen liegen, wird ebenfalls in verschiedene Grade eingeteilt. Beim Rückbiss 1. Grades stehen die Ober- und Unterkieferschneidezähne direkt übereinander. Befinden sich 101/201 auf halber Okklusionsfläche von 301/401 spricht man von einem Rückbiss 2. Grades. Liegen 101/201 knapp hinter der Okklusionsfläche von 301/401 handelt es sich um einen Rückbiss 3. Grades, während bei Grad 4 101/202 auf der Höhe der Hälfte der Okklusionsfläche von 303/403 sind. Grad 5 ist der echte **Unterbiss**, auch Hechtgebiss genannt, bei dem sich Ober- und Unterkieferschneidezähne nicht mehr berühren.

Kapitel 3.1.2, S. 40, beschäftigt sich mit den Abweichungen in Anzahl und Form der Schneidezähne (**Abb. 3-18** bis **3-48**). Die Unterzahl (Oligodontie, s. **Abb. 3-18** bis **3-20**), die echte Überzahl (Polyodontie, s. **Abb. 3-21** bis **3-25**), Probleme des Milchzahnwechsels im Sinne einer unechten Überzahl (Pseudopolyodontie, s. **Abb. 3-26** bis **3-37**) und das Auftreten überzähliger Zähne, die von der Bauart her nicht zu den Schneidezähnen gehören (heterotrope Polyodontie, s. **Abb. 3-38** und **3-39**), haben eigene Abschnitte erhalten. All diesen Abweichungen ist gemeinsam, dass sie eine ungleiche Druckbelastung einzelner Schneidezähne nach sich ziehen und sich durch das Nachwachsen bzw. Nachschieben der Zähne die Druckverhältnisse immer weiter von der Normokklusion entfernen. Die Korrektur der Druckverhältnisse zur Wiederherstellung der Normokklusion mittels eines besonderen Verfahrens, dem Slicing, wird in den **Abbildungen 3-45** bis **3-48** gezeigt.

Definition:
Normokklusion wird als ausbalancierte, gleichmäßige Druckbelastung der Okklusionsflächen aller Zähne definiert.

Das Kapitel 3.1.3, S. 50, beschäftigt sich mit den Abweichungen von der physiologisch meist horizontal gelegenen, okklusalen Schneidezahnebene (s. **Abb. 3-49**). Hierzu gehören das Smile als positive Lachlinie (s. **Abb. 3-50** bis **3-57**), das Frown als negative Lachlinie (s. **Abb. 3-58** bis **3-60**), der auf- und absteigende Diagonalbiss (s. **Abb. 3-61** bis **3-71**) und die Welle als mehrfache Abweichung von der Horizontalebene (s. **Abb. 3-72** bis **3-75**).

Im Kapitel 3.2, S. 59, geht es um Erkrankungen der zahnumliegenden (peridontalen) Gewebestrukturen bzw. der (parodontalen) Strukturen des Zahnhalteapparates, unterteilt in: 1. die peridontalen Erkrankungen mit ihrer Graduierung (s. **Abb. 3-76** bis **3-89**); 2. die losen und fehlenden Schneidezähne, die nicht nur beim alten Pferd (s. **Abb. 3-90** bis **3-93**, **3-95** bis **3-98** und **3-100**), sondern auch bei jüngeren Pferden (s. Abb. **3-94** und **3-99**) vorkommen; 3. die Okklusionsverbesserung, die anhand von Schemata (s. **Abb. 3-101**) und Schneide- und Mahlzahnabbildungen (s. **Abb. 3-102** und **3-103**) dargestellt wird; 4. den Einbiss mit seiner graduellen Einteilung (s. **Abb. 3-104** bis **3-113**); 5. die Wurzeldrehung in der vertikalen (s. **Abb. 3-114/115** und **3-117/118**) und horizontalen Ebene (s. **Abb. 3-115/116**).

Kapitel 3.3, S. 73, befasst sich mit weiteren Erkrankungen der Schneidezähne. In Kapitel 3.3.1, S. 73, wird der Zahnstein als Ausdruck einer unzureichenden mechanischen Kautätigkeit behandelt (s. **Abb. 3-119** bis **3-123**). Es werden Beispiele für gering-, mittel- und hochgradigen Zahnsteinbefall gezeigt. Das Kapitel 3.3.2, S. 75, befasst sich mit übermäßigem Zahnabrieb durch „Fehlverhalten“ der Pferde wie Wetzen und Koppen (s. **Abb. 3-124** bis **3-129**). Im darauf folgenden Kapitel 3.3.3, S. 77, wird auf eine spezielle Kombination von Zubildungen und Abbau von zahnumliegendem Gewebe und Zahngewebe eingegangen (s. **Abb. 3-130/131**). Diese nennt sich EOTRH (Equine Odontoclastic Tooth Resorption and Hypercementosis bzw. Equine Odontoklastische Absorptions- und Resorptionsvorgänge). Das Kapitel 3.3.4, S. 80, beschäftigt sich mit Zahnzerstörungen, sowohl durch mechanische Einwirkungen als auch durch bakterielle Infektionen, Schmelzdefekte und Karies. Die entsprechenden Therapiemöglichkeiten wie Füllungen und Zahnaufbau werden erläutert (s. **Abb. 3-132** bis **3-142**). Die Formen der Zahnfraktur (Fractura dentis) werden im Kapitel 3.3.5, S. 85, besprochen (s. **Abb. 3-143** bis **3-149**). Hieraus resultieren häufig Schneidezahnextraktionen (Extractio dentis), die im Kapitel 3.3.6, S. 87, dargestellt sind (s. **Abb. 3-150** bis **3-153**). Die Kieferfrakturen als stärkste mechanische Schädigungen werden mit den Therapiemöglichkeiten im letzten Kapitel dieses Themenbereiches, Kapitel 3.3.7, S. 90, abgehandelt (s. **Abb. 3-154** bis **3-160**).

3.1 Abweichungen von Lage, Anzahl und Form

Dieses Kapitel gibt einen Überblick über die Probleme im Schneidezahnbereich, die sich durch Abweichungen von der physiologischen Lage, Anzahl und Form der Zähne auszeichnen. Jede Anpassung des Gebisses hat die Wiederherstellung der Normokklusion zum Ziel. Der mangelnde Abrieb (Abrasion) der Schneidezähne wird durch die heutigen Haltungsbedingungen und die nicht mehr naturgemäße Ernährungsweise der Pferde verursacht. Entwicklungsgeschichtlich ist das Pferd ein Steppentier, d. h. silikathaltige Pflanzen wie harte, gelbe Gräser und Gestrüpp bildeten die physiologische Nahrungsgrundlage. Durch Verbiss und Konsum dieser Pflanzen war ein gleichmäßiger Abrieb aller Zähne mit dem Nachwachsen (bis zum 15. Lebensjahr ca. 2–3 mm im Jahr) bzw. Herausschieben der Zähne aus dem Kiefer gegeben (s. Abb. V-3 a, b, S. 2)

> **! Merke:**
> Wenn die Abnutzung im gleichen Maße erfolgt, wie das Nachwachsen bzw. Schieben der Zähne, liegt eine „Steady State“-Situation vor, bei der gleichmäßiger Druck auf alle Zähne ausgeübt wird.

Die Anpassung der Schneidezähne muss in einem Winkel von 10 bis 12 Grad von der Horizontalen aufsteigend in Richtung auf das Kiefergelenk hin (s. Schemata in Abbildung **3-101**) erfolgen. Eine Abweichung dieser Winkelung bedeutet automatisch eine schlechtere Biomechanik für das Pferd. Die Korrektur mit Hilfe einer diamantierten Trennscheibe (s. **Abb. 3-17 b**) auf Augenhöhe des behandelnden Praktikers am stehenden Pferd ist zurzeit die bewährteste Variante. Dabei ist allerdings zu bedenken, dass es speziell bei jungen Pferden keine Regel gibt, wie nahe die Pulpahöhlen bis an die Kaufläche heranreichen. Daher kann aufgrund einer möglicherweise okklusalnahen Pulpa eventuell nur eine geringe Anpassung erfolgen. Hier muss während der Arbeit eine ständige visuelle Kontrolle stattfinden, um die Eröffnung der Pulpa zu vermeiden. Falls die Pulpa trotzdem eröffnet wird, muss ein guter Praktiker in der Lage sein, den Defekt sofort zu verschließen, um eine Infektion und das Absterben des betroffenen Zahnes zu verhindern (s. Kap. 3.3.4, S. 80).

Definition:
Als **Gap** wird eine Lücke zwischen den Okklusionsflächen der sich sonst berührenden Zähne definiert.

Zur Kontrolle der Anpassung der Schneidezähne, insbesondere bei einem Gap, kann man sich im Backenzahnbereich am Abstand der Ober- und Unterkieferbackenzähne orientieren, indem man sie mittels Stirnlampe von lateral betrachtet. Der Abstand zwischen den Backenzähnen (Gap) kann bei der Korrektur der Schneidezähne direkt umgesetzt werden, um die Okklusion wiederherzustellen.

! Merke:
Je intensiver die Schneidezähne bearbeitet werden, desto perfekter muss die Arbeit im Mahlzahnbereich sein. Eine exakte Ausbalancierung der Mahlzähne macht eine gute Anpassung der Schneidezähne überhaupt erst möglich. Jeder Praktiker, der in diesem Sektor tätig wird, sollte sein erstes Augenmerk immer auf die Ausbalancierung der Backenzähne richten, bevor er sich der Anpassung der Schneidezähne widmet.

3.1.1 Vor- und Rückbiss

Gemäß **Abbildung 3-2** kann ein **Vorbiss**, der sowohl genetisch bedingt als auch erworben sein kann und bei dem die Unterkieferschneidezähne unphysiologisch weit hinter den Oberkieferschneidezähnen liegen, in bestimmte Grade unterteilt werden. Wenn die Zahnreihen dermaßen verschoben sind, dass kein Kontakt zwischen Ober- und Unterkieferschneidezähnen möglich ist, spricht man von einem Überbiss (Brachygnatia inferior). Bei einem **Überbiss** ist häufig zu beobachten, dass die Oberkieferschneidezähne eine kaudale Drehung (Rotation) vollziehen. Dies wird durch den Druck der Unterkieferincisivi auf die Zahnwurzeln der Oberkieferincisivi und eine daraus resultierende relative Mangeldurchblutung (Ischämie) im Bereich des weichen Gaumens (Pallatum molle) oder „Frosches" verursacht.

Die graduelle Einteilung des Rückbisses, bei dem die Unterkieferschneidezähne vor den Oberkieferschneidezähnen liegen, ist in **Abbildung 3-11** gezeigt. Haben die Oberkieferincisivi überhaupt keinen Kontakt zu den Unterkieferincisivi, spricht man von einem **Unterbiss** (Brachygnatia superior). Auch bei dieser Veränderung kommt es, wie beim Überbiss, häufig zu einer kaudalen Drehung (Rotation) der Unterkieferschneidezähne, da durch den Druck der Oberkieferschneidezähne auf die kaudalen Anteile der Zahnwurzeln der Unterkieferschneidezähne eine relative Ischämie erzeugt wird. Eine häufige Folge ist in solchen Fällen die keilförmige, papageienartige Formänderung im Bereich 101, 201, welche ihrerseits zu Diastasenbildung und damit einhergehend langfristig dem Verlust dieser Zähne führt (s. **Abb. 3-17 b**).

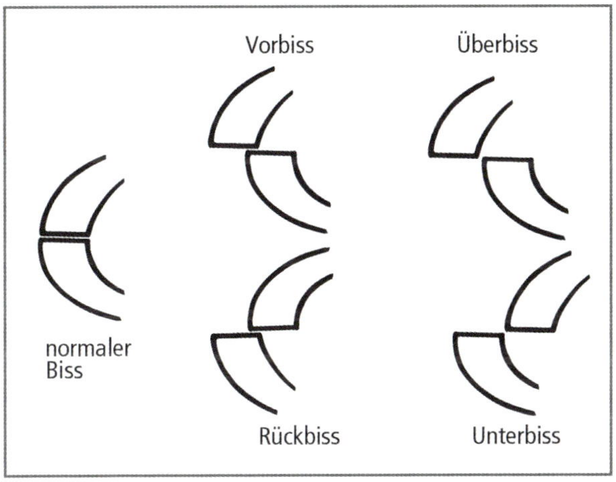

Abb. 3-1 Schema der rostro-kaudalen Gebissverschiebungen.

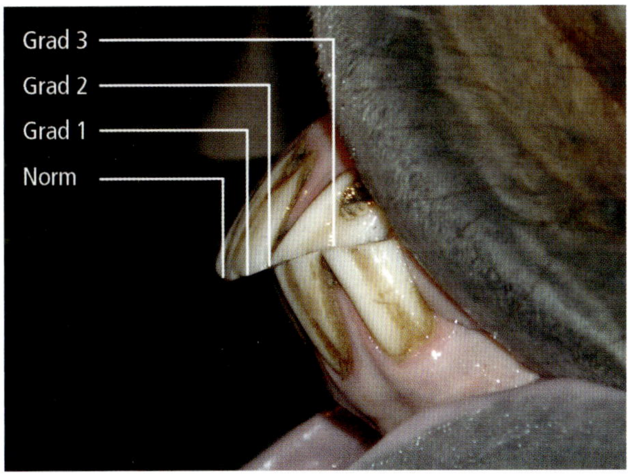

Abb. 3-2 Einteilung des Vor- bzw. Überbisses: Ein leichter Vorbiss in „Arbeitsposition" (Pferdekopf in Augenhöhe des behandelnden Praktikers) ist als physiologisch anzusehen, da beim Absenken des Kopfes der Unterkiefer nach vorne rutscht. Die Unterkiefer-1er sollten mit ihrem labialen Ende ungefähr auf der Hälfte der Okklusionsfläche der Oberkiefer-1er enden. Ein Vorbiss 1. Grades liegt vor, wenn 301/401 direkt hinter 101/201 enden. Bei einem Vorbiss 2. Grades stehen 301/401 seitlich betrachtet hinter der Okklusionsfläche von 102/202. Befinden sich 301/401 auf halber Höhe von 103/203 spricht man von einem Vorbiss 3. Grades. Besteht kein Kontakt zwischen Ober- und Unterkieferschneidezähnen, handelt es sich um einen Vorbiss 4. Grades oder Überbiss.

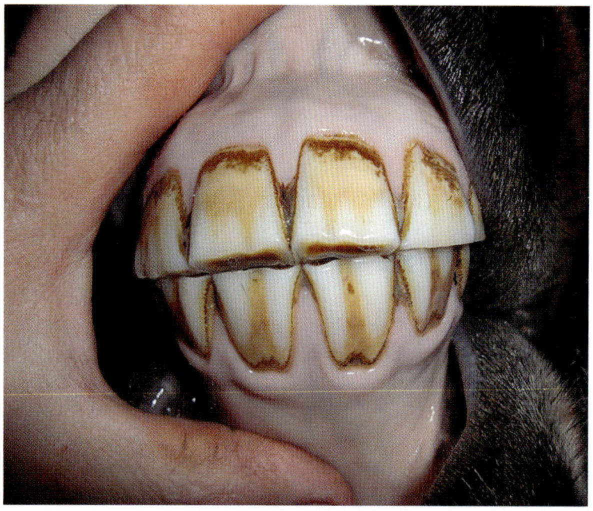

Abb. 3-3 Trakehner, Stute, 8 Jahre. Hier ist ein Vorbiss 2. Grades von 101 und 201 sowie 1. Grades von 102/103 und 202/203 abgebildet, außerdem ist ein geringgradig aufsteigender Diagonalbiss (s. Kap. 3.1.3, S. 50) mit Parodontose 2. Grades im Oberkiefer und 1. Grades im Unterkiefer erkennbar (s. Kap. 3.2.1, S. 59). Dort sind auch Schleimhautaufwölbungen vorhanden. **Behandlung:** Zunächst ist der Diagonalbiss zu beseitigen und dann eine deutliche Druckentlastung für die Schneidezahnwurzeln im Ober- und Unterkiefer zu schaffen. Dies erfolgt durch Schleifen eines ca. 1–2 mm breiten Gaps.

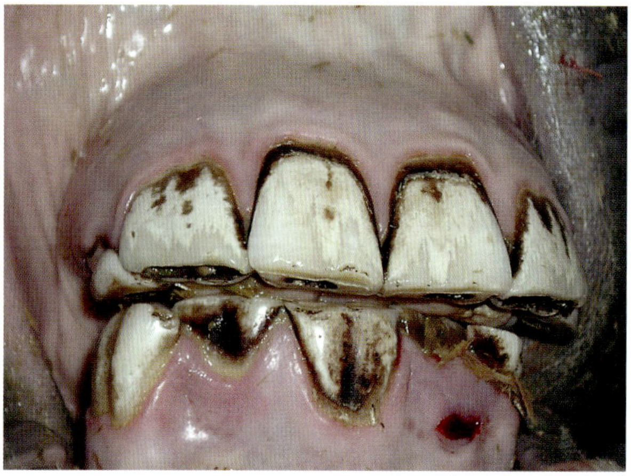

Abb. 3-4 Appaloosa, Stute, 8 Jahre. Überbiss 2. Grades mit deutlichen Zahnverdrehungen von 301 bis 303 sowie 402 und 403.

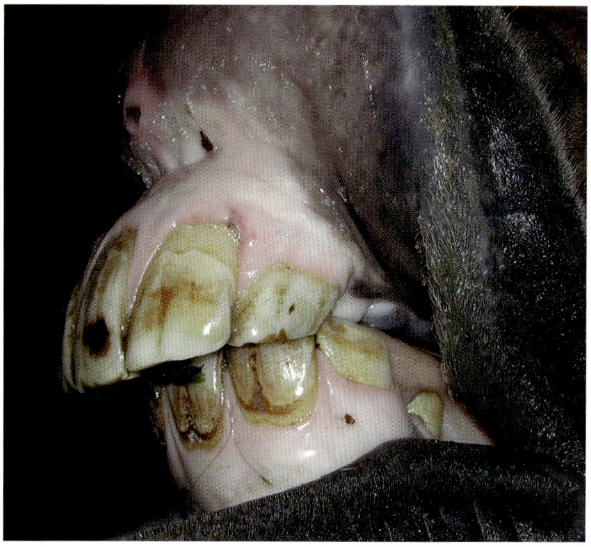

Abb. 3-5 Warmblut, Wallach, 5 Jahre. Angeborener (hereditärer) Vorbiss 3. Grades.

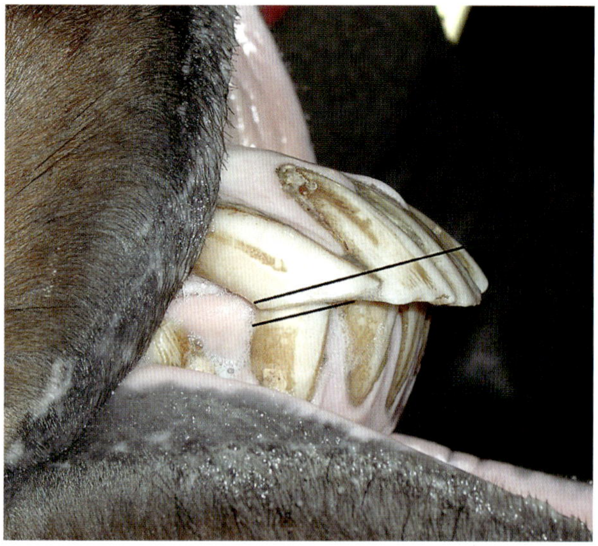

Abb. 3-6 Traber, Wallach, 17 Jahre. Erworbener Vorbiss 2. Grades. **Behandlung:** Eine deutliche Korrektur der Schneidezähne (s. Linien) ist möglich, da aufgrund der Parodontose die Pulpen hier nicht oberflächennah vermutet werden müssen.

! Merke: Ob sich der rostrale Oberkieferverschub nur auf den Schneidezahnbereich beschränkt oder die Backenzahnregion miterfasst, muss peinlich genau kontrolliert werden, da auch 6er- und 11er-Haken zu erwarten sind.

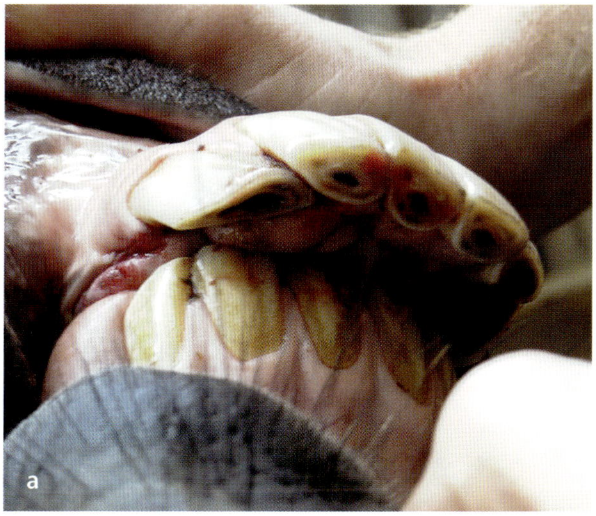

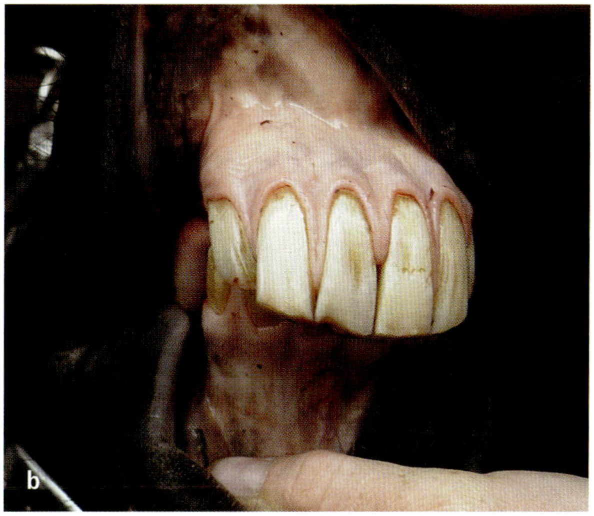

Abb. 3-7 Hessisches Warmblut, Stute, 10 Jahre.
a Dieser hereditäre Überbiss (Vorbiss 4. Grades) liegt in aller Regel auch bei den Backenzähnen vor. Die Folge ist eine hochgradige Hakenbildung auf 106/206 und 311/411.

b Ansicht von vorn.

! Merke: Bei einem Überbiss oder Vorbiss ist darauf zu achten, dass die Unterkieferschneidezähne keinerlei scharfe Kanten auf der Okklusionsfläche besitzen, da sie sonst zu hochgradigen Verletzungen am Tastorgan (Frosch) führen können.

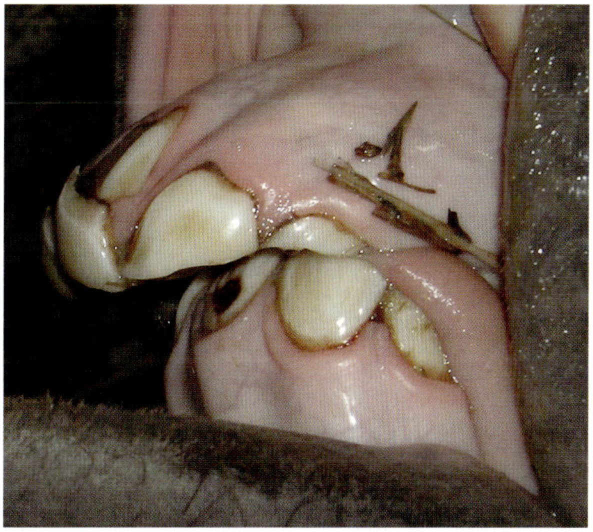

Abb. 3-8 Englisches Vollblut, Hengst, 3 Jahre. Hereditärer Überbiss. Selbst der Zahnwechsel, hier von 601, ist gestört. **Behandlung:** Die überfälligen Milchzahnkappen sind zu entfernen und die Schneidezahnkürzung so zu gestalten, dass der Druck der Unterkieferschneidezähne die Gaumenschleimhaut nicht weiter verletzen kann.

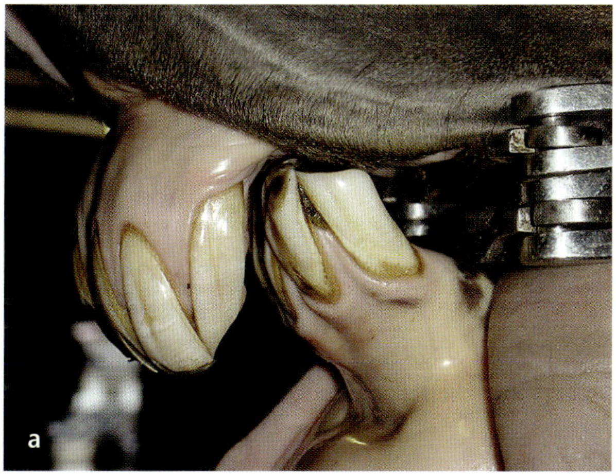

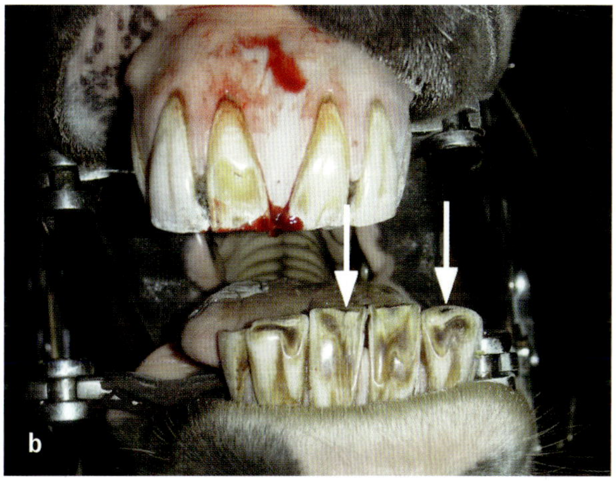

Abb. 3-9 Warmblut, Stute, 18 Jahre.
a Hereditärer, hochgradiger Überbiss. Das Pferd hatte infolge der Kieferfehlstellung verlaufende Haken über 106/107 und 206/207 sowie auf 311/411.

b Die Abrasionsspuren an den labialen Flächen der Unterkieferschneidezähne sind deutlich zu erkennen. Zum Teil wurden so starke Schmelzdefekte hervorgerufen, dass die Pulpakanäle (Pfeile) eröffnet sind.

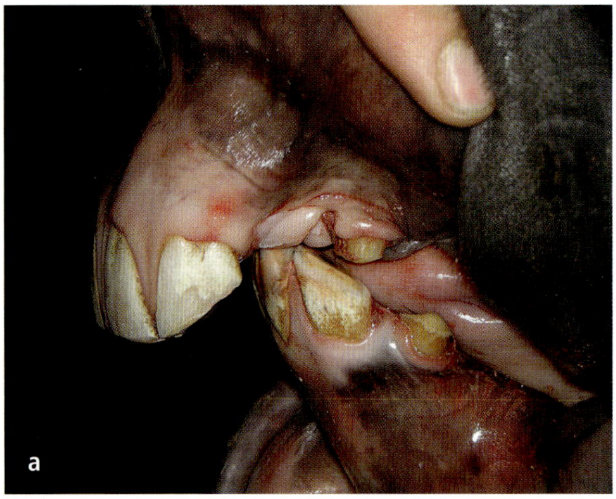

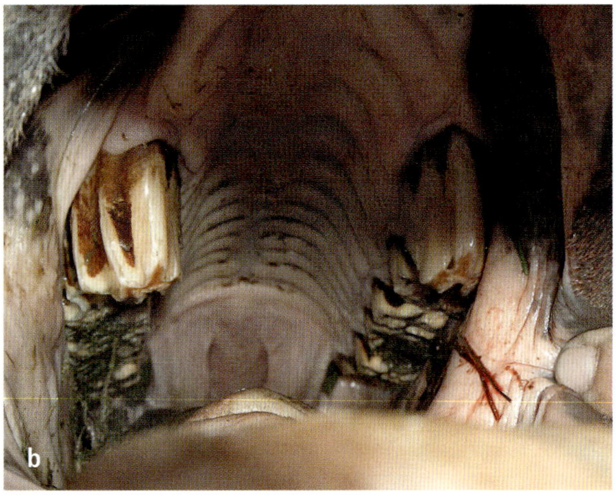

Abb. 3-10 Trakehner, Hengst, 6 Jahre.
a Hereditärer, hochgradiger Überbiss. **Behandlung:** siehe Abbildung 3-8, S. 35.
b Der Kieferverschub setzt sich im Mahlzahnbereich fort, hier hochgradige Haken von 106 und 206.

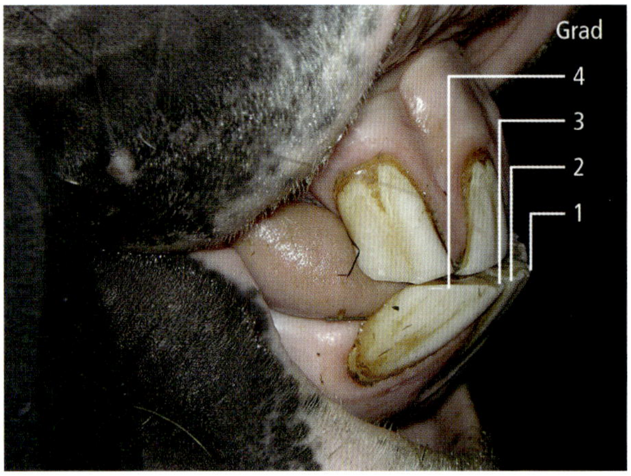

Abb. 3-11 Einteilung des Rück- bzw. Unterbisses (Brachygnatia superior oder Hechtgebiss). In der „Arbeitsposition" befindet sich der Unterkiefer ungefähr auf halber Okklusionsfläche von 101/201. Bei einem Rückbiss 1. Grades stehen die Ober- und Unterkieferschneidezähne direkt übereinander. Befinden sich 101/201 auf halber Okklusionsfläche von 301/401, spricht man von einem Rückbiss 2. Grades. Liegen 101/201 knapp hinter der Okklusionsfläche von 301/401, handelt es sich um einen Rückbiss 3. Grades, während bei Grad 4 101/202 auf der Höhe der Hälfte der Okklusionsfläche von 303/403 sind. Grad 5 ist der echte Unterbiss, auch Hechtgebiss genannt, bei dem sich Ober- und Unterkieferschneidezähne nicht mehr berühren.

! Merke: Der Rück- und Unterbiss kommt selten beim Großpferd, eher beim Esel oder Pony vor.

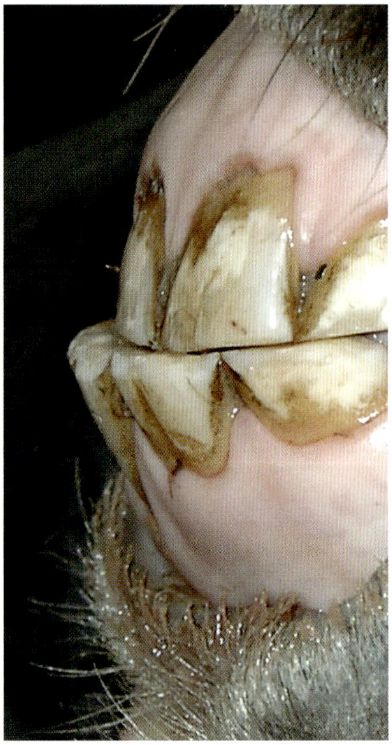

Abb. 3-12 Shetlandpony, Stute, 5 Jahre. Rückbiss 2. Grades nach Korrektur. Die Schärfen der Unterkieferschneidezähne hatten tiefe Rinnen in die Oberlippe gegraben.

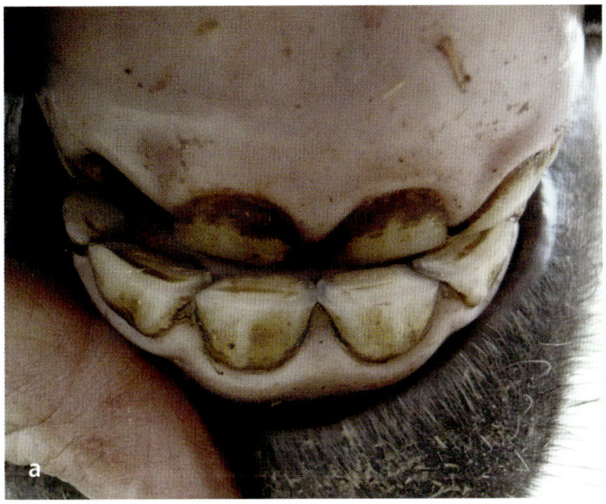

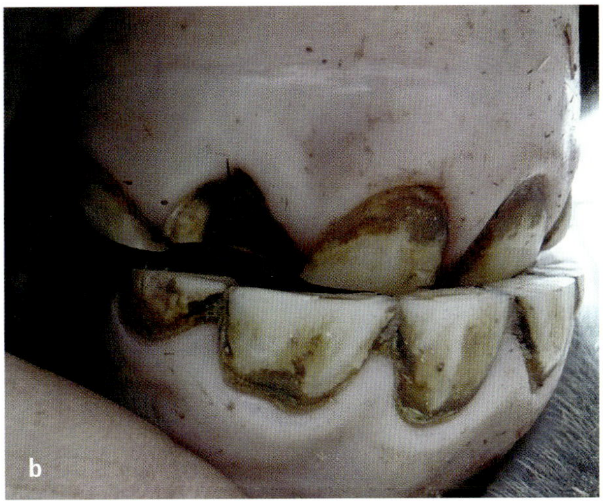

Abb. 3-13 Esel, Stute, 3 Jahre.
a Rückbiss 3. Grades.
b Das Tier von der Seite.

! Merke: Der Zahnwechsel findet beim Esel später statt als beim Pferd, in der Regel ca. ein halbes bis ein Jahr später. 501, 601, 701 und 801 sind hier noch nicht gewechselt.

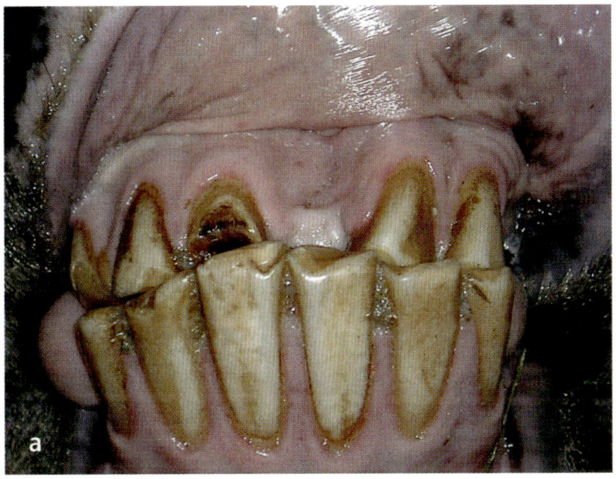

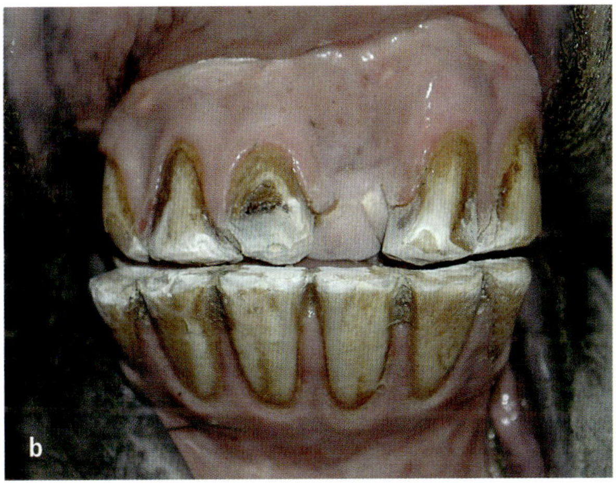

Abb. 3-14 Pony-Mix, Wallach, 24 Jahre.
a Traumatischer Totalverlust von 201 und Fraktur von 101 lässt den Rückbiss 3. Grades zu einem Frown auswachsen (s. Kap. 3.1.3, S. 50).
b Zustand nach der Korrektur. Pulpa von 101 war nicht eröffnet, Horizontalebene auf 101 (linguale Seite), 202 Mitte der Okklusionsfläche nicht ganz eingeebnet und 301, 401 und 402 noch etwas erhöht.

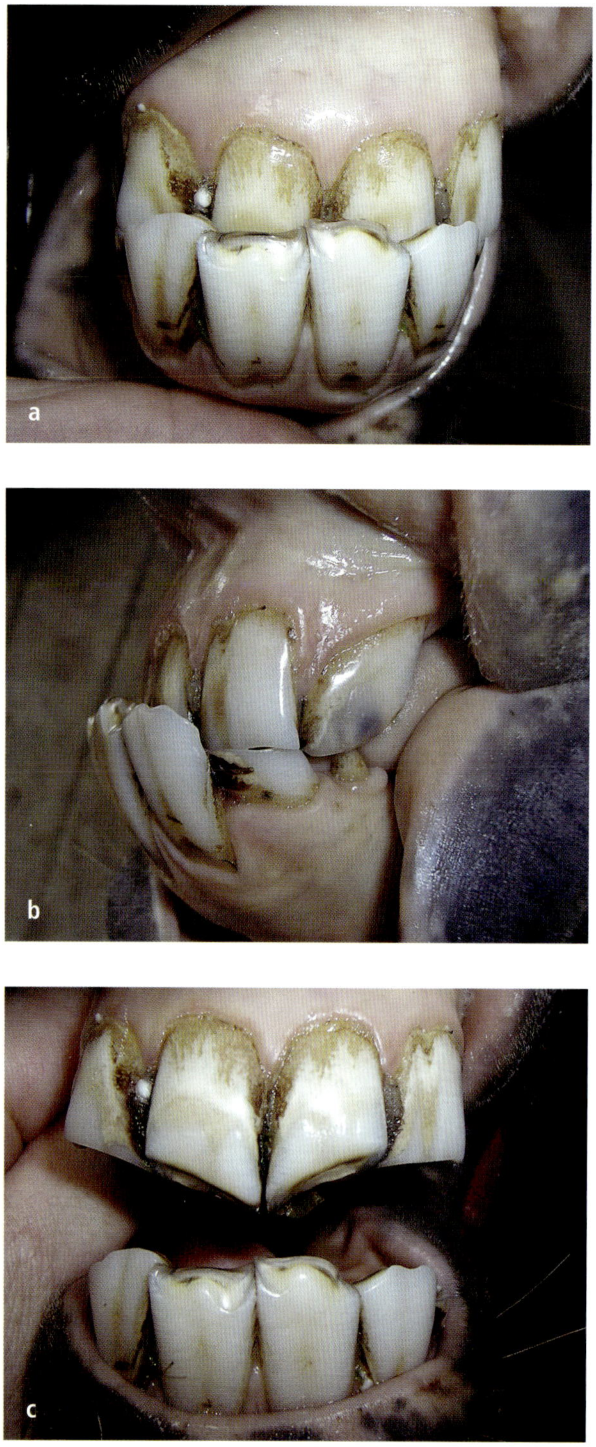

Abb. 3-15 Pony, Stute, 18 Jahre.

a Unterbiss (Rückbiss Grad 5). Zudem noch eine Wellenform im Bereich der Unterkieferschneidezähne in latero-lateraler Richtung.

b Das Pferd von der Seite betrachtet. 203 trifft auf 304 statt auf 303 als Gegenspieler.

c Das Pferd mit geöffnetem Maul. Man beachte die häufig vorkommende ventrale Keilform von 101/201, welche in den meisten Fällen für eine breite Zahnlücke (Diastase) auf der lingualen Seite von 301/401 sorgt. Langfristig hat dies zur Folge, dass das Tier die Unterkieferschneidezähne aufgrund einer Erkrankung des Zahnfachs verliert.

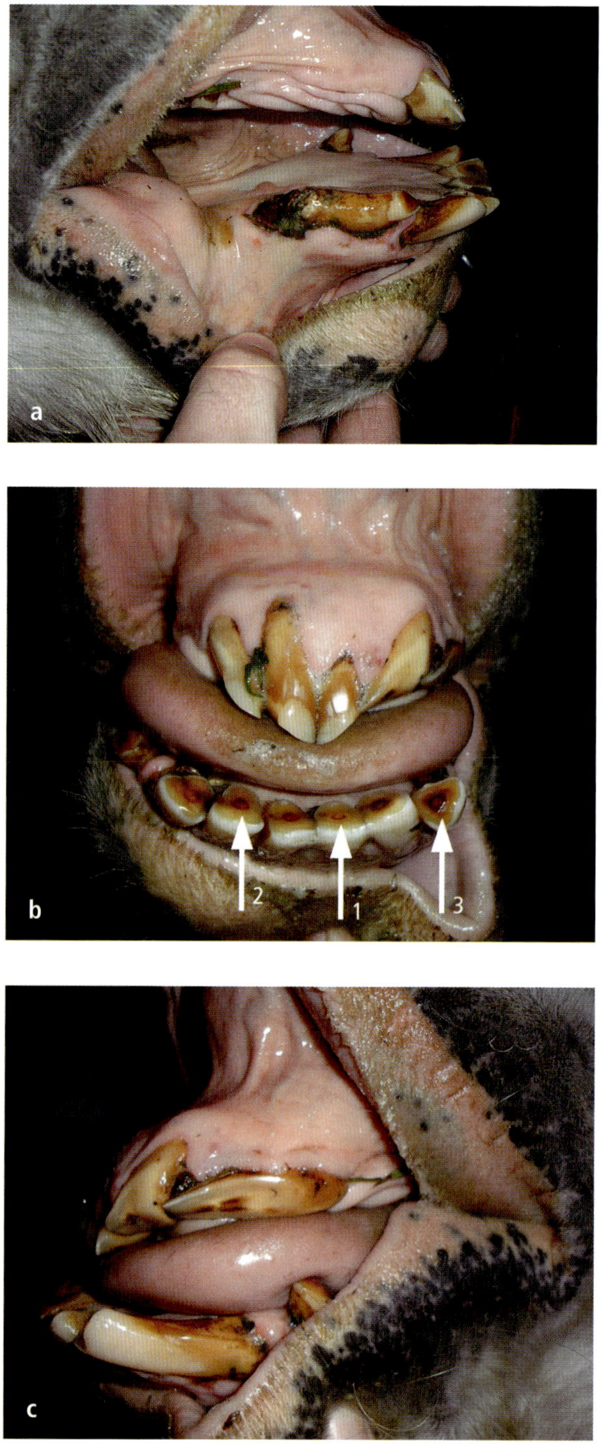

Abb. 3-16 Araber, Wallach, 32 Jahre.

a Rückbiss 3. Grades. Zusätzlich 404 horizontal verkippt und in der Wurzel frakturiert.

b Frontalansicht. Das V-förmige Smile (s. Kap. 3.1.3, S. 50) trifft nicht auf die Unterkieferzähne. Alle Unterkieferschneidezähne weisen Überreste von unterschiedlich starken Einblutungen im Bereich des Ersatzdentins auf: 301 geringgradig (Pfeil 1), 401-403 mittelgradig (Pfeil 2) und 303 hochgradig (Pfeil 3). (s. Abb. 3-134 a, b, S. 80)

c Das Pferd in Lateralansicht von links. 203 horizontal gedreht. Der Rückbiss kann hier auch durch Ventralverkippung der Unterkieferschneidezähne erfolgt sein.

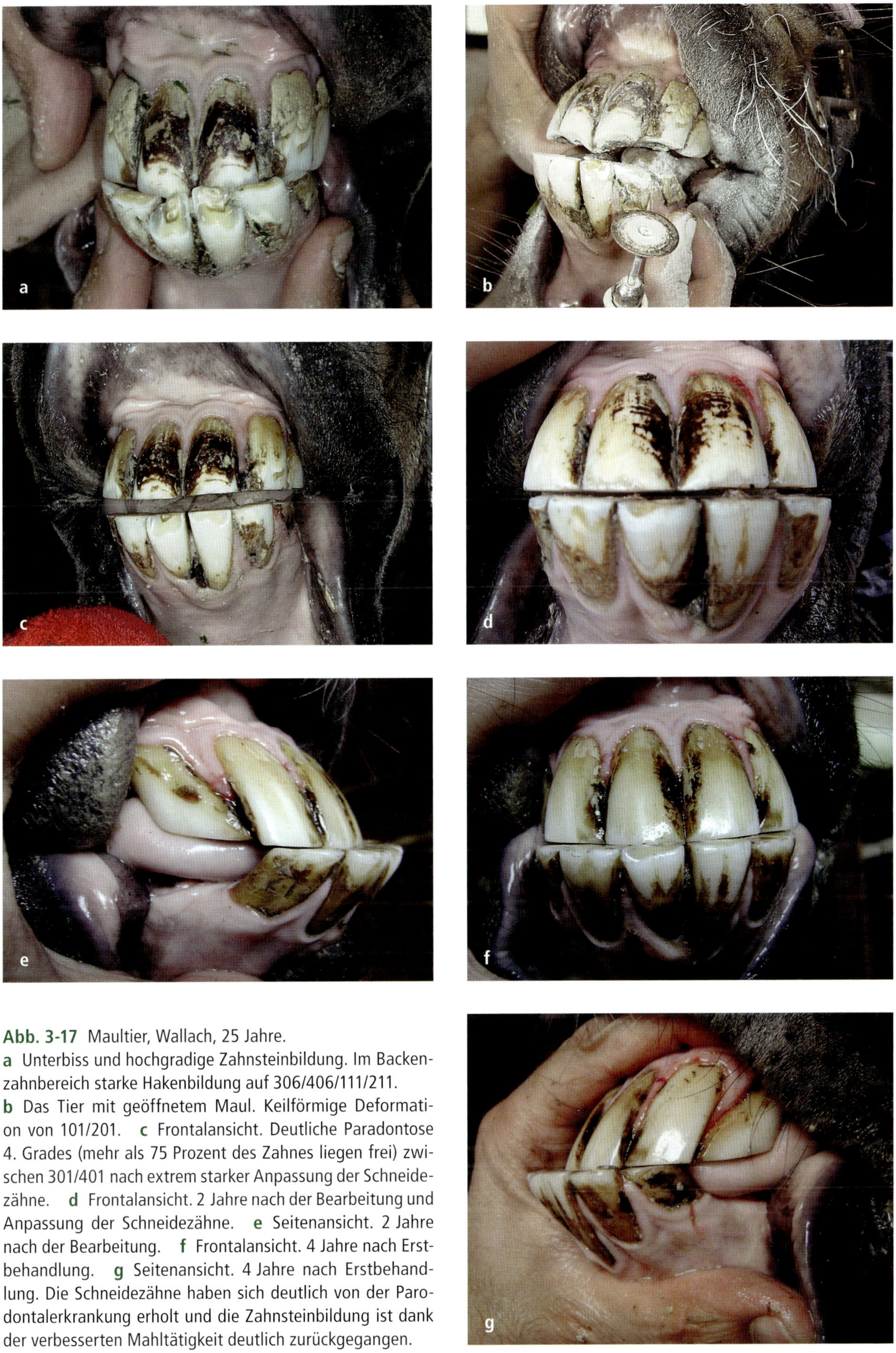

Abb. 3-17 Maultier, Wallach, 25 Jahre.
a Unterbiss und hochgradige Zahnsteinbildung. Im Backenzahnbereich starke Hakenbildung auf 306/406/111/211.
b Das Tier mit geöffnetem Maul. Keilförmige Deformation von 101/201. c Frontalansicht. Deutliche Paradontose 4. Grades (mehr als 75 Prozent des Zahnes liegen frei) zwischen 301/401 nach extrem starker Anpassung der Schneidezähne. d Frontalansicht. 2 Jahre nach der Bearbeitung und Anpassung der Schneidezähne. e Seitenansicht. 2 Jahre nach der Bearbeitung. f Frontalansicht. 4 Jahre nach Erstbehandlung. g Seitenansicht. 4 Jahre nach Erstbehandlung. Die Schneidezähne haben sich deutlich von der Parodontalerkrankung erholt und die Zahnsteinbildung ist dank der verbesserten Mahltätigkeit deutlich zurückgegangen.

3.1.2 Anzahl und Form

Oligodontie

Das Fehlen von physiologisch vorkommenden Zähnen wird als Oligodontie bezeichnet. Diese Veränderungen, die sowohl symmetrisch als auch asymmetrisch auftreten können, werden aufgrund des Mangels eines Antagonisten immer unterschiedliche langfristige Folgen haben. Es kommt zur Verschiebung der physiologisch horizontalen Schneidezahnebene, einer Blockade der rostro-kaudalen und latero-lateralen Kaubewegung und einer Sekundärverkippung der Mahlzahnkauwinkel. Die dabei entstehende Fehlabrasion muss stets konsequent behoben werden.

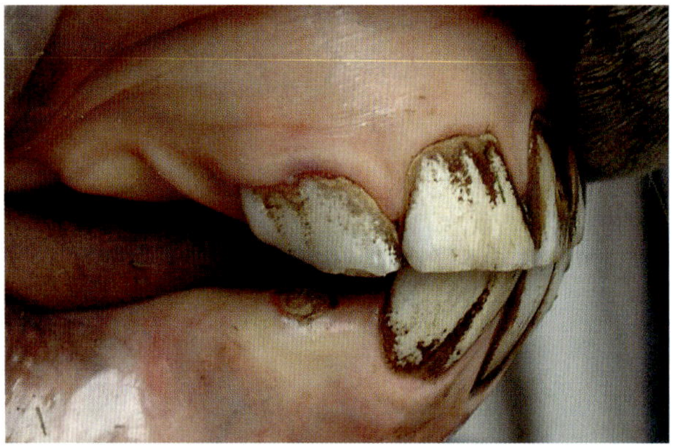

Abb. 3-18 Brandenburger Warmblut, Stute, 5 Jahre. 403 fehlt, von 803 ist nur noch ein Rest vorhanden. **Behandlung:** Wichtig ist immer, den mangelnden Abrieb von 103 zu korrigieren, da es sonst zu einem aufsteigenden Diagonalbiss und einer Linksverschiebung des gesamten Kauapparates kommt. Auch jetzt schon wächst 103 in die durch den fehlenden 403 entstehende Zahnlücke hinein.

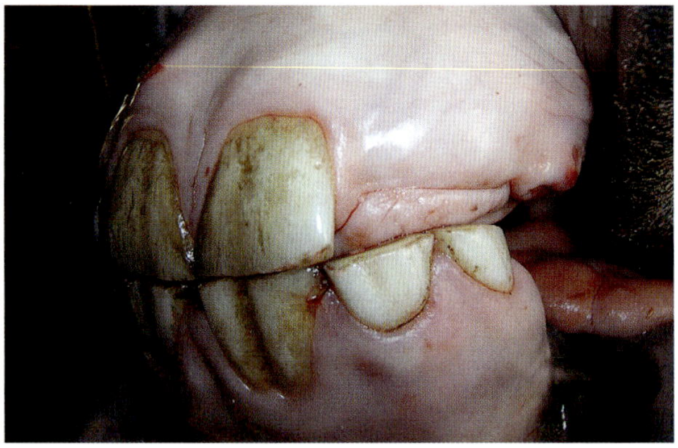

Abb. 3-19 Hessisches Warmblut, Stute, 3 Jahre. 602 und 603 fehlen. **Behandlung:** Bei einem solchen Befund ist es zwingend notwendig, schon beim jungen Pferd 702/703 regelmäßig zu kürzen, um einer Linksverschiebung des gesamten Kauapparates und damit auch des gesamten Körpers vorzubeugen.

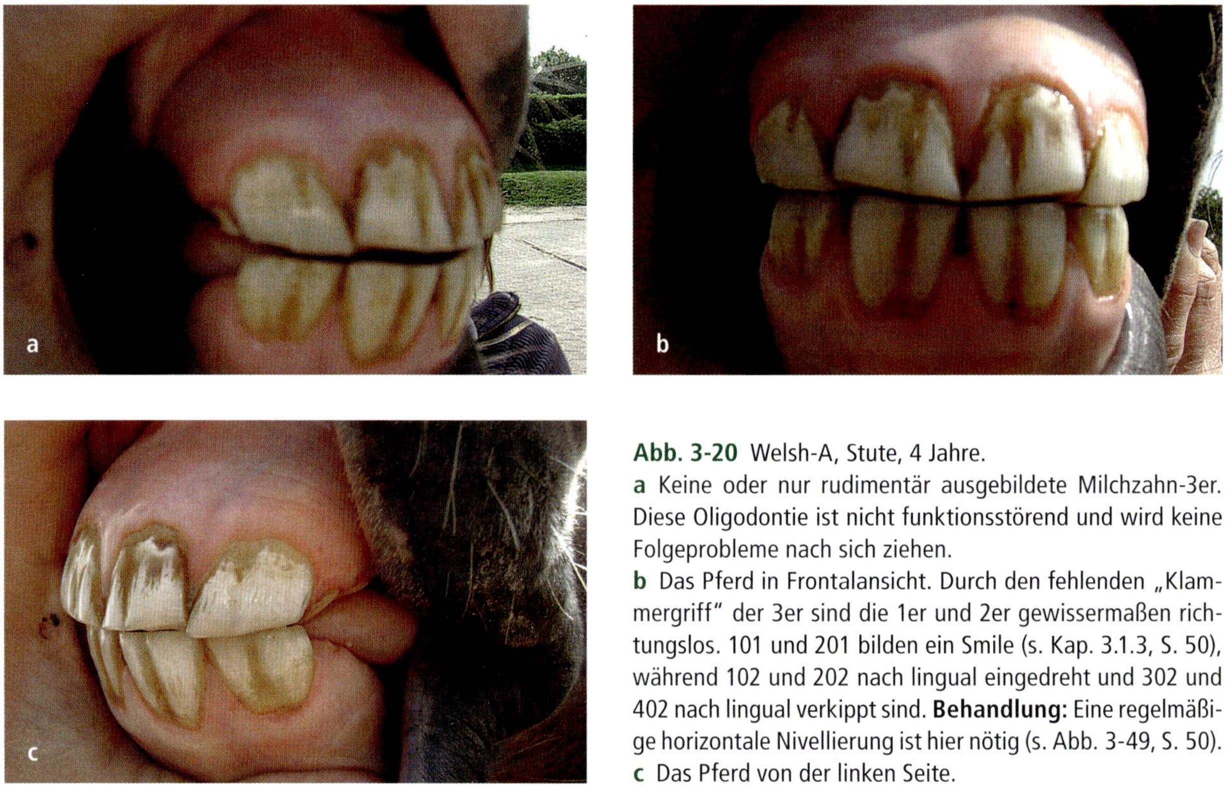

Abb. 3-20 Welsh-A, Stute, 4 Jahre.
a Keine oder nur rudimentär ausgebildete Milchzahn-3er. Diese Oligodontie ist nicht funktionsstörend und wird keine Folgeprobleme nach sich ziehen.
b Das Pferd in Frontalansicht. Durch den fehlenden „Klammergriff" der 3er sind die 1er und 2er gewissermaßen richtungslos. 101 und 201 bilden ein Smile (s. Kap. 3.1.3, S. 50), während 102 und 202 nach lingual eingedreht und 302 und 402 nach lingual verkippt sind. **Behandlung:** Eine regelmäßige horizontale Nivellierung ist hier nötig (s. Abb. 3-49, S. 50).
c Das Pferd von der linken Seite.

Polyodontie

Beim Vorhandensein von zusätzlichen Zähnen spricht man von einer Polyodontie. Sofern es sich um adulte Zähne handelt, kann es sinnvoll sein, diese zu ziehen. Die Polyodontie kann aber auch kompensierbar sein, solange konsequent eine Anpassung der mangelnden Abrasion des zusätzlichen Zahnes vorgenommen wird. Es gilt in jedem Fall, die langfristige Funktionalität zu gewährleisten. Um die Möglichkeiten der Mehrzahnigkeit strukturiert darzustellen, sind in den folgenden Abschnitten die Unterarten der Polyodontie zu finden.

Zuerst wird die Polydontie der adulten Zähne vorgestellt (echte Polydontie). Die nächsten zwei Abschnitte beschäftigen sich mit der unechten Zahnvielzahl (Pseudopolyodontie). Im zweiten Abschnitt geht es um die zeitnah zum physiologischen Zahnwechsel vorhandenen Milchzahnkappen, während im dritten Abschnitt die fälschlicherweise persistierenden Milchzahnkappen, in deren Folge eine deutliche Malokklusion besteht, besprochen werden. Im vierten Abschnitt werden die heterotropen Polyodontien behandelt, bei denen zusätzliche Zahnanlagen an unphysiologischen Stellen im Gebiss vorliegen. Im fünften Abschnitt schließlich werden Formveränderungen angesprochen, die sehr vielfältige Erscheinungsbilder haben.

Milchzahnkappen

Die häufigste Form der Polyodontie sind zeitnah zum physiologischen Zahnwechsel vorhandende Milchzahnkappen, die eine kurzfristige Polyodontie hervorrufen. Hier ist grundsätzlich daran zu denken, dass zu früh gezogene Milchzahnkappen durchaus Infektionen durch die noch nicht geschlossenen Pulpen des adulten Zahnes hervorrufen können. Daher ist anzuraten, nur handlose Milchzahnkappen zu entfernen. Wenn adulte Zähne jedoch bereits durchgetreten sind, die Milchzahnkappen aber noch rostral oder kaudal verlagert festklemmen, sind diese zu entfernen (s. **Abb. 3-28 ff.**).

Pseudopolyodontie

Dieser Abschnitt beschreibt die Vielzahnigkeit durch persistierende Milchzahnkappen, die nicht zeitnah zum physiologischen Wechsel stehen. In diesem Fall kann es durch festgeklemmte Milchzahnkappen zwischen zwei adulten Zähnen zu umfassenden Formveränderungen kommen. Auch hier gilt die Notwendigkeit der Extraktion, wobei jedoch immer die Herstellung der langfristigen Funktionalität im Vordergrund stehen muss.

Heterotrope Polyodontie

Als heterotrope Polyodontie bezeichnet man das Auftreten von Zahnanlagen an unphysiologischen Orten im Maul. Dazu zählen Mahlzahnanlagen und Hakenzähne (caninus- oder lupinusartige) im Bereich der Incisivi.

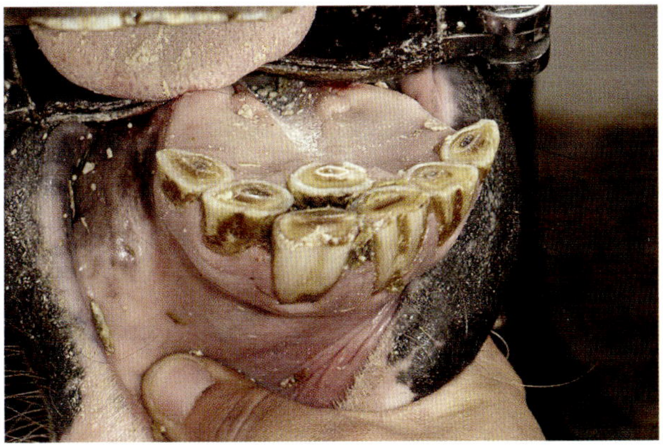

Abb. 3-21 Wielkopolska, Stute, 10 Jahre. Doppelter 401. Eine solche Polyodontie verursacht zweierlei Probleme. Zum einen zeigt mindestens einer der doppelt angelegten Zähne keinen Abrieb mit seinem Antagonisten, zum anderen lagert sich zwischen den beiden Zähnen immer wieder Futter ab, was dann eine Zahnfachentzündung nach sich zieht (s. Kap. 3.2.1, S. 59, und 3.2.2, S. 63). **Behandlung:** Extraktion des lingualen doppelten 401.

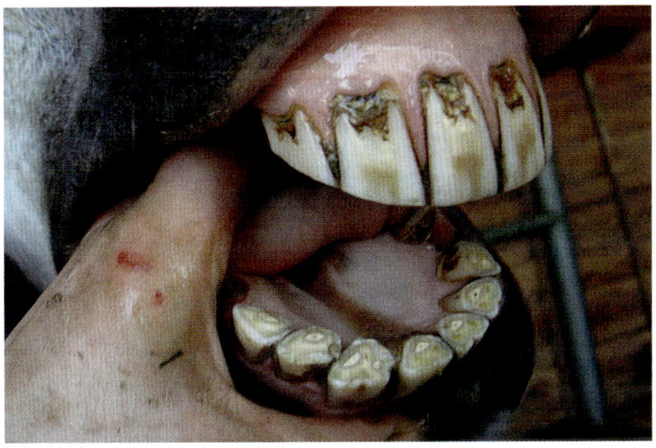

Abb. 3-22 Westfale, Wallach, 11 Jahre. Überzähliger adulter 402. **Behandlung:** Es muss regelmäßig nachkorrigiert werden, da diese Veränderung sonst durch den ungenügenden Abrieb des äußeren Schneidezahns im 4. Quadranten einen abfallenden Diagonalbiss nach sich ziehen wird. Der gesamte Unterkiefer wird ohne Korrektur langfristig nach rechts geschoben, was zu einseitigem und unvollständigem Abrieb und Winkelveränderung im Backenzahnbereich führt.

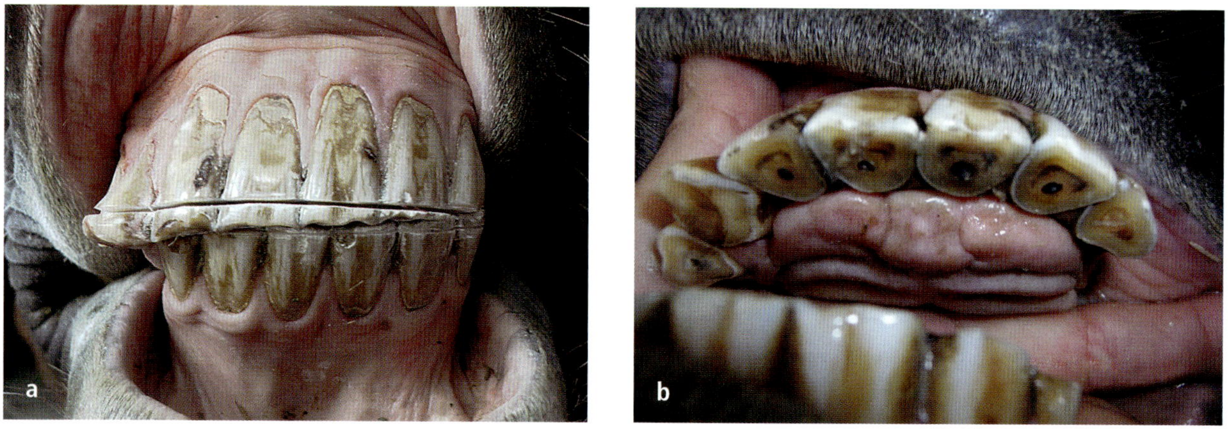

Abb. 3-23 Zweibrücker, Stute, 15 Jahre.
a Doppelter adulter 103 und daraus resultierender aufsteigender Diagonalbiss (s. Kap. 3.1.3, S. 50). Hier sieht man deutlich die Folgen einer unbehandelten Polyodontie.
Behandlung: Um die notwendige Kürzung zu verdeutlichen, wurden die Schnittlinien mittels Diamanttrennscheibe in die Zähne eingeritzt.
b Das Pferd in Okklusalansicht.

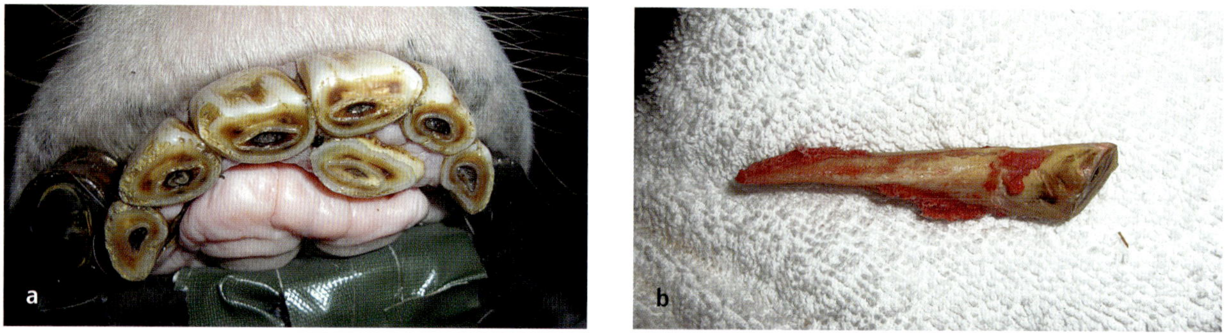

Abb. 3-24 Hannoveraner Warmblut, Wallach, 8 Jahre.
a Diagonalbiss mit geringgradig auf 201 verschobenem Zahnbogen in Okklusalansicht. Doppelter adulter 201. Hier ist eine Futteransammlung zwischen den 2ern zu erkennen.
Behandlung: Zur Erhaltung des besser positionierten, rostralen 201 ist es langfristig ratsam, über eine Extraktion des kaudalen Zahnes nachzudenken.
b Gedrehte Zahnwurzel des extrahierten 201.

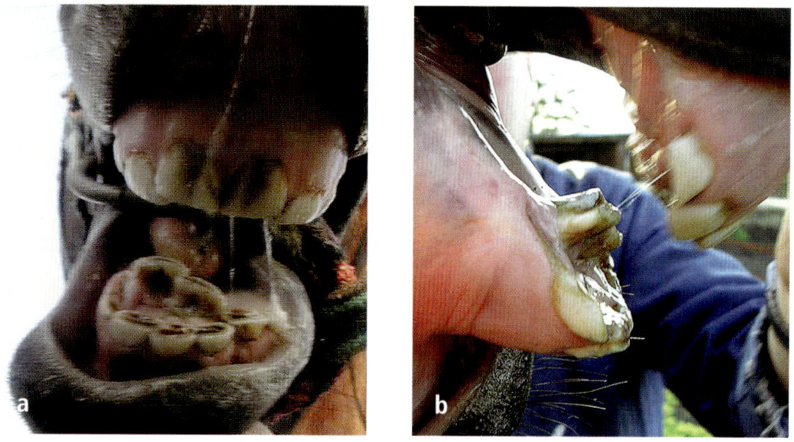

Abb. 3-25 Holsteiner, Wallach, 3 Jahre.
a Kaudal verlagerte Schneidezähne. **Behandlung:** Bei dieser Missbildung ist eine Extraktion der sublingual liegenden Zähne zwingend, da eine reiterliche Nutzung (Gebisslage) sonst sehr schwer wird.
b Seitliche Ansicht. Das Pferd hatte multiple Verletzungen an der Unterseite der Zunge und war erst nach Extraktion der verlagerten Zähne reitbar.

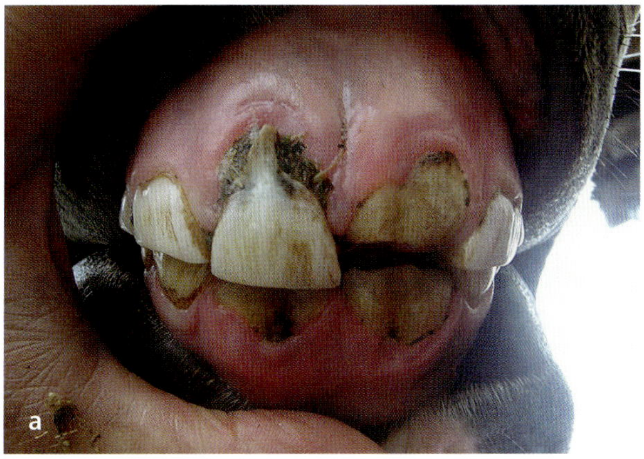

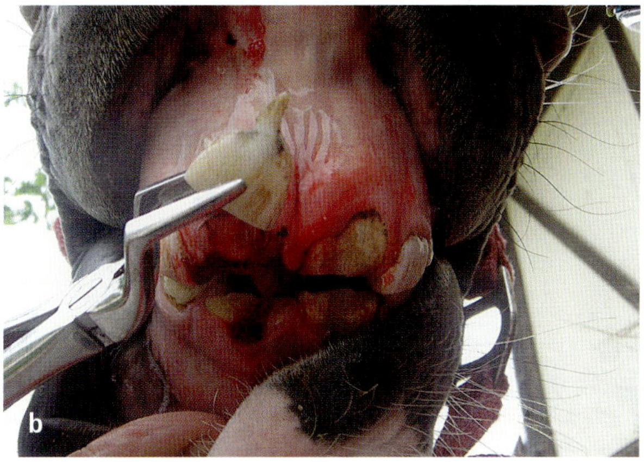

Abb. 3-26 Pinto, Stute, 4 Jahre.
a Persistierender 501. Infolge persistierender Milchzahnkappen werden die adulten Zähne (hier 101) nach kaudal verlagert. **Behandlung:** Eine Extraktion ist zwingend erforderlich.
b Milchzahnkappe nach der Extraktion. Der nicht durch den adulten Zahn atrophierte labiale Anteil der Milchzahnwurzel ist deutlich sichtbar.

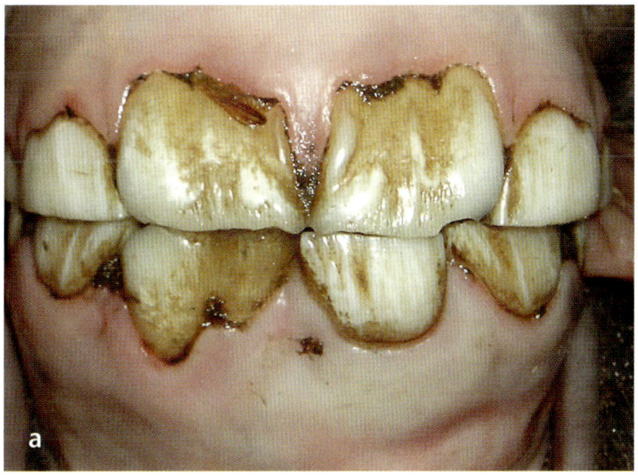

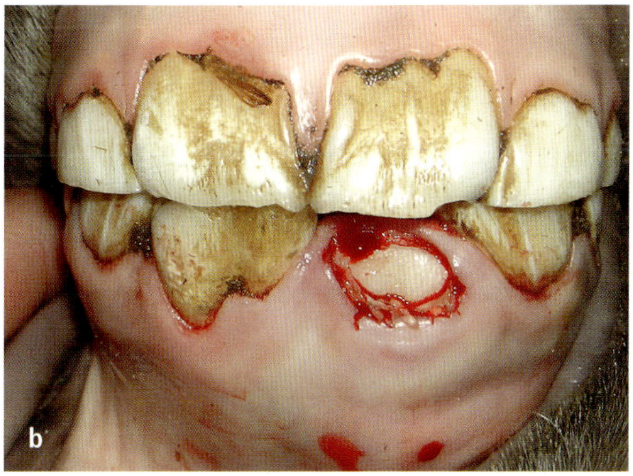

Abb. 3-27 Englisches Vollblut, Hengst, 2,5 Jahre.
a Beginnendes abfallendes Smile mit lateralem Einbiss von 702 auf 201. Formveränderung durch zwei angedeutete Schmelzleisten. Parodontose Grad 1 bis 2 und persistierender 701.
b Zustand nach Extraktion von 701.

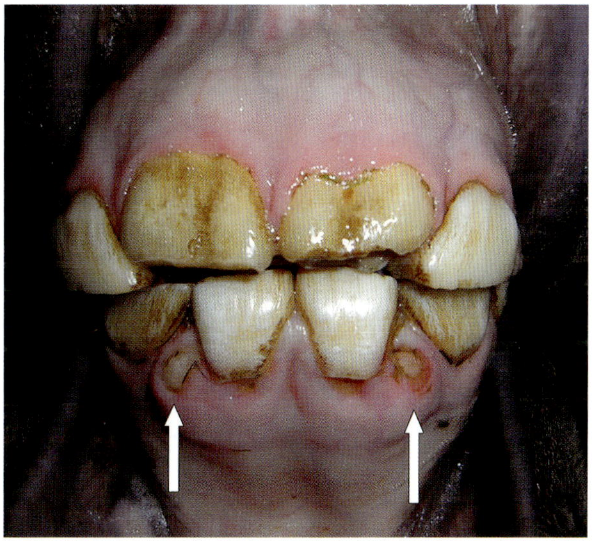

Abb. 3-28 Englisches Vollblut, Stute, 2,5 Jahre. Augenscheinlich sehr enger Kiefer und persistierende 701 und 801, wobei 301 und 401 bereits sichtbar sind (Pfeile).

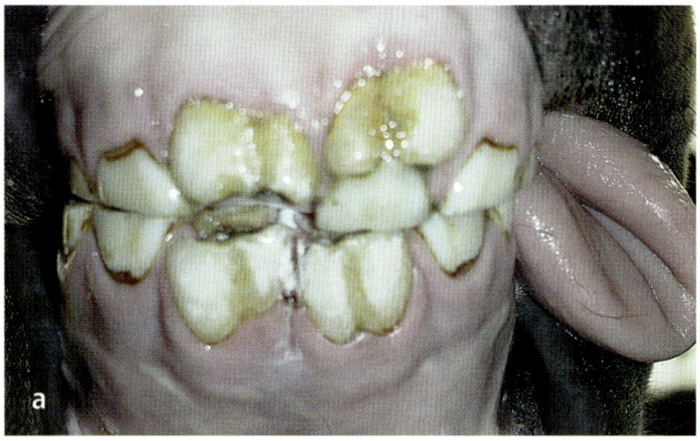

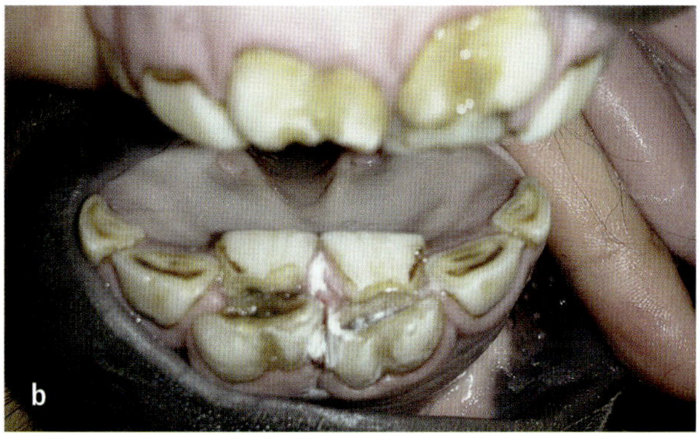

Abb. 3-29 Lewitzer, Wallach, 3 Jahre.
a Multiple persistierende Milchzahnkappen im Bereich der 1er und 2er. Die Verlagerung der adulten Zähne ist deutlich erkennbar.
b Nach lingual verlagerte Milchzahnkappen (701/801), welche die adulten Zähne nach labial drücken.

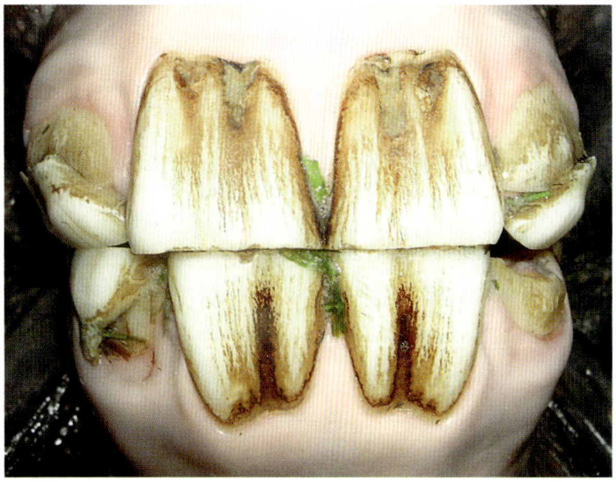

Abb. 3-30 Englisches Vollblut, Wallach, 3 Jahre und 9 Monate. Persistierende 502, 602 und 802.

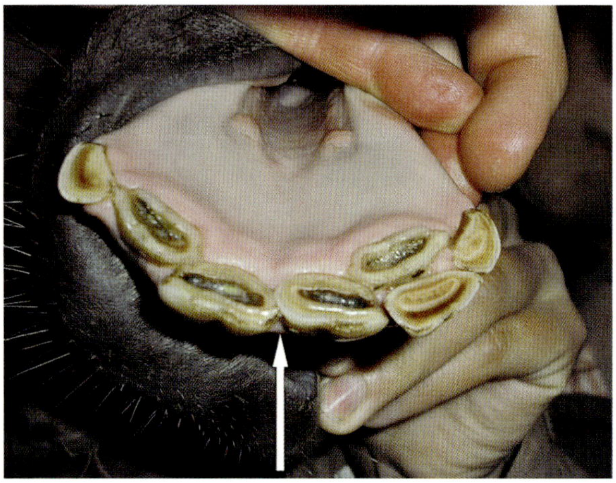

Abb. 3-31 Warmblut, Stute, 3 Jahre und 10 Monate. Deutliche Rötung und Aufwölbung der Unterkieferschleimhaut lingual, 702 persistierend, 301 geringgradig rotiert, 302 und 402 zwischen den daneben liegenden Schneidezähnen eingekeilt. **Behandlung:** Extraktion von 702 und Slicing (s. Kap. 3.1.2, S. 40) zwischen 301 und 401 (Pfeil), um 302 und 402 zu befreien.

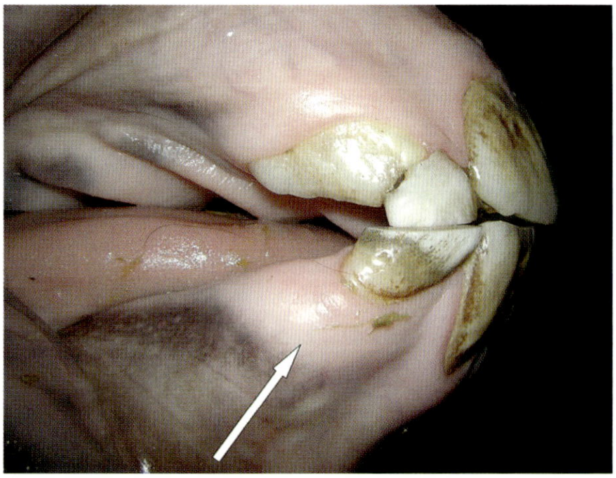

Abb. 3-32 Brandenburger Warmblut, Stute, 4,5 Jahre. Persistierender 803, Zahnlücke (Diastema) zwischen 102 und 103 durch persistierenden 503. **Behandlung:** Extraktion von 503 und 803.

! Merke: Persistierende 703 und 803 haben oft noch eine sehr lange Wurzel, die durch eine laterale Aufwölbung der Schleimhaut (Pfeil) erkennbar sein kann.

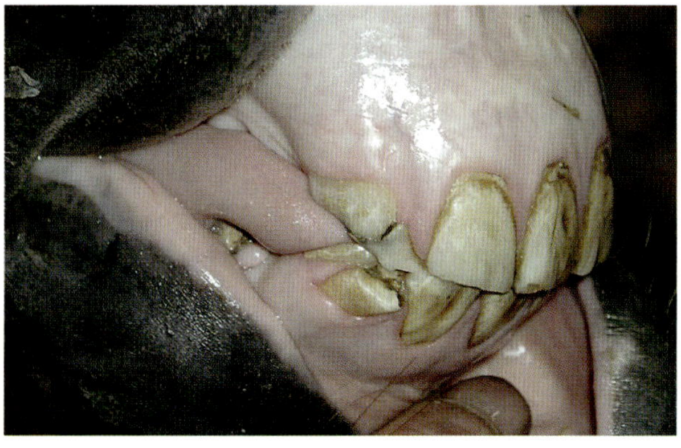

Abb. 3-33 Mecklenburger Warmblut, Wallach, 5 Jahre. Diastema zwischen 101 und 103 durch persistierenden 503. Zahnsplitter und linguale Verschiebung von 403 durch persistierenden 803. **Behandlung:** Extraktion von 503 und 803.

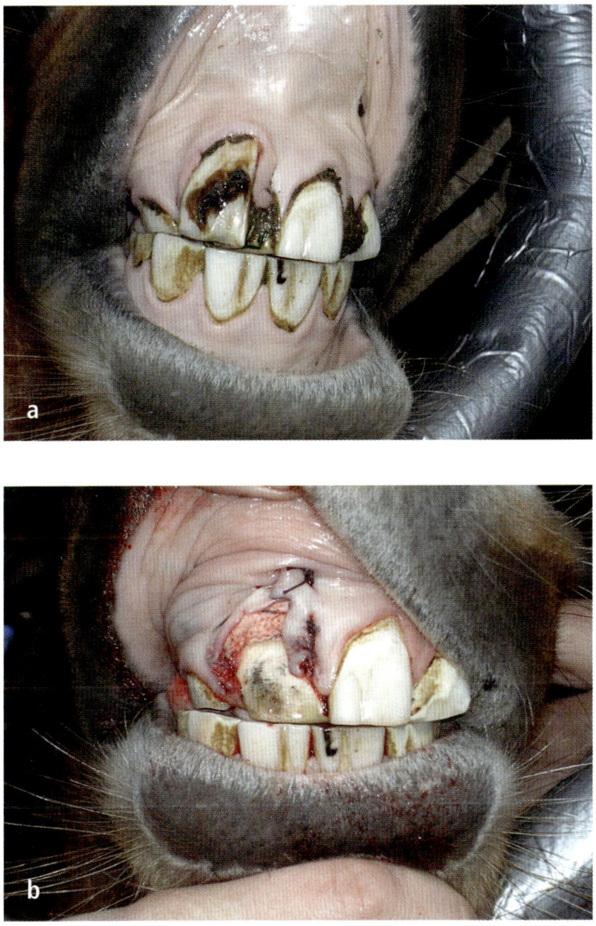

Abb. 3-34 Haflinger, Wallach, 5 Jahre.
a Persistierender 501, Formveränderung bei 201, phänotypisch „Zahn im Zahn".
b Zustand nach Extraktion von 501 und chirurgischer Versorgung mittels Naht und Jodoformtupfer zur primären Defektabdeckung und Tamponade der Wurzelhöhle.

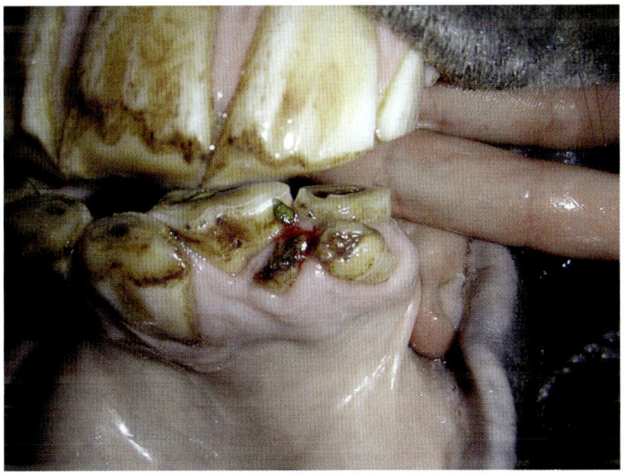

Abb. 3-35 Haflinger, Wallach, 7 Jahre. Persistierende Teile von 702/703, welche 302 und 303 nach lingual verdrängt haben. Die übermäßige Abrasion von 101, 201, 202 sowie 301 und 401 kann durch das Druckgefühl der persistierenden Zahnteile begründet sein.

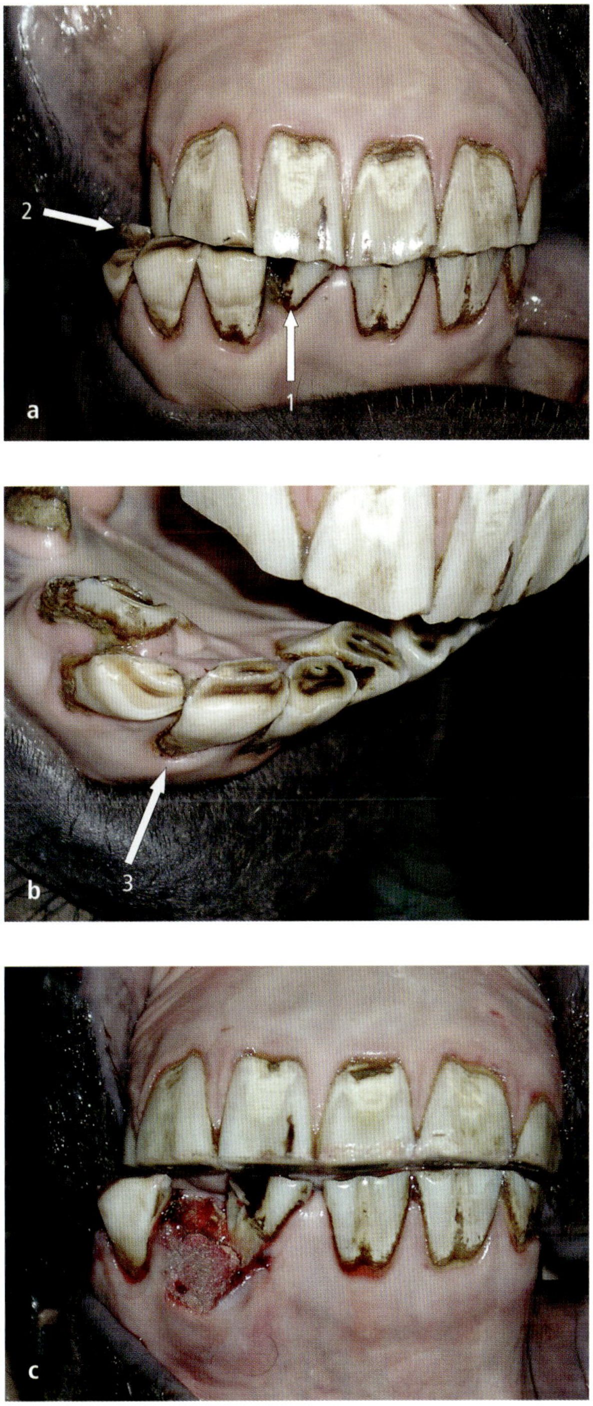

Abb. 3-36 Brandenburger Warmblut, Wallach, 7 Jahre.
a Persistierende 801, 802 und 803 verursachen Lageveränderungen: 1. seitliche Drehung (Lateraltorsion) von 401 (Pfeil 1), 402 liegt unter der Schleimhaut und 403 ist zungenwärts (lingual) verkippt (Pfeil 2).
b Das Pferd in Lateralansicht.

! Merke: Bei Schwierigkeiten juvenile von adulten Zähnen zu unterscheiden, hilft es, sich an der charakteristischen „Schaufelform" der Milchzähne mit etwas abgesetztem „Stil" zu orientieren (Pfeil 3).

c Nach Entfernung von 801 und Teilverschluss der Wunde mittels Jodoformgaze.

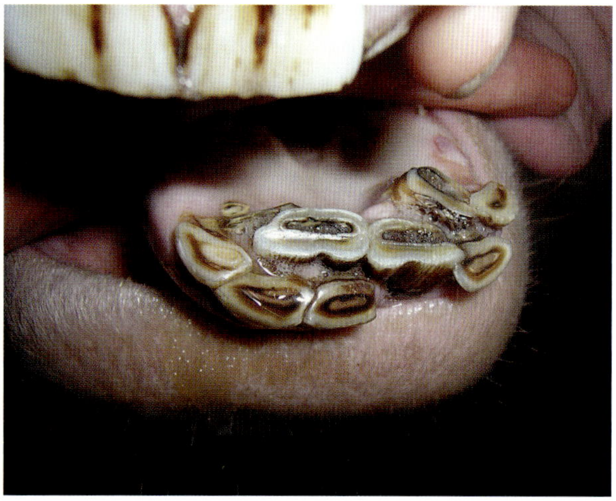

Abb. 3-37 Paint-Horse, Wallach, 3 Jahre. 401 und 702 deutlich nach kaudal verlagert. **Behandlung:** Eine rechtzeitige Entnahme der juvenilen Zähne ist zwingend erforderlich, damit eine Kippung und langfristige Lagekorrektur der adulten Zähne möglich wird.

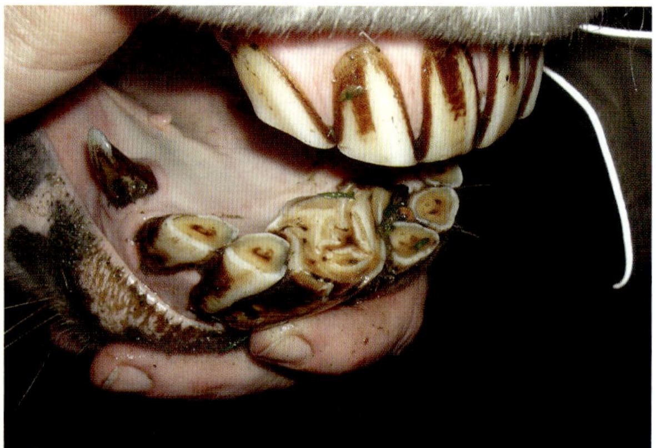

a

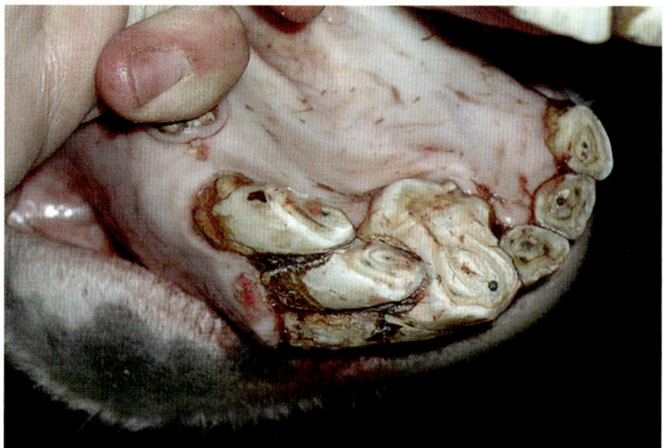

c

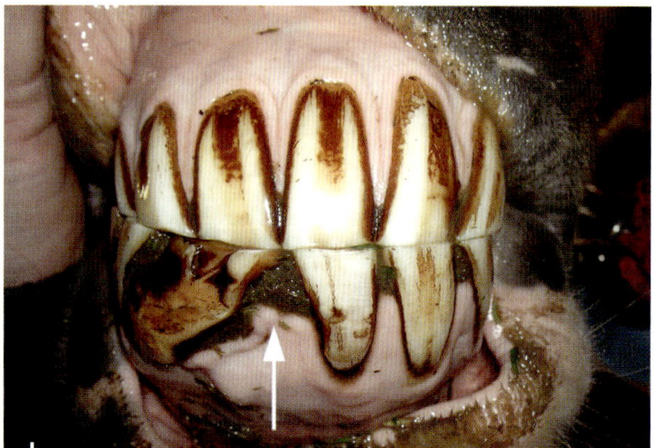

b

Abb. 3-38 Paint-Horse, Wallach, 8 Jahre.

a Pferd galt als unreitbar. 401 gleicht mehr einem Mahlzahn als einem Schneidezahn und erzeugte hochgradigen Spannungsschmerz im Unterkiefer. **Behandlung:** Nach Druckentlastung (Kürzung von 401 deutlich unter das Schneidezahnniveau [3mm], moderate Kürzung der restlichen Schneidezähne) war die Reitfähigkeit nach 3 Wochen wiederhergestellt.

! Merke: Druckveränderungen werden anscheinend von Pferden sehr viel sensibler wahrgenommen als bislang vermutet. Anders ist nicht zu erklären, dass nach der Zahnbehandlung eine sehr regelmäßige Verbesserung der Rittigkeit und ein meist sofortiges Aufgeben des Mutulismus (s. 301 in Abb. 3-15 a, S. 38) zu beobachten sind.

b 4 Jahre später nach zweijähriger Behandlungspause, Parodontose 2. Grades mit Ventildiastema (Pfeil) zwischen 301 und 401.

c Auf die Extraktion von 401 wurde vorerst verzichtet, da eine Destabilisierung des Schneidezahnbereiches im Unterkiefer entstehen würde.

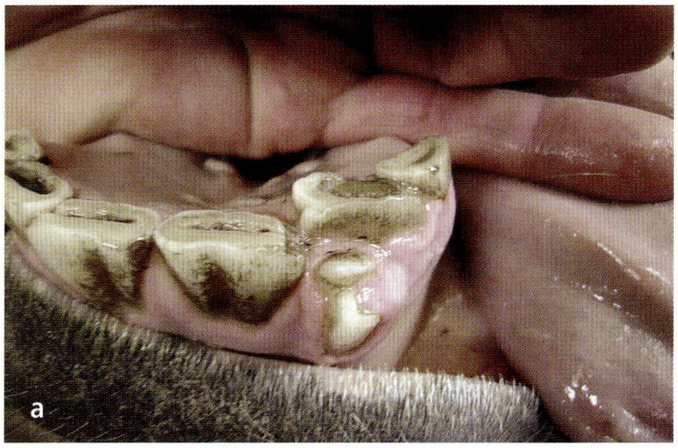

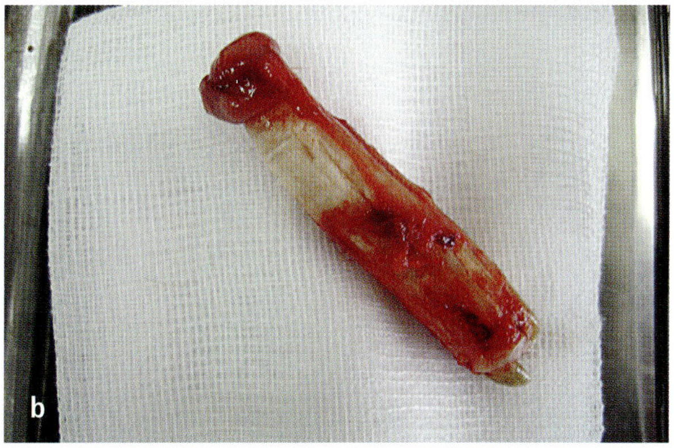

Abb. 3-39 Quarter-Horse, Stute, 4 Jahre.
a Zusätzliche Zahnanlage, welche den adulten Zahn nach kaudal verdrängte. Der Zahn wurde extrahiert.
b Extrahierter stiftzahnartiger, einwurzeliger, pulpenloser Zahn.

Formveränderung

Da im Bereich der Missbildungen zahlreiche Varianten (Stiftzahn in **Abb. 3-40**, caninusartiger Zahn in **Abb. 3-41**, zusätzliche Schmelzfalte in **Abb. 3-42**, molarisierender Zahn in **Abb. 3-43**, etc.) möglich sind, ist eine der Situation angepasste Beurteilung nötig. Eine Behandlung im Sinne der Herstellung einer langfristigen Funktionalität erfolgt nur bei Störungen der Okklusion.

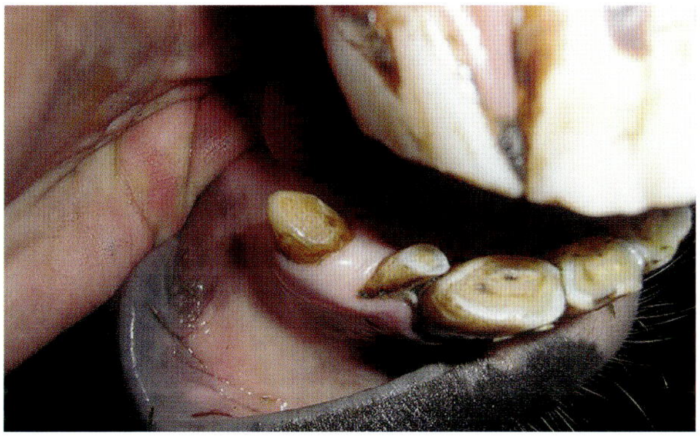

Abb. 3-40 Warmblut, Wallach, 13 Jahre. 403 in Form eines Stiftzahnes, wie er oft bei Unterkieferwolfszähnen gefunden wird. **Behandlung:** Eine Extraktion ist hier anzuraten, da der Zahn instabil und ohne Funktion ist.

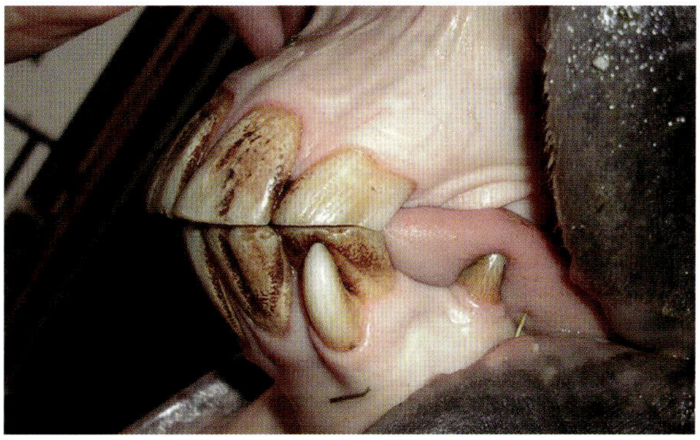

Abb. 3-41 Tschechisches Warmblut, Wallach, 6 Jahre. 303 doppelt vorhanden. Der linguale 303 entspricht der normalen Schneidezahnform, der labiale 303 entspricht der Form eines Reißzahnes. Da weder Reaktionen an der Lippe noch Rittigkeitsprobleme vorhanden waren, wurde hier auf eine Extraktion verzichtet.

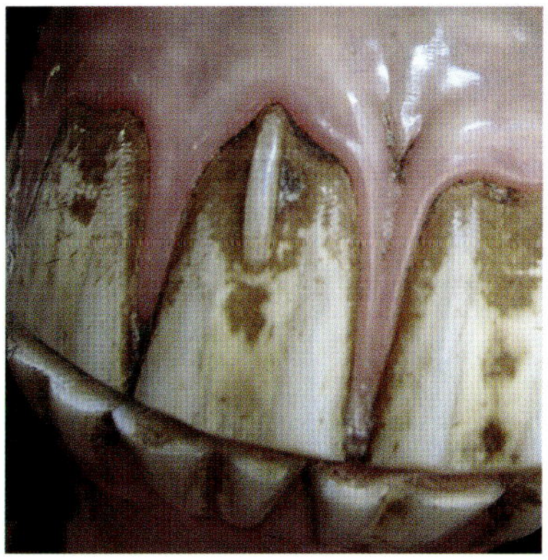

Abb. 3-42 Friese, Stute, 9 Jahre. 101 weist eine zusätzliche Schmelzfalte auf, die vertikal von der Wurzel bis in den sichtbaren Zahnbereich verläuft. Diese Schmelzfalten finden sich sonst meist nur an den Bukkalseiten der Mahlzähne.

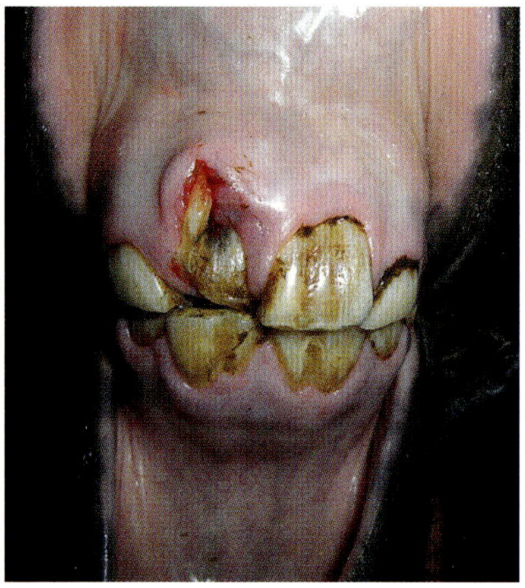

Abb. 3-43 Reitpony, Hengst, 3 Jahre. In Erwartung eines Milchzahnrestes auf 101 wurde die Schleimhaut eröffnet, tatsächlich ist die Labialseite des 101 eingedellt, auf Nachfrage war eine Trittverletzung in diesem Bereich als Jährling bekannt.

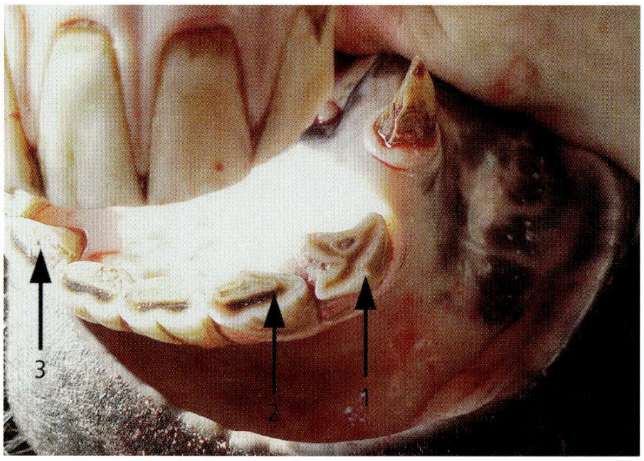

Abb. 3-44 Warmblut, Wallach, 11 Jahre. Formveränderung an 303 (Pfeil 1). Relativ unscheinbare Veränderung, die langfristig das Problem birgt, dass der weiter nach kaudal reichende Anteil des 303 nicht optimal abgerieben wird und von kaudal her einen Druck auf 203 in Richtung rostral ausübt. Dies wird letztlich zur Instabilität von 203 führen. (Pfeil 2 zeigt eine Kunde, Pfeil 3 ein Pulpensternchen)

Slicing

Als Slicing bezeichnet man die Herstellung einer künstlichen Zahnlücke. Dies ist ein probates Mittel, um eine Dislokation zweier Zähne zu korrigieren. Dies geschieht meist während des Zahnwachstums, d. h. bis zur fertigen Ausbildung der Schneidezähne in ihrem Zahnfach, falls sie beispielsweise dachziegelartig übereinander lagern. Über das Slicing wird ein Zahnspalt (Diastase) erzeugt, welcher das „Hineinfallen" des verlagerten Zahnes in seine physiologische Lage begünstigen kann.

! Merke:
Auch beim Slicing ist immer zu beachten, dass man die Zahnsubstanz von lateral her nicht so weit schwächt, dass es zu einer Eröffnung der Pulpen kommt. Diese befinden sich kranial der Kunden (s. **Abb. 3-44**, Pfeil 2) und sind bei jugendlichen Tieren meist in Form von zwei Pulpensternchen (s. **Abb. 3-44**, Pfeil 3) erkennbar. Kommt es zu einer Eröffnung der Pulpa, ist der Verlust des Zahnes möglich. Daher ist wie in Kapitel 3.3.4, S. 80, erläutert zu verfahren.

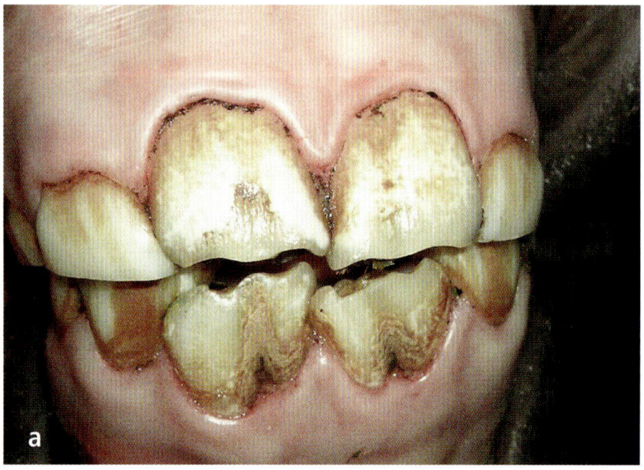

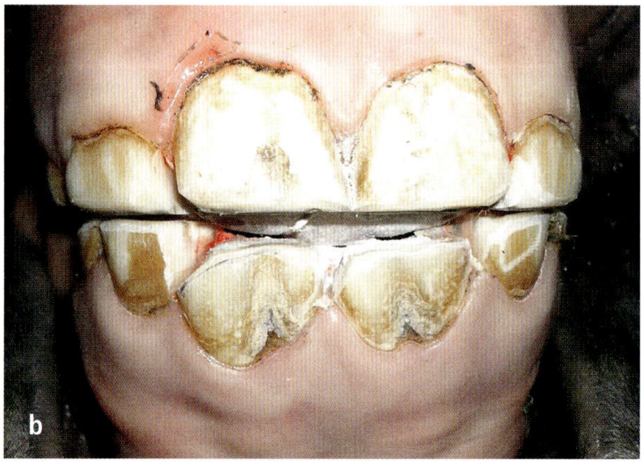

Abb. 3-45 Quarter-Horse, Hengst, 3 Jahre.
a Aufsteigender Diagonalbiss (s. Kap. 3.1.3, S. 50) bei engem Kieferstand, sodass 101, 201, 301 und 401 ineinander verzahnt und teilweise gedreht sind. Zusätzlich ist 301 nach medial und 401 nach lateral verkippt.

b Zustand nach der Korrektur. **Behandlung:** Deutliche Kürzung von 301 und 401 ist notwendig, zusätzlich scharfe Einkerbung und senkrechte Korrektur von 502, 602, 702 und insbesondere 802, um den bleibenden Zähnen genügend Wachstumsfreiheit zu verschaffen und in Zukunft eine ordnungsgemäße Okklusion zu gewährleisten.

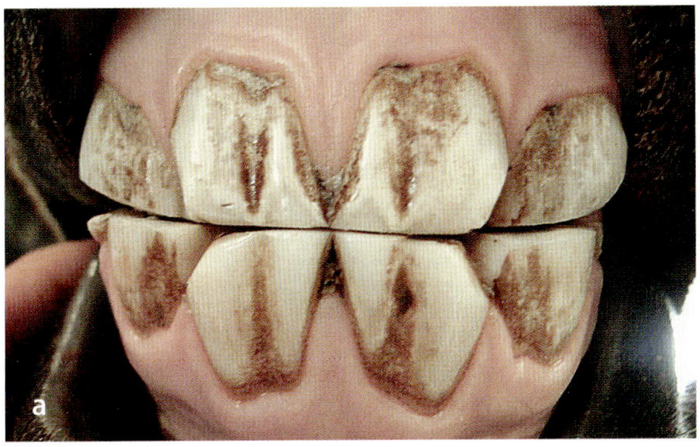

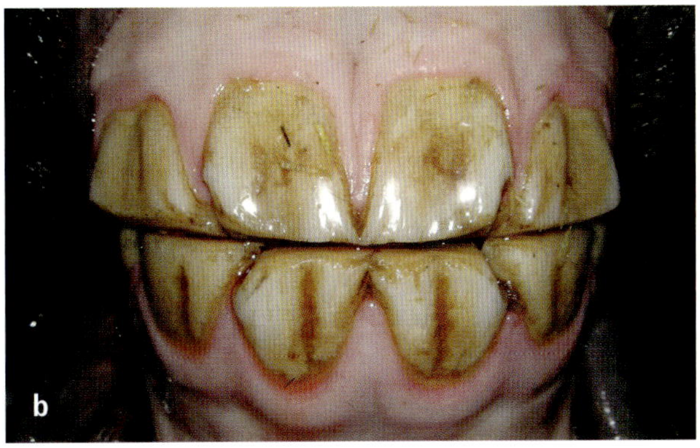

Abb. 3-46 Quarter-Horse, Stute, 3,5 Jahre.

a Dieses Pferd wurde vor einem Jahr mit Slicing behandelt. Mittlerweile haben 101, 201, 301 und 401 eine gute Okklusion erreicht. Der Kiefer ist jedoch immer noch zu eng, sodass 102, 202, 302 und 402 nicht ordnungsgemäß wachsen können. **Behandlung:** Hier werden erneut Slicing und Korrektur notwendig, um in Zukunft eine möglichst physiologische Zahnstellung und korrekte Okklusion zu gewährleisten. Sehr deutliche Schleimhautaufwölbung als Anzeichen für einen Überdruck in und um das Zahnfach an 301 und 401.

b Das Pferd mit 4 Jahren, 9 Monaten. Nach vorangegangenem Slicing haben sich 102, 202, 302 und 402 okklusal gefunden. **Behandlung:** Damit sich der Kiefer beim Herausschieben von 302 und 402 zusätzlich weitet, wurde an 301 und 401 ein stärkeres Slicing durchgeführt. Hier ist auch eine deutliche Schleimhautaufwölbung erkennbar. Daher wird zusätzlich zu einem weiteren geringgradigen Slicing eine Kürzung der Schneidezähne im Unterkiefer erforderlich, um eine Druckentlastung zu bewirken.

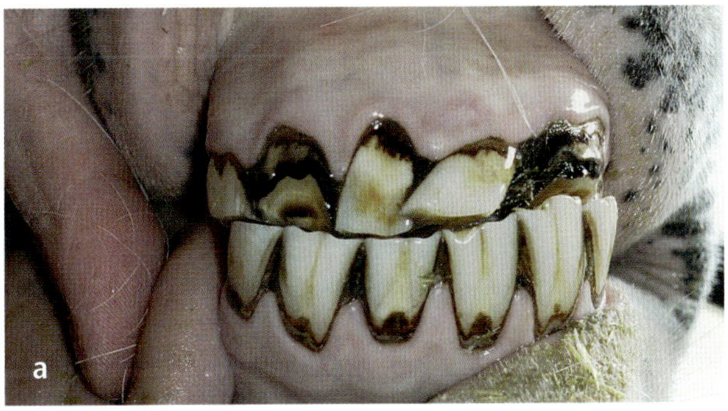

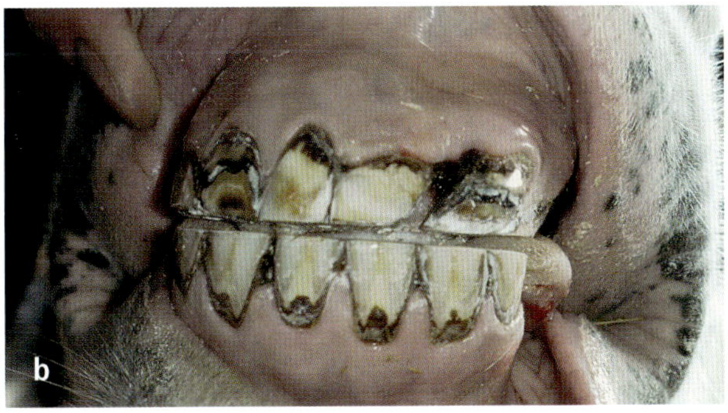

Abb. 3-47 Welsh A, Stute, 14 Jahre.

a Verlagerung von 201 vor 101 in Verbindung mit einem aufsteigenden Smile (s. Kap. 3.1.3, S. 50). Im 1. Quadranten herrscht Parodontose 2. Grades vor, im 2. und 3. Quadranten Grad 3 und im 4. Quadranten Grad 2 bis 3 (s. Kap. 3.2.1, S. 59).

b **Behandlung:** Nach der Begradigung erfolgte ein Slicing, um eine weitere Dislokation nach labial zu verhindern. Im weiteren Verlauf verbesserte sich die Parodontalerkrankung zwischen 101 und 201 zusehends.

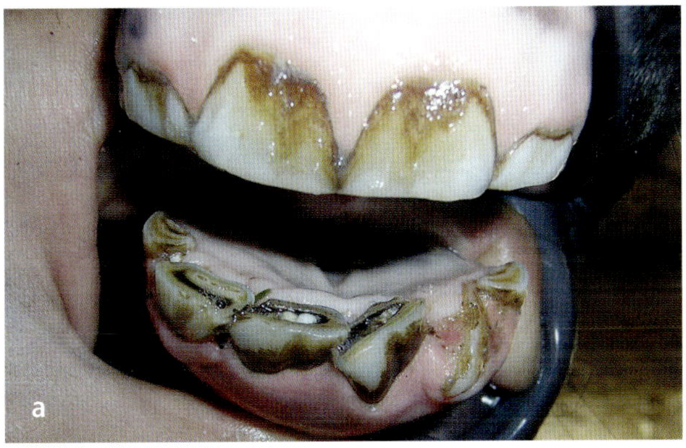

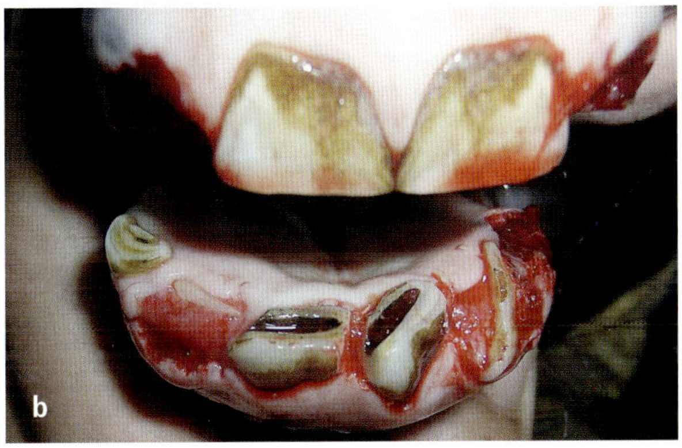

Abb. 3-48 Shetlandpony, Wallach, 4 Jahre.

a Dislokation von 401.

b Nach Slicing zwischen 301 und 401 und Entfernung der störenden Milchzahnkappen 502, 602 und 802. 702 war ca. 90 Grad nach labial rotiert.

3.1.3 Zahnebenen

Die Abweichungen der Schneidezahnebenen sind schematisch in **Abbildung 3-49** dargestellt. Als häufigste Form der Abweichungen der Schneidezahnebenen ist das Smile mit seinen Formvarianten (s. **Abb. 3-50** bis **3-57**) zu nennen. Daneben gibt es seine Verkehrung, das Frown, das relativ selten ist (s. **Abb. 3-58** bis **3-60**). Als weitere häufige Form kommt der Diagonalbiss vor (s. **Abb. 3-61** bis **3-71**). Das seitlich verschobene (aufsteigende bzw. abfallende) Smile stellt eine Sonderform dar, bei der die Probleme des Smiles in Kombination mit denen des Diagonalbisses auftreten.

Eine weitere therapeutisch anspruchsvolle Formabweichung ist die Welle (s. **Abb. 3-72** bis **3-75**). Das Treppengebiss ist die am stärksten verzahnte Form und wird mit Beispielen im Kapitel „Maulhöhle“ (s. Kap. 1.4, S. 15) und im Kapitel Schneidezahnfrakturen (s. Kap. 3.3.5, S. 85) dargestellt.

! Merke:
Alle diese Formabweichungen führen zu einer Malokklusion, da eine gleichmäßige Druckbelastung des Kauapparates nur bei horizontaler Schneidezahnebene gewährleistet ist. So ist zum Beispiel eine Kaubewegung mit einem Wellen- oder Treppengebiss bei geschlossenem Maul kaum möglich, demnach kann auch im Mahlzahnbereich kein Kaudruck aufgebaut werden.

Smile

Ein Smile ist eine Gebissformveränderung der Schneidezähne, die typischerweise auftritt, wenn das Pferd über lange Zeit hin in der Lateralbewegung eingeschränkt war, also seinen Kauausschlag nicht soweit seitlich ausüben konnte, wie es physiologisch normal wäre. Dies wird meistens bedingt durch sich langsam steigernde scharfe Backenzahnkanten, die im Oberkiefer bukkal und im Unterkiefer lingual auftreten. Eine Korrektur des Smiles ist essentiell. Eine saubere Berundung der Mahlzahnkanten unter Wiederherstellung der Lateralbewegung bedingt hier auch eine gute und saubere Anpassung der Smileansicht der Schneidezähne, denn nur dann ist eine Funktionalität des Mahlvorganges wieder optimal herstellbar.

Durch eine feinere Abstufung in Bezug auf den Höhenstand von 103 und 203 lässt sich das Smile noch in ein aufsteigendes (103 tiefer als 203) und absteigendes (103 höher als 203) Smile differenzieren, wobei sich die Bezeichnung aus Sicht des behandelnden Praktikers in Lese-Richtung der europäischen Schreibweise ergibt. Diese Schiefe resultiert meist daraus, dass neben der eingeschränkten Lateralbewegung noch zusätzliche einseitige Mahlzahnprobleme wie Wellen und Meißelzähne vorliegen. Sofern beim Smile Parodontoseerscheinungen vorhanden sind, ist die Korrektur durch eine Kombinationsbehandlung zur Wiederherstellung einer horizontalen Ebene und der Längenanpassung der Schneidezähne, wie in Kapitel 3.2.1, S. 59, beschrieben, erforderlich.

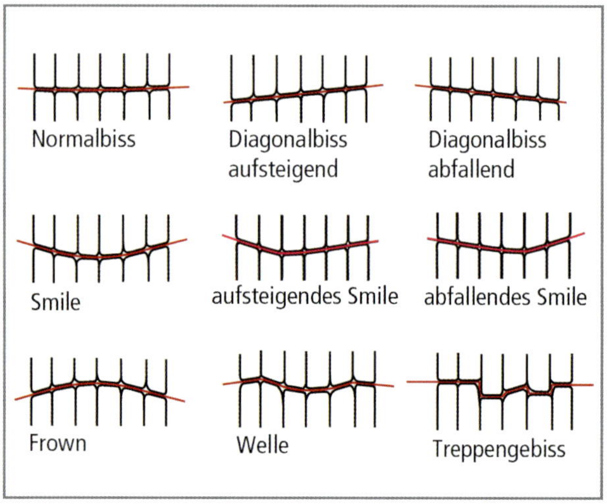

Abb. 3-49 Schemata der abweichenden Schneidezahnebenen.

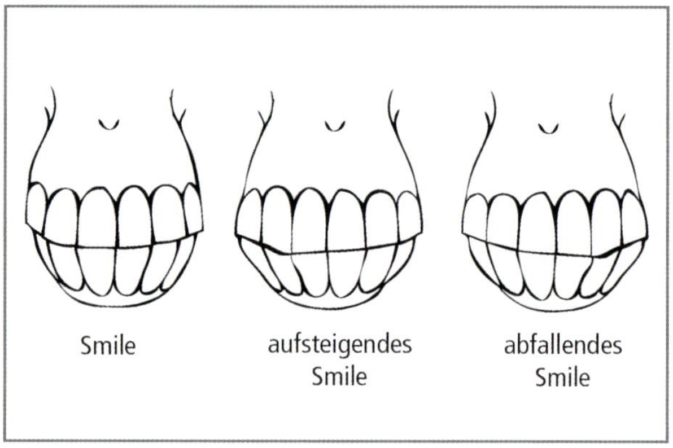

Abb. 3-50 Schemata des Smile.

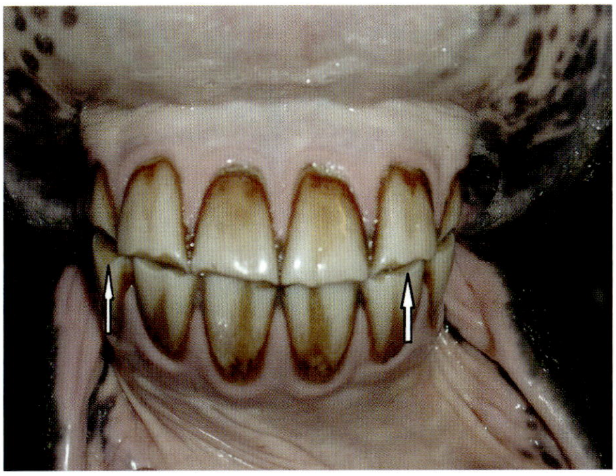

Abb. 3-51 Araber-Mix, Stute, 8 Jahre. Deutliches Smile mit Versuch der „Selbstkorrektur" (Pfeile), insbesondere auf 102, 103, 202, 203, 302, 303, 402 und 403. Schleimhautwülste sind im Unterkiefer auf 301, 401, 302 und, 402 deutlich zu erkennen. **Behandlung:** Hier ist nicht nur eine Begradigung des Smiles, sondern auch eine Druckentlastung durch Kürzen der Schneidezähne notwendig.

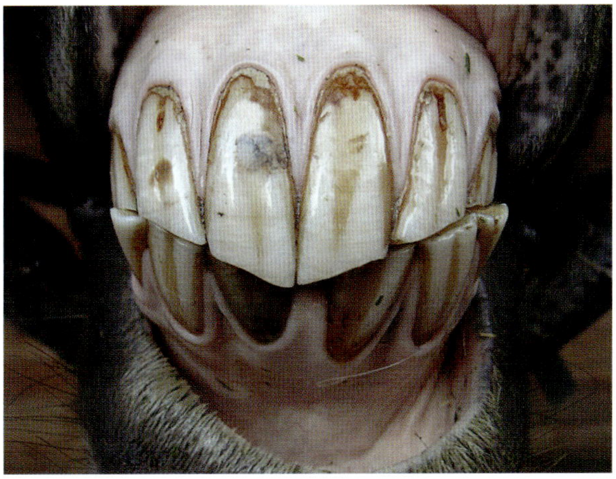

Abb. 3-53 Fjordpferd, Wallach, 19 Jahre. Extremes Smile mit ausgeprägter V-Form und Diastema zwischen 301 und 401. Als Ursache ist hier ein sekundär ausgeheilter Bruch der Unterkiefersymphyse sehr wahrscheinlich (s. Kap. 3.3.7, S. 90). **Behandlung:** Die Korrektur erfolgte in zwei Behandlungen in dreimonatigem Abstand, da sonst die Eröffnung von mehreren Pulpen (101, 201, 303 und 403) sehr wahrscheinlich gewesen wäre.

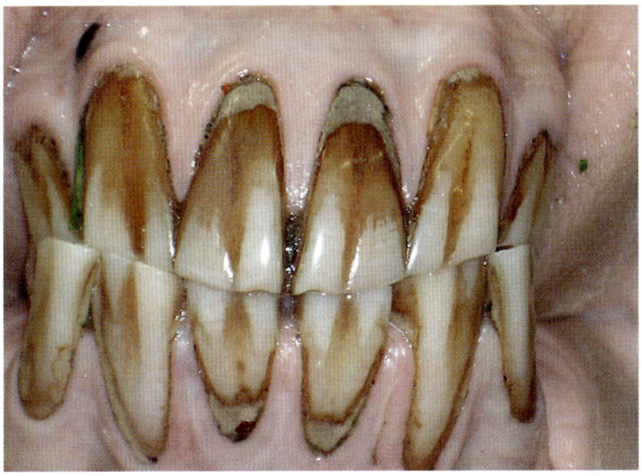

Abb. 3-52 Isländer, Stute, 15 Jahre. Deutliches Smile, beginnende V-Form, mit Zahnstein 1. Grades (s. Kap. 3.3.1, S. 73) auf 101, 201, 202, 301 und 401; 302 und 402 mit Zahnfachnekrose, sodass der sichtbare Zahnanteil in Wurzelrichtung verlängert ist.

! Merke: Bei ursprünglichen Rassen (Isländer, Fjordpferd u. ä.) sind die Kieferknochen derart stabil, dass eine Verkippung der Schneidezähne in Richtung Hechtgebiss selten ist. Dadurch wirken sich durch Abweichungen entstehende Kräfte vertikal in Richtung Wurzel aus, was zum Beispiel einer EOTRH (s. Kap. 3.3.3, S. 77) Vorschub leisten kann.

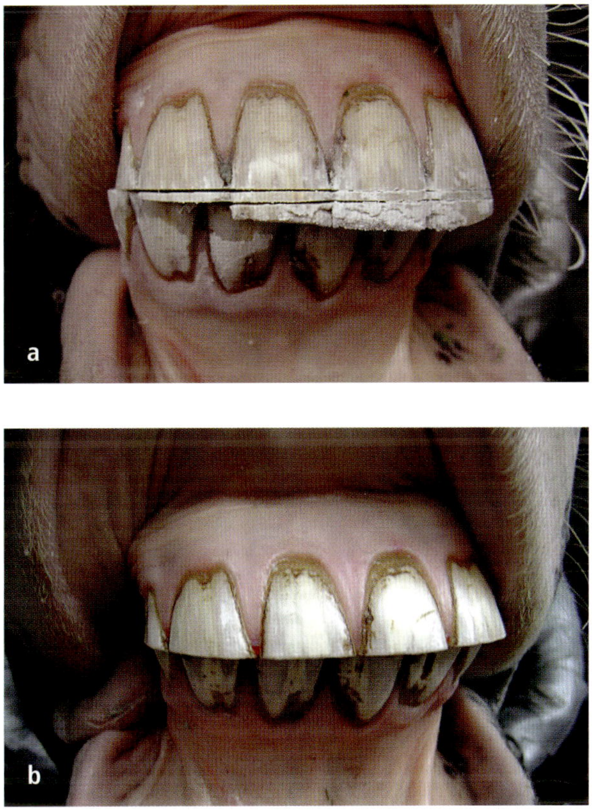

Abb. 3-54 Tinker, Wallach, 15 Jahre.

a Abfallendes Smile und ein Vorbiss 2. bis 3. Grades. **Behandlung:** Die Korrekturlinie ist mittels Diamantscheibe eingefräst.

b Zustand nach Kürzung und Begradigung der Schneidezähne und einer Wiederherstellung der Okklusion von ca. 75 Prozent der Zahnflächen.

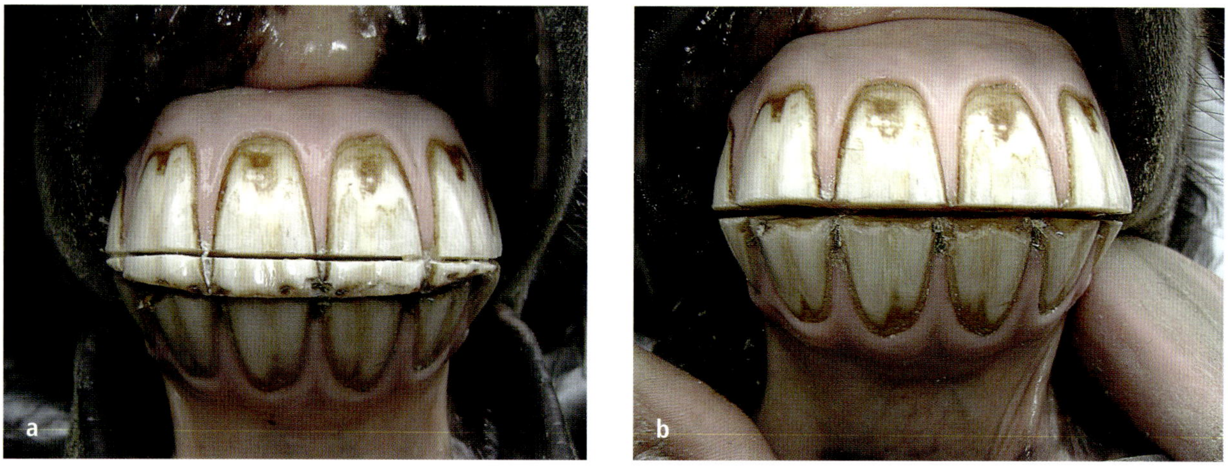

Abb. 3-55 Hessisches Warmblut, Wallach, 16 Jahre.
a Smile mit einer Okklusion von ca. 60 Prozent (s. Kap. 3.2.3, S. 66). **Behandlung:** Die Schnittlinie ist eingezeichnet. Der Grund für die sehr deutliche Kürzung der Oberkieferschneidezähne liegt in dem starken Überdruck, dem die Unterkieferschneidezähne ausgesetzt sind. Dieser Überdruck ist an den Aufwölbungen der Unterkieferzahnfächer und der darüber liegenden Schleimhaut erkennbar. Die Zahnfachveränderungen weisen somit auf eine beginnende ventrale Verkippung des gesamten Unterkieferschneidezahnbereiches hin. An den Oberkieferzahnfächern ist der druckarme physiologische Zustand im direkten Vergleich sichtbar.
b Zustand nach Begradigung der Oberkiefer- und Unterkiefer-Incisivi und Herstellung einer 100-prozentigen Okklusion.

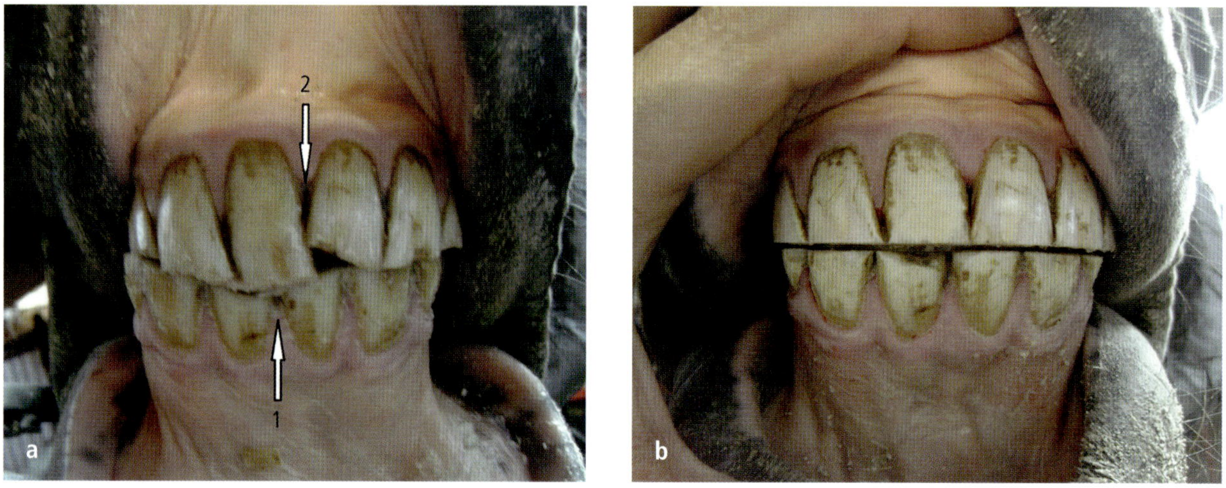

Abb. 3-56 Hessisches Warmblut, Stute, 16 Jahre.
a In dieser Abbildung ist ein aufsteigendes Smile zu erkennen. Im Oberkiefer besteht eine Parodontose 3. Grades, (s. Kap. 3.2.1, S. 59). Der massive Druck auf die Unterkieferzahnfächer ist durch Aufwölbungen mit Schleimhautwülsten erkennbar. Zusätzlich ist eine okklusale Zahnteilfraktur von 201 (s. Kap. 3.3.5, S. 85) ersichtlich. Die Okklusion liegt bei ca. 25 Prozent. Auffallend ist, dass die Zahnbogenmitte zwischen Ober- und Unterkiefer deutlich divergiert. Während die Zahnbogenmitte im Unterkiefer (Pfeil 1) den Abstand zwischen der Lateralfläche von 303 und 403 mittelt (physiologisch), ist die Zahnbogenmitte des Oberkiefers um mehr als eine halbe Zahnbreite nach links verschoben (Pfeil 2).
b Nach Kürzung der Incisivi auf eine 100-prozentige Okklusion. Man beachte, dass von der ehemaligen Fraktur auf 201 nichts mehr zu sehen ist.

! Merke: Zur Ermittlung der Zahnbogenmitte muss nicht zwangsläufig der Interdentalspalt zwischen 101/201 mit 301/401 herangezogen werden, stattdessen kann man sich an den äußeren Schneidezähnen orientieren. **Am wichtigsten** ist jedoch immer der Backenzahnstand, welchen man mittels Kopflampe nach seitlicher Abspreizung der Maulspalte von bukkal her vergleichend begutachten kann.

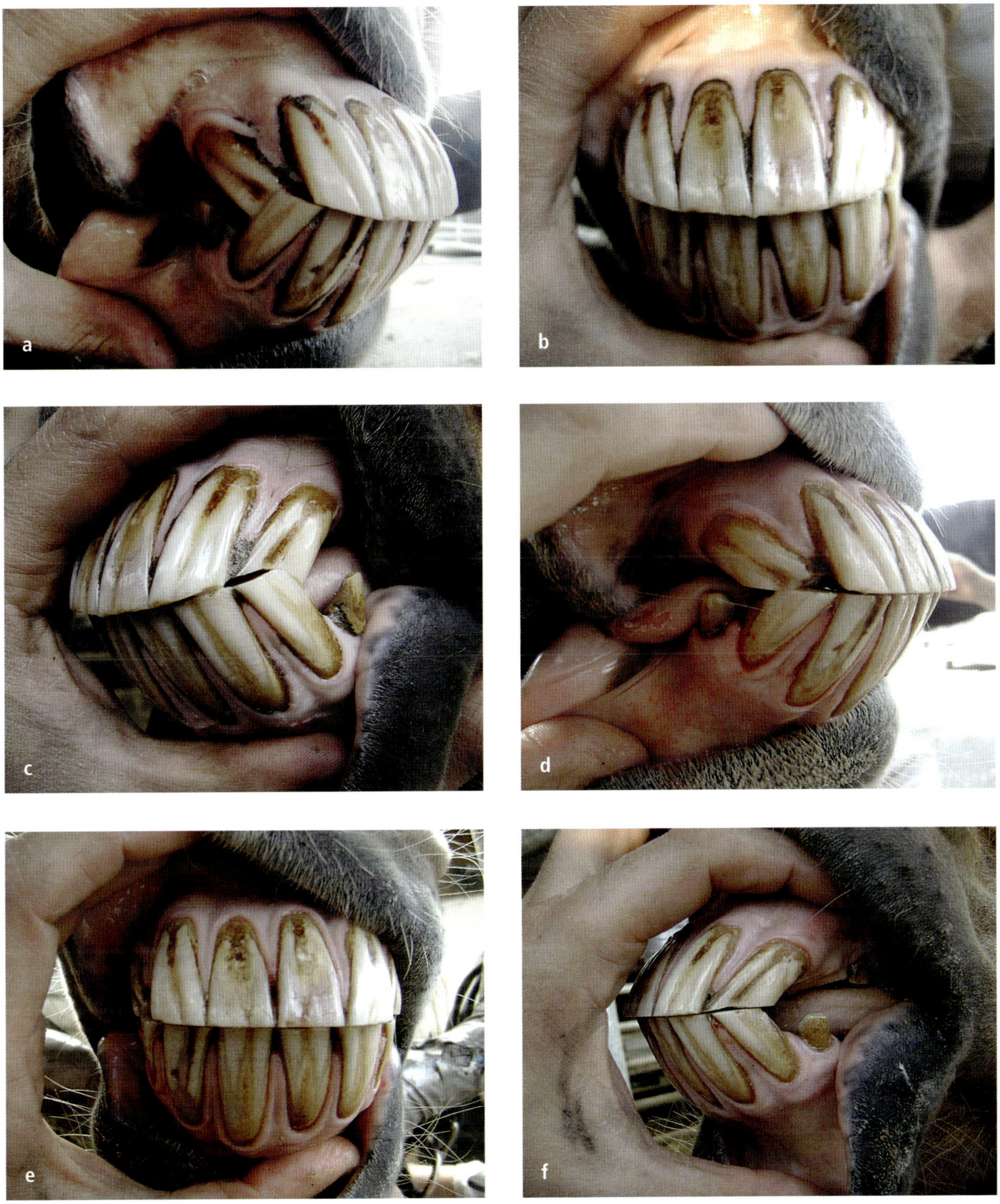

Abb. 3-57 Shetlandpony, Wallach, 22 Jahre.

a Okklusion von ca. 25 Prozent. Das Pferd hat ein Smile und einen Einbiss 3. Grades auf 103 (s. Abb. 3-103 d, S. 69).

b Das Pferd von vorn. Man beachte die Parodontose 2. Grades im Ober- und Unterkiefer, welche aber nur an den 1ern und 2ern deutlich ausgeprägt ist, da diese Zähne den meisten Druck abfangen müssen.

c Das Pferd von links betrachtet, mit einem Einbiss vom Grad 1,5.

d **Behandlung:** Herstellung einer Okklusion von ca. 90 Prozent durch Kürzung. Die kleine Blutung im Bereich 403 ist nach Druckentlastung deutlich sichtbar. Es ist anzunehmen, dass der fehldruckbelastete Zahn durch die Druckentlastung wieder in sein originäres Zahnfach „zurückrutscht" (s. Abb. 6-28 a–f, S. 153). Da noch fundierte Untersuchungen zu diesem Phänomen fehlen, ist dies jedoch nur ein Erklärungsversuch.

e Zustand nach der Behandlung, Frontalansicht.

f Zustand nach der Behandlung, Ansicht von links. Die kleine Blutung zwischen 302 und 303 ist nach der Druckentlastung deutlich sichtbar.

Frown

Das selten vorkommende Frown ist eine häufig durch Mutulismus hervorgerufene Reduktion von 101, 201, infolge derer 301 und 401 zu lang wachsen. Hier ist eine eventuelle Ursache im Bereich der Mahlzähne zu beseitigen und das Frown anzupassen. Wie beim Smile kann das Frown durch Bezug auf den Höhenstand von 103 und 203 feiner in ein aufsteigendes und absteigendes Frown differenziert werden, wobei sich die Bezeichnung auch hier aus Sicht des behandelnden Praktikers in Lese-Richtung der europäischen Schreibweise ergibt.

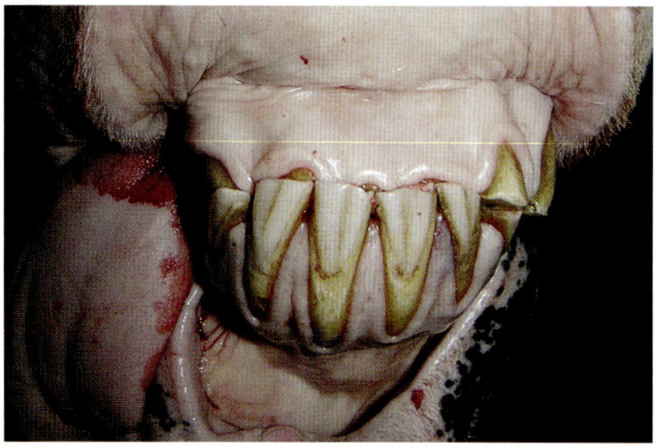

Abb. 3-58 Württemberger, Stute, 19 Jahre. Sehr breites Frown aufgrund eines Unterbisses 2. Grades. Im Unterkiefer ist eine Parodontose 1. Grades sichtbar. Hervorstechend ist die hochgradige degenerative Zahnfachreduktion von 301 und 302 sowie 401 und 402. Die labiale knöcherne Zahnfachwand ist nahezu komplett abgebaut.

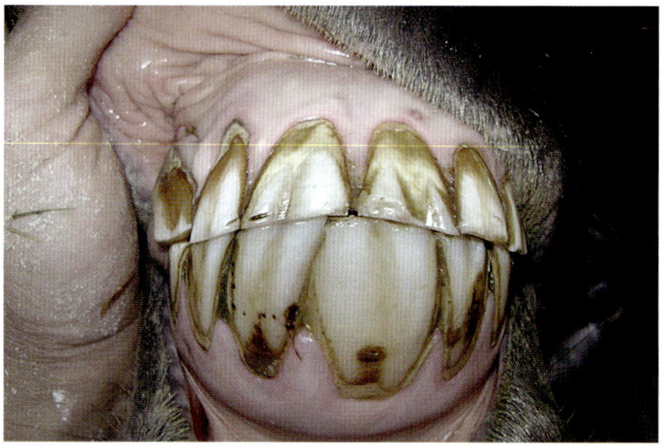

Abb. 3-59 Hannoveraner, Wallach, 12 Jahre. Frown aufgrund einer Formveränderung von 301. Im Unterkiefer ist eine Parodontose 3. Grades zu sehen. **Behandlung:** Es ist nicht nur eine Korrektur des Frown nötig, sondern auch eine Druckentlastung durch deutliche Kürzung der Unterkieferschneidezähne um ca. 4–5 mm.

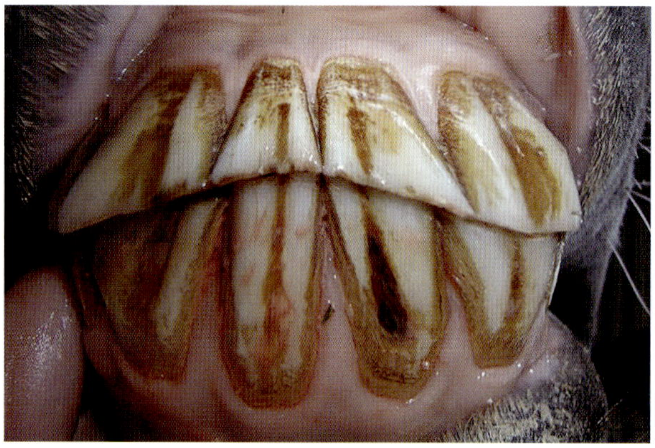

Abb. 3-60 Araber, Stute, 15 Jahre. Nach rechts schiefes, also abfallendes Frown. Im Unterkiefer ist Zahnstein 1. Grades zu bemerken. Der Versuch des Pferdes selbst regulierend einzugreifen, ist an der ausgefransten, labialen Schneidezahnkante zu erkennen. **Behandlung:** Da nur eine sehr geringe Parodontose vorliegt, ist als Behandlung hier eine Nivellierung der Fehlstellung ausreichend.

Diagonalbiss

Den Diagonalbiss teilt man in den so genannten aufsteigenden und abfallenden Diagonalbiss ein. Die Bezeichnung wird wie bei Smile und Frown vom Höhenstand von 103 zu 203 aus Sicht des behandelnden Praktikers in Lese-Richtung der europäischen Schreibweise abgeleitet. Diagonalbisse sind ein Spiegelbild der Probleme im Backenzahnbereich. Solche Formveränderungen der Schneidezähne haben ihre Ursache mit hoher Wahrscheinlichkeit in einer einseitigen Unstimmigkeit im Bereich der Backenzähne. Es ist zwingend notwendig, eine Anpassung des Diagonalbisses und eine Ausbalancierung der Backenzahnsituation vorzunehmen. Leider lässt sich keine Regel aufstellen, dass bei einem abfallenden Diagonalbiss die Schwierigkeiten immer nur auf einer Seite zu finden wären und beim aufsteigenden Diagonalbiss immer nur auf der anderen. Beide Varianten sind möglich, sodass hier die auslösende Seite nicht im Vorfeld diagnostiziert werden kann.

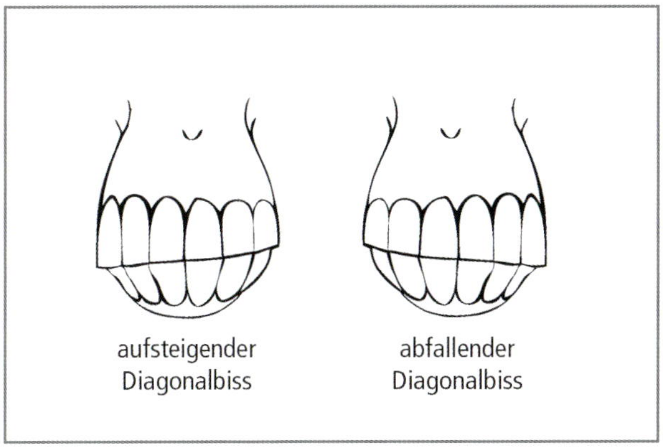

Abb. 3-61 Schemata des Diagonalbisses.

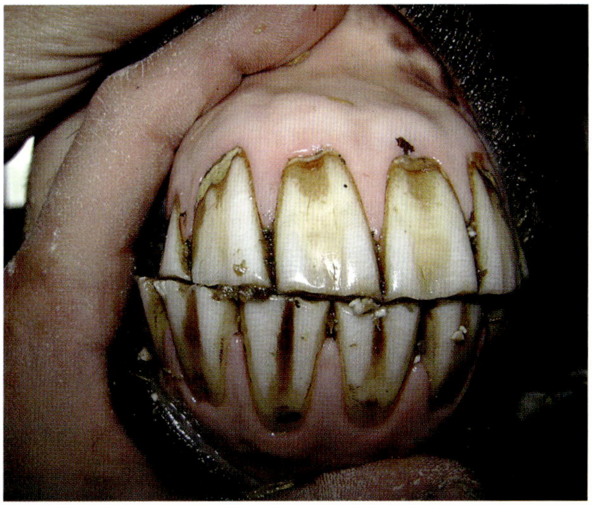

Abb. 3-62 Paint-Horse, Wallach, 11 Jahre, Westernpferd. Abfallender Diagonalbiss. Das Pferd hatte eine große einseitige Rampe auf 306, wodurch der Unterkiefer nach rechts verlagert wurde. Dies hat zu mangelndem Abrieb im Bereich von 403 und 203 geführt.

! Merke: Die meisten Veränderungen im Schneidezahnbereich werden durch Unregelmäßigkeiten in der Balance der Backenzähne hervorgerufen.

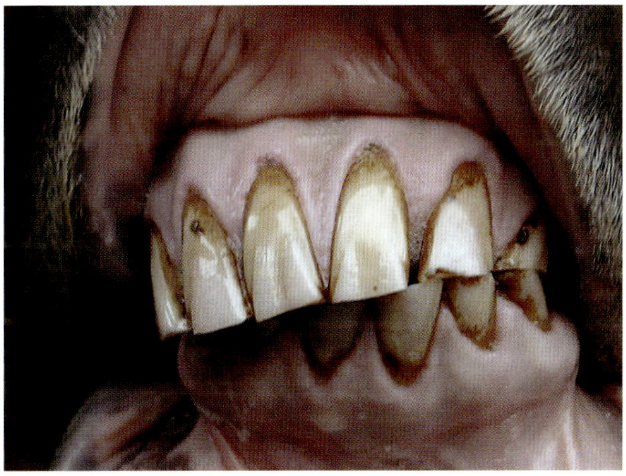

Abb. 3-63 Araber, Stute, 20 Jahre. Aufsteigender Diagonalbiss mit geringgradigen Verkippungen der Zähne 101, 201 und 301 nach lateral, 303 und 401 nach medial.

! Merke: Bei älteren Pferden ist eine stufenweise Anpassung sinnvoll, da die verkippten Zähne aufgrund der erforderlichen Umbauvorgänge im Kiefer lange Zeit benötigen, um sich wieder auszurichten. Wie andere Heilungsvorgänge auch dauert dies bei älteren Tieren länger.

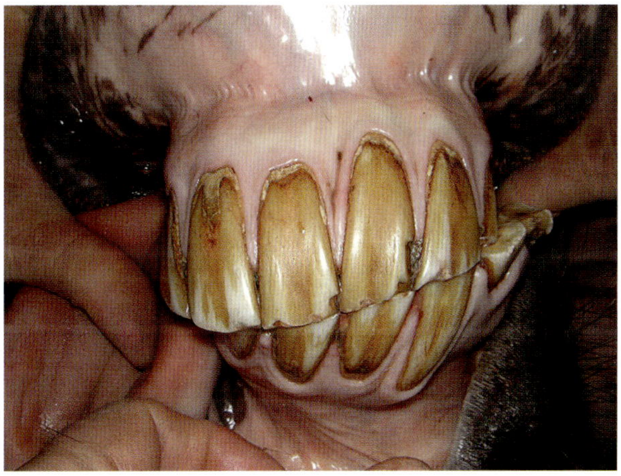

Abb. 3-64 Bayerisches Warmblut, Stute, 18 Jahre. Hochgradig aufsteigender Diagonalbiss, Erstbefund. **Ursache:** 309 gebrochen und vereitert durch Meißelzahn auf 209. **Behandlung:** Nach Zahnextraktion und Wundversorgung Korrektur der Schneidezähne auf Schleimhautniveau im ersten Schritt. Im zweiten Schritt ist eine erneute Korrektur mit nochmaliger Kürzung der Schneidezähne binnen eines halben Jahres notwendig, um die veränderte Belastung des Kiefergelenkes in mehreren Schritten abzufedern.

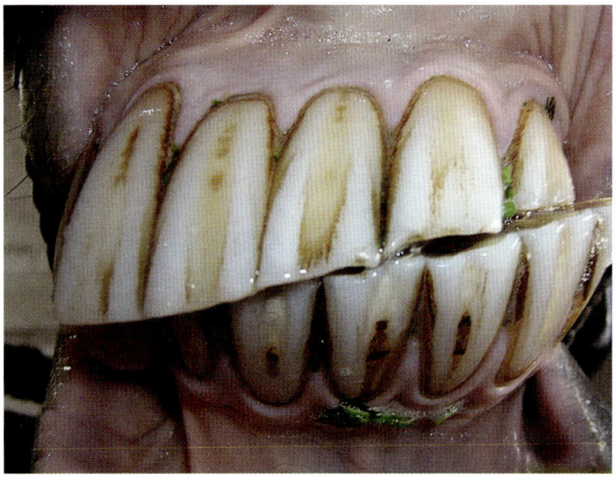

Abb. 3-65 Bayerisches Warmblut, Stute, 24 Jahre. Hochgradig aufsteigender Diagonalbiss, Befund bei der ersten professionellen Zahnbehandlung. Ursache war eine Rampe auf 111 und eine hochgradige Rampe auf 406, welche den Kiefer nach links verlagert hat. Die Veränderungen waren trotz „jährlicher Zahnbehandlung" immer schlimmer geworden.

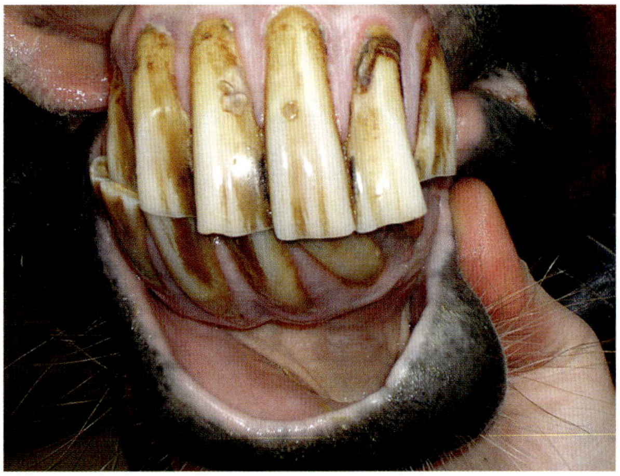

Abb. 3-66 Warmblut, Stute, 19 Jahre. Mittelgradig abfallender Diagonalbiss mit Zahnverkippungen und Rotationen. 101, 102, 103 verkippt und lingual rotiert, 301 und 302 medial verkippt sowie 401 und 402 lateral verkippt. Parodontose 2. Grades im 1. und 2. Quadranten sowie 0. Bis 1. Grades im 3. und 4. Quadranten. **Behandlung:** Im Oberkiefer ist die stärkere Kürzung der Schneidezähne im Vergleich zum Unterkiefer nötig, da hier die Parodontose stärker ausgeprägt ist.

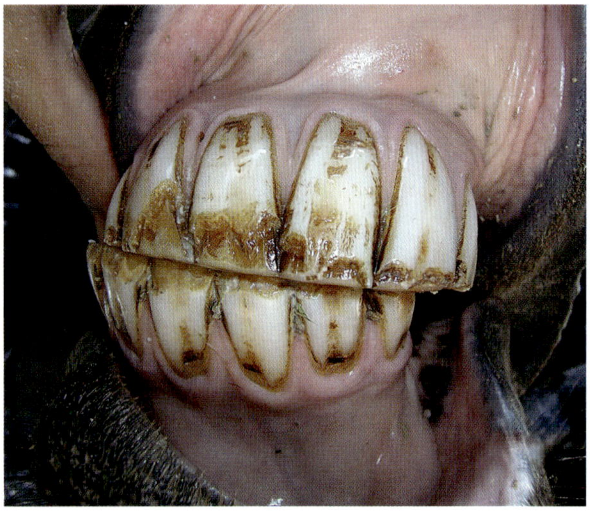

Abb. 3-67 Quarter-Horse, Stute, 8 Jahre. Abfallender Diagonalbiss. Das Pferd hatte eine Rampe auf 406, die größer war als 306. Auffallend ist der Versuch einer „Selbstkorrektur" durch Wetzen (s. Kap. 3.3.2, S. 75), der zu sehr ungleichen, aber teils massiven Zahnteilverlusten führt.

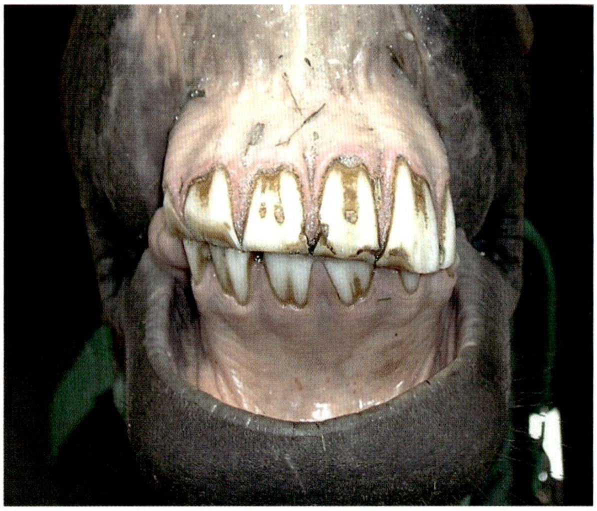

Abb. 3-68 Holsteiner Warmblut, Stute, 8 Jahre. Hochgradig abfallender Diagonalbiss mit Schmelzdefekten im 1. und 2. Quadranten durch Wetzen oder Schleifen. Der erhöhte Druck auf das Zahnfach (Impression) von 401 bis 403 ist an dem erweiterten sichtbaren Zahnanteil erkennbar, 402 und 403 zeigen zusätzlich Schleimhautaufwölbungen. **Behandlung:** Bei der Korrektur wurde teilweise unter dem Schleimhautniveau gearbeitet, die Pulpen von 202 und 203 waren genügend zurückgezogen und wurden nicht eröffnet.

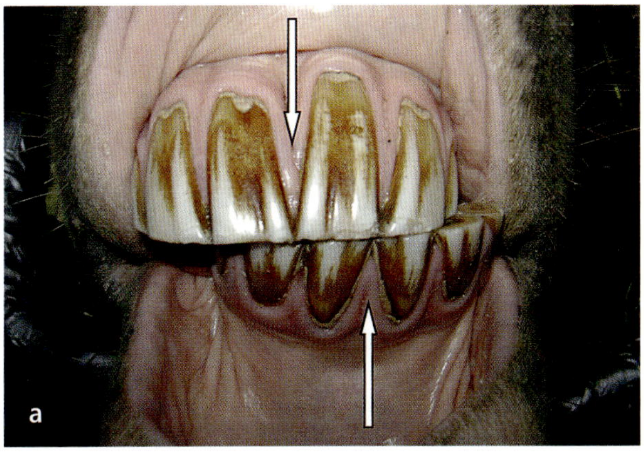

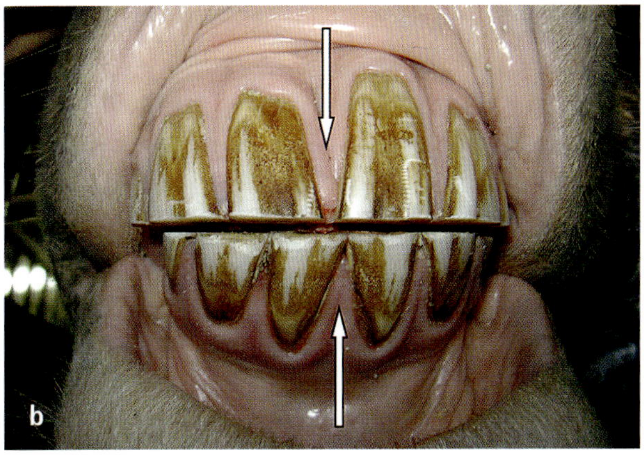

Abb. 3-69 Haflinger, Stute, 20 Jahre.
a Starker Mittellinienverschub (Pfeile) nach rechts vor der Behandlung. Das Pferd hatte eine Okklusion von ca. 25 Prozent. Eine geringgradige Schiefnase ist die Ursache (s. Abb. 1-10, S. 10). **Behandlung:** Anpassung der Schneidezähne zur Wiederherstellung einer 100-prozentigen Okklusion.
b Zustand nach Anpassung der Schneidezähne.

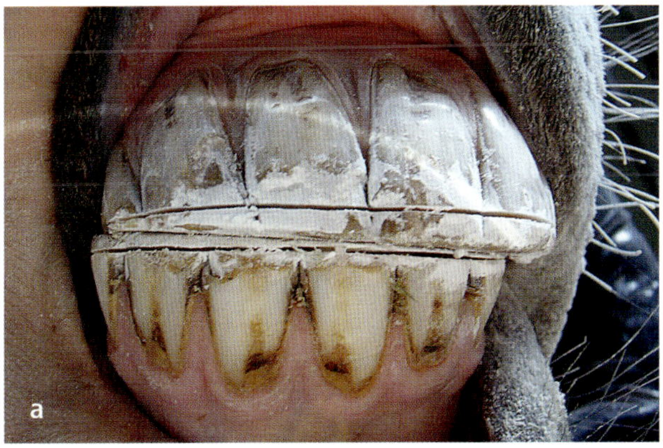

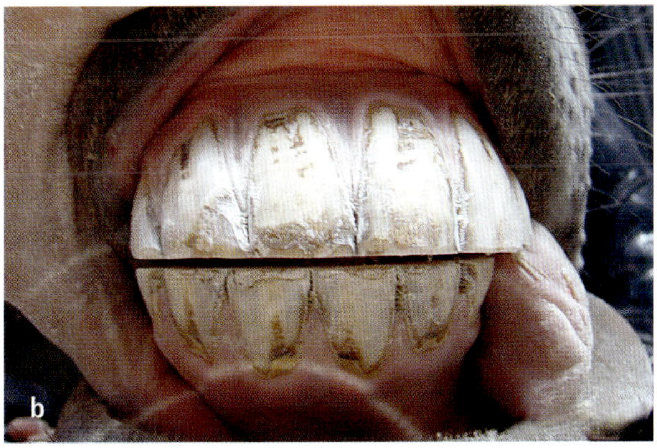

Abb. 3-70 Quarter-Horse, Stute, 13 Jahre.
a Leicht abfallender Diagonalbiss. Das Pferd hatte zuvor eine Okklusion von ca. 25 Prozent. Der Unterkieferverschub nach rechts kam durch starke Excessive Transverse Ridges (ETR, s. Kap. 5.4, S. 123) auf 210 zustande.
b Zustand nach der Korrektur. **Behandlung:** Anpassung der Schneidezähne und Wiederherstellung der 100-prozentigen Okklusion.

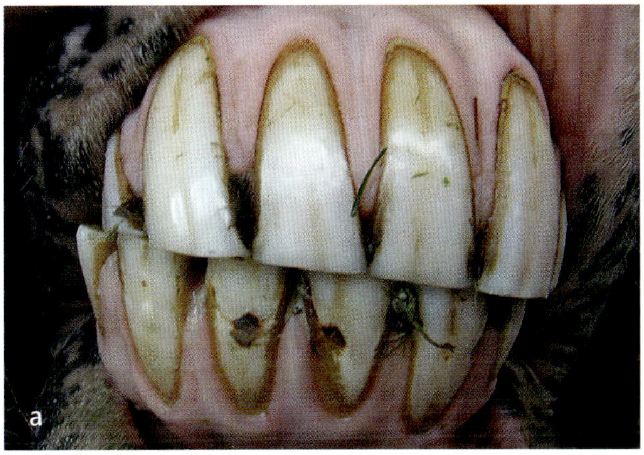

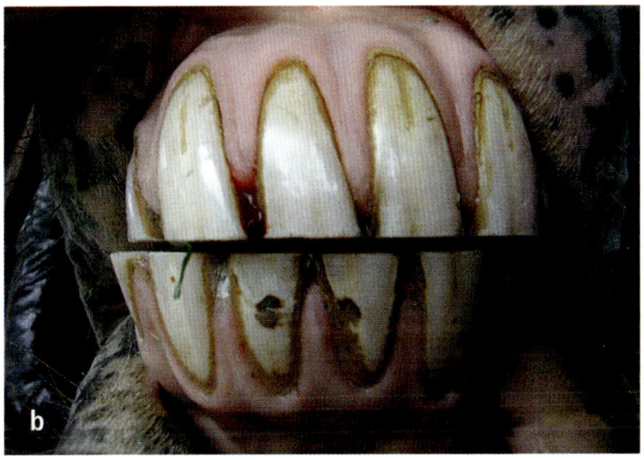

Abb. 3-71 Knappstrupper, Stute, 19 Jahre.
a Stark abfallender Diagonalbiss vor der Anpassung der Schneidezähne mit einer Okklusion von 0 Prozent. Zwischen 101 und 102, 102 und 103 sowie zwischen 301 und 302 sind Ventildiastemen (s. Kap. 5.7, S. 131) abgebildet. **Behandlung:** Anpassung der Schneidezähne und Wiederherstellung der vollständigen Okklusion. Ohne Korrektur wird die Parodontose schnell fortschreiten.
b Zustand nach der Behandlung. Geringgradige Schmelzdefekte auf 301 und 401. Kleine Blutungen im Interdentalspalt zeigen die Druckentlastung an.

Welle

Einer Welle (mehrfache, fließende Änderung der Kurvenrichtung in der Schneidezahnebene) im Schneidezahnbereich liegen oft Wellenprobleme im Mahlzahnbereich zu Grunde. Auch der ungleiche Wechsel von Milchincisivi kann eine Ursache sein. Wenn 501 und 601 früher wechseln, wachsen 101 und 201 in die Lücke hinein, die durch den späten Wechsel von 701 und 801 entsteht (s. **Abb. 3-49**). Bei einer Welle müssen außer der Anpassung der Schneidezähne in eine horizontale Form die Grundprobleme im Backenzahnbereich äußerst gewissenhaft ausbalanciert werden.

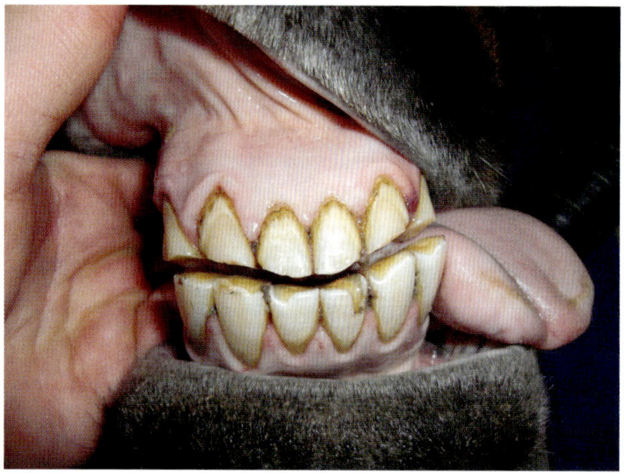

Abb. 3-72 Welsh-B-Pony, Stute, 17 Jahre. Ausgeprägtes Smile mit seitlich auslaufender Welle und mittelgradigen Schmelzdefekten an 301 sowie geringgradigen Schmelzdefekten an 303, 401 und 402. Parodontose 2. bis 3. Grades im Ober- und Unterkiefer. **Behandlung:** Zur Korrektur sollte die Substanz von Ober- und Unterkiefer gleichmäßig abgetragen werden.

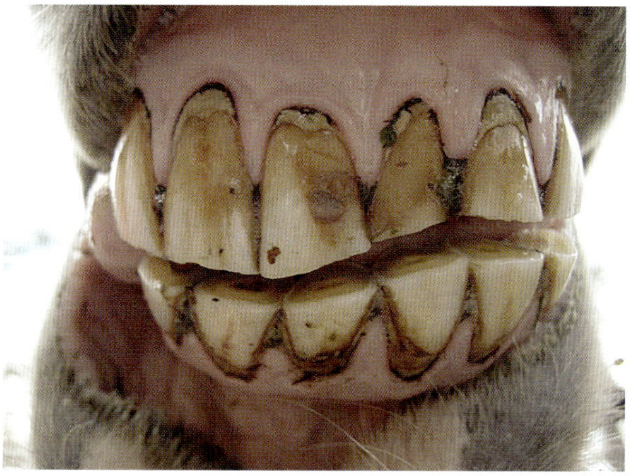

Abb. 3-73 Lewitzer, Wallach, 21 Jahre. Aufsteigender hochgradiger Wellenbiss mit Parodontose 2. bis 3. Grades im 1. und 3. Quadranten; im 2. und 4. Quadranten Parodontose 1. bis 2. Grades. **Behandlung:** Bei der Korrektur ist nicht nur eine Angleichung der Ebenen, sondern auch eine zusätzliche Druckentlastung nötig, damit die Parodontose abheilen kann.

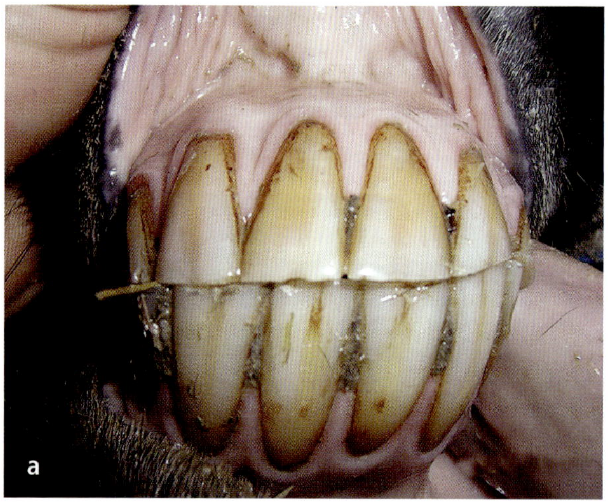

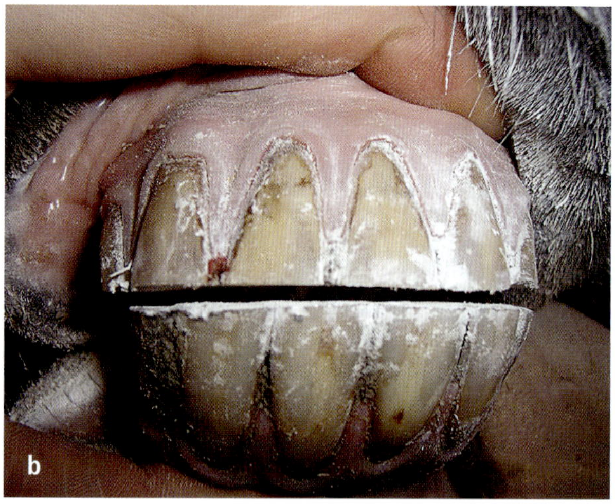

Abb. 3-74 Shetlandpony, Stute, 18 Jahre.
a Wellenförmig aufsteigender Diagonalbiss. Parodontose 2. bis 3. Grades an allen Schneidezähnen bei einer Okklusion von 25 Prozent. Der aufsteigende Diagonalbiss wurde durch einen Haken auf 311 und einen ca. 0,75 cm hohen Meißelzahn auf 308 bedingt.
b Zustand nach der Korrektur. **Behandlung:** Die Schneidezähne wurden stark angepasst, damit die durch Druck und kraniale Verkippung entstandene Parodontose ausheilen kann.

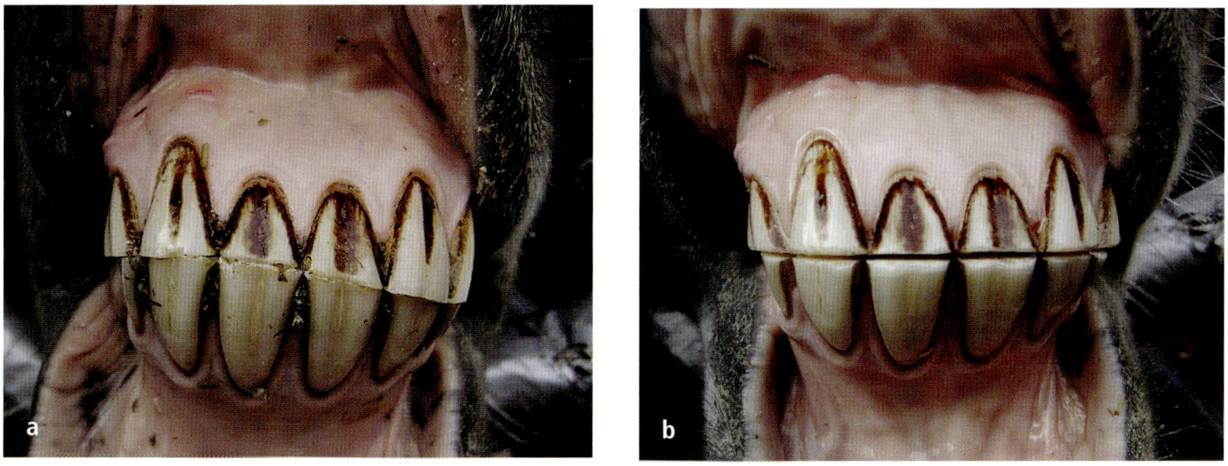

Abb. 3-75 Pony, Stute, 15 Jahre.
a Hochgradig kachektisches Tier, vom Veterinäramt aus einem Zirkus konfisziert. 208 lose. **Behandlung:** Kürzung und Anpassung der Schneidezähne und Extraktion von 208.
b Zustand nach der Behandlung. Das Tier erholte sich zusehends und war nach ca. 3 Monaten in einem normalen Ernährungszustand.

3.2 Erkrankungen der umliegenden Gewebestrukturen

In diesem Kapitel sind die Erkrankungen der zahnan- und umliegenden anatomischen Strukturen und deren Folgen zusammengefasst. Die EOTRH (Equine Odontoklastische Absorptions- und Resorptionsvorgänge) zählen zwar auch hierzu, werden wegen der Sonderstellung dieser Erkrankung jedoch in einem eigenen Kapitel (s. Kap. 3.3.3, S. 77) behandelt.

Bei Veränderungen der in der Peripherie der Zähne (periodontal) liegenden Strukturen spricht man von periodontalen Erkrankungen (s. Kap. 3.2.1, S. 59). Dies betrifft sowohl die weichen Gewebeanteile (Schleimhaut, Submukosa, Gefäßpolster und Fettgewebe) als auch die festen Anteile (Zahnfach, Zahnwurzelhaut, Sharpey-Fasern und Alveolarknochen). Wenn diese Strukturen entzündet und degenerativ stark zerstört sind, kommt es zu losen oder fehlenden Zähnen (s. Kap. 3.2.2, S. 63). Um diesen Vorgängen entgegenzuwirken bedarf es der Okklusionsverbesserung, die im Kapitel 3.2.3, S. 66, dargestellt wird. Die Kapitel 3.2.4, S. 69 (Einbisse), und 3.2.5, S. 72 (Wurzeldrehungen) beschreiben die mechanischen Auswirkungen von pathologischen Druckveränderungen auf die zahnumliegenden Strukturen. Einbisse werden durch Druckrichtungsänderungen zu horizontal-frontal statt okklusal verursacht. Wurzeldrehungen werden meist durch Druckrichtungsänderungen in latero-mediale statt okklusale Richtung bedingt. Wie **Abbildung 3-116** zeigt, ist auch die Kombinationsform beider Fehlbelastungen zu beobachten.

3.2.1 Peridontale Erkrankungen

Dieses Kapitel zeigt anschaulich die Vielfalt der Erkrankungen im peridontalen Bereich, die sowohl auf Entzündungen einzelner Zähne als auch auf Erkrankungen des Gesamtorganismus', wie z. B. Ikterus oder Sauerstoffmangel, hinweisen können. Wichtig ist hier, immer eine gleich bleibende Lichtquelle zu benutzen, sodass leichte Farbveränderungen gut ins Auge fallen. Bei jeder Entzündungssituation im Schneidezahnbereich ist die Ursache zu eruieren und, wenn möglich, zu beseitigen. Nicht jede Entzündung des Periodontiums bedingt automatisch eine Extraktion, denn grundsätzlich sollte eine Zahnbehandlung immer der Zahnerhaltung dienen. Die Erkrankungen können sowohl eine Zahnlockerung als auch eine Zahnfachinfektion verursachen. Wenn nur eine dieser beiden Veränderungen vorliegt, kann versucht werden den Zahn zu erhalten. Treten beide gemeinsam auf, ist eine Extraktion meist nicht zu vermeiden. Die häufigste Peridontalerkrankung ist die Parodontose als degenerative Folgeerkrankung von längerfristiger Fehlbelastung der Zahnwurzeln und des Zahnhalteapparates. Ihr geht in der Regel eine Periodontitis als reversible Entzündungsform voraus. Wird diese nicht therapiert, entsteht hieraus die Parodontose. Physiologisch ist ein bündiger Abschluss der Zahnfleischlinie mit den Okklusionsflächen der Schneidezähne, was als eine Parodontose vom Grad 0 festgelegt wird. Grad 1 entspricht einem Rückgang des Zahnfleisches von bis zu 25 Prozent. Bei Grad 2 ist das Zahnfleisch so weit zurückgewichen, dass bis zu 50 Prozent des freiliegenden Zahnes sichtbar sind, bei Grad 3 sind es bis zu 75 Prozent, und bei Grad 4 ist das Zahnfleisch zu über 75 Prozent reduziert. Zusätzlich können Gingivitiden (Zahnfleischentzündungen) an den apikalen Bereichen der Schneidezähne auftreten. Diese unterteilt man in gering-, mittel- und hochgradig. Hierzu werden die Schleimhautwulstungen und die den Entzündungsgrad anzeigende Farbveränderung (Rötung) herangezogen (s. **Abb. 3-69**). Die Korrektur der Schneidezähne muss durch ein dem Parodontosegrad angepasstes Kürzen der Zahnlänge erfolgen. Auch hier muss unter ständiger Sichtkontrolle gearbeitet werden, um ein Eröffnen der Pulpa zu vermeiden. Wenn eine hochgradige Parodontose unbehandelt bleibt, kommt es zu losen Zähnen bzw. Zahnverlust, was im folgenden Kapitel 3.2.2, S. 63, beschrieben ist.

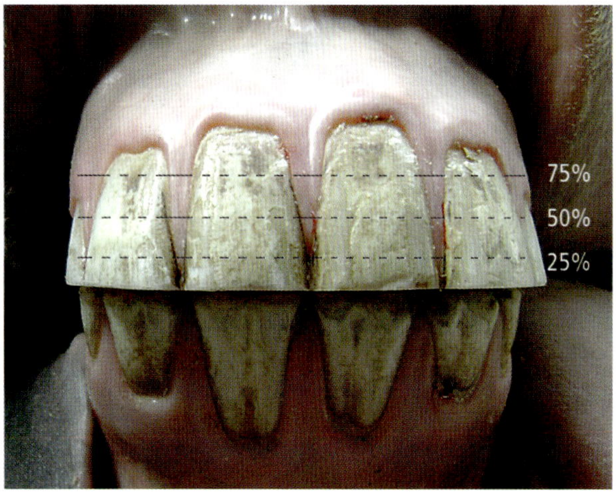

Abb. 3-76 Schematische Einteilung der Parodontose. Der Zahnfleischrückgang kann als Indikator interpretiert werden, welcher den Druck auf die in Relation zu langen Schneidezähne anzeigt. Je länger das Pferd den Kaudruck auf die Backenzähne erhöhen muss, desto mehr zieht sich das Zahnfleisch zurück. Physiologisch ist eine Parodontose vom Grad 0, bei dem die Zahnfleischlinie bündig mit den Okklusionsflächen der Schneidezähne abschließt. Grad 1 entspricht einem Rückgang des Zahnfleisches von bis zu 25 Prozent des sichtbaren Zahnanteils. Bei Grad 2 ist das Zahnfleisch bis zu 50 Prozent des Zahnes zurückgewichen, bei Grad 3 sind es bis zu 75 Prozent, und bei Grad 4 ist das Zahnfleisch zu über 75 Prozent reduziert. Als vereinfachende Bezeichnung haben die Autoren ISO (Interdentalspalt Oberkiefer) und ISU (Interdentalspalt Unterkiefer) eingeführt (von links nach rechts durchnummeriert), es gibt demnach ISO 1 bis 5 und ISU 1 bis 5. Zusätzlich können Gingivitiden an den apikalen Bereichen der Schneidezähne auftreten, diese unterteilt man in gering-, mittel- und hochgradig.

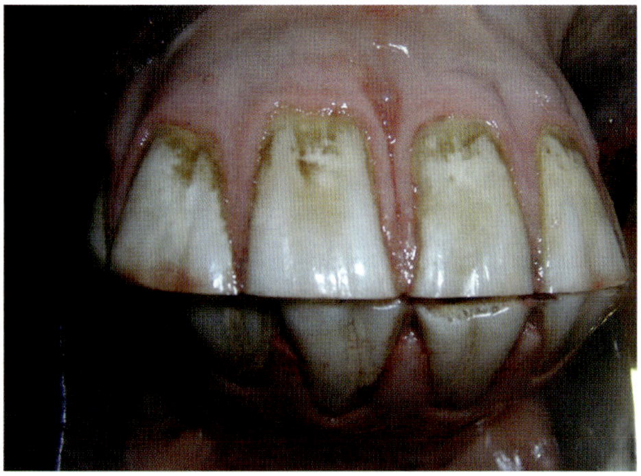

Abb. 3-77 Quarter-Horse, Stute, 10 Jahre. Oberkiefer ohne Parodontose, Unterkiefer mit einer Parodontose 1. Grades.

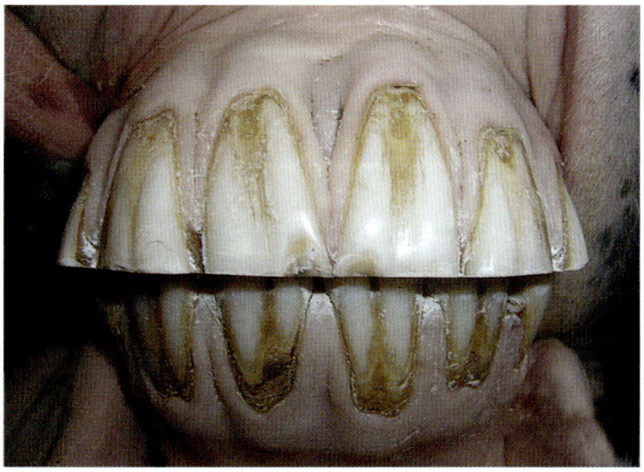

Abb. 3-78 Noriker, Wallach, 8 Jahre. Parodontose 1. Grades im Ober- und Unterkiefer.

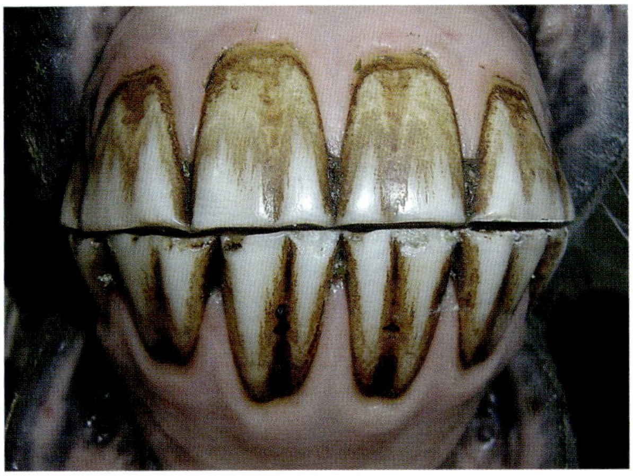

Abb. 3-79 Isländer, Stute, 9 Jahre. Parodontose 2. Grades im Ober- und Unterkiefer und Futteransammlung im Interdentalspalt.

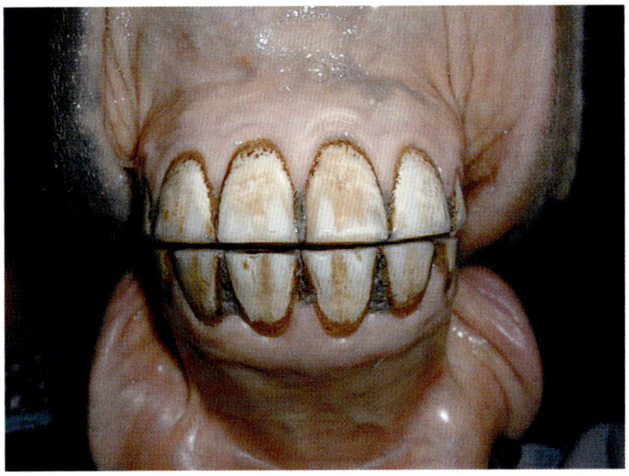

Abb. 3-80 Trakehner, Stute, 5,5 Jahre. Parodontose 2. Grades im Oberkiefer, Parodontose 3. Grades im ISU 1, 3 und 5 und Parodontose 4. Grades im ISU 2 und 4. Auffallend ist die leicht ikterische (gelbliche) Verfärbung des Zahnfleisches, welche neben Lebererkrankungen auch durch dauerhafte Weidehaltung (reichliche Aufnahme von Karotinoiden) hervorgerufen sein kann.

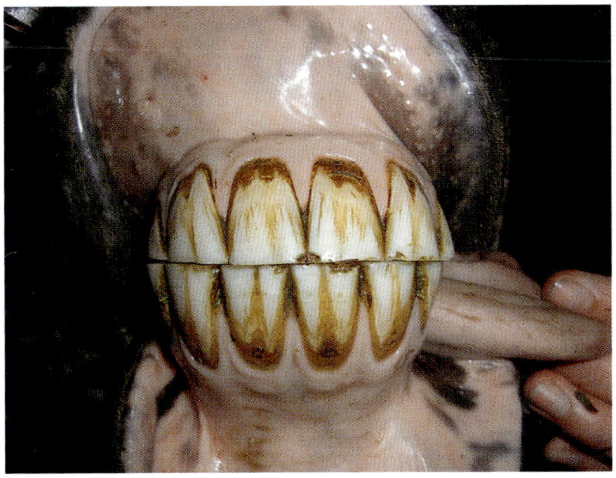

Abb. 3-81 Hannoveraner, Wallach, 10 Jahre. Parodontose 2. Grades im Ober- und Unterkiefer. 101 und 201 mit geringgradigen Schmelzdefekten durch „Selbstkorrektur". Bei 301, 302, 401 und 402 ist eine Schleimhautaufwölbung über dem Zahnfach deutlich erkennbar.

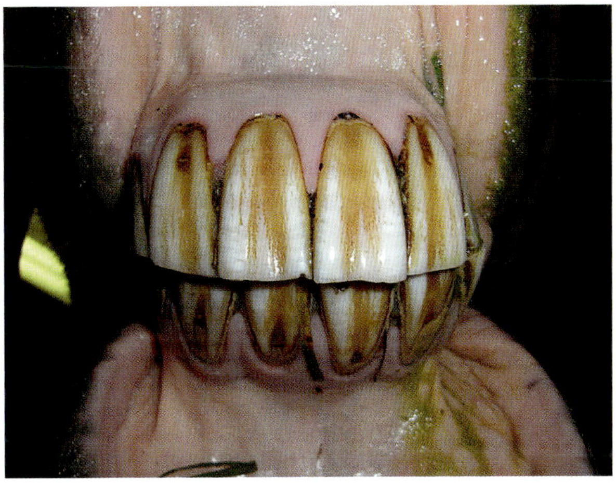

Abb. 3-82 Holsteiner, Wallach, 12 Jahre. Parodontose 3. Grades im Ober- und Unterkiefer. Zwischen 101 und 201 eine Parodontose 2. Grades.

Abb. 3-83 Halbblut, Wallach, 6 Jahre, Vielseitigkeitspferd. Abfallendes, schiefes Smile mit einer generalisierten Parodontose 4. Grades. Im 1. und 2. Quadranten ist eine für dieses Alter starke Zahnsteinentwicklung zu sehen.

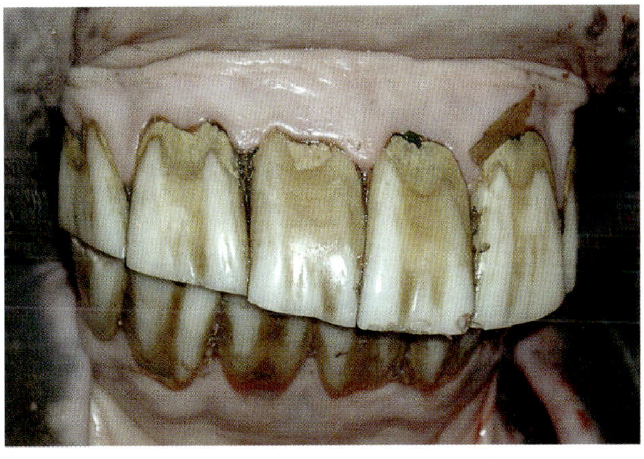

! Merke: Wenn die mechanische Zerkleinerung ungenügend ist, versucht der Körper dies durch chemische Verfahren, hier vermehrte Speichelproduktion, auszugleichen. Die gesteigerte Speichelproduktion führt zur Zahnsteinbildung (s. Kap. 3.3.1, S. 73).

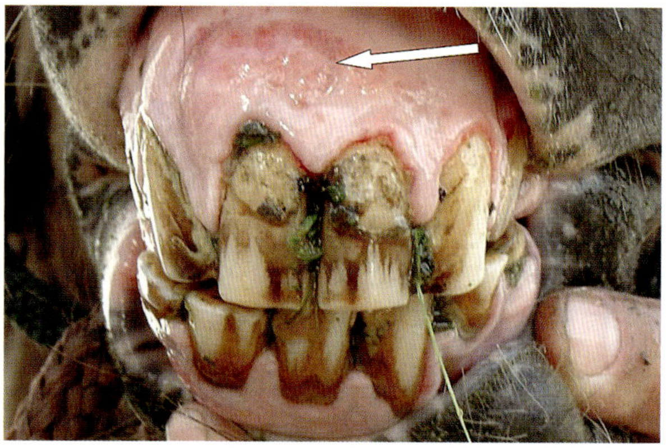

Abb. 3-84 Traber, Wallach, 13 Jahre. Ca. 3 Jahre zurückliegende Schwermetallvergiftung (Bleimennige) führte zur vorzeitigen Destabilisierung des Zahnhalteapparates. Ab- und Umbau des dorsalen Zahnfaches bei 101, 201 und 202 (Pfeil). Alle Parodontosegrade von 1 zwischen 402 und 403 bis Grad 3 bis 4 zwischen 101 und 201 sind erkennbar, zusätzlich massive Zahnsteinbildung auf 101 und 201 und mit Futterresten gefüllte Zahnzwischenräume (Interdentalräume).

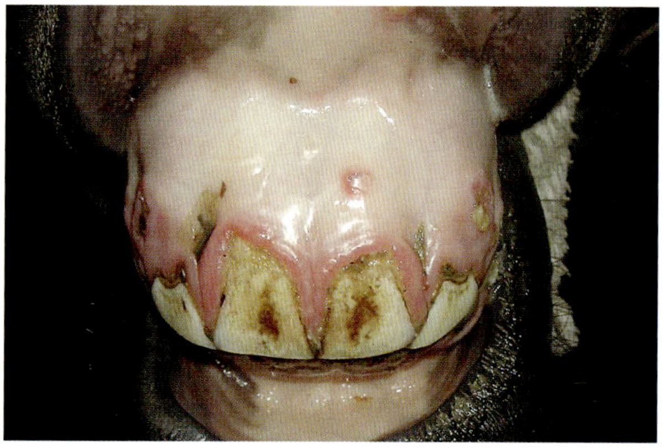

Abb. 3-85 Englisches Vollblut, Stute, 2,5 Jahre. Hochgradig geröteter, peridontaler Schleimhautsaum mit kleinen Aphten am Oberkieferzahnfleisch und der Oberlippe. Hier ist zusätzlich zur Verkeilung von 602 gegen 201 eine Viruserkrankung sehr wahrscheinlich.

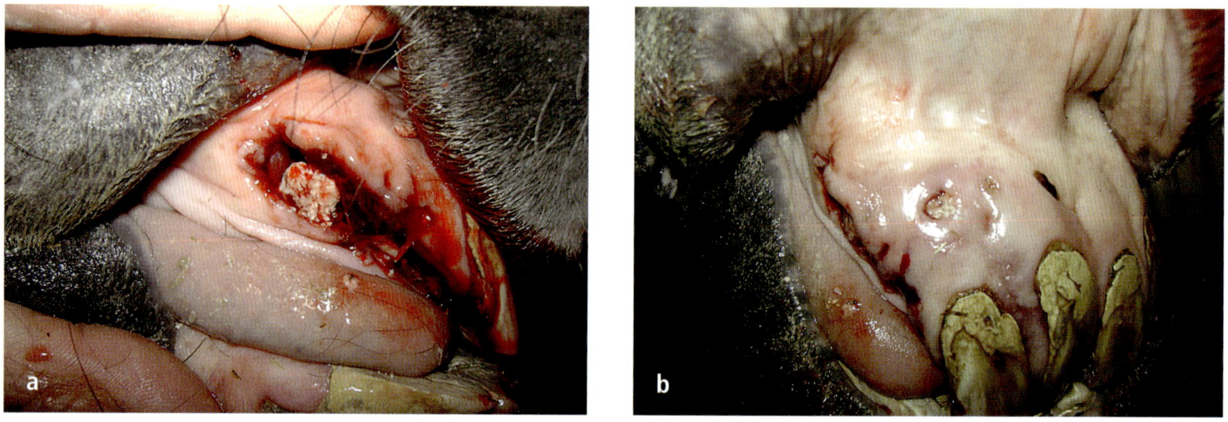

Abb. 3-86 Hannoveraner, Stute, 23 Jahre.
a Hochgradig purulente Infektion der Alveole von 103. Die Infektion des apikalen Bereiches entstand peridontal und nicht durch Pulpitits oder Ähnliches.

b Ansicht von dorsal mit Fistelkanälen im Wurzelbereich von 102 und 201. **Behandlung:** Trotz intensiven Wunddebridements mussten 102 und 101 zusätzlich extrahiert werden.

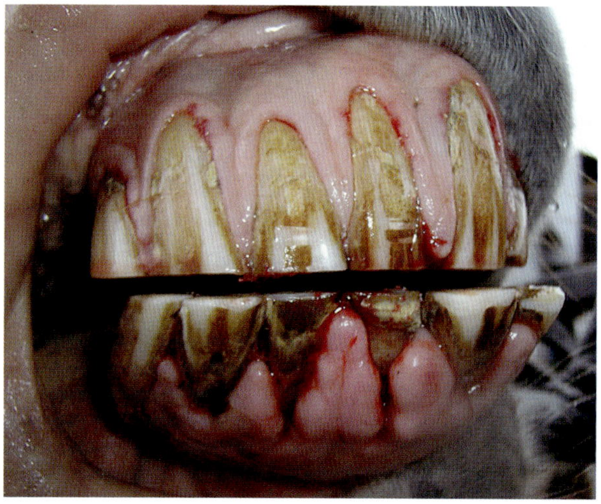

Abb. 3-87 Welsh-Cob, Wallach, 17 Jahre. Durch chronische Entzündungs- und Umbaureize am Zahnfleisch kommt es zu überschießenden Schleimhautwucherungen (epulidenhafte Veränderungen) im Unterkiefer, welche zum Teil schon die freiliegenden Zahnanteile überwuchert haben. Die dadurch entstehenden Zahnfleischtaschen können Ursache für zukünftige Verluste von Schneidezähnen sein. **Behandlung:** Ob eine chirurgische Entfernung der Epuliden hier eine langfristige Verbesserung bringt, ist fraglich. Oft reicht die wiederholte Druckentlastung der Schneidezähne, die die Entzündungs- und Umbaureize minimiert, eventuell mit Gap.

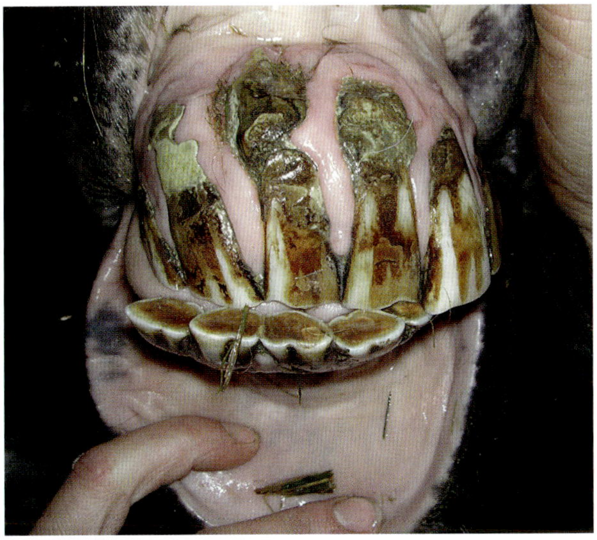

Abb. 3-88 Tinker, Wallach, 18 Jahre. Rückbiss zwischen dem 1. und 4. Quadranten, zwischen dem 2. und 3. Quadranten kehrt sich dies in einen Vorbiss um. Der Zahnfleischrückgang, verbunden mit einer Auflösung des dorsalen Zahnfaches, ist bei 101 und 102 vollendet, bei 201 und 202 beginnend. Er legt die betroffenen Schneidezähne bis in den Wurzelbereich frei. Zahnstein bedeckt die freigewordene Zahnfläche. **Behandlung:** Die Extraktion von 101, 102 und 201 ist notwendig. Zusätzlich bedarf es der Schaffung einer horizontalen Ebene der Okklusionsflächen der Schneidezähne.

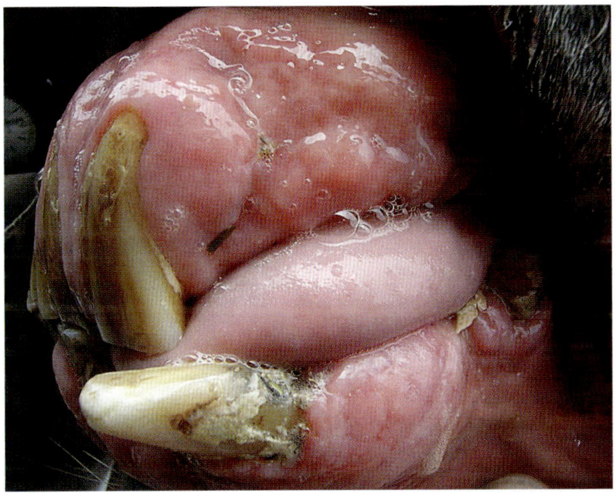

Abb. 3-89 Isländer, Wallach, 17 Jahre. Mittelgradige Gingivitis im Bereich von 203 und chronische Gingivitis im Bereich des nach labial verkippten 303.

Abb. 3-91 Tschechisches Warmblut, Stute, 32 Jahre. Starke Verkippung von 403, sodass der komplette apikale Anteil der Wurzel freiliegt. **Behandlung:** Der Zahn wurde gezogen, da keinerlei Stabilität mehr vorlag.

3.2.2 Lose und fehlende Zähne

Grundsätzlich gilt, dass ein Zahn, der einen Lockerungsgrad erreicht hat, den man als „handlocker" (ohne chirurgische Geräte entfernbar) bezeichnen kann, gezogen werden sollte. Vielfach findet man jedoch Pferde, die schon vor geraumer Zeit Zähne verloren und durch die mangelnde Abrasion der Antagonisten bestimmte, bereits in Kapitel 3.1.2, S. 40, beschriebene Folgeprobleme entwickelt haben. Hier ist die Funktionalität wiederherzustellen, um weiterem Zahnverlust durch mechanische Fehlbelastungen vorzubeugen. Wenn sich Gingiva und Zahnfach in Folge einer hochgradigen Parodontose soweit zurückgezogen haben, dass eine weitere Fixierung des Zahnes nicht wiederherstellbar ist, sollte dieser entfernt werden. Selbst ein Totalverlust aller Schneidezähne (s. **Abb. 3-100**) beeinflusst die Mahltätigkeit im Backenzahnbereich nicht negativ, allerdings ist das Abrupfen von Futterpflanzen deutlich erschwert.

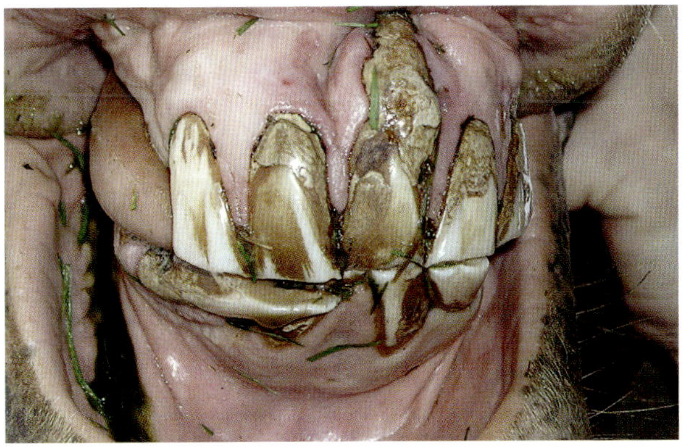

Abb. 3-90 Mecklenburgisches Warmblut, Wallach, 22 Jahre. Bei 201 ist das Zahnfach bis in die Wurzel degeneriert. Die Schleimhaut und das Zahnfach sind zurückgezogen, sodass der ganze Zahn dorsal frei liegt. Ebenso frei liegt 403 horizontal vor den anderen Unterkieferzähnen. **Behandlung:** Die Notwendigkeit der Extraktion dieser beiden Zähne ist offensichtlich. 103 fehlt bereits. Durch die Zunge findet der Versuch eines Druckausgleich statt.

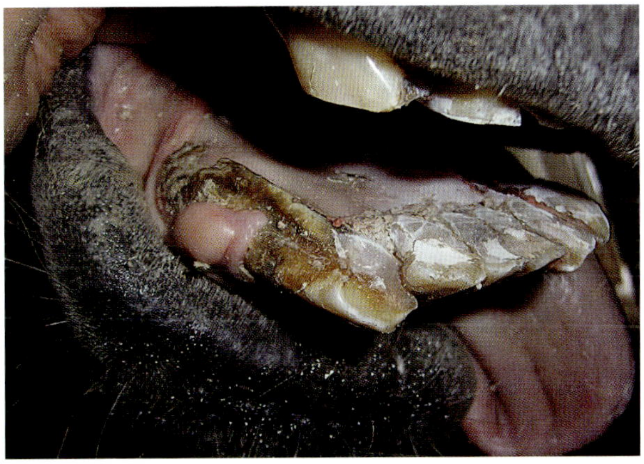

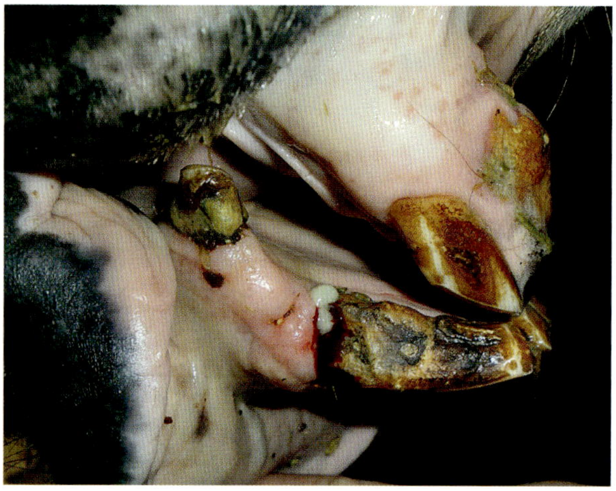

Abb. 3-92 Englisches Vollblut, Wallach, 24 Jahre. 403 fehlt, ein kleiner Wurzelrest ist noch vorhanden. 402 mit hochgradig weiß-eitriger Alveolitis. Hier ist nicht die beim Menschen bekannte Ursache über eine Infektion des Zahninnenraums (Pulpitis) die Ursache der Alveolitis, sondern eine apikal vordringende, bakterielle Zahnfachentzündung (Periodontitis). **Behandlung:** Extraktion.

! Merke: Fast immer sind Zähne mit eitriger Alveolitis kurz unter dem Schleimhautniveau so porös und marode, dass sie bei geringer Mobilisation (Lockerung im Zahnfach) brechen. Deswegen sind solche Extraktionen meist nur in mehreren Schritten unter Entnahme einzelner Zahnfragmente durchführbar.

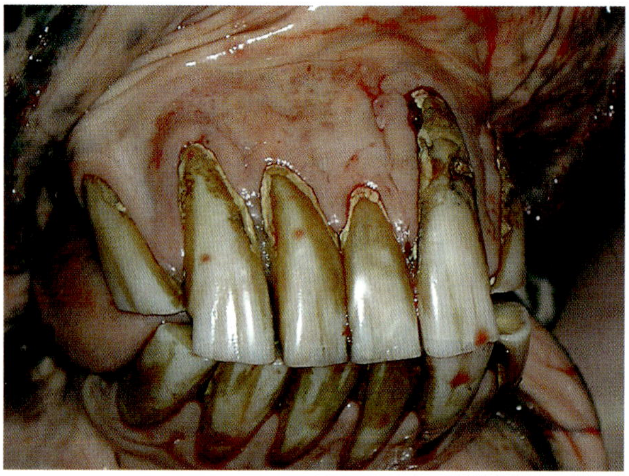

Abb. 3-93 Warmblut, Stute, 20 Jahre. Bereits vorbehandeltes Pferd. Druckentlastung auf 103, 203, 303 und 403 noch ausreichend, Parodontosegrad 2 im Unterkiefer und Grad 3 im Oberkiefer, massiver Zahnfleischrückgang mit Zahnfacheröffnung dorsal von 202. **Behandlung:** 202 ist bereits lose und muss extrahiert werden.

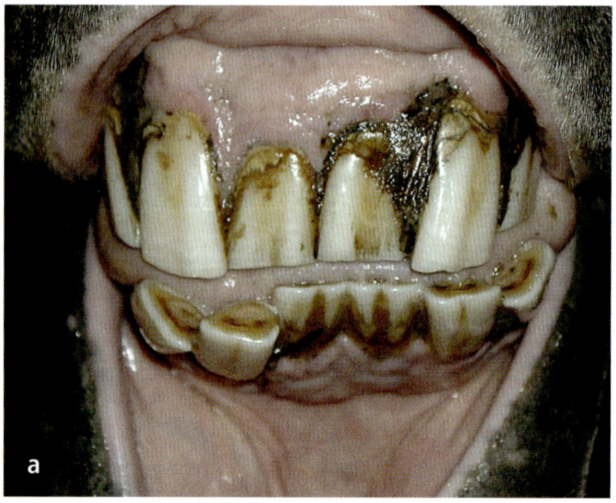

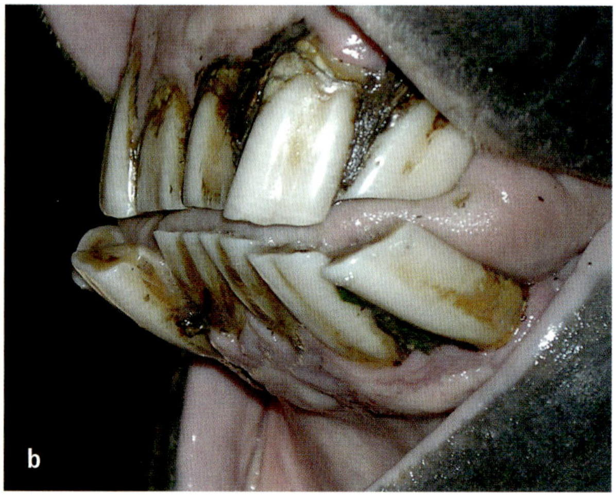

Abb. 3-94 Schweres Warmblut, Stute, 12 Jahre.
a Pferd lebt auf ehemaliger Erzgrube, aus der früher auch radioaktive Stoffe gewonnen wurden. Gesamter Zahnhalteapparat im Schneidezahnbereich deutlich verändert. Sämtliche 2er und 3er lose, Zahnfleischaufwölbungen am gesamten Ober- und Unterkiefer mit Wellenform am Unterkiefer deutlich erkennbar. Parodontosegrad 2 zwischen 301 und 401 und 4 zwischen 201 und 202.
b Seitliche Ansicht zur Verdeutlichung der Ventralverkippung im Unterkiefer. **Behandlung:** Durch massive Kürzung aller 8 losen Schneidezähne konnte für ca. 3 Jahre eine Verbesserung der Okklusion und Mahlfähigkeit erzielt werden, danach mussten diese Zähne, bis auf 302, extrahiert werden.

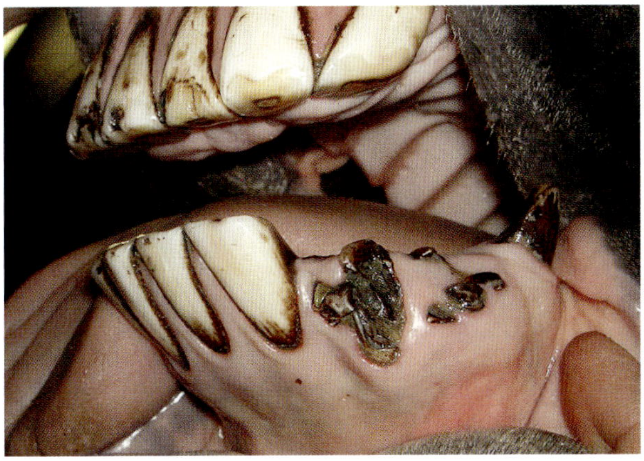

Abb. 3-95 Kaltblut, Wallach, 17 Jahre. Im 3. Quadranten 302 und 303 nur noch rudimentär vorhanden, teilweise mit Futter, teilweise mit gelb-grünlichem Eiter bedeckt. 101 und 102 mit deutlichen Schmelzdefekten, 201 bis 203 mit Schleifspuren. Insgesamt ist der Parodontosegrad 0 bis 1 für dieses Gesamtbild geringer als vermutet. **Behandlung:** Die Zahnreste 302 und 303 müssen entfernt werden. Da aber viele Einzelsplitter sichtbar sind, ist das chirurgisch wesentlich aufwändiger als einen intakten Einzelzahn zu ziehen.

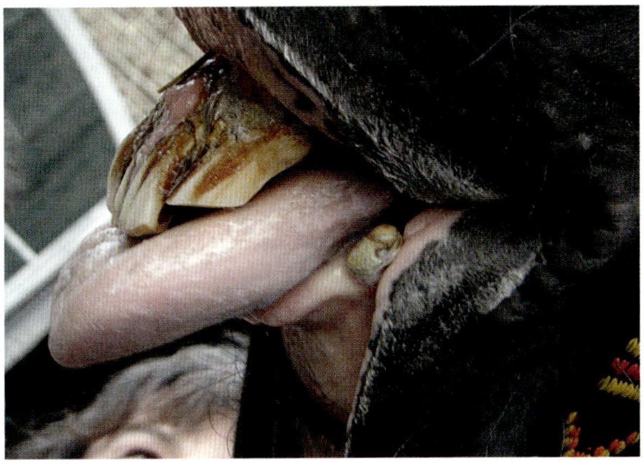

Abb. 3-96 Friese, Wallach, 23 Jahre. Nach vorangegangener Totalextraktion aller Unterkieferschneidezähne vor 2,5 Jahren sind jetzt die Oberkieferschneidezähne locker und durch die Zunge bewegbar. **Behandlung:** Eine Extraktion aller Oberkieferschneidezähne ist unumgänglich.

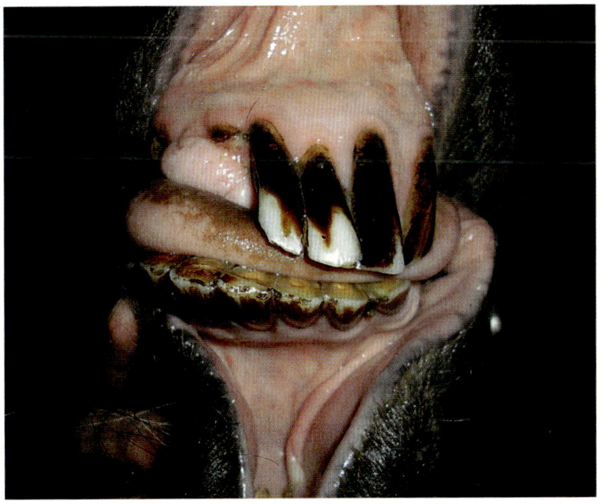

Abb. 3-97 Trakehner, Stute, 20 Jahre. Abfallender Diagonalbiss, 102 und 103 nur noch in Wurzelresten vorhanden. 101 medial, 201, 202 lateral verkippt, 202 zusätzlich nach labial rotiert. Im 3. Quadranten Parodontosegrad 2, im 4. Quadranten Parodontosegrad 3 bis 4. **Behandlung:** Sofern es der Allgemeinzustand zulässt, ist hier eine Wurzelentfernung von 102 und 103 sinnvoll. Zusätzlich sollte eine Horizontalebene der Schneidezähne hergestellt werden.

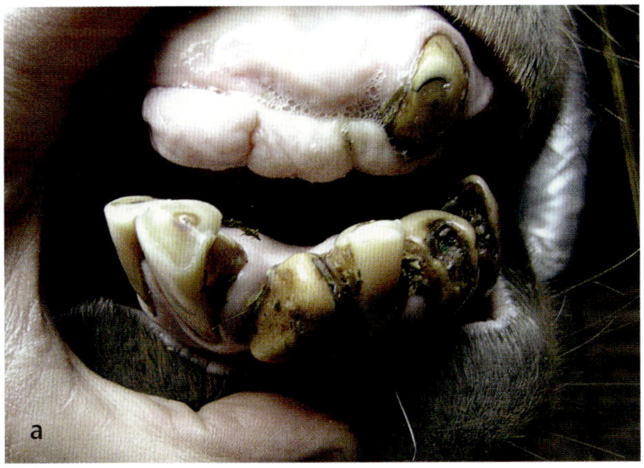

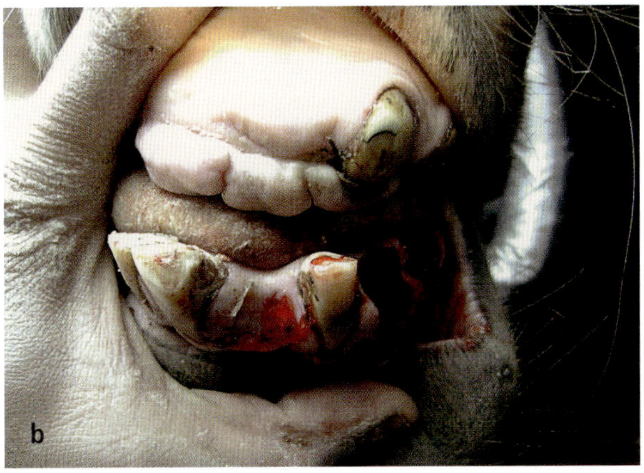

Abb. 3-98 Warmblut, Wallach, 33 Jahre.

a Bei diesem Pferd sind nur noch 402 und 403 intakt. 303 bis 401 sind alle verkippt bzw. kariös und erfüllen keine Funktion mehr. **Behandlung:** Entsprechend dem Gesundheitszustand des geriatrischen Pferdes kann über eine vollständige Extraktion nachgedacht werden.

b Zustand nach der Behandlung. Da der Gesundheitszustand des Tieres nur eine minimale Sedierung zuließ, wurden die nur noch leicht mit dem Zahnfleisch verbundenen Unterkieferschneidezähne gezogen.

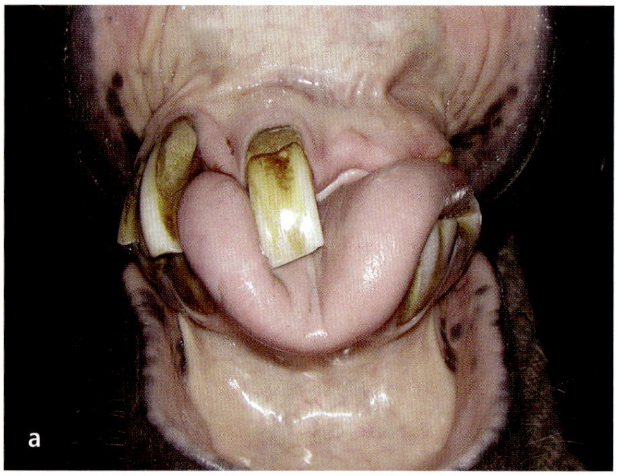

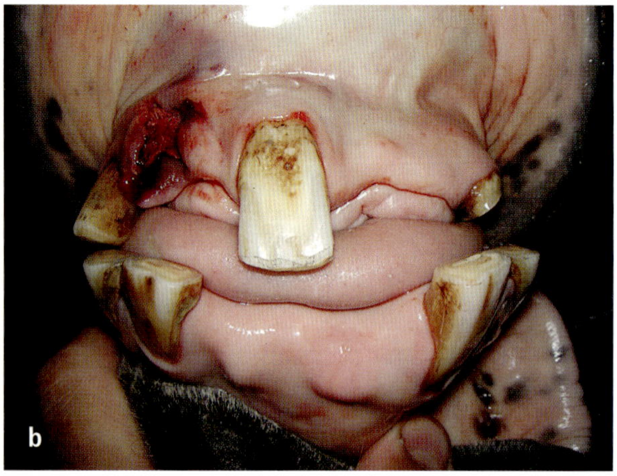

Abb. 3-99 Haflinger, Wallach, 17 Jahre.
a Es fehlen 201, 202, 301 und 401. 102 ist um fast 90 Grad labial rotiert und beweglich. Die Zunge wird als Ausgleich für diese Gesamtsituation deutlich gebraucht.
b Zustand nach Korrektur. **Behandlung:** 102 wurde extrahiert, das Zahnfach mit Jodoformtupfer ausgefüllt und die Schneidezähne bis auf Beginn der Pulpen gekürzt und deutlich abgerundet. Die Zunge liegt jetzt wieder hinter den Schneidezähnen und wird nicht mehr als Puffer benötigt.

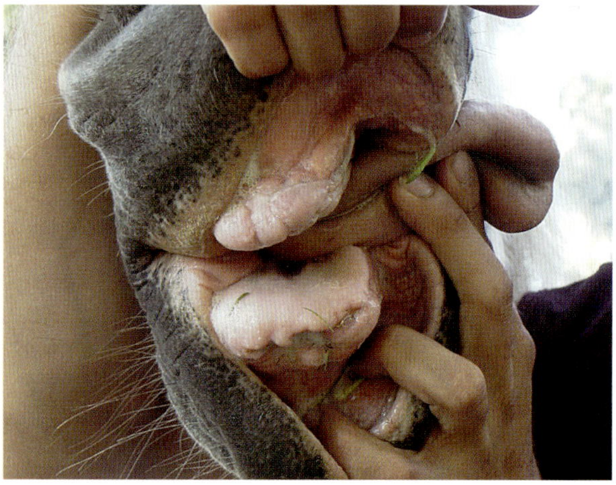

Abb. 3-100 Reitpony, Stute, 41 Jahre! Alle Schneidezähne sind im Laufe der Zeit von selbst ausgefallen.

3.2.3 Okklusionsverbesserung

Dieses Kapitel zeigt anschaulich, dass und wie durch eine Anpassung der Schneidezähne eine Okklusionsverbesserung auch der Mahlzähne bewirkt werden kann.

Definition:
Definition: Eine **Vollokklusion** ist mit einer 100-prozentigen Okklusion gleichzusetzen und bedingt eine maximale Kauflächenberührung.

- Eine **Okklusion von 100 Prozent** bedeutet: Bei seitlichem Verschub der Schneidezähne entsteht ein sofortiger Kontakt der Backenzähne, welcher dadurch erkennbar ist, dass zwischen den Schneidezähnen ein sich stetig vergrößernder Spalt entsteht. Der Öffnungswinkel dieses Spaltes entspricht dem Backenzahnkauwinkel. Die Überprüfung des Mahlzahnkauwinkels ist beiderseits symmetrisch durchzuführen und sollte nach der Zahnbehandlung einen identischen Öffnungswinkel nach rechts wie links aufweisen. Diese Untersuchung ist geeignet, die okklusale Backenzahnwinkelung vor und nach der Bearbeitung zu überprüfen.
- Eine **Okklusion von 75 Prozent** ist daran erkennbar, dass der Schneidezahnspalt sich erst nach einem seitlichen Verschub von einem halben Zahn zu öffnen beginnt.
- Ist ein Verschub von einer ganzen Schneidezahnbreite bis zur Spaltöffnung nötig, entspricht dies einer **Okklusion von 50 Prozent**.
- Ein Verschub von anderthalb Schneidezähnen vor Spaltöffnung bedeutet eine **Okklusion von 25 Prozent**.
- Lassen sich die Schneidezähne um mindestens zwei Schneidezahnbreiten verschieben, sprechen wir von einer **Null- oder Nonokklusion**.

Die voranstehenden Untersuchungen beziehen sich auf eine physiologische Unterkieferbreite. Bei einem Unterkieferengstand kommt es bei einer 100-prozentigen Okklusion zu einer verspäteten Schneidezahnspaltbildung.

! Merke:
Ohne exakte Backenzahnbearbeitung kann eine deutlich verbesserte Okklusion zu Mehrbelastung einzelner Mahlzähne führen (s. Abb. V-2, S. 2). Die vorgenannte Beurteilung bezieht sich auf die Arbeitsposition (d. h. Kopf des Pferdes in Augenhöhe des Pferdedentalpraktikers). In Fressposition (d. h. Pferdekopf in Bodennähe) kann die Okklusion um ca. 25 % differieren.

Zur Okklusion im Mahlzahnbereich ist zu bemerken, dass hier der Okklusionswinkel in Gradabweichungen von der Horizontalen gemessen bzw. geschätzt wird. Hierzu beurteilt man in rostrokaudaler Blickrichtung die Okklusionsfläche der Backenzähne. Physiologisch ist ein Kauwinkel von 10 bis 15 Grad. Der Mahlvorgang im Backenzahnbereich besteht aus zwei Arbeitsschritten. Zuerst werden die Okklusionsflächen aufeinander gepresst und dann seitlich gegeneinander verschoben. Bei einem Null-Grad-Winkel der Okklusionsflächen würde das Futter von der Kaufläche in den Maulhöhlenvorhof (lateral) bzw. zur Zunge (medial) verlagert, ohne zermahlen zu werden. Durch den Kauwinkel und die entsprechende Scherung wird eine intensive Zerkleinerung der Futteranteile gewährleistet. Es sollte vor der Zahnbehandlung immer kontrolliert werden, welchen Okklusionsgrad das Pferd hat. Nach der Behandlung der Mahlzähne, die zum Teil sehr intensiv ausfallen kann, muss die Korrekturmaßnahme im Schneidezahnbereich durchgeführt werden.

Bei der Art der Okklusion unterscheidet man zwischen weicher und harter Okklusion. Bei der manuellen Lateralverschiebung der Kiefer gegeneinander erzeugt die weiche Okklusion ein sanfteres Geräusch als die harte Okklusion. Die weiche Okklusion bedeutet, dass die Winkelung im Mahlzahnbereich eher in Richtung 10 Grad geht, eine harte Okklusion bedeutet, dass die Mahlzähne im Winkel von ca. 15 Grad stehen. Grundsätzlich dient der seitliche Verschub nach Anpassung der Schneidezähne zur Okklusionsüberprüfung auch gleichzeitig als Kontrollmaßnahme für den gleichmäßigen Gebisswinkel im Mahlzahnbereich.

! Merke 1:
Eine Öffnung der Schneidezähne bei seitlichem Verschub muss nach beiden Seiten hin gleichmäßig erfolgen. Je früher bei lateralem Verschub die Schneidezahnkauebene auseinanderweicht, desto höher ist der Okklusionsgrad.

! Merke 2:
Je deutlicher die Okklusion verändert wird, desto exakter muss die Ausbalancierung der Biomechanik im Pferdemaul mittels einer akkuraten Berundung der Mahlzähne und Korrektur der Okklusionsflächen erarbeitet werden. Andernfalls besteht die Gefahr, dass durch punktuelle Belastung einzelner Mahlzähne statt physiologisch flächiger Druckverteilung Backenzähne brechen können.

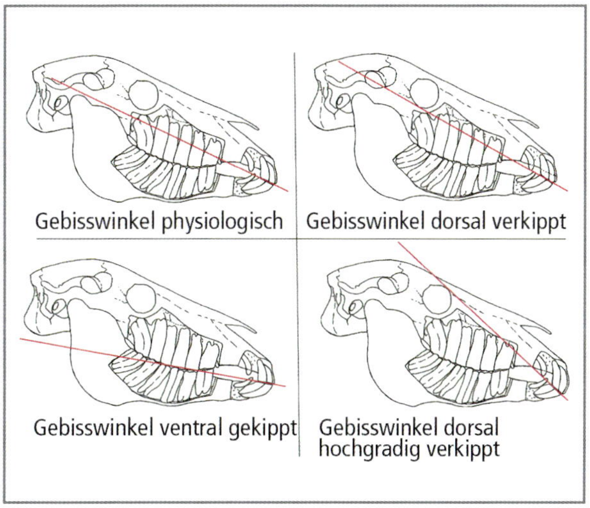

Abb. 3-101 Schemata: Bezug zwischen Gebisswinkel und Kiefergelenk. In der seitlichen Betrachtung des Schädels wird eine gedachte rote Linie vom lateralen Schneidezahnkauwinkel nach kaudal verlängert. Physiologisch kreuzt die rote Linie das Kiefergelenk. Bei Pferden, die einen solchen Gebisswinkel aufweisen, ist nur in Ausnahmefällen eine Schmerzhaftigkeit im Kiefergelenksbereich vorhanden, da eine Kaubewegung ohne mechanische Blockaden erfolgen kann. Wenn die rote Linie, verursacht durch einen zu flachen seitlichen Schneidezahnkauwinkel, unterhalb der Kiefergelenkes endet, ist der Gebisswinkel ventral verkippt. Ist der entsprechende Kauwinkel zu steil, was häufig zu beobachten ist, spricht man von einem nach dorsal verkippten Gebisswinkel. Bei dorsal hochgradig verkipptem Gebisswinkel sind regelmäßig starke Kiefergelenksschmerzen vorhanden. Die Mehr- oder Fehlbelastung der Kiefergelenke sind in der Zeichnung offensichtlich.

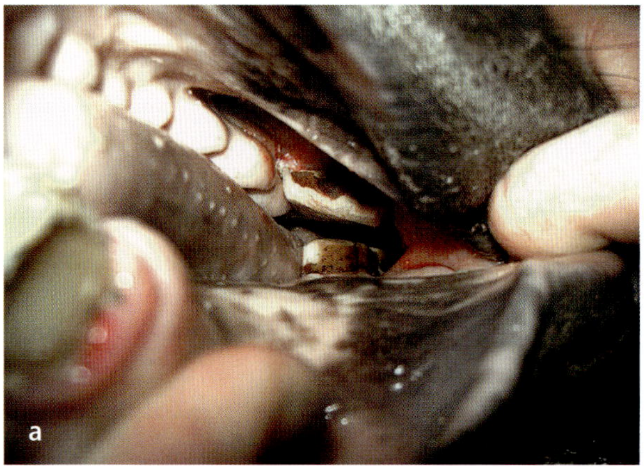
a

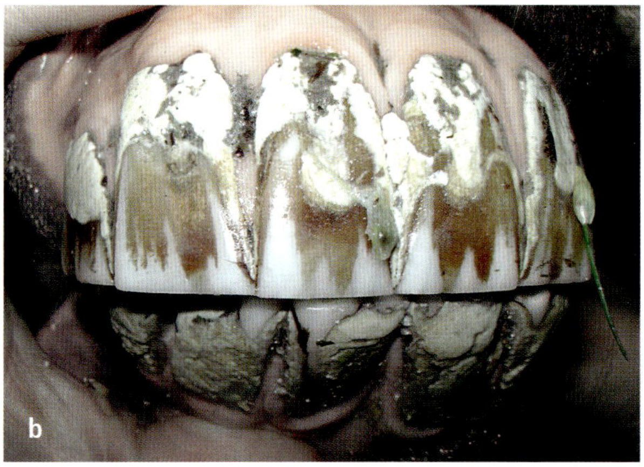
b

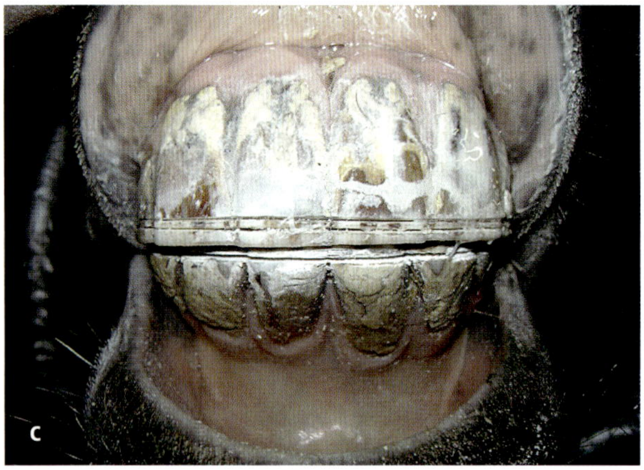
c

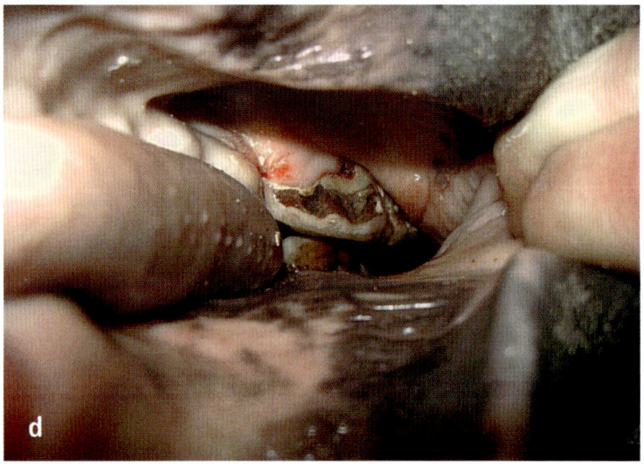
d

Abb. 3-102 Bayerisches Warmblut, Stute, 16 Jahre.
a Gap (Lücke) nach Backenzahnkorrektur im Quadranten 2 und 3. Das Pferd hatte eine Null- oder Nonokklusion, das heißt, eine laterale Verschiebbarkeit von zwei Schneidezähnen, ohne dass die Backenzähne in Kontakt kamen.
b Schneidezahnbefund mit hochgradiger Zahnsteinbildung als Zeichen der Nonokklusion.
c **Behandlung:** Angezeichnete Schnittlinie für die Korrektur.
d Nach Korrektur der Schneidezähne ist die Okklusion wiederhergestellt.

! Merke: Wenn Hervorhebungen (Protuberanzen) auf den Okklusionsflächen der Backenzähne nicht optimal bearbeitet worden sind, kommt es punktuell zu Druck auf diese Backenzahnpaare, welches zur Fraktur des Antagonisten führen kann (s. Abb. V-2, S. 2). Erst das vollständige Ausbalancieren der Backenzähne lässt eine Anpassung der Schneidezähne zu. Falls man in diesem Bereich nicht erfahren genug ist, kommt es schnell zu iatrogen bedingten Backenzahnfrakturen.

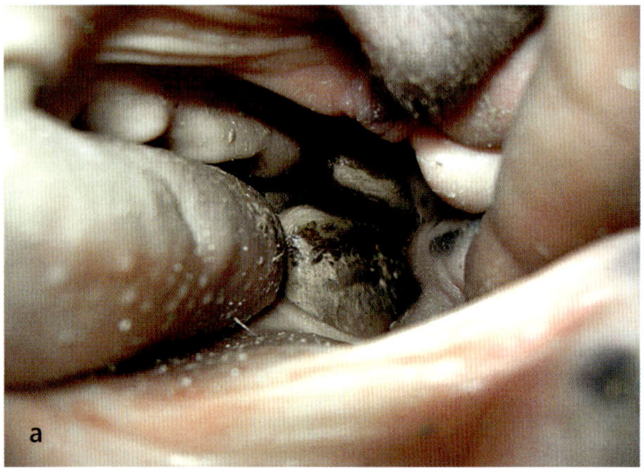
a

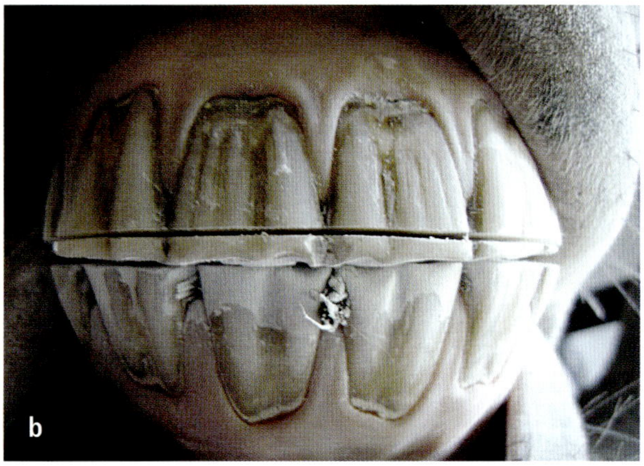
b

Abb. 3-103 Appaloosa, Wallach, 9 Jahre.
a Ca. 4 mm Gap zwischen den Quadranten 2 und 3 und Nonokklusion.
b **Behandlung:** Erste Schnittlinie im Oberkiefer angezeichnet. Im Unterkiefer wurden ebenfalls ca. 3 mm entfernt.

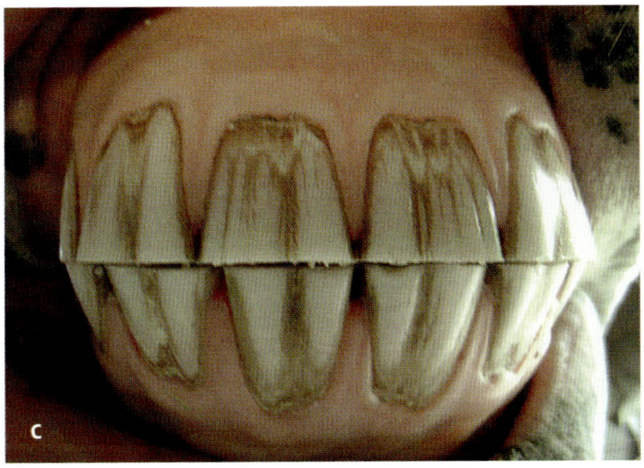

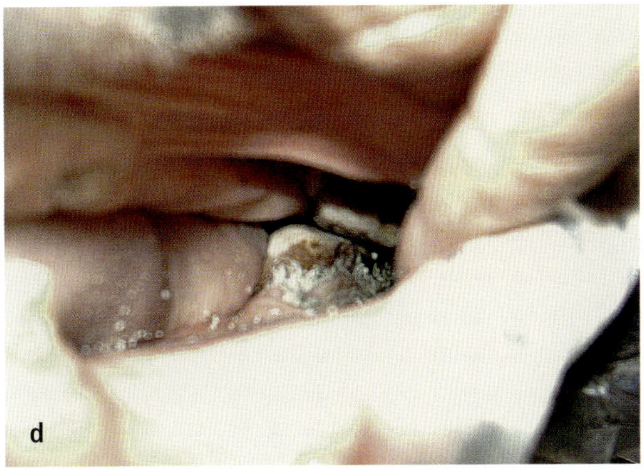

Abb. 3-103 Fortsetzung
c Zustand nach Anpassung der Schneidezähne.
d Okklusionsverbesserung nach Anpassung der Schneidezähne. Das Pferd hatte nach der Behandlung eine Okklusion von ca. 90 Prozent, eine weitere Anpassung war wegen der Gefahr der Pulpaeröffnung von 303 nicht möglich.

! Merke: Bei Pferden mit einer Nonokklusion sind im Vorfeld die relative Schneidezahnlänge und der vorliegende Parodontosegrad zu beurteilen, denn ein zu vehementes Anpassen der Schneidezähne kann dazu führen, dass iatrogen die Pulpen eröffnet werden. Dies ist auf jeden Fall zu vermeiden! Falls es dennoch passieren sollte, was am häufigsten bei 403 und 303 vorkommt, muss die Pulpa sofort mit geeignetem Material wieder verschlossen werden, um eine Infektion des Zahnes zu vermeiden (s. Kap. 3.3.4, S. 80, Abb. 3-135 c, S. 81 bis 3-138 a, S. 82). Als Faustregel gilt: Je höher der Parodontosegrad der Schneidezähne ist, desto mehr kann im Schneidezahnbereich angepasst werden, ohne die Pulpen zu gefährden.

3.2.4 Einbiss

Der Einbiss ist definiert als Formveränderung von 103 und 203 durch fehlenden Abrieb im kaudalen Zahnanteil. Dies kann durch Torsion der überlangen Schneidezähne verursacht sein. Lange Zeit wurde der Einbiss als physiologisch angesehen und zur Alterszahnschätzung verwendet. Direkte Folge des Einbisses ist eine Blockierung der rostro-kaudalen Mahlbewegung. Die Einbisse sind in Schweregrade eingeteilt, wobei als Bezugsgröße die körpereigenen Zähne (303 und 404) gewählt werden: Einbisse 1. Grades überragen bis zu 25 Prozent des freiliegenden Anteils des Unterkiefer-3ers. Bei Grad 2 ragt der Okerkiefer-3er bis zur Hälfte über den Unterkiefer-3er. Sind bis zu 75 Prozent des Zahnes überlagert, spricht man von einem Einbiss 3. Grades, und bei Grad 4 sind mehr als 75 Prozent des freiliegenden Zahnes als Einbiss vorhanden. Durch Druckentlastung ist hier Abhilfe zu schaffen. Dies ist beispielhaft in den **Abbildungen 3-112 a, b** dargestellt. Ziel der Korrektur ist eine blockadefreie rostro-kaudale und latero-laterale Kaubewegung, wobei die Gefahr der Pulpaeröffnung bei der Kürzung des betroffenen Zahnes berücksichtigt werden muss.

Abb. 3-104 Einbisse können nach folgendem Schema eingeteilt werden: Einbisse 1. Grades überragen bis 25 Prozent des freiliegenden Anteils des Unterkiefer-3ers. Bei Grad 2 ragt der Okerkiefer-3er bis zur Hälfte über den Unterkiefer-3er. Sind bis zu 75 Prozent des Zahnes überlagert, spricht man von einem Einbiss 3. Grades, und bei Grad 4 sind mehr als 75 Prozent des freiliegenden Zahnes als Einbiss vorhanden.

! Merke: Einbisse liegen selten bilateral-symmetrisch im gleichen Grad vor. Dies ist einer der Gründe, weshalb solche Veränderungen zur Zahnaltersschätzung nur sehr bedingt herangezogen werden können. Einbisse können nicht als physiologische Zahnform angesehen werden, da sie die rostro-kaudale Kieferbewegung blockieren. Nach einer Schneidezahnkorrektur sind keine Einbisse mehr vorhanden!

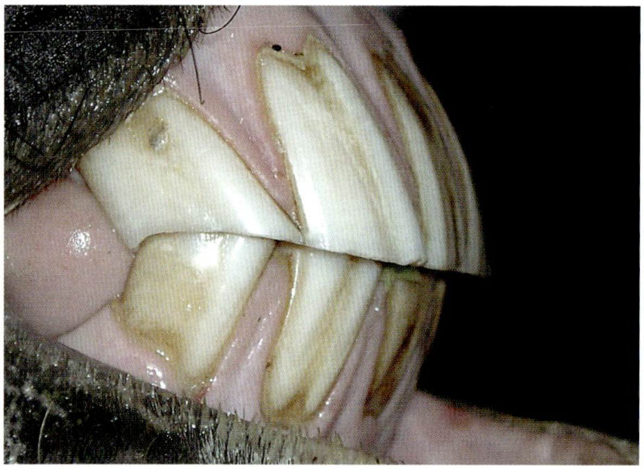

Abb. 3-105 Warmblut, Wallach, 11 Jahre. Einbiss 1. Grades auf 103 mit geringem Vorbiss und Parodontosegrad 0 im Oberkiefer und 0,5 im Unterkiefer.

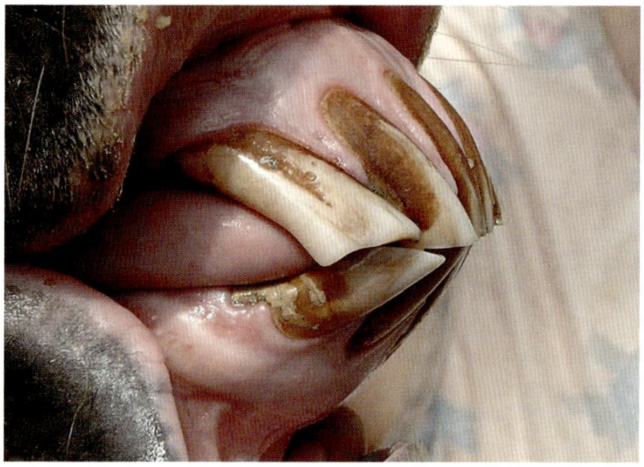

Abb. 3-106 Halbblut, Stute, 13 Jahre. Einbiss 2. Grades auf 103. Zu beachten ist, dass bei 403 schon im apikalen Bereich ein durch Druck bedingter Zahnfleischrückgang vorliegt und sich die Wurzel von 103 nach palatinal gedreht hat, erkennbar an der labialen Überlagerung von 102 und 103.

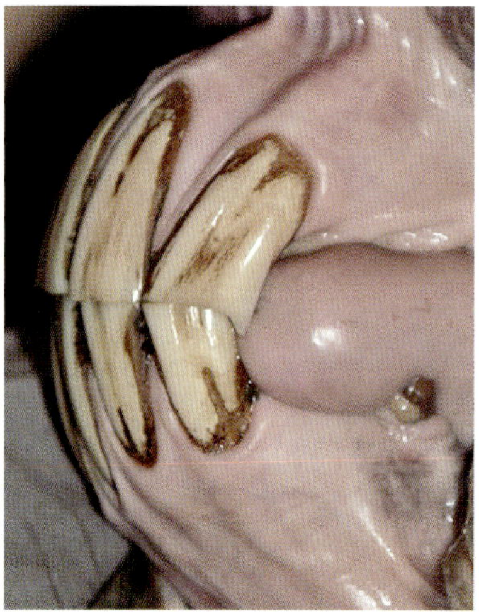

Abb. 3-107 Isländer, Hengst, 15 Jahre. Der Einbiss 2. Grades auf 203 erzeugt eine Blockade der vor-rückwärtigen (rostrokaudalen) Kaubewegung. Der sichtbare Schneidezahnanteil ist vergrößert.

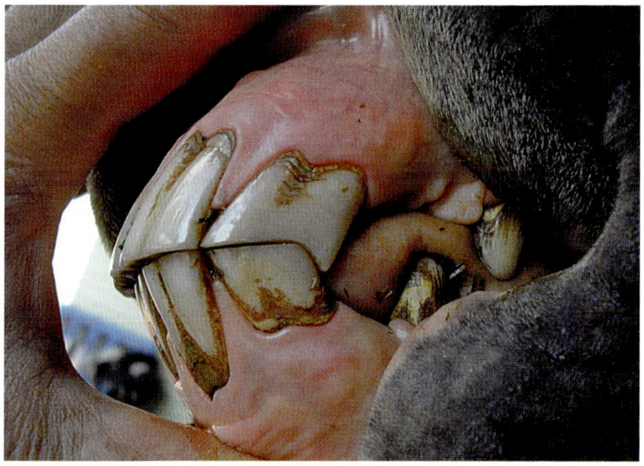

Abb. 3-108 Hannoveraner, Wallach, 7 Jahre. Einbiss 2. Grades auf 203 mit geringem Vorbiss und sich überlappenden Hengstzähnen, sodass die rostro-kaudale Kaubewegung doppelt eingeschränkt ist.

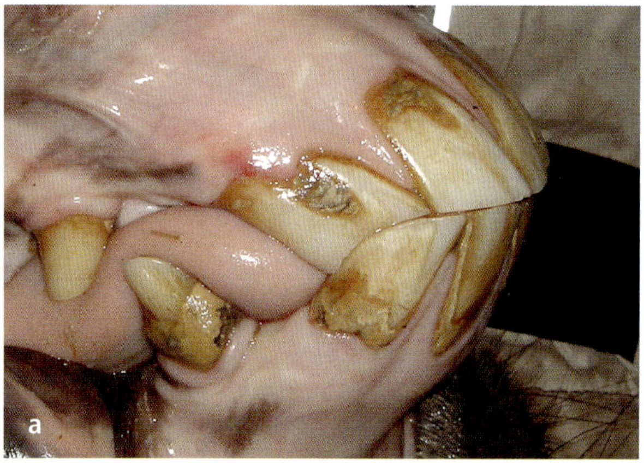

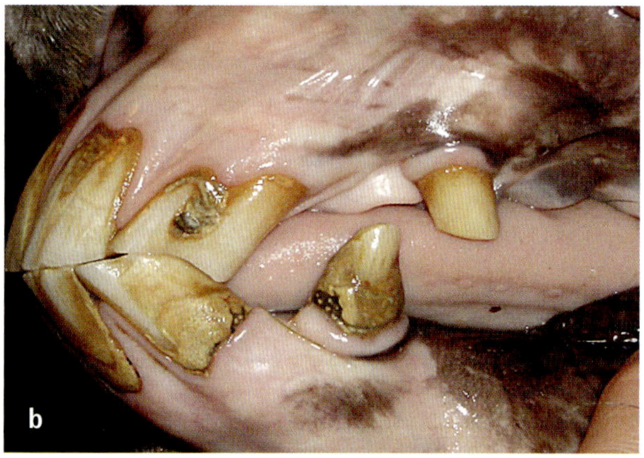

Abb. 3-109 Warmblut, Wallach, 19 Jahre.
a Einbiss 3. Grades auf 103. Die Schleimhautrötung bei 103 weist ebenfalls auf eine Fehlbelastung hin. Ein weiterer Befund ist die gut sichtbare multiple Zahnsteinbildung.

b Einbiss 3. Grades auch auf 203, somit eines der seltenen Beispiele für einen bilateral symmetrischen Einbiss.

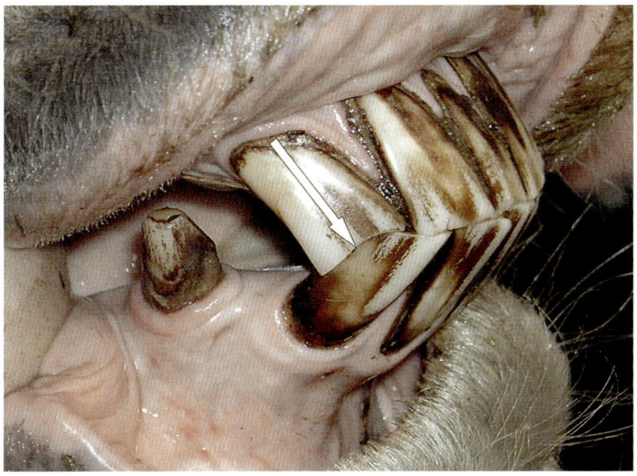

Abb. 3-110 Isländer, Hengst, 16 Jahre. Einbiss 3. Grades auf 103 mit massiver Fehlbelastung auf 403. Bei jeder rostrokaudalen Kaubewegung wird 403 dadurch nach ventral verkippt (Pfeil).

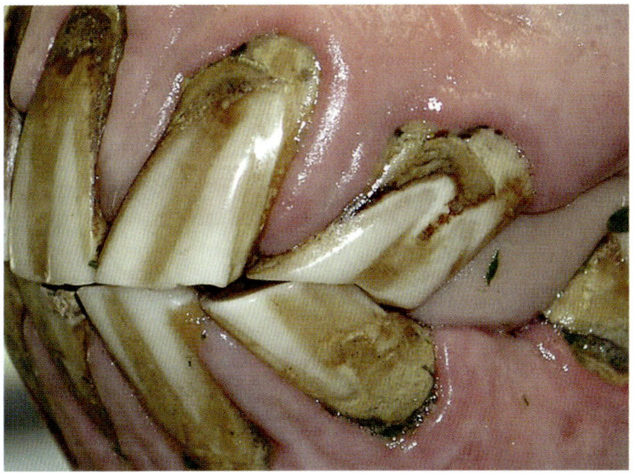

Abb. 3-111 Fjordpferd, Wallach, 18 Jahre. Einbiss 4. Grades auf 203 mit starker Zahnsteinbildung und beginnender Ventralverkippung von 303, zu erkennen an der Aufwulstung und Rötung des Zahnfleischrandes.

! Merke: Dieser durch Oberkiefereinbiss bedingte Fehldruck ist eine häufige Ursache für vorzeitige Zahnfrakturen und/oder Zahnverlust von 303 und 403.

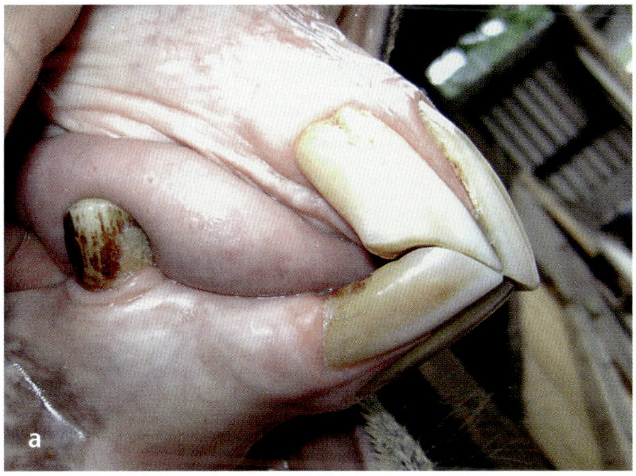

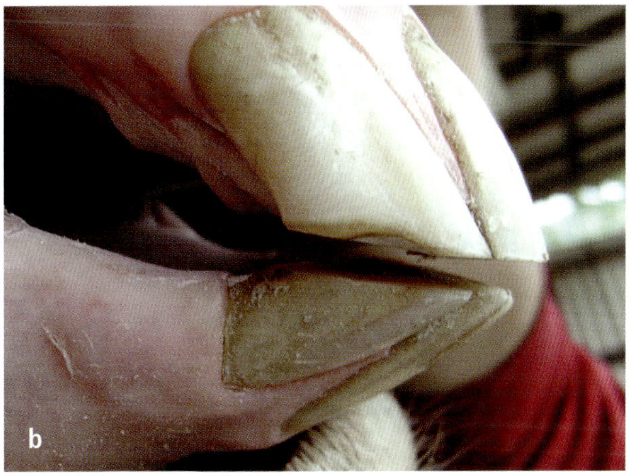

Abb. 3-112 Hannoveraner, Wallach, 17 Jahre.
a Einbiss 2. Grades.
b Zustand nach der Korrektur.

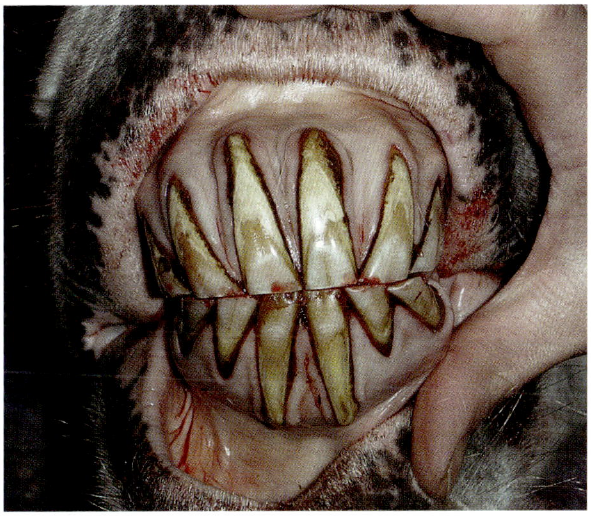

Abb. 3-113 Araber, Wallach, 21 Jahre. Druckbedingter Zahnfleisch- und Zahnfachrückgang im apikalen Bereich der Schneidezähne. Die Wurzeln liegen fast völlig frei. Dieses Phänomen der aufgestellten Schneidezähne findet man am häufigsten bei Fjordpferden und Isländern, da bei ursprüglichen Rassen die Kieferknochen sehr stabil sind und dadurch eine Zahndrehung in horizontaler und lateraler Richtung blockiert wird.

3.2.5 Wurzeldrehung

Dieses Kapitel zeigt anschauliche Varianten verdrehter Wurzeln, die entweder angeboren oder durch Fehlbelastung erworben sein können. Die Wurzel- bzw. Zahndrehungen können ventro-dorsal (s. **Abb. 3-116**), latero-medial (s. **Abb. 3-118**) oder in mehreren Ebenen erfolgen. Durch überlange Schneidezähne kann dermaßen Druck auf einen Einzelzahn ausgeübt werden, dass der gesamte Zahn sich aus seinem Zahnfach „herausarbeitet", bis die Wurzelspitze durch die Schleimhaut in die Mundhöhle vorzutreten droht. Dies ist in **Abbildung 3-116** exemplarisch dargestellt. Durch rechtzeitige Korrektur der Schneidezahnlänge lässt sich derartiges Martyrium vermeiden.

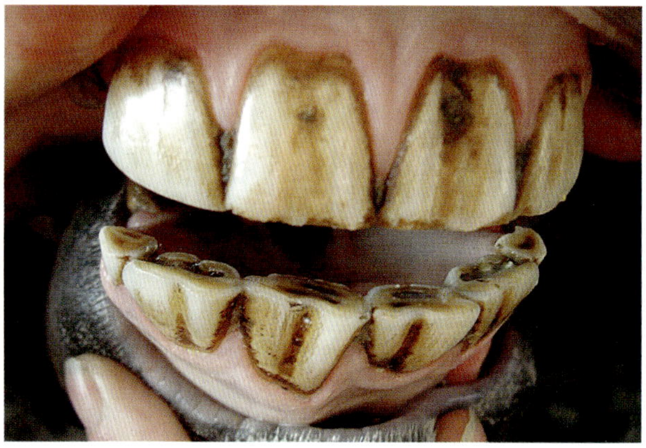

Abb. 3-114 Warmblut, Wallach, 4 Jahre, 3 Monate. Zahnrotation im Uhrzeigersinn von 302, 301, 401 und 402, verbunden mit einer Parodontose vom Grad 1 im Unterkiefer und Grad 1 bis 2 im Oberkiefer. Zahnfach von 401 und Schleimhaut sind bereits ca. 3 mm zurückgegangen (atrophiert), 401 ist in seiner Fehlstellung eingekeilt. **Behandlung:** Hier ist sowohl ein Slicing angeraten, um eine Rückrotation zu ermöglichen als auch eine Kürzung des gesamten Schneidezahnniveaus, um die Parodontose zur Abheilung zu bringen.

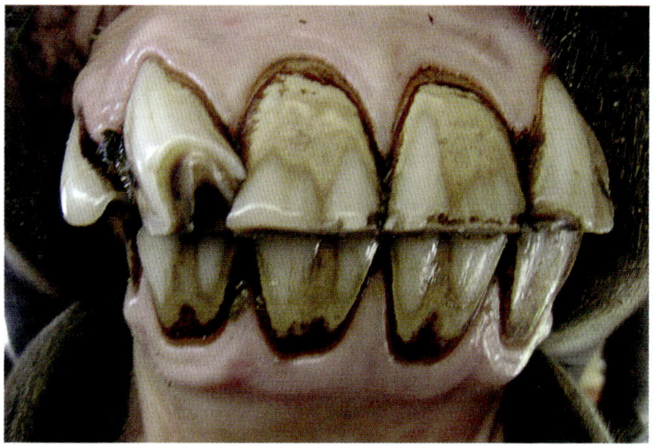

Abb. 3-115 Rheinländer Kaltblut, Stute, 11 Jahre. Rotation von 102 um 90 Grad sowie Verkippung nach medial, wodurch es zu labialen Überlappungen von 101 und 102 kommt. 103 ist nach lateral verschoben. **Behandlung:** Eine deutliche Kürzung des Schneidezahnniveaus mit Slicing zwischen 101 und 102 ist hier anzuraten. Langfristig ist die Extraktion von 102 sinnvoll.

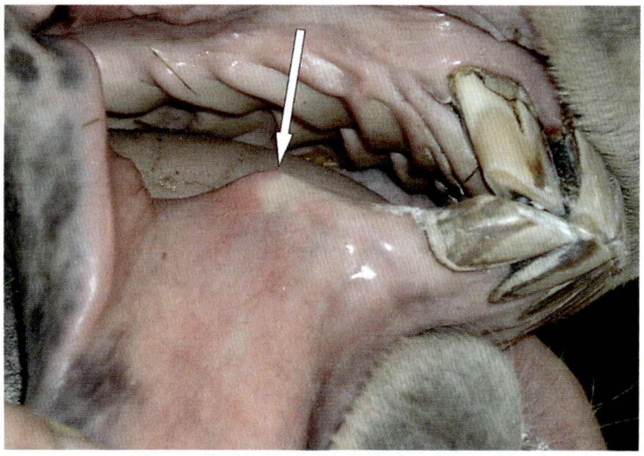

Abb. 3-116 Warmblut, Stute, 12 Jahre. Durch zu lange Schneidezähne ist eine massive Druckbelastung auf 403 entstanden. Dadurch Drehung der Zahnwurzel in Richtung lingual, sodass die Wurzelspitze (Pfeil) direkt unter der Schleimhaut liegt. **Behandlung:** Hier muss durch Kürzung von 102, 103 und 403 eine Druckentlastung für 403 geschaffen werden, sonst wird die Wurzelspitze durch die Schleimhaut brechen und der Zahn absterben.

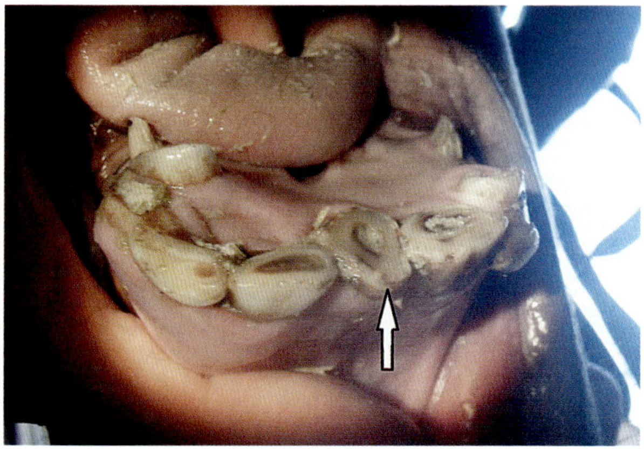

Abb. 3-117 Holsteiner, Wallach, 5 Jahre. Wurzeldrehung von 401 um die Längsachse um ca. 90 Grad (Pfeil). Außerdem liegt 403 im Bereich von 404, der gegen den Uhrzeigersinn gedreht ist und gegen den Hengstzahn drückt. Zwei persistierende Milchzähne 802 und 803 komplettieren das Chaos. **Behandlung:** Zuerst wäre eine Röntgenuntersuchung sinnvoll, um entscheiden zu können, welche bleibenden Zähne angelegt sind und welche Richtungen ihre Wurzeln haben. Dann kann entschieden werden, welche Zähne gezogen, gekürzt bzw. geschont werden sollten.

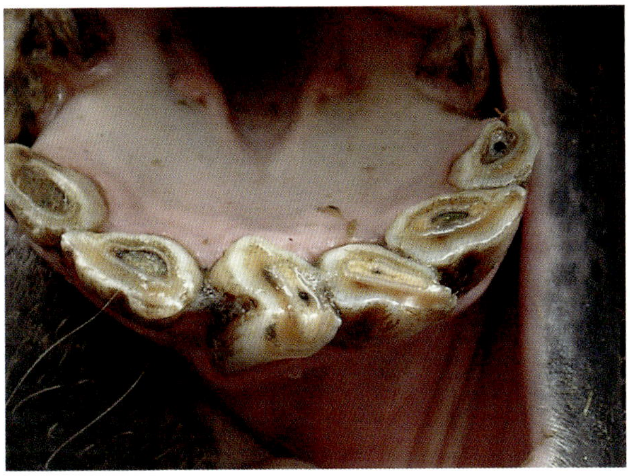

Abb. 3-118 Paint-Horse, Hengst, 5 Jahre. Trittverletzung als 2-Jähriger im Bereich des Unterkiefers bekannt. Rotation von 301 im Uhrzeigersinn um ca. 70 Grad, Rotation von 401 gegen den Uhrzeigersinn um ca. 100 Grad, zusätzlich Verkippung nach medial erkennbar. **Behandlung:** Eine Druckentlastung durch Slicing ist hier auf jeden Fall angeraten. Damit ist zwar keine Behebung der massiven Wurzeldrehungen erreichbar, dafür jedoch eine zeitweise schmerzfreie Kaufunktion.

3.3 Sonstige Erkrankungen und Veränderungen

In diesem Kapitel wurden die verbleibenden Schneidezahnerkrankungen und Veränderungen zusammengefasst. Kapitel 3.3.1, S. 73, beschäftigt sich mit dem Zahnstein, in Kapitel 3.3.2, S. 75, sind die Verhaltensauffälligkeiten Koppen und Wetzen mit ihren Folgen für die Schneidezähne beschrieben. Das Kapitel 3.3.3, S. 77, befasst sich mit den Equinen Odontoklastischen Absorptions- und Resorptionsvorgängen (EOTRH) und ist Herrn Dr. Carsten Staczyk (TIHO Hannover) gewidmet, der die komplexen pathologischen Zusammenhänge, die zu EOTRH führen, erforscht. Karies, Schmelzdefekte, Zahnaufbau und Füllungen werden im Kapitel 3.3.4, S. 80, behandelt. Zahnfrakturen und Extraktionen werden in den Kapiteln 3.3.5, S. 85, bzw. 3.3.6, S. 87, erläutert. Als schwerwiegendste Form der Veränderungen im Schneidezahnbereich werden im Kapitel 3.3.7, S. 90, Kieferfrakturen dargestellt.

3.3.1 Zahnstein

Zahnsteinbildung ist grundsätzlich als ein Kompensationsmechanismus für mangelhafte okklusale Tätigkeit anzusehen. Seine Zusammensetzung ist seit 1908 (Wittmann) bekannt. Er besteht zu 83,45 Prozent aus Kalziumkarbonat, zu 11,35 Prozent aus organischen Bestandteilen (Mikroorganismen und Futterbestandteile!), zu 2,76 Prozent aus Kaliumphosphat, zu 1,21 Prozent aus Wasser, zu 0,24 Prozent aus wasserlöslichen Substanzen (Kaliumchlorid und Kaliumbisulfat) und zu 0,17 Prozent aus Schwefelwasserstoff. Durch diese Bestandteile erklärt sich ein aggressiv-entzündliches „Verhalten" des Zahnsteins durch bakterielle Besiedlung des Zahnfleisches bzw. des Zahnfaches. Dazu muss man sich der Tatsache bewusst sein, dass im Maul zwei Vorgänge stattfinden: zum einen die mechanische Zerkleinerung des Futters, zum anderen die Einspeichelung des Futterbreis und chemische Vorverdauung durch die Speichelsekrete und Enzyme. Verschlechtert sich die mechanische Zerkleinerung aufgrund mangelnder okklusaler Tätigkeit, wird kompensatorisch die Speichelproduktion gesteigert, die ihrerseits für übermäßige Zahnsteinbildung verantwortlich ist. Diese manifestiert sich unter anderem an den Unterkieferhengstzähnen 304 und 404. Allerdings gibt es auch, wie bei anderen Tierarten und dem Menschen, unterschiedliche Speichelzusammensetzungen, die über die Nahrung beeinflusst werden, sodass trotz hervorragender okklusaler Tätigkeit extreme Zahnsteinbildung auftreten kann. In solchen Fällen ist über eine ultraschalltechnische Reinigung und Versiegelung der Schmelzoberfläche mit geeigneten Wachsen bzw. Poliermitteln nachzudenken. Ein solcher Eingriff ist derzeit jedoch nur stationär durchführbar, da hierfür eine Vollnarkose nötig ist. Zusätzlich zur Behandlung sollte die Ernährung optimiert werden.

Es wird ein gering-, mittel- und hochgradiger Zahnsteinbefall unterschieden. Als Maßgröße dient der sichtbare Schneidezahnanteil. Sofern weniger als ein Drittel des Zahnes von Zahnstein bedeckt sind, gilt dies als geringgradig, bis zu zwei Dritteln als mittelgradig, darüber hinaus als hochgradig.

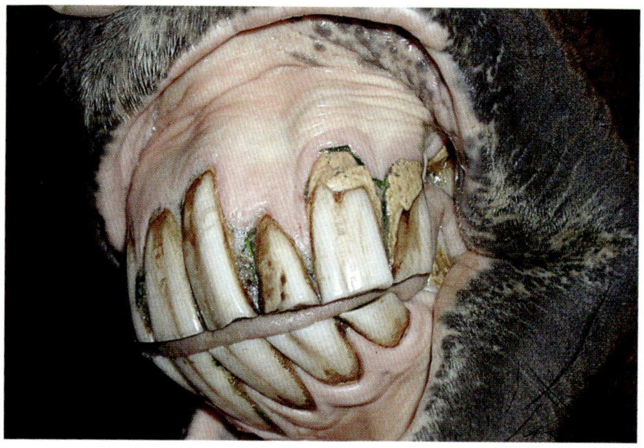

Abb. 3-119 Warmblut-Mix, Wallach, 9 Jahre. Geringgradiger Zahnstein auf 202 und mittelgradiger Zahnstein auf 203. Gesamtsituation: leicht abfallender Diagonalbiss mit seitlichem Zahnverschub im 2. Quadranten. 201 ist als inkompletter Zahn mit kurzer Wurzel vorhanden, da das Zahnfach nicht entwickelt erscheint.

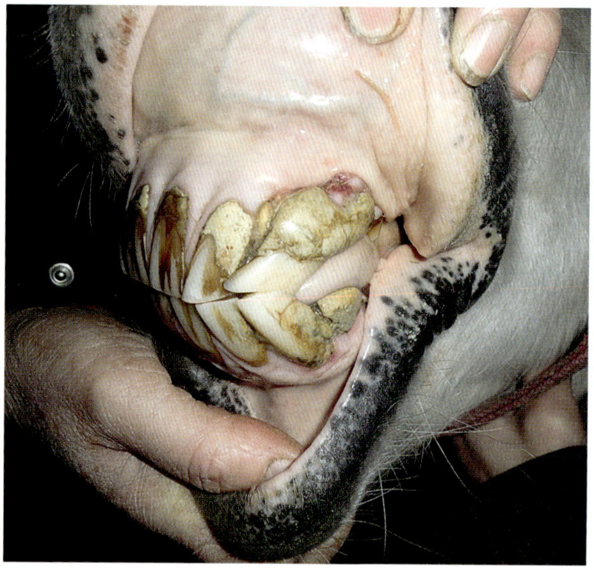

Abb. 3-120 Polnisches Warmblut, Wallach, 12 Jahre. Gesamtsituation: Schiefes Smile, Einbiss auf 203 und Lateralrotation von 302 und 303. Geringgradiger Zahnsteinbefall auf 101, gering- bis mittelgradiger Zahnsteinbefall auf 201, mittel- bis hochgradiger Zahnsteinbefall auf 202 und hochgradiger Zahnsteinbefall auf 303 und 404. 203 weist eine Sonderstellung auf, da augenscheinlich eine Schleimhautrötung und -veränderung am Übergang zwischen Zahnstein und Schleimhaut zu finden ist, die hier auf eine Zahnfachentzündung, wenn nicht sogar auf eine Zahnfraktur hinweist. In das Zahnsteinkonglomerat zwischen 202 und 203 ist dorsal ein Haferkorn involviert.

! Merke: Zahnstein ist ein Ausdruck von vermehrtem Speichelfluss, teilweise auch spezifisch für eine bestimmte Zusammensetzung des Speichels. Grundsätzlich versucht der Körper auf chemische Zerkleinerung auszuweichen, wenn eine mechanische Zerkleinerung nicht oder nur eingeschränkt möglich ist.

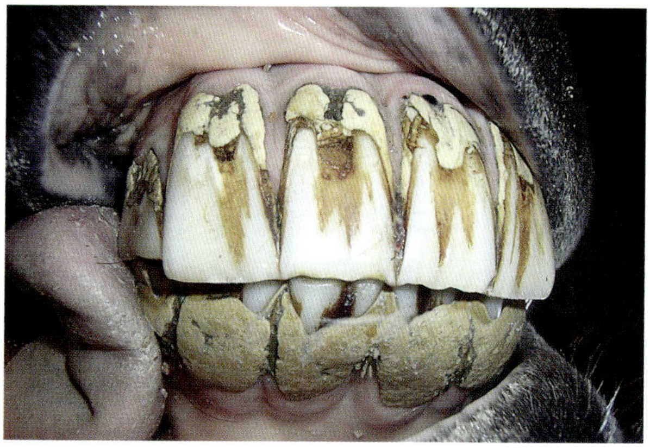

Abb. 3-121 Bayerisches Warmblut, Stute, 13 Jahre. Hochgradige Zahnsteinbildung im Unterkiefer und gering- bis mittelgradige Zahnsteinbildung im Oberkiefer.

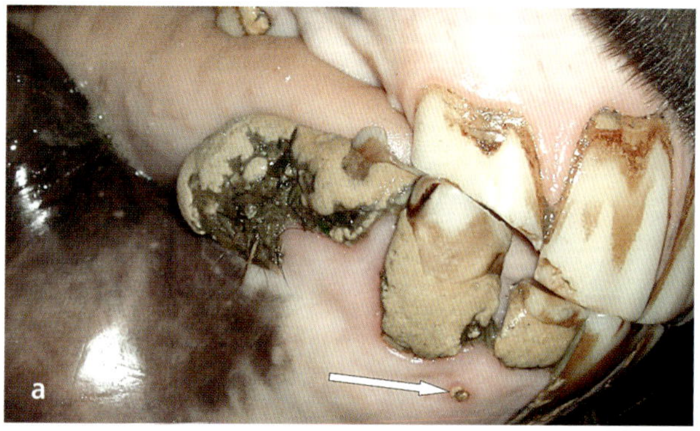

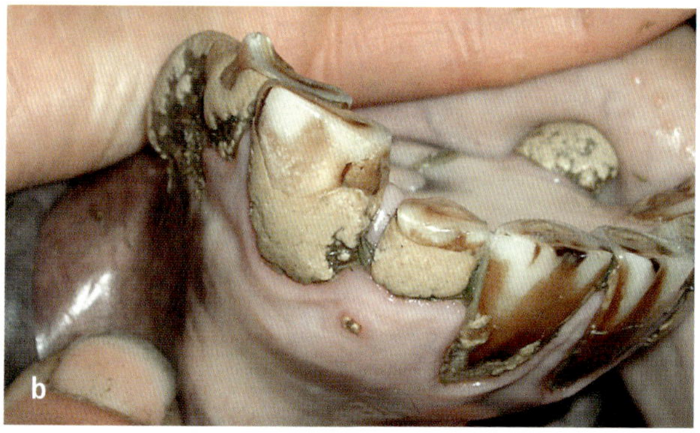

Abb. 3-122 Warmblut-Mix, Wallach, 7 Jahre.
a Persistierender 802, dadurch verschobener 402, kleine Zahnfistel (Pfeil) im 4. Quadranten mit einem kleinen Zahnteil zu erkennen. 403 wurde nach medio-kaudal abgedrängt und ist samt Caninus in einem Zahnstein-Futter-Konglomerat nahezu verschwunden. Zahnsteinbefunde auf 102, 103 und 401 geringgradig, auf 104 gering- bis mittelgradig, auf 802, 402 und 404 hochgradig.
b Ansicht bei geöffnetem Maul. Der kleinere persistierende 802 ist deutlich zu erkennen, ebenso die laterale und laterokaudale Verschiebung von 402 und 403. 304 ist mit Zahnstein überwuchert. Eine seitliche Kautätigkeit konnte mit dieser Schneidezahnsituation nicht adäquat stattfinden, daher auch die im Verhältnis zum Alter deutlich gesteigerte Zahnsteinbildung durch vermehrte Speichelproduktion.

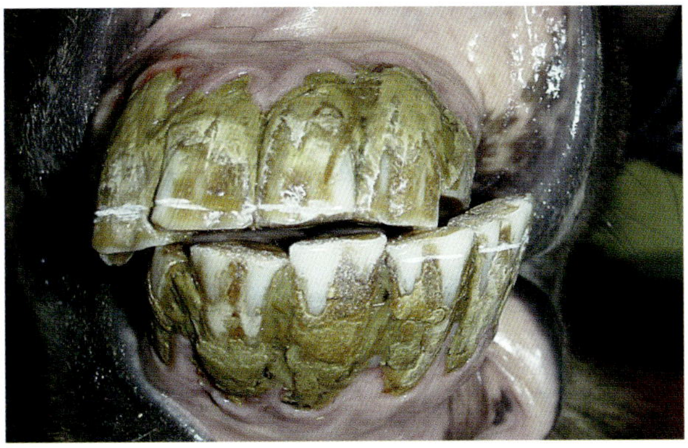

Abb. 3-123 Shetlandpony, Stute, 16 Jahre. Hochgradige Zahnsteinbildung. Die Korrekturlinie des aufsteigenden Diagonalbisses ist teilweise angezeichnet.

3.3.2 Koppen und Wetzen

Untugenden wie Koppen und Wetzen verursachen eine übermäßige Abrasion im Schneidezahnbereich. Die Schmelzdefekte können so groß sein, dass es durch die Eröffnung der Pulpa zu einer Infektion einzelner Zahnwurzeln kommt, was Extraktionen nach sich ziehen kann. Soweit möglich, ist hier die Funktionalität wiederherzustellen. Dies gilt vor allen Dingen, wenn das Pferd nur einseitig wetzt. In solchen Fällen ist der Praktiker auch dazu angehalten, eventuell auslösende Faktoren abzustellen und den Besitzer im Hinblick auf Korrektur und Behebungsmöglichkeiten zu belehren. Bei Futterneidern hat sich eine Plexiglasscheibe auf der Boxeninnenseite bewährt, sodass eine weitere Fehlabnutzung der Schneidezähne an den Gitterstäben nicht mehr möglich ist.

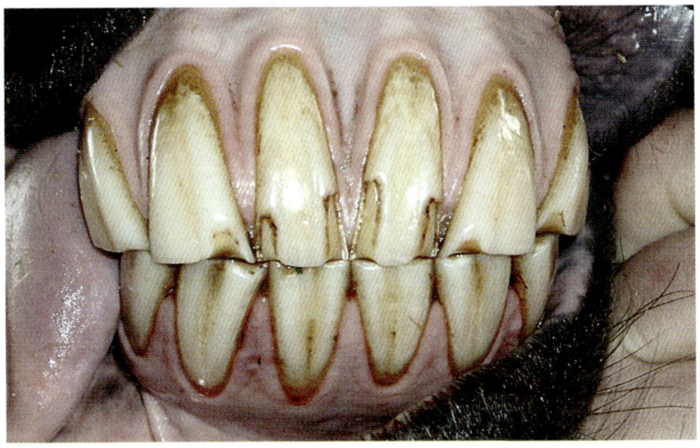

Abb. 3-124 Isländer, Stute, 18 Jahre. Deutliche Schmelzdefekte an 101 und 201, jedoch nur an den lateral gelegenen Flächen. Diese Defekte entstanden durch Abschleifen an einem schärferen Gegenstand, hier an einer Futterkrippe mit Metallrand. 102, 202 und 203 weisen ebenfalls Wetzspuren auf, die jedoch mehr am Übergang von der Dorsal- zur Okklusionsfläche gelegen sind.

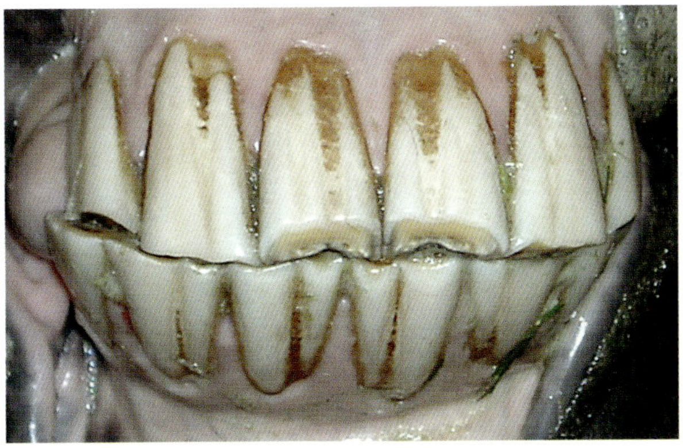

Abb. 3-125 Araber, Stute, 9 Jahre. Selektive Zahndefekte am Übergang von der Dorsal- zu Okklusionsfläche an 101 und 201. Solche Defekte werden gehäuft beobachtet, wenn Pferde über Winter sehr viel Buschwerk und Äste als Nahrung bekommen, deswegen wird hier die Bezeichnung „Astnager" gewählt. Gesamtsituation: leichtes Wellengebiss.

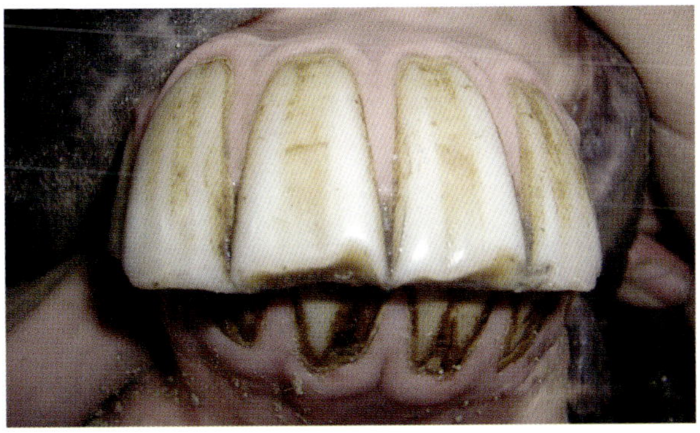

Abb. 3-126 Quarter-Horse, Wallach, 13 Jahre. Vorbiss der Schneidezähne und Wetzspuren an 101/201.

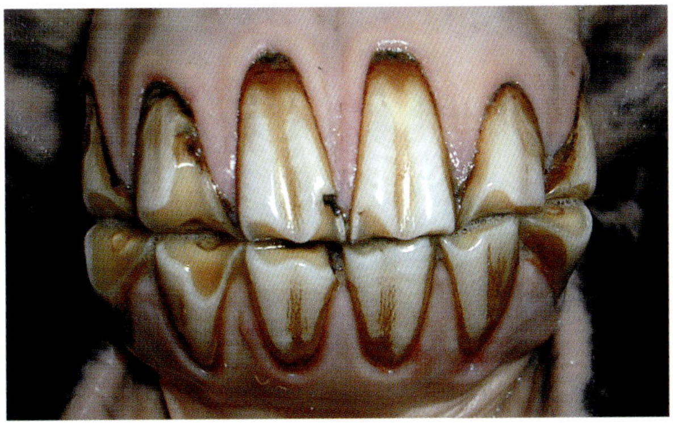

Abb. 3-127 Holsteiner, Stute, 11 Jahre. Hochgradige horizontale und vertikale Wetzspuren von den Gitterstäben zum Boxennachbarn rechts an 102, 103, 402 und 403, hervorgerufen durch extremen Futterneid. Links mittelgradige Wetzspuren auf 203 und 303 gleichen Ursprungs, während 202 und 302 nur geringgradig abgewetzt sind. Zusätzlich sind an allen 1ern geringgradige Wetzspuren vom Futtertrog vorhanden. Die Pulpen sind noch nicht eröffnet. Die Gaps werden jedoch bei einer Korrektur wegen der jetzt schon sehr ungleichen Zahnlängen bleiben.

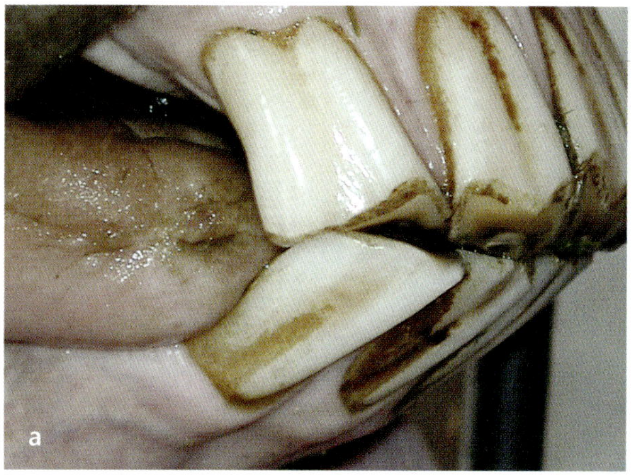

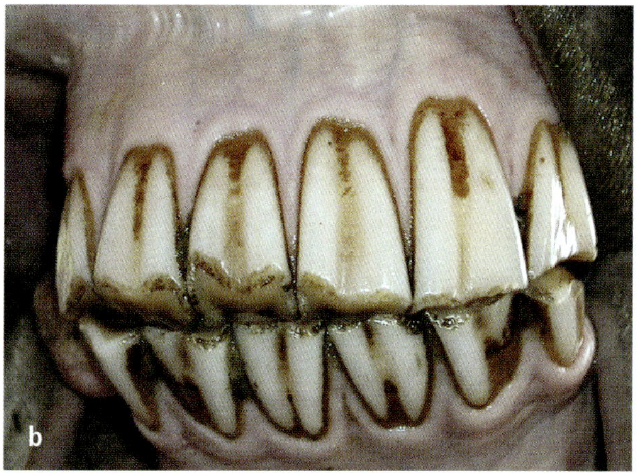

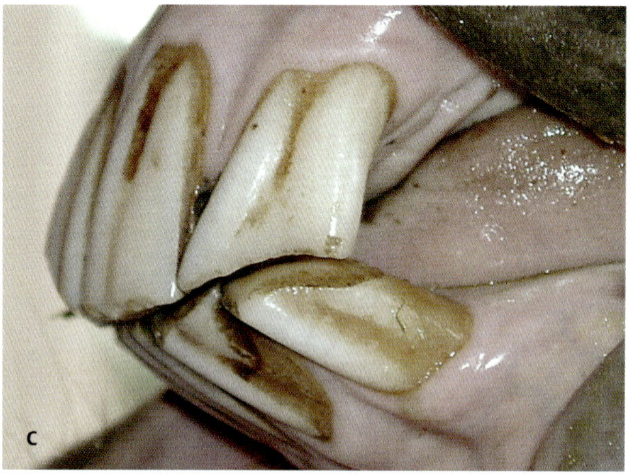

Abb. 3-128 Holsteiner, Stute, 12 Jahre.
a Koppergebiss. Durch Aufsetzen der Schneidezähne auf harte Gegenstände und geringfügige Lateralbewegung findet eine vermehrte Abnutzung der Oberkieferschneidezähne an der Grenze von der dorsalen zur okklusalen Zahnfläche statt.
b Die Vermutung liegt nahe, dass sich der Futtertrog mehr in der rechten Seite der Box befindet, da die Abnutzung durch das Koppen im 1. Quadranten am stärksten ausgeprägt ist.
c Das Pferd von der linken Seite mit einem deutlichen Einbiss und geringgradig vermehrtem Schmelzabrieb an 302 und 303.

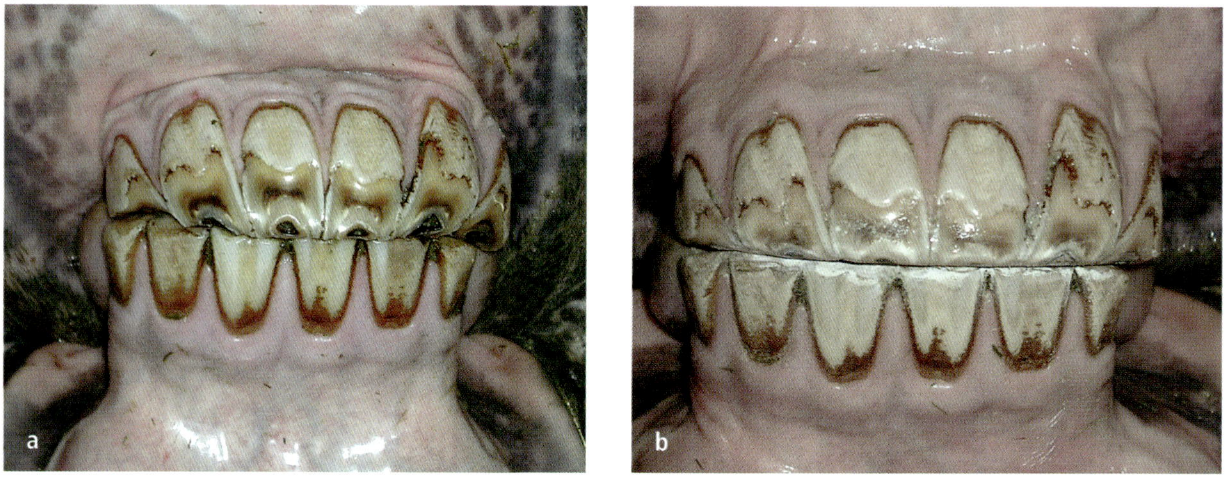

Abb. 3-129 Brandenburger Warmblut, Wallach, 10 Jahre.
a Massive Veränderungen der Oberkieferschneidezähne in Verbindung mit einem leichten Vorbiss lassen ein Kopperverhalten erkennen, wodurch die Oberkieferschneidezähne selektiv angegriffen sind. Bei genauer Betrachtung von 103 und 203 sind jedoch auch seitliche Schleifspuren erkennbar, was darauf schließen lässt, dass dieses Pferd beide mechanische Zerstörungsbewegungen Koppen und Wetzen ausübt. Gesamtsituation: geringgradig abfallender Diagonalbiss.
b Zustand nach der Korrektur. **Behandlung:** Der Diagonalbiss wurde nicht komplett korrigiert, wie bei 402 und 403 deutlich zu erkennen ist. Die Wiederherstellung einer funktionellen Okklusionsfläche wurde jedoch erreicht.

3.3.3 Odontoklastische Absorptions- und Resorptionsvorgänge (EOTRH)

Bei EOTRH (Englisch: Equine Odontoclastic Tooth Resorption and Hypercementosis) handelt es sich um eine schmerzhafte Störung im Bereich der Schneidezähne, die unterschiedliche Formen von Periodontitis hervorruft, welche mit resorptiven oder anderen schweren Veränderungen der Alveolen einhergeht. Es ist noch immer unklar, welche Ursache diese pathologischen Veränderungen im Wurzelbereich haben.

Grundsätzlich führt die Problematik zu funktionellen Einschränkungen, besonders dann, wenn nur einzelne Zähne im Schneidezahnbereich betroffen sind und es demzufolge zu mangelhaften Abrasionen kommt. Insgesamt ist ein sich im Wurzelbereich stark aufbauender Druck verantwortlich dafür, dass jeder dieser Zähne im Laufe der Zeit gezogen werden muss. Eine rechtzeitige Schneidezahnanpassung im Sinne einer vollständigen Entlastung der erkrankten Zähne hat sich als sinnvoll erwiesen. Sie dient dazu, den Entwicklungsprozess zu verlangsamen, kann aber auch eine Lösung des Problems darstellen. Durch resorptive Vorgänge geprägte Erkrankungsverläufe sind ebenso bekannt wie solche, bei denen die Gewebebildung überwiegt. Im vorliegenden Fall (**Abb. 3-130**) dominiert die Hyperzementose das Geschehen.

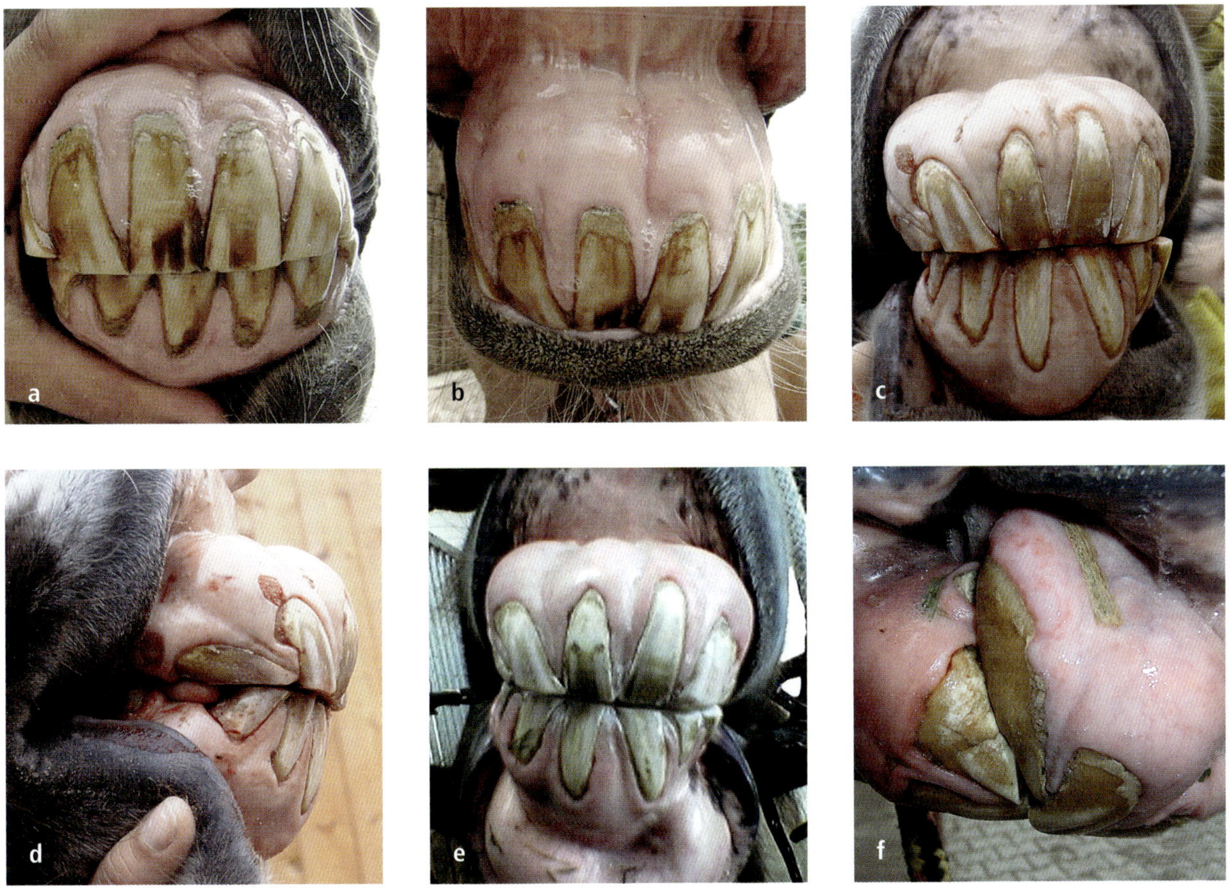

Abb. 3-130 Isländer, Wallach, 14 Jahre. Entwicklung einer EOTRH im Verlauf von 7 Jahren (2002 bis 2009).

- **a** Indiz für beginnende EOTRH an 102/101/201/401 (2002).
- **b** Deutliche Schwellung im Wurzelbereich von 102/101/201 als Indiz für beginnende EOTRH.
- **c** Zustand 2 Jahre später (2004). Die Wurzelzubildungen sind deutlich sichtbar geworden. Eine Verkippung aller Schneidezähne nach lingual ist erkennbar.
- **d** Lateralansicht von rechts (2004).
- **e** Frontalansicht. EOTRH weitere 3 Jahre später (2007). Hier sind die Drucknekrosen des dorsalen Zahnfachs mit Zahnfleisch- und Zahnfachverlusten schon deutlich erkennbar.
- **f** Lateralansicht von rechts. EOTRH 2007.

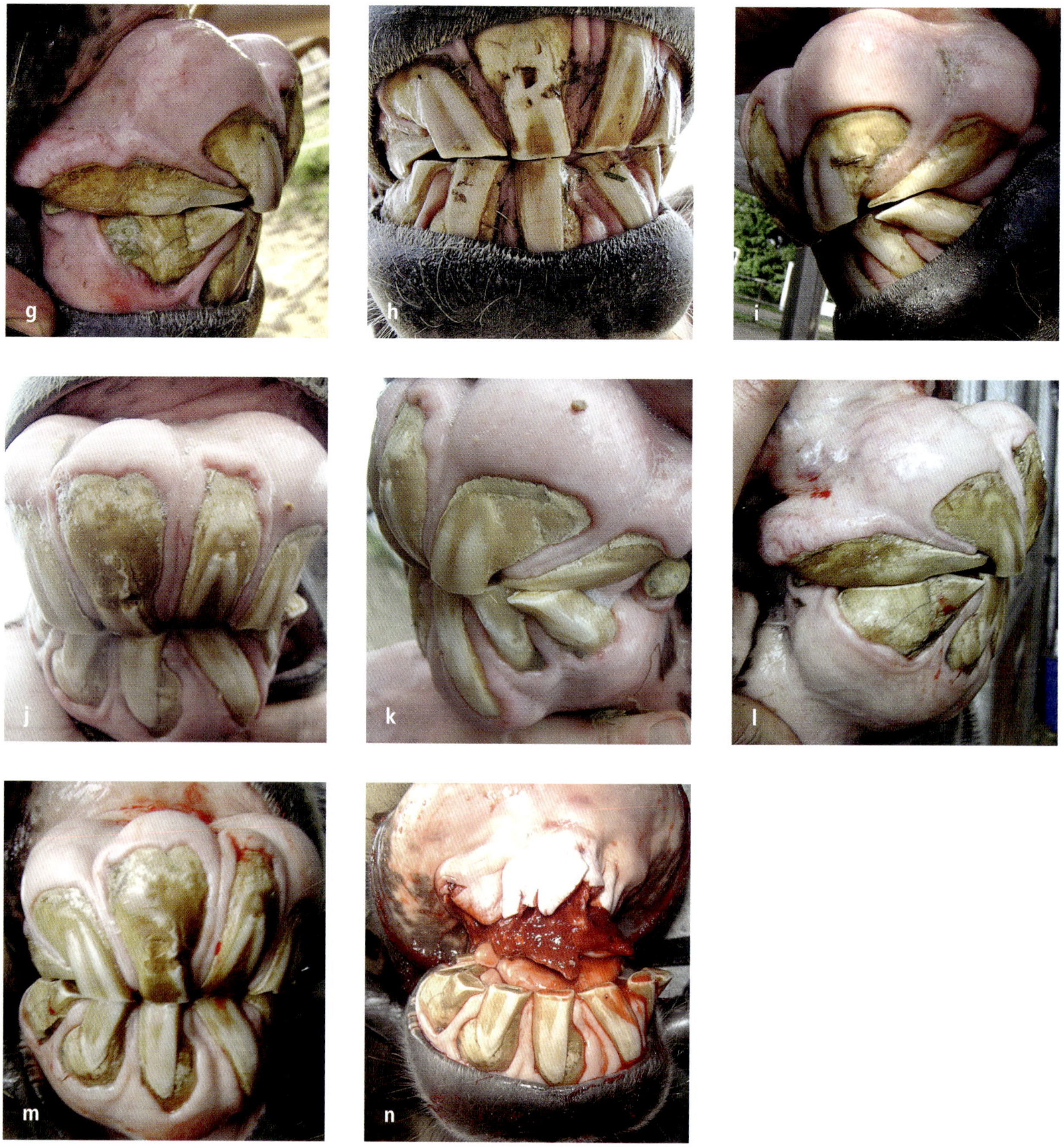

Abb. 3-130 Fortsetzung

- **g** Lateralansicht von rechts. EOTRH ein halbes Jahr später (Juni 2008).
- **h** Frontalansicht. EOTRH (Juni 2008).
- **i** Lateralansicht von links. EOTRH (Juni 2008).
- **j** Frontalansicht. EOTRH weitere 6 Monate später (Dezember 2008).
- **k** Lateralansicht von links. EOTRH (Dezember 2008).
- **l** Lateralansicht von rechts. EOTRH weitere 2 Monate später (Februar 2009) beim OP-Termin aufgrund der in Abbildung 3-130 m beschriebenen Sekundärerkrankungen.
- **m** Frontalansicht beim OP-Termin. Das Allgemeinbefinden des Pferdes ist ungestört (sowohl beim Reiten als auch bei der Nahrungsaufnahme). Allerdings ist kein Lippenschluss mehr gewährleistet und es treten Spannungsrisse in der Unterlippe auf.
- **n** Frontalansicht nach Extraktion aller Oberkieferzähne unter leichter Standsedierung und Lokalanästhesie.

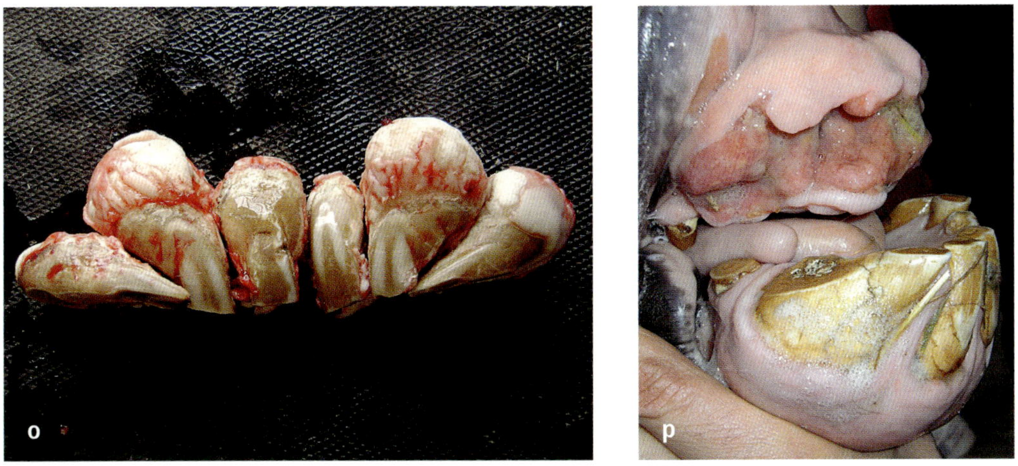

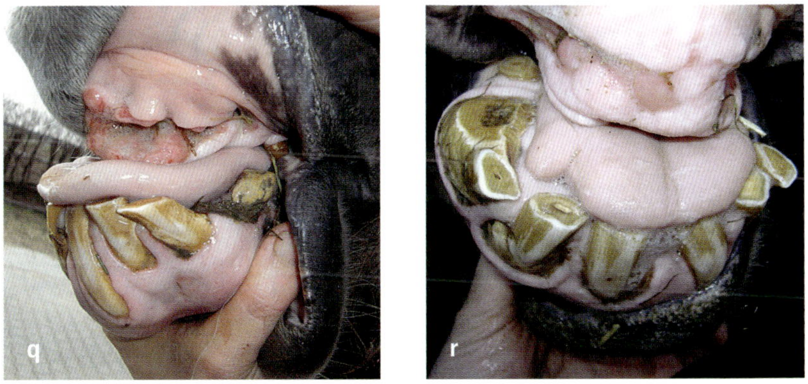

Abb. 3-130 Fortsetzung
o Extrahierte Zähne mit deutlich sichtbaren Zubildungen an den Wurzeln.
p Lateralansicht von rechts. Wunde 9 Tage nach der OP.
q Lateralansicht von links. Wunde 9 Tage nach der OP.
r Frontalansicht. Die Wunde ist 34 Tage nach der OP ohne Komplikationen und ohne intensive Medikation abgeheilt.

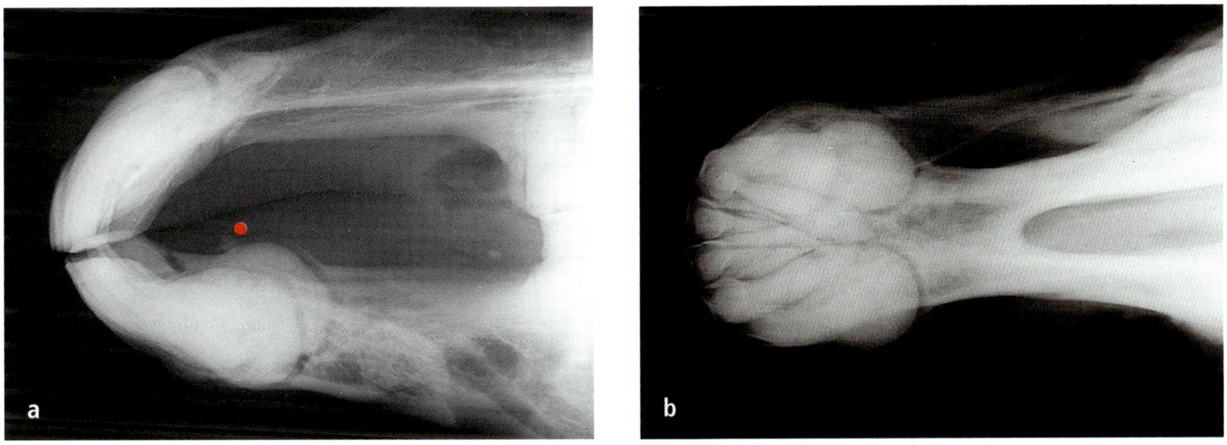

Abb. 3-131 Isländer, Stute, 15 Jahre
a Röntgen: Latero-laterale Ansicht einer EOTRH. Der Unterkieferhengstzahn (404, Punkt) „schwimmt" auf der verdickten Schneidezahnwurzel von 403.
b Röntgen: Dorso-ventrale Ansicht einer EOTRH. Hier wird die laterale Ausdehnung der Wurzeln von 303 und 403 ersichtlich.

3.3.4 Karies, Schmelzdefekte, Zahnaufbau und Füllungen

Der Umstand, dass Pferdezähne ca. bis zum 15. Lebensjahr wachsen, bietet für die Behandlung von Karies (Nekrose der Kunde) und Schmelzdefekten Möglichkeiten, die zum Teil von der Humanmedizin abweichen. So bedürfen oberflächliche Schmelzdefekte mitunter keiner Behandlung, da sie durch den Abrieb behoben werden können. Beim Zahnaufbau ist das Nachwachsen der umliegenden Zähne zu berücksichtigen. Daher sollte das verwendete Zahnaufbaumaterial diesen im Abrieb ähnlich sein. Hämatomähnliche Zahnverfärbungen auf der Kaufläche können sowohl traumatischen Ursprungs (s. **Abb. 3-138 a, b**) als auch Überreste von Pulpenblutungen sein (s. **Abb. 3-139**).

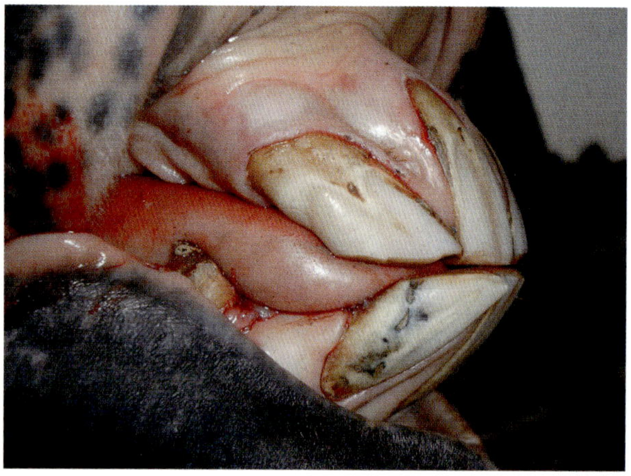

Abb. 3-132 Quarter-Horse, Wallach, 12 Jahre. Oberflächliche Karies bzw. Schmelzdefekte an 403. **Behandlung:** Sowohl das Abschleifen als auch eine Füllung wären möglich.

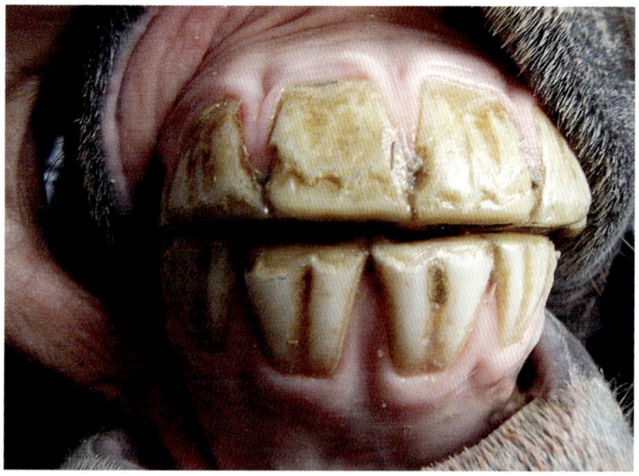

Abb. 3-133 Araber, Stute, 9 Jahre. Multiple Schmelzdefekte. Die Veränderungen sind höchstwahrscheinlich auf Schleifen an den Gitterstäben zurückzuführen, allerdings kann auch Koppen solche übermäßigen Abrasionen an den Zähnen hervorrufen (s. Kap. 3.3.2, S. 75).

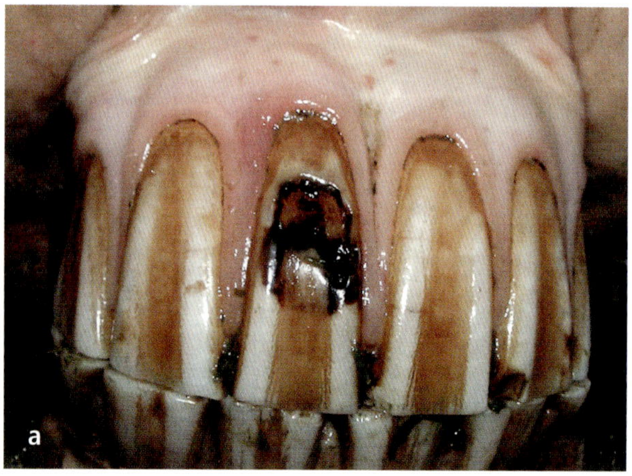

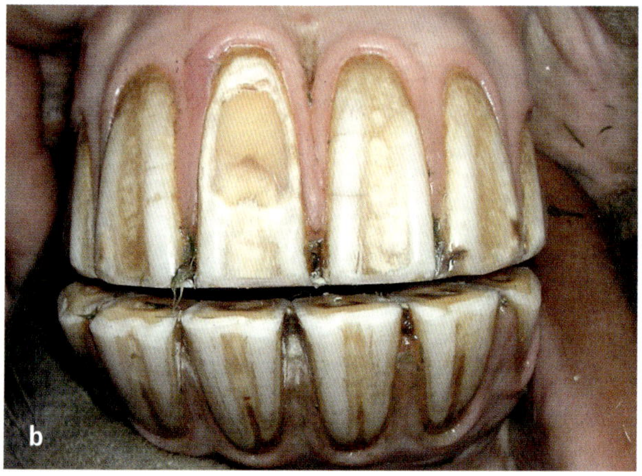

Abb. 3-134 Isländer, Stute, 16 Jahre.
a Dorsal großflächiger Schmelzdefekt auf 101. Dieser ist nicht exakt umschrieben, der Rand ist durch bakterielle Infektion in Farbe und Konsistenz verändert. Keines der lebenswichtigen Organe des Zahnes ist betroffen. Auf 202 zur Okklusionsfläche hin kleiner Schmelzdefekt durch Zahnteilausbruch.

b Zustand nach Korrektur. **Behandlung:** Der Schmelzdefekt wurde mit Diamantschleifkörpern sorgsam abgetragen und eine für die Oberlippe funktionelle Oberfläche wiederhergestellt. Die Kanten des Schmelzdefektes auf 202 wurden ebenfalls gerundet.

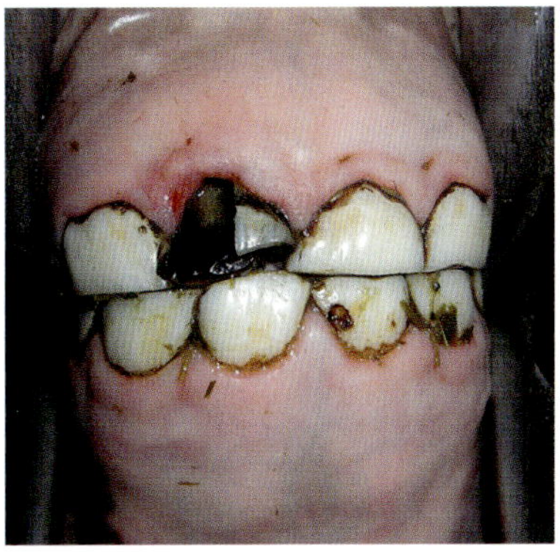

Abb. 3-135 Hannoveraner, Hengst, 2 Jahre. Traumatisch bedingte Teilzerstörung von 501. Der Zahnbruch geht bis in die Kunde hinein, hat jedoch die Pulpa nicht eröffnet. **Behandlung:** Die angebrochenen Zahnteile können entfernt werden. Der Zahnrest kann nach Säuberung, Kürettage und Polieren verbleiben, um den Wurzeldruck für die gesunde Entwicklung der bleibenden Zähne zu gewährleisten.

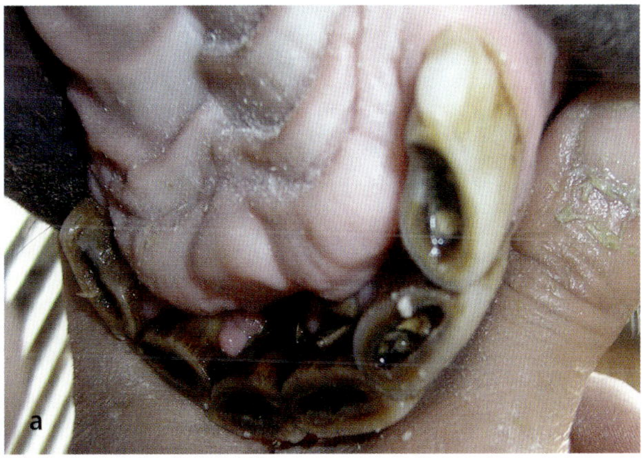

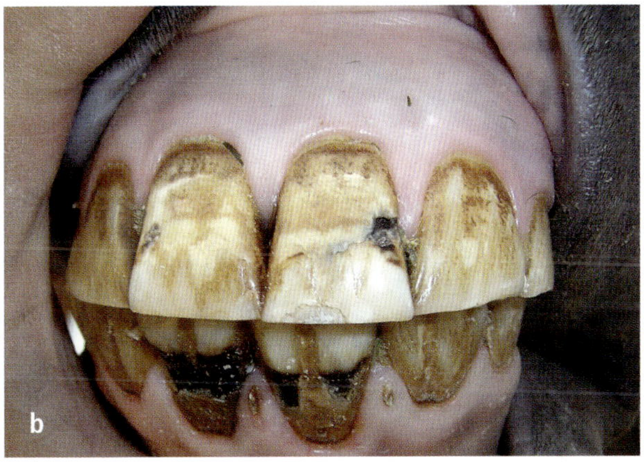

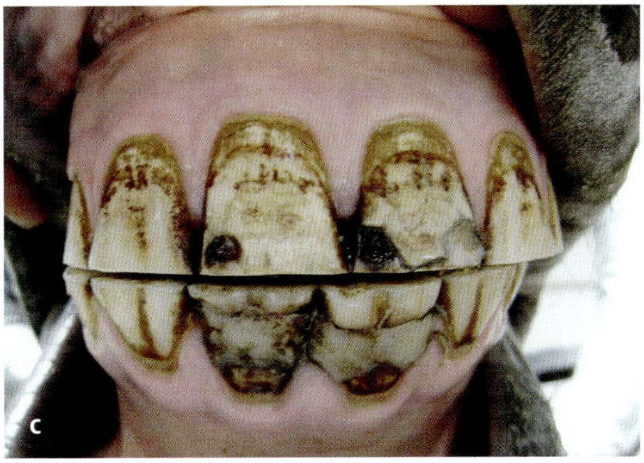

Abb. 3-136 Brandenburger, Stute, 7 Jahre.
a Hochgradig kariöse Prozesse sind an der palatinalen Seite von 202 zu erkennen. **Behandlung:** Abschleifen und Polieren sind möglich, jedoch räumlich schwierig.
b Kariöse Schmelzdefekte an 202, 301 und 401.
c Ein Jahr später. Trotz Füllung der Schmelzdefekte sind nach einem Jahr neue kariöse Prozesse hinzugekommen.

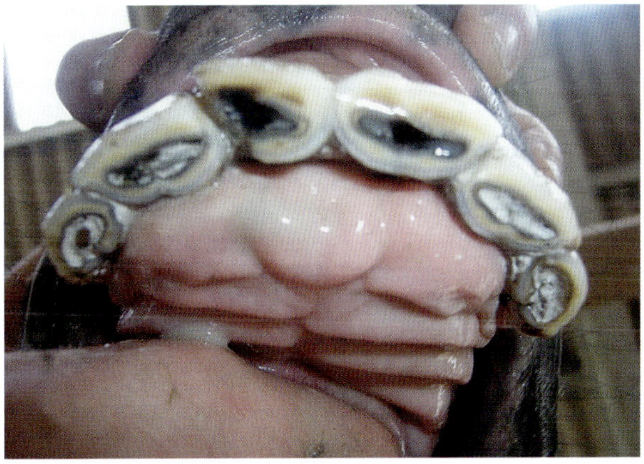

Abb. 3-137 Warmblut, Stute, 6 Jahre. Deutliche Infundibularkaries im Bereich der Kunden von 101 und 201.

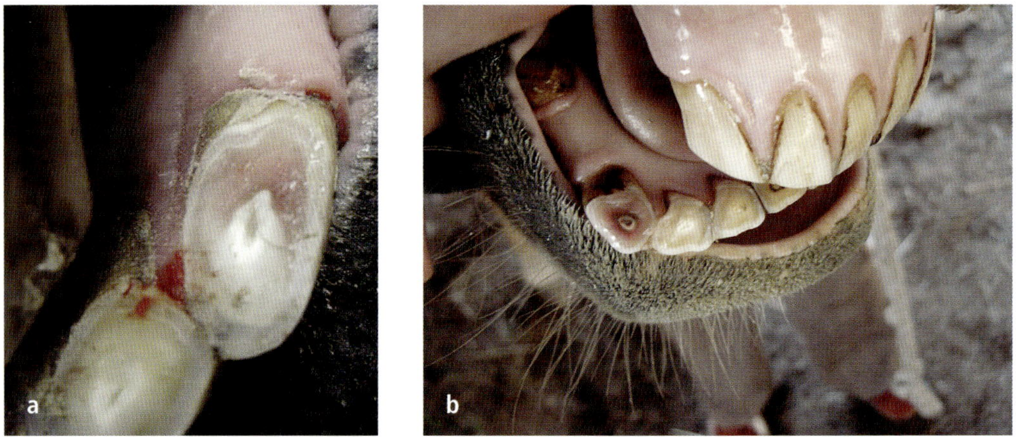

Abb. 3-138 Quarter-Horse, Wallach, 16 Jahre.
a Hämatomähnliche Verfärbung von 303. Ursache war vermutlich eine traumatische Prellung.
b 403 mit hämatomartiger Verfärbung unbekannter Genese um den zentral dunkel verfärbten Pulpenzugang herum.

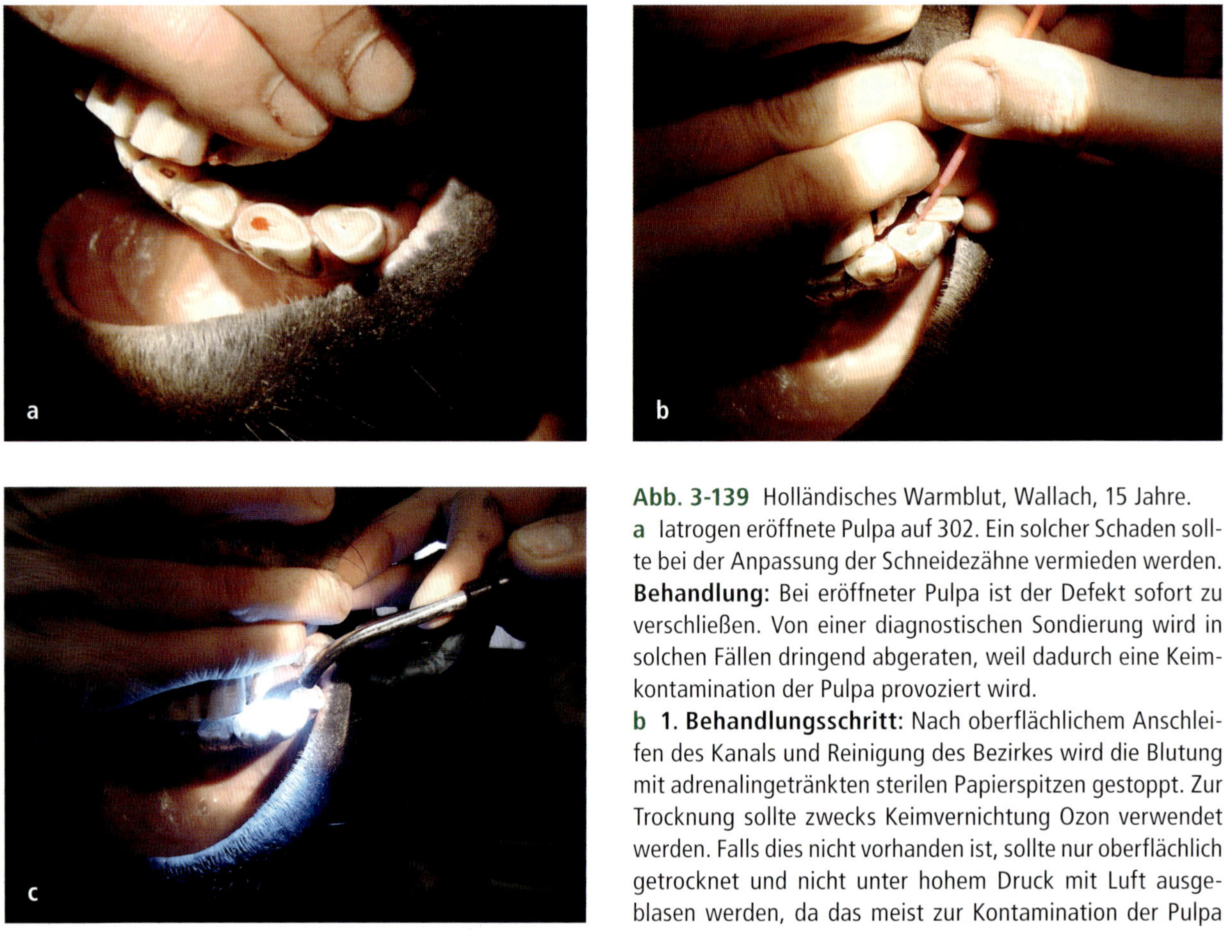

Abb. 3-139 Holländisches Warmblut, Wallach, 15 Jahre.
a Iatrogen eröffnete Pulpa auf 302. Ein solcher Schaden sollte bei der Anpassung der Schneidezähne vermieden werden. **Behandlung:** Bei eröffneter Pulpa ist der Defekt sofort zu verschließen. Von einer diagnostischen Sondierung wird in solchen Fällen dringend abgeraten, weil dadurch eine Keimkontamination der Pulpa provoziert wird.
b 1. Behandlungsschritt: Nach oberflächlichem Anschleifen des Kanals und Reinigung des Bezirkes wird die Blutung mit adrenalingetränkten sterilen Papierspitzen gestoppt. Zur Trocknung sollte zwecks Keimvernichtung Ozon verwendet werden. Falls dies nicht vorhanden ist, sollte nur oberflächlich getrocknet und nicht unter hohem Druck mit Luft ausgeblasen werden, da das meist zur Kontamination der Pulpa führt. Danach wird Kalziumhydroxid mittels Applikatorspritze eingeführt und gegebenenfalls noch mit Glasinomerzement überkappt. Anschließend folgt das im Bild zu sehende Anätzen mit handelsüblichen Applikatoren.
c 2. Behandlungsschritt: Nach dem Anätzen wird entsprechend den Herstellerangaben kurz ausgehärtet.

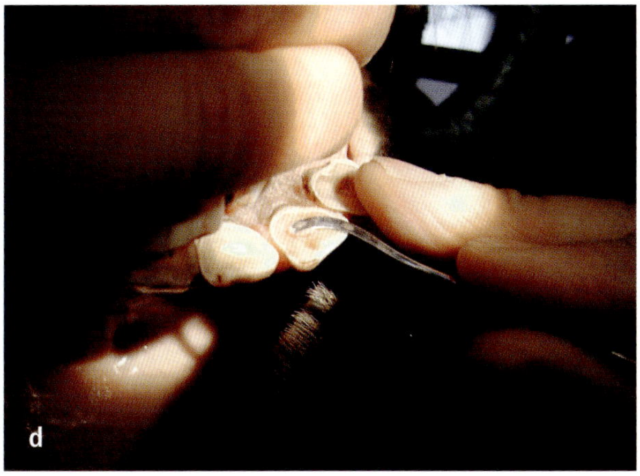

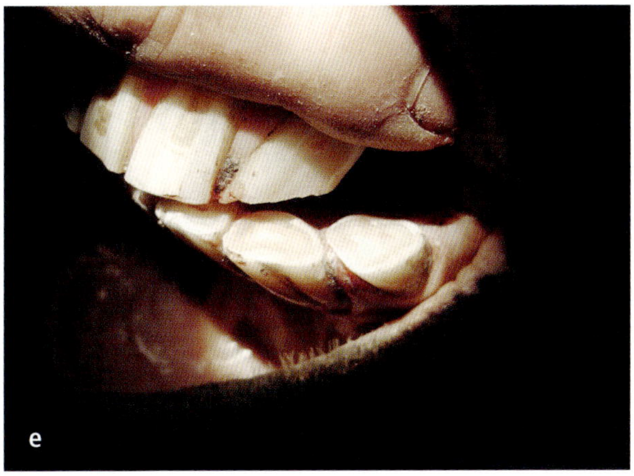

Abb. 3-139 Fortsetzung
d 3. Behandlungsschritt: Anschließend erfolgt die eigentliche Kunststofffüllung, welche im Schneidezahnbereich mit geeigneten Humanapplikatoren durchgeführt werden kann. Eine Angleichung an die Okklusionsfläche wird mit Spateln modelliert.

e 4. Behandlungsschritt: Nach der Aushärtung und einer nachträglichen Beschleifung der überstehenden Anteile ist der Zahn wiederhergestellt und die Prognose für seine Erhaltung sehr gut.

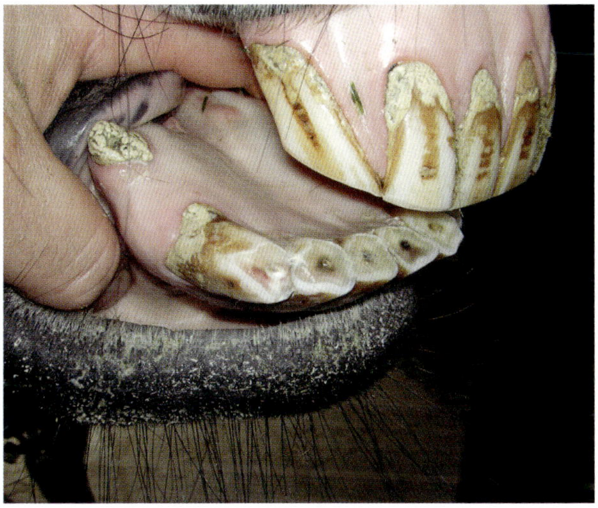

Abb. 3-140 Warmblut, Wallach, 20 Jahre. Besonderes Augenmerk gilt dem Unterkiefer dieses Pferdes mit Pulpen von 301, 302, 401, 402, 403 in unterschiedlichen Qualitäten und Richtungen. Bei 301 ist die Pulpa offen und kariös, bei 302 liegt eine oberflächliche Karies vor. 301 ist abgestorben und es ist etwas grauer Eiter in der Kunde sichtbar. Bei 402 ist der aktive Prozess einer Pulpitis erkennbar, die Karies breitet sich auch innen von der Wurzelhöhle her in die Zahnwand aus. Bei 403 ist ein altes hämatomähnliches Gebilde auf der Okklusionsfläche neben dem sehr weichen aber noch intakten Pulpenverschluss sichtbar. **Behandlung:** Extraktion von 301, 401 und 402 oder, wenn möglich, Wurzelversorgung. Auf 403 liegt deutlich Zahnstein in Richtung Zahnfach, dort sollte eine gründliche Säuberung und Desinfektion vorgenommen werden, um eine Infektion der Zahnwurzel über das Zahnfach aufzuhalten.

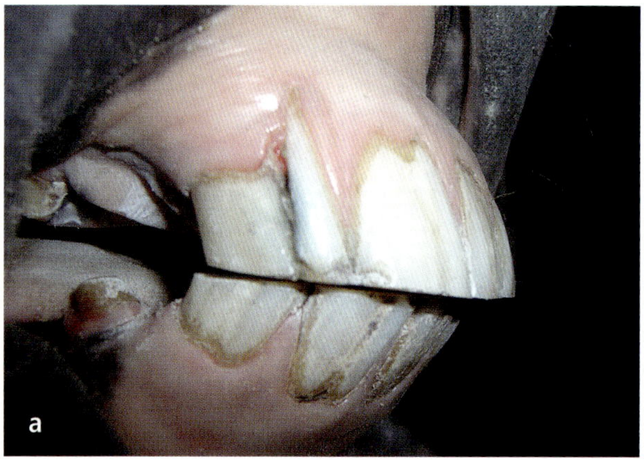

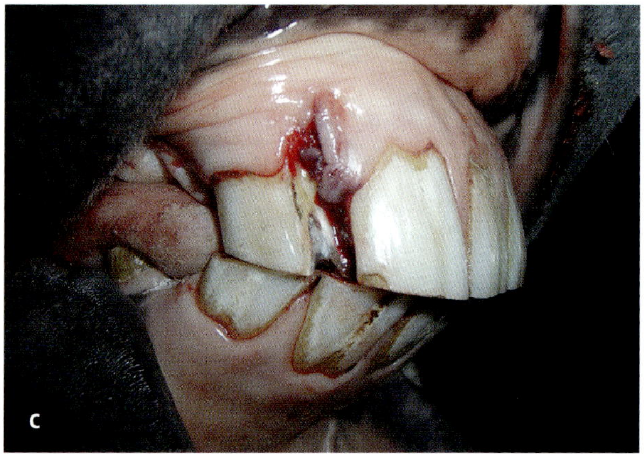

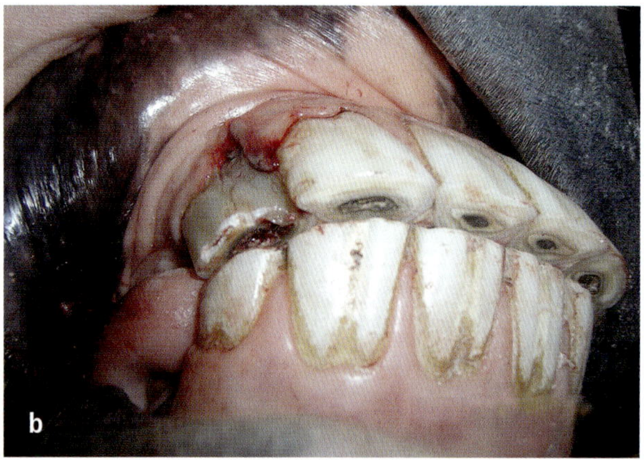

Abb. 3-141 Warmblut, Wallach, 8 Jahre.
a Traumatisch bedingte Fraktur an 103.
b Nach Entnahme des Frakturstückes ist zu erkennen, dass nur die Kunde eröffnet wurde und die Pulpa unbeschädigt ist. **Behandlung:** Der Zahn wurde dennoch nach der in den Abbildungen 3-139 a–e, S. 82 beschriebenen Methode wieder aufgebaut.
c Nach der Rekonstruktion des Zahnes.

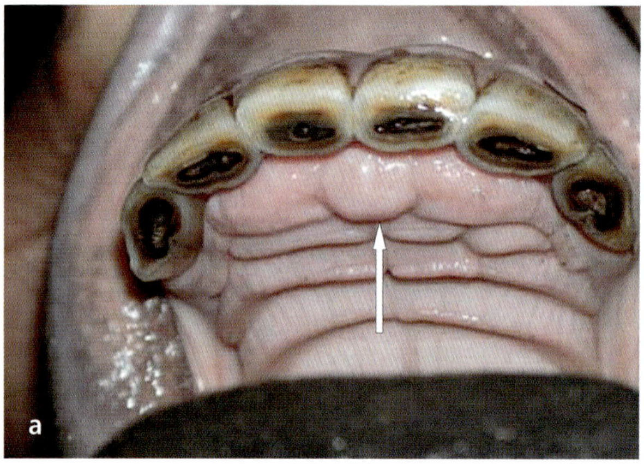

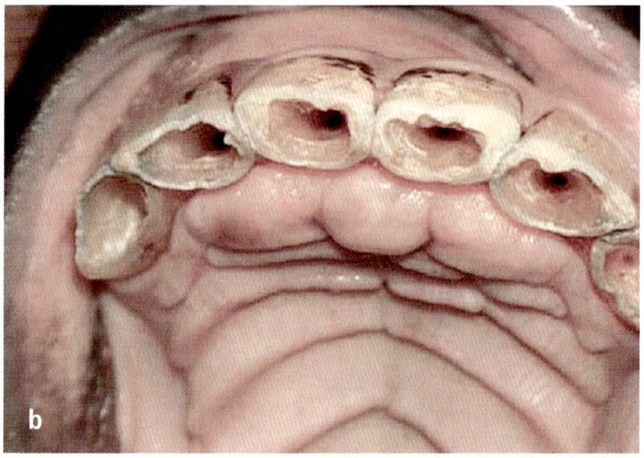

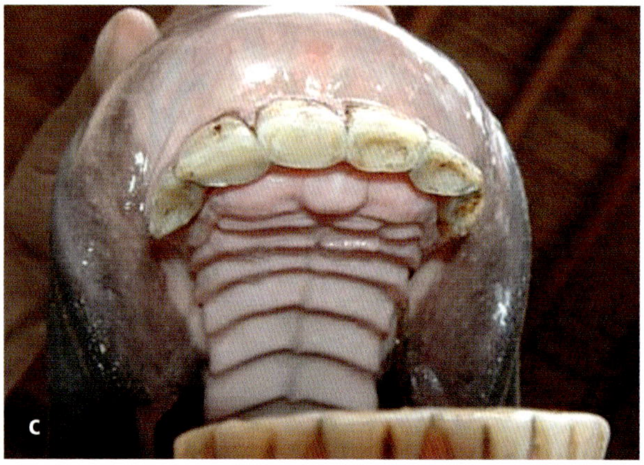

Abb. 3-142 Englisches Vollblut, Stute, 10 Jahre.
a Kariöse Prozesse in allen Schneidezahnkunden des Oberkiefers. **Behandlung:** Aufbau der kariösen Kunden nach vorab beschriebenem Schema (s. Abb. 3-139 a–e, S. 82). Aus dieser Perspektive ist der palatinal hinter der oberen Schneidezahnreihe befindliche „Frosch" (Pfeil) gut zu erkennen.
b **1. Behandlungsschritt:** Alle Kunden wurden ausgebohrt und gereinigt.
c **2. Behandlungsschritt:** Alle Kunden wurden mit Kunststofffüllungen versehen (mit freundlicher Genehmigung von Dr. Miguel Echavarria B.).

3.3.5 Zahnfrakturen

Schneidezahnfrakturen sind in den meisten Fällen traumatisch bedingt, können aber auch durch mechanische Fehlbelastungen hervorgerufen werden (Ermüdungsbruch). Bei jeder Fraktur ist zu prüfen, ob die Pulpen eröffnet sind und inwieweit bei einer frischen Fraktur eine Rekonstruktion des Zahnes möglich ist. Der Rekonstruktion oder der Teilrekonstruktion sollte immer der Vorrang vor der Totalextraktion gegeben werden, da die Zahnerhaltung geboten ist. Eine Zahnextraktion hat immer die fehlende Abrasion des Antagonisten zur Folge, was durch das nachschiebende System der Pferdezähne langfristige Probleme verursacht. Zahnrekonstruktionen sind mit verschiedenen Verfahren möglich (s. u. a. Kap. 3.3.4, S. 80). Man unterteilt die Zahnfrakturen in Teilfrakturen (s. **Abb. 3-143/144**), Querfrakturen (s. **Abb. 3-149**) und Längsfrakturen (s. **Abb. 3-146**) sowie Trümmerfrakturen (s. **Abb. 3-148 a, b**), jeweils mit und ohne Eröffnung der Pulpahöhle.

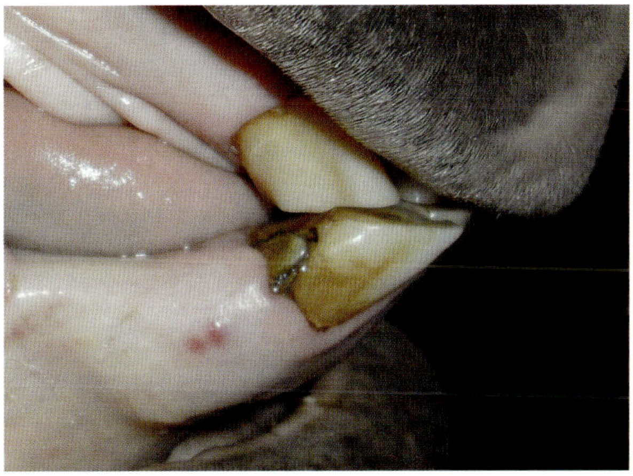

Abb. 3-143 Shetlandpony, Stute, 13 Jahre. Deutlicher Unterbiss 2. Grades. Auf 403 lingual gelegene Teilfraktur mit Zahnfachentzündung (Rötung in der Schleimhaut). **Behandlung:** Zahnsplitterextraktion, um nach Möglichkeit eine Wurzelinfektion über das Zahnfach zu verhindern.

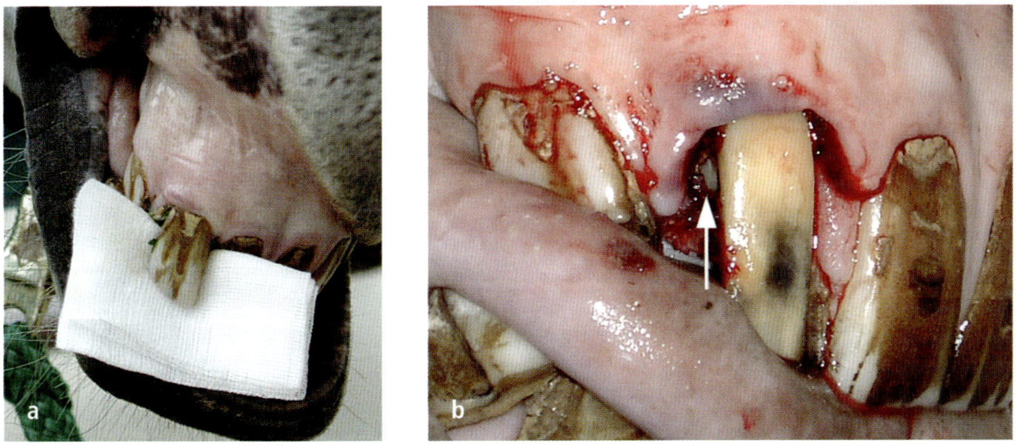

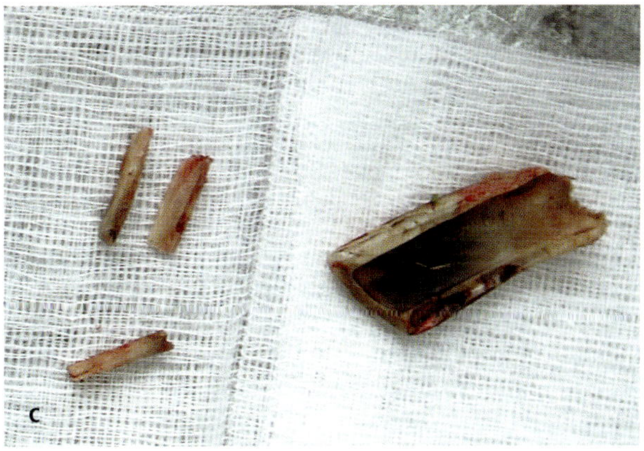

Abb. 3-144 Reitpony, Stute, 7 Jahre.
a Vorbericht: Fressgier. Pferd ist mit den Zähnen auf dem Futtertrog hart aufgeschlagen, dabei wurde 102 frakturiert und Zahnteile disloziert. **Behandlung:** Extraktion sämtlicher Zahntrümmer.
b Zustand nach Extraktion der meisten Zahnsplitter. An 102 ist sowohl lateral als auch medial und distal noch ein zu entfernender Zahnsplitter (Pfeil) erkennbar. Die Pulpahöhle wurde nicht eröffnet. Der dorsale Schmelzanteil wurde wie eine Schale abgesprengt.
c Extrahierte Zahnteile. Die dorsale „Schale" von 102 ist deutlich zu erkennen. Die dunkle Färbung lässt auf eine vorangegangene Fissur an dieser Stelle schließen.

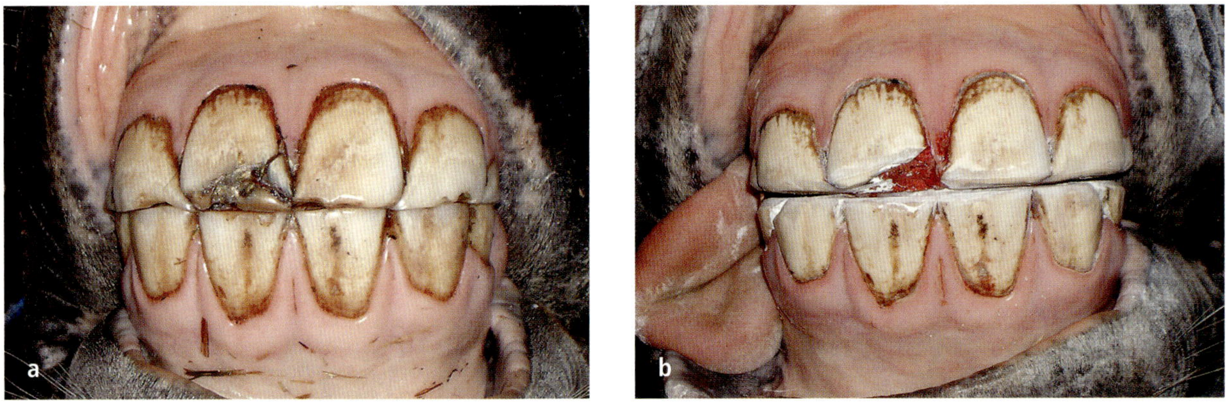

Abb. 3-145 Pony, Hengst, 7 Jahre.
a Vorbericht: Hengst hatte nach Eingliederung neuer Stuten in die Herde mehrere Tage schlecht gefressen. Deutlicher Trümmerbruch von 101 mit mehreren Zahnsplittern, jedoch bei Sondierung ohne Eröffnung der Pulpahöhle.

b **Behandlung:** Die frakturierten Zahnteile wurden entfernt, der Zahn konnte erhalten werden, da die Pulpahöhle nicht eröffnet war. Zusätzlich wurde eine Schneidezahnkorrektur durchgeführt, wobei der kaudale Rand der Okklusionsfläche auf 201 noch nicht genügend gekürzt wurde. Slicing zwischen 302 und 303 sowie zwischen 402 und 403.

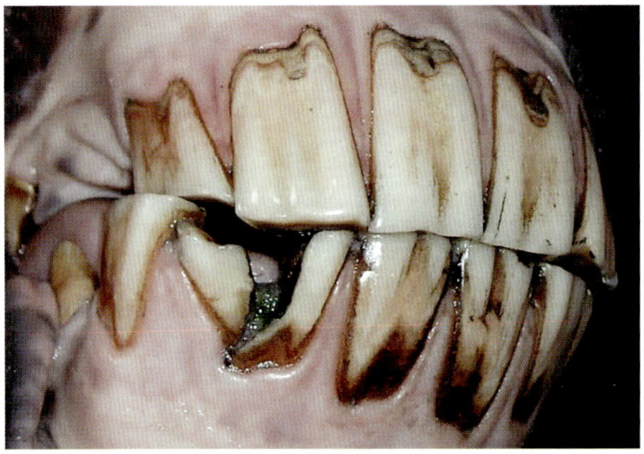

Abb. 3-146 Warmblut, Wallach, 11 Jahre. Mehrere Monate alte Fraktur von 402, der mittig in Längsrichtung gespalten ist. Nachfolgend hat sich 403 deutlich nach kaudal verschoben. Die Pulpahöhle ist eröffnet, auch wenn am Zahnfleisch keine Auffälligkeiten zu erkennen sind. Das eitrige Wurzelsekret konnte durch den breiten Bruchspalt jederzeit abfließen. **Behandlung:** Extraktion von 402 und Druckentlastung der Schneidezähne, sodass wieder eine horizontale Okklusionsfläche entsteht.

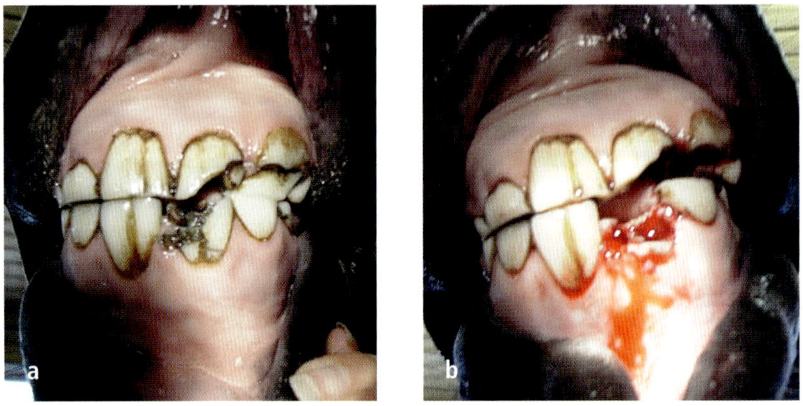

Abb. 3-147 Oldenburger, Wallach, 3,5 Jahre.
a Multiple Probleme: 201 und 301 frakturierte, persistierende Milchzähne. **Behandlung:** Extraktion der Zahnsplitter und der persistierenden Milchzähne.

b Zustand nach Entfernung der frakturierten Anteile und der Milchschneidezähne. Obwohl nur die Fragmente entfernt und keine Pulpenversorgung durchgeführt wurde, konnten sich 201 und 301 normal entwickeln. Nach 5 Jahren konsequenter Zahnbehandlung war von dem Defekt nichts mehr zu sehen.

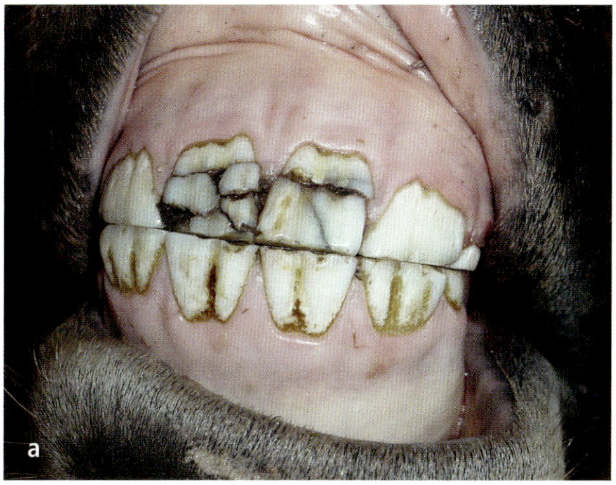

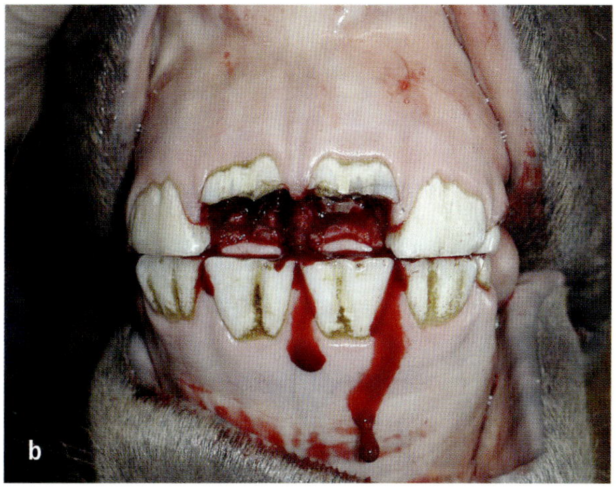

Abb. 3-148 Hessisches Warmblut, Wallach, 4 Jahre.
a Trümmerfrakturen von 101 und 201.

b Wunde nach Entnahme der Zahntrümmer. **Behandlung:** Nach der Entnahme der Fragmente erfolgte eine Versorgung der eröffneten Pulpen wie in den Abbildungen 3-138 a–e, S. 82 beschrieben.

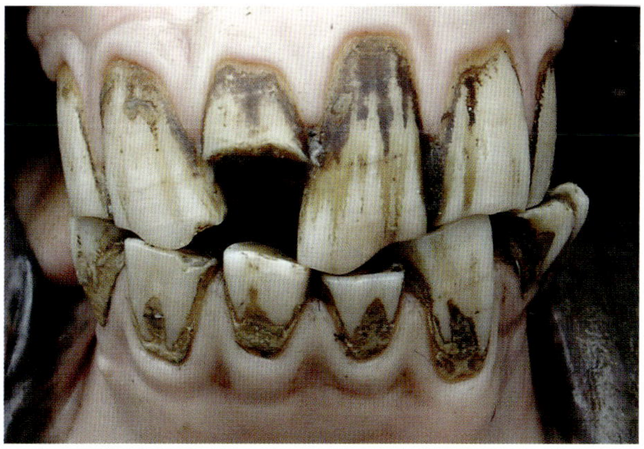

Abb. 3-149 Trakehner, Wallach, 15 Jahre. Treppengebiss. Multiples Trauma im Schneidezahnbereich, 101 horizontal auf Hälfte des sichtbaren Zahnanteils gebrochen. Im Unterkiefer weite Diastasen im 3. und 4. Quadranten, insbesondere zwischen 302 und 303. Durch das lange Bestehen dieser massiven Schädigung haben sich 102 und 201 lateral bzw. medial verschoben und den Rest von 101 so eingekeilt, dass dieser Restzahn nicht weiter aus dem Zahnfach herausgeschoben werden kann. **Behandlung:** Extraktion von 101, sofern die Pulpahöhle eröffnet ist. Bei geschlossener Pulpahöhle kann der Zahnrest verbleiben. Zusätzlich sollte ein deutliches Slicing von 102 und 201 stattfinden und eine horizontale Okklusionsfläche wiederhergestellt werden.

3.3.6 Extraktionen

Schneidezahnextraktionen kommen häufig vor. Diese müssen zum Teil nach traumatischen Verletzungen vorgenommen werden. Auch bei lockeren Zähnen, die durch langzeitige falsche Druckverhältnisse und daraus resultierenden hochgradigen Parodontosen entstanden sind, ist eine Extraktion nötig. Die einfachste Methode ist unter allgemeiner Sedation und lokaler Anästhesie von rostral her die Eröffnung des Zahnfaches und die konstante und stete Lockerung (Mobilisation) bis in den Wurzelbereich. Dann kann mit geeigneter Zange durch leichte Bewegungen der Zahn soweit gelöst werden, dass er entwickelt werden kann. Wenn 303 und 403 betroffen sind, die oft eine druckbedingte Parodontose und Atrophie des Zahnfaches mit daraus resultierender bakterieller Alveolitis aufweisen, muss beachtet werden, dass diese Infektion auf den Hengstzahn übergreifen kann. Daher sollten diese Zähne lieber früher als später gezogen werden. Die Schneidezahnextraktionen können einfach, aber auch sehr kompliziert ablaufen, da durch Frakturen bzw. Fissuren der Zahn in mehrere Teile brechen kann, die einzeln entwickelt werden müssen (s. **Abb. 3-152 a, b**). Sofern Fistelkanäle vorhanden sind, müssen diese ebenfalls komplett entfernt werden (s. **Abb. 3-150 a–d**). Bei Infektionen des Zahnfaches ist zusätzlich eine konsequente Säuberung, Spülung und Kürretage nach den Regeln der allgemeinen Chirurgie durchzuführen. Ob eine Drainage (z. B. mit Jodoformpulver-Tupfer) notwendig ist, muss im Einzelfall entschieden werden (s. **Abb. 3-150 c** und **3-153 b**).

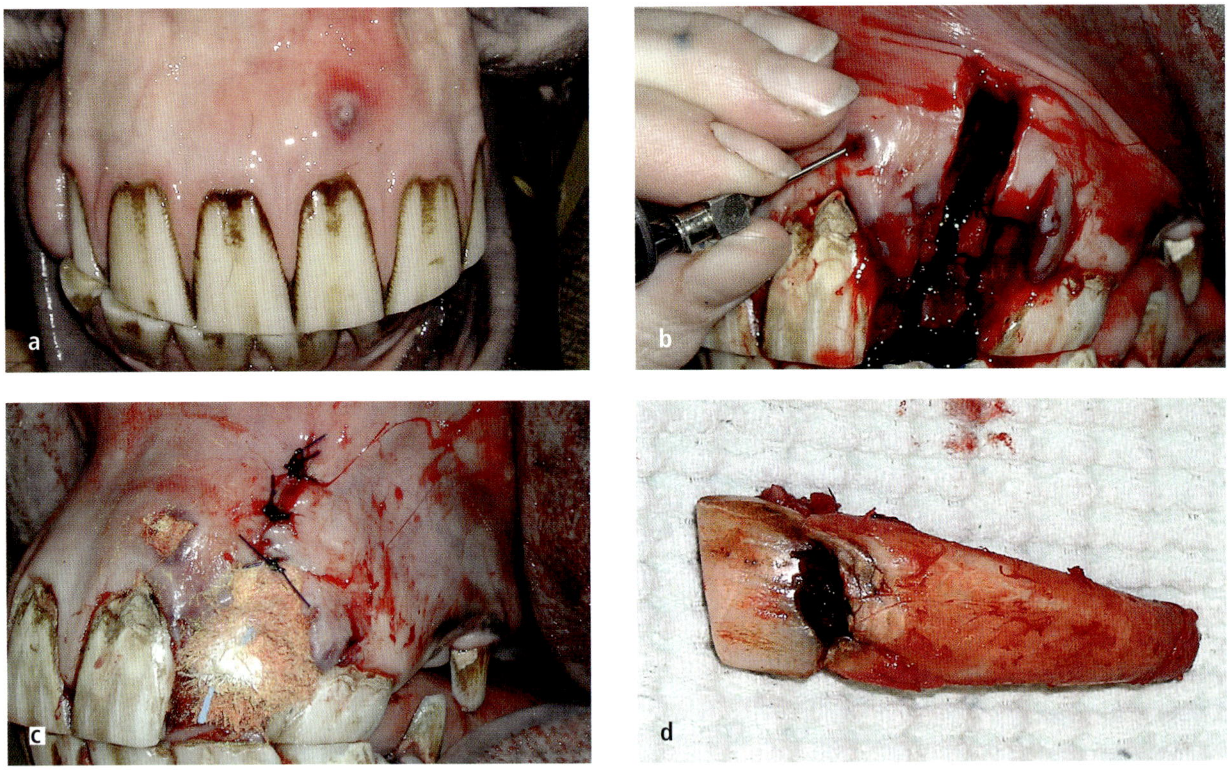

Abb. 3-150 Traber-Mix, Wallach, 7 Jahre.
a Vorbehandeltes Pferd mit deutlicher Schleimhautverfärbung und Fistelkanalausgang über 201, im Röntgenbild und nach Klopftest jedoch eindeutig 202 erkrankt. **Behandlung:** Extraktion des betroffenen Zahnes und Entfernung des Fistelkanals.
b Zustand nach der Extraktion. Zum Nachweis, dass die Fistel tatsächlich zu 202 gehörte, wurde der Fistelkanal einmal mit Kontrastmittel gespült und durch Röntgen kontrolliert.
c Zustand nach Entfernung des Fistelkanals, Wundtamponade mit Jodoformpulver und chirurgischem Verschluss der Schleimhaut über dem erweiterten Zahnfach, soweit dies möglich war.
d Vollständig extrahierter 202. Der Zahn war während der Extraktion gebrochen, da in der ersten Vorbehandlung Guttaperchastifte in den Wurzelkanal eingeführt worden waren, um den Zahn zu erhalten. Guttaperchastifte werden in der Humanzahnmedizin zum Füllen von Wurzelhöhlen verwendet. Sie können antibiotische oder entzündungshemmende Zusätze enthalten, sind jedoch mit einem Durchmesser von unter 1 mm für die Behandlung jüngerer Schneidezähne mit großer Wurzelhöhle ungeeignet.

! Merke: Mit einem silberhaltigen Instrument (Beinscher Hebel, Zahnzange, etc.) kann durch Abklopfen (Klopftest) der Zähne der kranke Zahn oft einfach durch einen dumpferen Klang isoliert werden (vergleichbar einer gesprungenen Porzellantasse, die mit einem Riss dumpfer klingt als unbeschädigt). Silberhaltige Instrumente ergeben ein besser differenzierbares Klangbild als reine Edelstahlwerkzeuge.

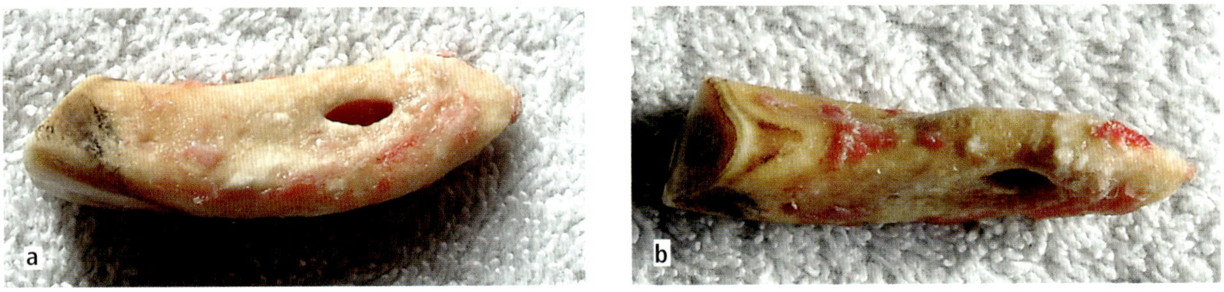

Abb. 3-151 Warmblut, Stute, 22 Jahre.
a Extrahierter Schneidezahn 202 in latero-lateraler Ansicht. Vorbericht: Nach Beseitigung von Zahnstein auf dem Zahnfleisch wurde ein Fistelkanal über 201 sichtbar. Als tatsächlich erkrankter Zahn erwies sich nach Röntgen und Klopftest 202 wie in Abbildung 3-150. **Behandlung:** Extraktion und Entfernung des Fistelkanals.
b Der gleiche Zahn (202) in ventro-dorsaler Ansicht. Der Fistelkanal und die Fistelhöhle sind aus dieser Perspektive deutlich zu erkennen, zusätzlich hat die Fistel eine seitliche Krümmung der Wurzel bewirkt.

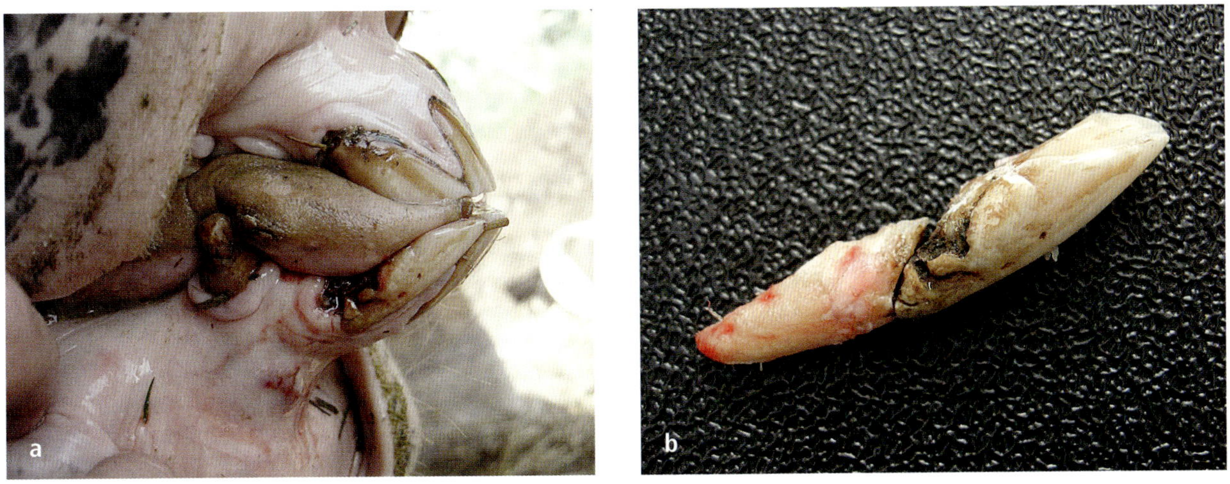

Abb. 3-152 Wielkopolska, Wallach, 18 Jahre.
a Vorbericht: Pferd lässt sich schlecht auftrensen und zeigt auf der rechten Hand eine deutlich schlechtere Rittigkeit. Befund: 403 ist kariös und im Bereich des Überganges zur Schleimhaut bereits lose. Ursache ist eine Fraktur des Zahnes. **Behandlung:** Extraktion des betroffenen Zahnes.
b 403 nach der vollständigen Extraktion. Die Frakturlinie entlang der Karies bzw. Zahnfachentzündung ist deutlich zu erkennen.

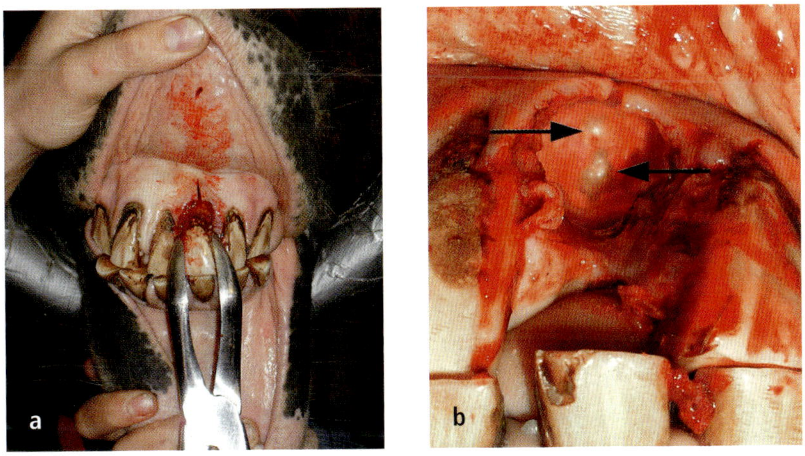

Abb. 3-153 Traber, Wallach, 26 Jahre.
a Vorbericht: „Schmerzgesicht" beim Abbeißen von Möhren. Befund: 201 mit Zahnfach- und Zahnwurzelvereiterung. **Behandlung:** Extraktion von 201. Das Bild zeigt den Zustand nach Sedation, Lokalanästhesie und Zahnfacherweiterung mit Schleimhautschnitt während der Extraktion.
b Nach der Extraktion sichtbare Eiterkanäle (Pfeile), die in den Knochen reichten, wurden kürretiert und nachgebohrt, bis nur noch gesundes Knochengewebe vorhanden war. Danach erfolgte eine Tamponierung mit Jodoformtupfer. Die Heilung verlief komplikationslos.

! Merke: Als „Schmerzgesicht" bezeichnet man die Anspannung der gesamten Gesichtsmuskulatur mit Schürzen der Lippe, verursacht durch Schmerz. Dieser muss nicht von den Zähnen ausgehen, sondern kann auch andere Ursachen haben.

3.3.7 Kieferfrakturen

Kieferfrakturen haben in der Regel traumatische Ursachen. In seltenen Fällen entstehen durch tumoröse Veränderung des Zahnfaches Spontanfrakturen. Meistens liegen als Ursache Trittverletzungen vor, bei denen die Zähne häufig mit dem gesamten Zahnfach nach kaudal verlagert sind. Bei Frakturen durch Scheuen und Losreißen des angebundenen Pferdes sind die Zähne oft nach rostral verlagert. Hier ist eine schnelle Versorgung mittels Drahtcerclagen nötig und möglich. Drahtcerclagen, hier weisen wir auf spezielle chirurgische Literatur hin, sollten mit Abdruckmaterial gepolstert werden, sodass es durch Draht und Knoten nicht zu Verletzungen an Schleimhaut, Lippen oder Zunge kommen kann. Eine stete Wundkontrolle im Wochenabstand ist genauso nötig wie eine Analgesie (Schmerzlinderung) und eine knochengängige Antibiose. In aller Regel ist die Fraktur nach ca. 6 Wochen ausgeheilt. Bei der Reposition sollte sehr viel Wert darauf gelegt werden, dass die normale Funktion weitgehend wiederhergestellt wird. Dies erweist sich in vielen Fällen als äußerst schwierig, da Kleinstfragmente zum Teil fehlen. Es ist essentiell eine sehr gründliche Wundreinigung mit geeigneten Desinfektionsmitteln durchzuführen, um den Einschluss von bereits eingetretenen Futterpartikeln zu verhindern. Im Falle der Versorgung eines juvenilen Kiefers mit Milchzahngebiss kann die Verlegung des Drahtes durch Einkerbung in die Schneidezähne eine Polsterung mit Abdruckmaterial überflüssig machen (s. **Abb. 3-155 b–d**).

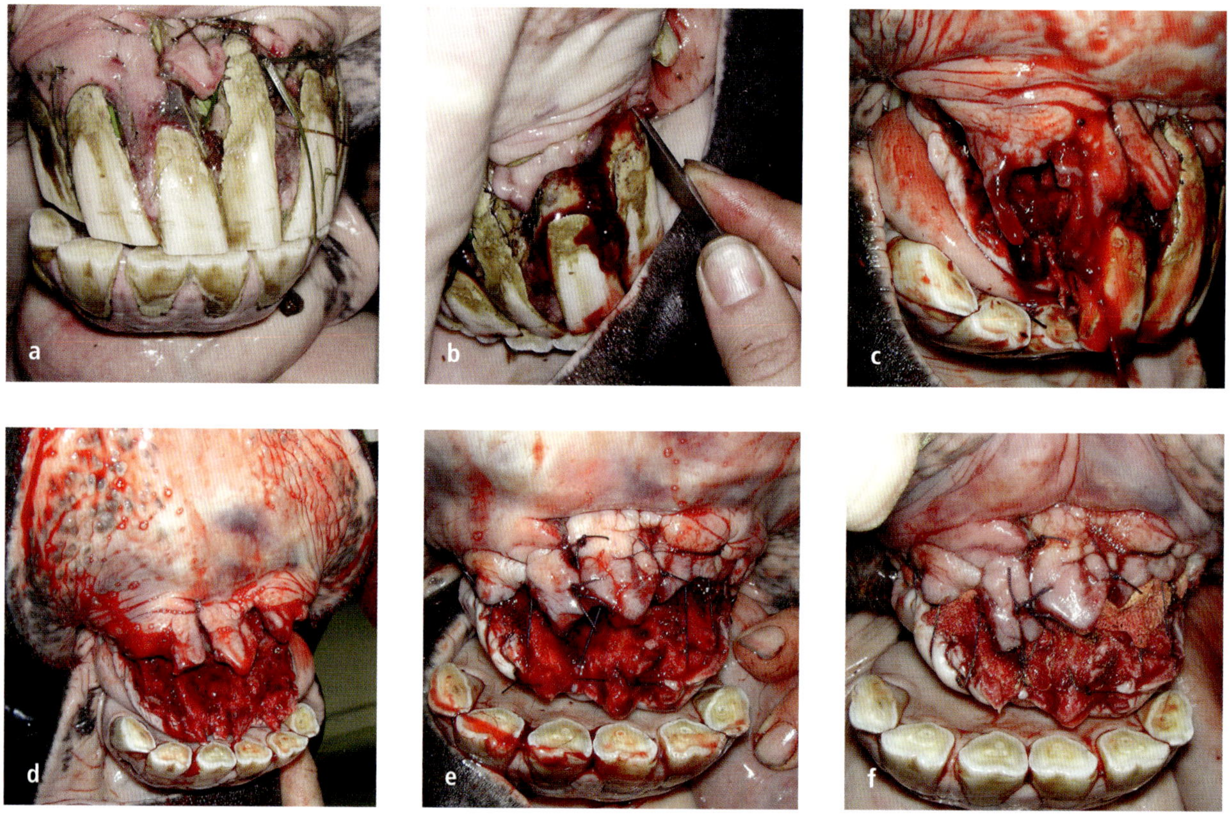

Abb. 3-154 Schweres Warmblut, Stute, 23 Jahre.
a Fraktur des Oberkiefers kurz proximal der Schneidezahnwurzeln. Der gesamte Oberkieferschneidezahnbereich lässt sich nach dorsal wegklappen. **Behandlung:** Eine Stabilisierung des altersbedingt recht porösen Knochens ist schlecht möglich, deshalb komplette Extraktion aller Oberkieferschneidezähne.
b Zahnfacherweiterung von 203 und 202 mittels eines schmalen, geraden Meißels.
c Zustand nach Extraktion der Zähne des 1. Quadranten.
d Zustand nach vollständiger Extraktion der Oberkieferschneidezähne. Blauverfärbung an der Oberlippe durch die stark gesetzte Lokalanästhesie mit insgesamt 22 ml Lidocain. Die Blauverfäbung entsteht durch ein venöses, unter der Schleimhaut liegendes (submuköses) Hämatom.
e Behandlung: Anlegen von Fäden als „Hilfszügel", um nach Restbeseitigung des palatinalen Anteils der knöchernen Zahnfächer zwischen den Schneidezähnen eine Annäherung des Gaumens an die ehemals dorsalen Schleimhautwände der Oberkieferschneidezähne zu ermöglichen.
f Endzustand nach der Extraktion mit Wundabdeckung und Austamponierung mit Jodoformtupfern und Naht von Schleimhautteilen, soweit möglich.

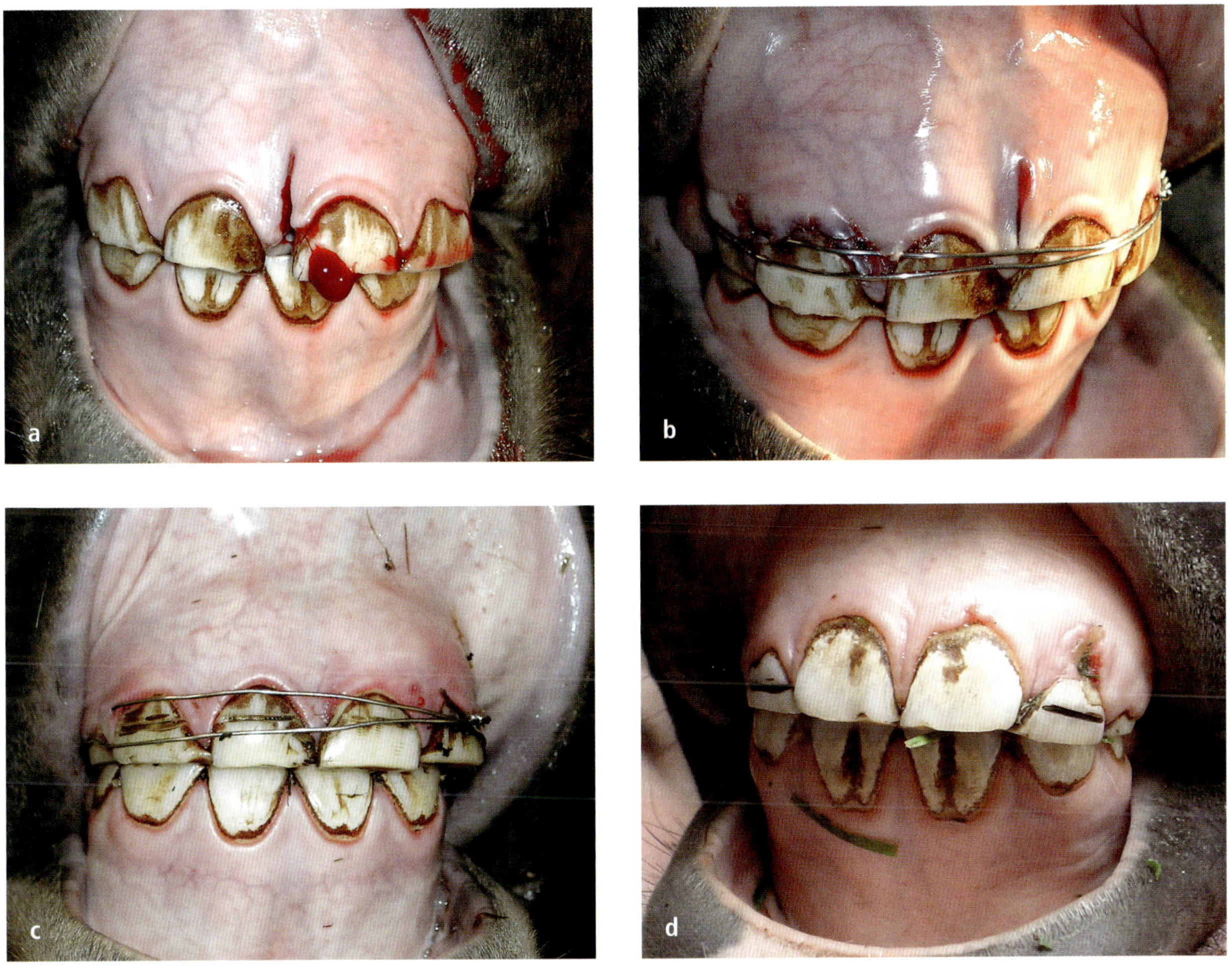

Abb. 3-155 Reitpony, Stute, 2 Jahre.
a Fraktur des Oberkiefers im 2. Quadranten mit Dislokation von 601 und 602 nach frontal. **Behandlung:** Reposition und Drahtcerclage.
b Zustand nach Reposition und Drahtcerclage. Da es sich noch um ein komplettes Milchzahngebiss handelte, konnte die Drahtcerclage nach Fräsen einer Rinne in die Schneidezähne hineingelegt werden. Dadurch konnte auf eine zusätzliche Abdeckung zur Lippe hin verzichtet werden. Da 503 und 603 unbeschädigt waren, konnte die Cerclage um diese Zähne mit Druck verspannt werden, sodass hier eine fast vollständige Reposition möglich war.
c 6 Wochen später. Die Drahtcerclage konnte entfernt werden.
d 1 Jahr später. Die Rinnen der Drahtcerclage auf 502 und 602 sind noch zu erkennen. Inzwischen ist bei 101 und 201 der Zahnwechsel erfolgt, hier liegt keine Schädigung mehr vor. Ein geringer Vorbiss, der jedoch schon vor dem Kieferbruch vorhanden war, ist erhalten geblieben.

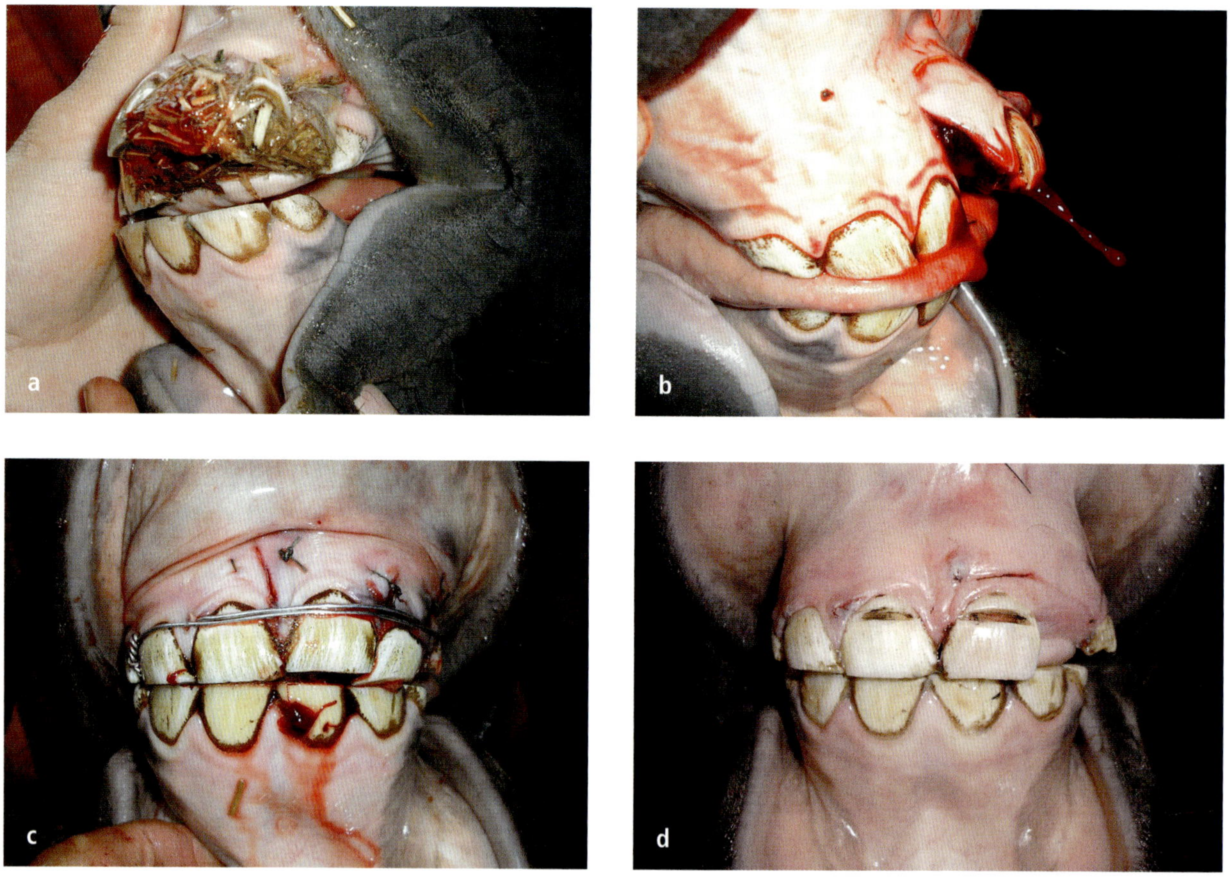

Abb. 3-156 Warmblut, Hengst, 2 Jahre.
a Kieferfraktur nach Zerstörung der Futterkrippe in der Box. Originalzustand der mit Futterresten verklebten Frakturwunde, keine genauere Diagnose möglich.
b Nach Säuberung, Desinfektion und Spülung ist der Frakturspalt zwischen 501 und 601 deutlich zu erkennen. 601 wurde aus dem Zahnfach nach frontal herausgehebelt, 602 noch deutlicher disloziert (s. a. Abb. 6-5 a, S. 146). **Behandlung:** Reposition und Drahtcerclage. Druckentlastung durch Kürzung von 701 und 702.
c Zustand nach Anlegen der Drahtcerclage, wobei hier 601 und 602 deutlich beweglich sind. 602 konnte komplett aus dem Zahnfach entfernt werden und wurde reimplantiert. Der Erhalt war jedoch nicht möglich, weshalb der Zahn 3 Wochen später extrahiert wurde. Durch eine Kürzung 701 und 702 wurde versucht, die erkrankten Zähne der Kaubelastung zu entziehen (s. a. Abb. 6-5 b, S. 146).
d 8 Wochen später, nach Entfernung der Drahtcerclage. Inwieweit die bleibenden Zähne sich normal entwickeln, sollte halbjährlich durch Röntgen kontrolliert werden.

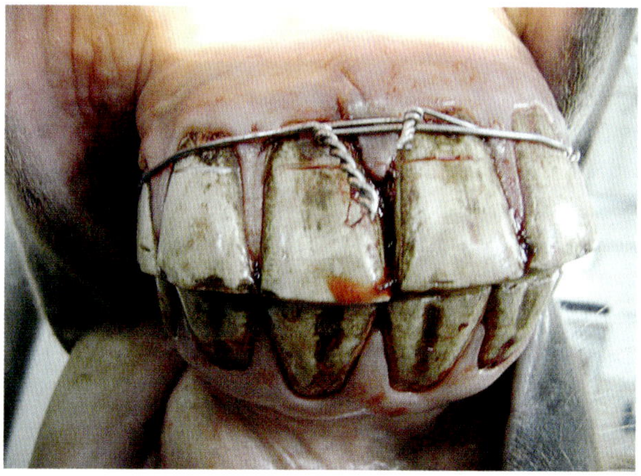

Abb. 3-157 Hannoveraner, Wallach, 11 Jahre. Frische Symphysenfraktur zwischen 101 und 201. Die Drahtcerclage wurde mit Zahnabdruckmaterial umformt, um die Oberlippenschleimhaut vor Verletzungen zu schützen.

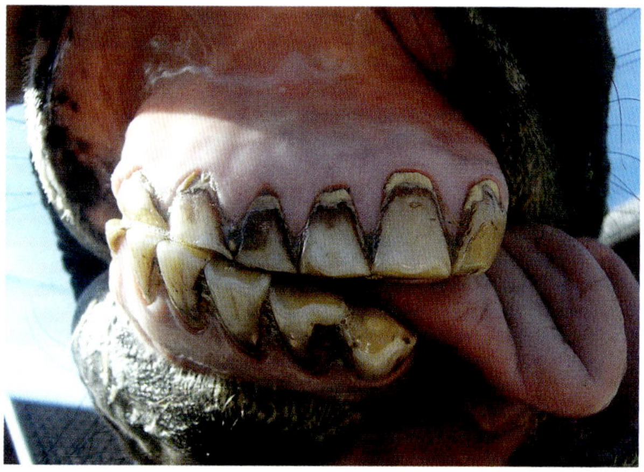

Abb. 3-158 Hannoveraner, Wallach, 22 Jahre. Alte Unterkieferfraktur, die nie versorgt worden ist.

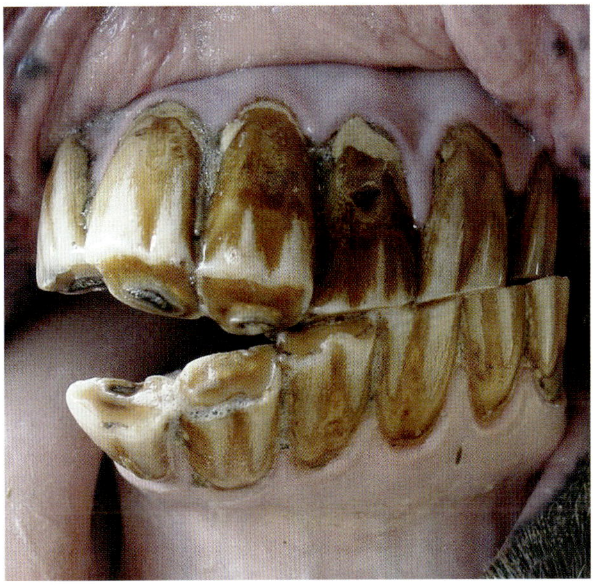

Abb. 3-159 Fjordpferd, Wallach, 26 Jahre. Vorgeschichte: Der Kieferbruch ist vermutlich 7 Jahre zuvor eingetreten als das Pferd auf der Koppel Auseinandersetzungen mit 2 Junghengsten hatte. Es zeigte damals Anorexie und wurde eine Woche auf Kolik behandelt. Trotz der unentdeckten Kieferfraktur wurde es im professionellen Fahrsport eingesetzt.

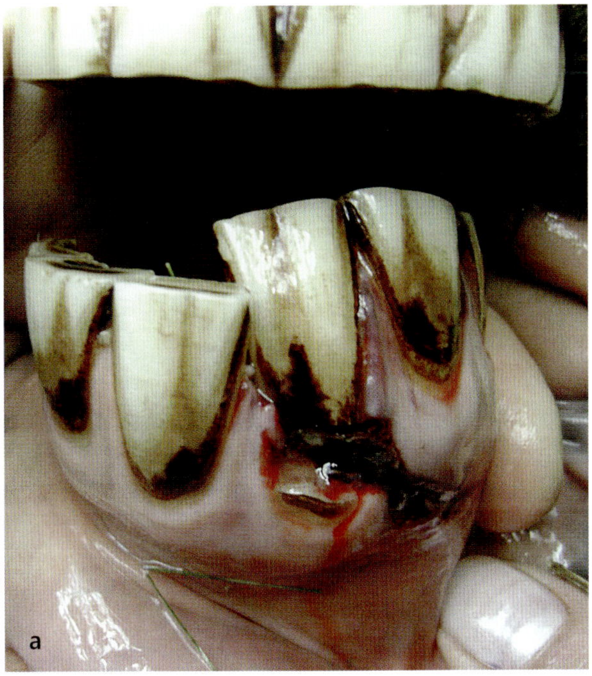

a

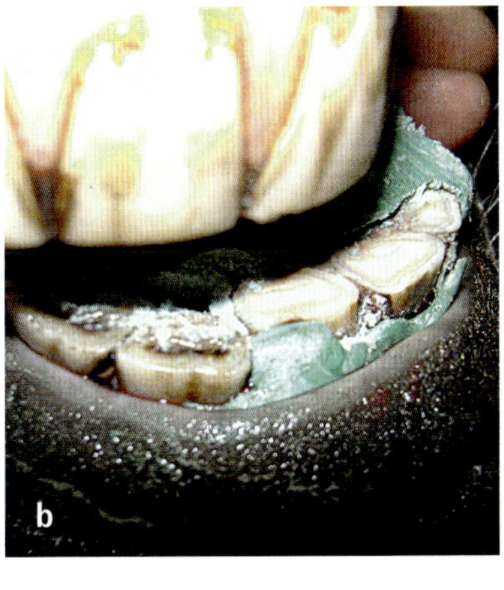

b

Abb. 3-160 Shetlandpony, Hengst, 10 Jahre.
a Einen Tag alte, traumatisch (durch einen Tritt) bedingte Kieferfraktur im 3. Quadranten.
b Zustand nach **Behandlung:** Im kaudalen Bereich wurde vor der Behandlung mittels Abdruckmasse eine der natürlichen Arkadenform angepasste Form ausgearbeitet, welche dann im lingualen Bereich auf der gesamten Länge durchbohrt wurde. Nach Aushärtung wurde die Cerclage zur Fixierung zwischen 401/402 befestigt, danach durch die vorgebohrte Abdruckmasse geführt und schließlich zwischen 302 und 303 mittels einer Schleife für zusätzlichen Halt fixiert. Die Vergurtung erfolgte im rostralen Bereich. Um eine Verletzung der Lippen zu vermeiden, wurden die Drahtenden zusätzlich mit Abdruckmasse verkappt. Da eine vollständige Reposition nicht mehr möglich war, wurden die über Arkadenniveau stehenden Okklusionsflächen der Schneidezähne auf das Niveau der Schneidezähne des 4. Quadranten gekürzt. Die Nachkontrollen erfolgten im Abstand von 2 Wochen. Nach 6 Wochen war die Stabilität im 3. Quadranten wiederhergestellt.

4 Diastema

Das Diastema ist der Raum zwischen den Schneide- und Backenzähnen, der rostral durch die kaudalen Flächen von 103 bis 403 begrenzt wird. Die kaudale Grenze bilden die rostralen Flächen von 106 bis 406. Dorsal stellt der Gaumen die Begrenzung dar, ventral die Zungenspitze und der Unterzungenboden.

Im Diastema befinden sich die Hengst- und Wolfszähne. Die Hengstzähne werden in Kapitel 4.1, S. 94, behandelt. Da auch im Hengstzahnbereich eine Mehrzahnigkeit vorkommt, ist hier ein Kapitel über Poliodontie eingefügt (s. Kap. 4.1.1, S. 98, **Abb. 4-16/17**). Weitere Hengstzahnerkrankungen werden in den **Abbildungen 4-1** bis **4-15** gezeigt. Die Wolfszähne (s. Kap. 4.3, S. 103) in ihren unterschiedlichsten Ausprägungsformen und Lokalisationen werden in den **Abbildungen 4-33** bis **4-45** abgebildet. Im Unterkieferbereich, wo das Trensengebiss aufliegt, wird das Diastema Lade genannt (s. Kap. 4.2, S. 99). Der zahnfreie Raum des Diastemas und dessen zahnunabhängige Erkrankungen werden im Kapitel 4.2.1, S. 102, erläutert. Dabei liegt ein besonderes Augenmerk auf den traumatischen Verletzungen, die durch das Gebiss hervorgerufen werden. Immer wieder kommt es im Bereich der Lade zu Quetschungen oder Schwellungen und ulzerösen Veränderungen der Schleimhaut, die auch durch Gummigebisse hervorgerufen werden können (s. **Abb. 4-27** bis **4-32**). Der Maulwinkel ist in die Untersuchung ebenfalls einzubeziehen. Hier sind oft Spuren unsachgemäßer Zügeleinwirkung zu erkennen, was von einfachen Quetschungen bis zu tiefen Geweberissen reichen kann. Auch Melanome sind hier nicht selten. Häufig auftretende Exostosen im Bereich der Unterkieferlade (Knochenfalz vor dem 6er) sind ebenfalls auf unpassende Gebisse zurückzuführen (s. **Abb. 4-18** bis **4-26**).

4.1 Hengstzahn

Hengstzähne sind als Kampfzahn bei den männlichen Tieren physiologisch immer vorhanden. Ca. 20 Prozent der weiblichen Tiere weisen ebenfalls Hengstzähne auf. Somit kann von einer pathologischen Oligodontie von Hengstzähnen nicht ausgegangen werden. Hengstzähne können sowohl durch die Schleimhaut durchtreten als auch versteckt vorkommen (blinde Hengstzähne, s. **Abb. 4-3/4** und **4-4 a, b**). Blinde Hengstzähne sind oft störend, da sich in diesem Raum das Trensengebiss bewegt. Wenn blinde Hengstzähne palpotorisch schmerzhaft sind, müssen sie bei männlichen Tieren von der Schleimhautkappe befreit werden. Bei weiblichen Tieren kann eine Extraktion erwogen werden (s. **Abb. 4-4 a, b**). Wenn die Extraktion von Hengstzähnen notwendig wird, ist dies häufig ein schwieriger chirurgischer Eingriff, da Hengstzähne meist eine sehr lange Wurzel aufweisen.

! Merke:
Ein Hengstzahn ist wie ein Eisberg, nur ca. 1/6 bis 1/7 ragt über die „Wasseroberfläche“ des Schleimhautniveaus.

Lageveränderungen kommen in rostro-kaudaler (s. **Abb. 4-5 a, b**) und latero-medialer Richtung vor, wodurch eine Blockade der Kaubewegung verursacht werden kann. Auch überlange Hengstzähne, die bis in die Schleimhaut des gegenüberliegenden Kiefers reichen können (s. **Abb. 4-6**), behindern gegebenenfalls die Kaubewegung. Nach traumatischen Ereignissen während der Zahnentstehung kann ein einzelner Hengstzahn auch seine Wachstumsrichtung ändern (s. **Abb. 4-10 a, b**). Als weitere Veränderungen sind der Befall mit Zahnstein, Zahnfrakturen und Schmelzhypoplasien zu beobachten (s. **Abb. 4-13** und **4-14**).

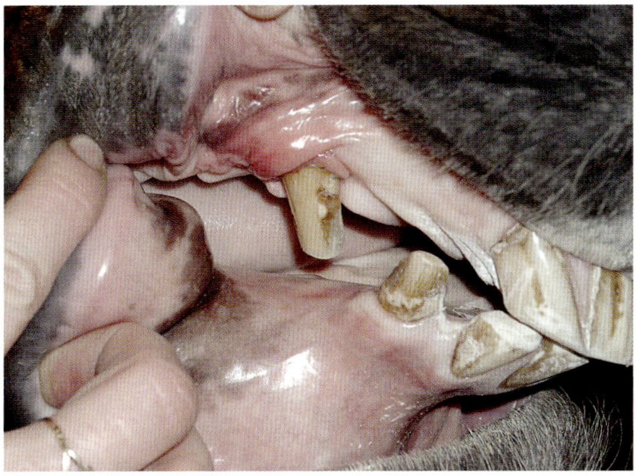

Abb. 4-1 Warmblut, Wallach, 12 Jahre. Schleimhautrötung bei 104, Richtung kaudal Schwellung und Verdickung sichtbar. 404 deutlich weiter rostral gelegen, stumpfkegelig, hier weder Schleimhautveränderung im Oberkiefer noch an der Lippe zu erkennen. **Behandlung:** 104 ist zu kürzen, da das Trensengebiss dort augenscheinlich Quetschungen verursacht. Weiterhin sollte das Gebiss in Lage und Ausführung kontrolliert werden.

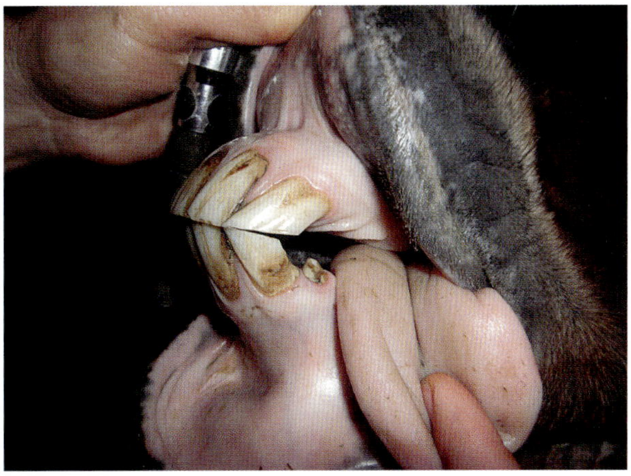

Abb. 4-2 Warmblut, Stute, 8 Jahre. Bei Stuten vorhandene Hengstzähne sind deutlich kleiner ausgeprägt. Hier ist nur 304 im Unterkiefer vorhanden, im Oberkiefer ist 204 weder sicht- noch tastbar. Zahnstein im Schneidezahnbereich, im Oberkiefer geringgradig, im Unterkiefer mittelgradig, an 304 geringgradig, aber bis in die Schleimhaut reichend. **Behandlung:** Eine Zahnsteinentfernung ist bei diesem Pferd sinnvoll, sonst ist keine weitere Behandlung nötig.

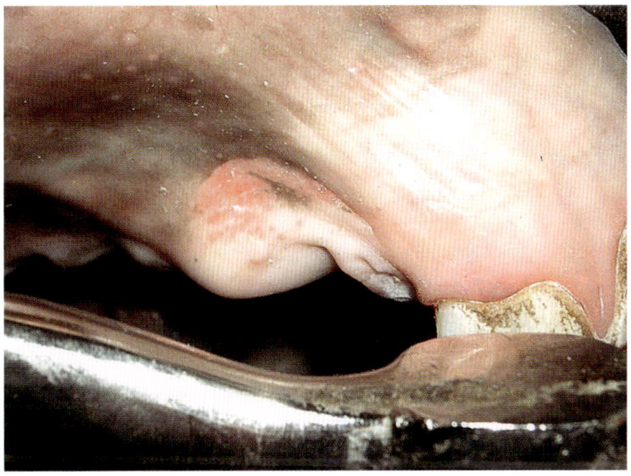

Abb. 4-3 Quarter-Horse, Hengst, 5 Jahre. Blinder 104 unter der Schleimhaut mit Schleimhautrötungen lateral. **Behandlung:** Die Schleimhautkappe über dem blinden Hengstzahn muss entfernt werden.

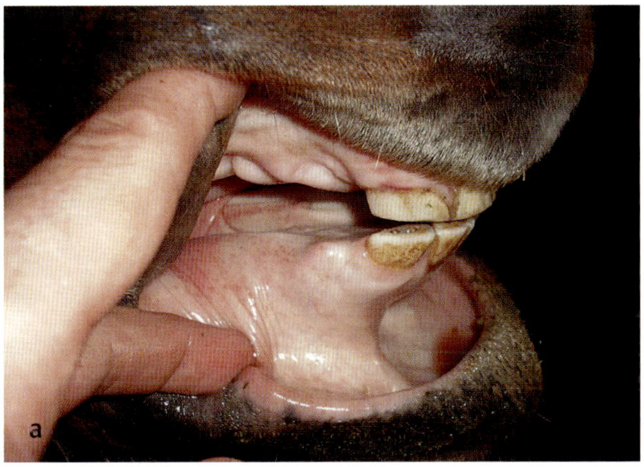

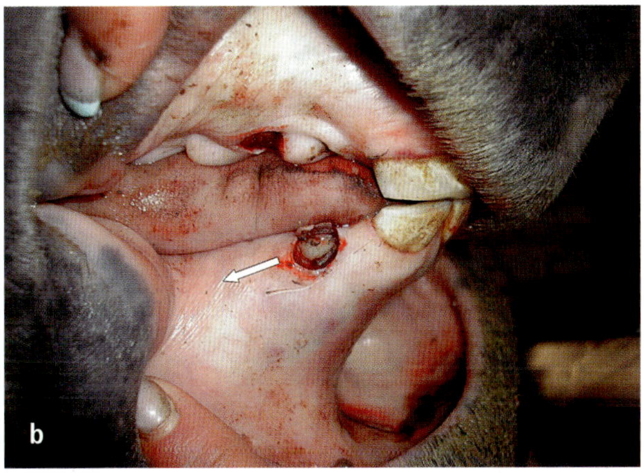

Abb. 4-4 Araber, Stute, 5 Jahre.
a Gleicher Befund wie in Abbildung 4-3. Auch hier ist eine kleine Rötung vorhanden, die Maulspalte ist sehr eng, 104 und 404 sind gut tastbar und sehr berührungsempfindlich.

b Zustand nach ringförmiger Eröffnung der Schleimhaut, 104 minimal tastbar, 404 deutlich groß und in kaudo-ventraler Richtung verlaufend (Pfeil).

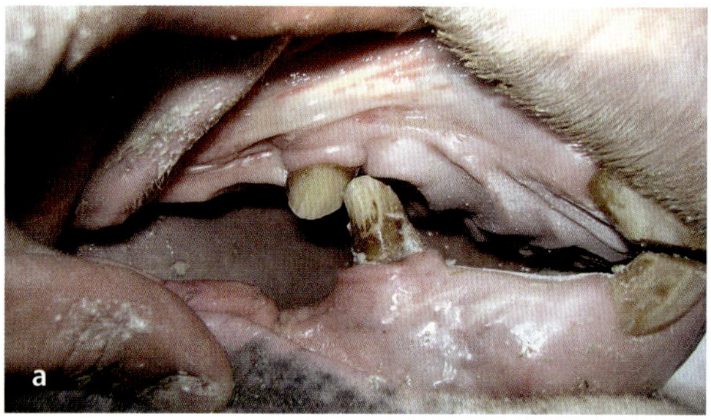

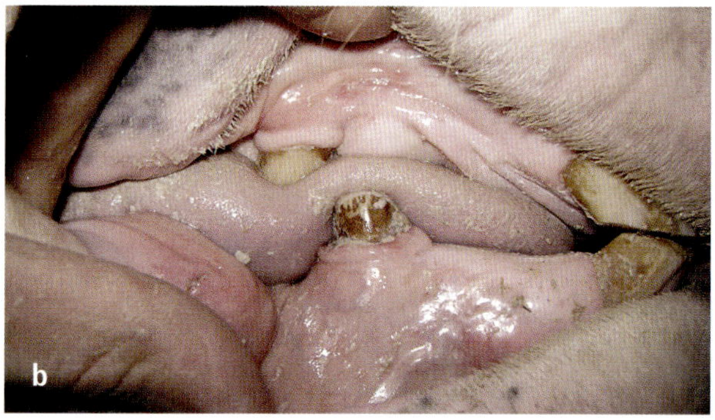

Abb. 4-5 Hessisches Warmblut, Wallach, 16 Jahre.
a Sich überkreuzende Hengstzähne 104 und 404 sind sowohl ein latero-laterales als auch ein rostro-kaudales Bewegungshindernis. **Behandlung:** Beide Hengstzähne müssen deutlich gekürzt werden.
b Zustand nach der Behandlung.

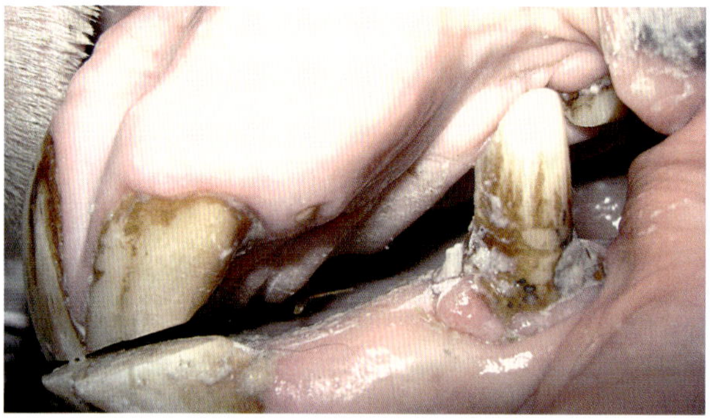

Abb. 4-6 Hessisches Warmblut, Wallach, 15 Jahre. Hochgradiges Längenwachstum des Hengstzahnes. **Behandlung:** Eine Kürzung ist obligat, um Verletzungen der Zunge zu vermeiden und eine Lateralbewegung zu ermöglichen.

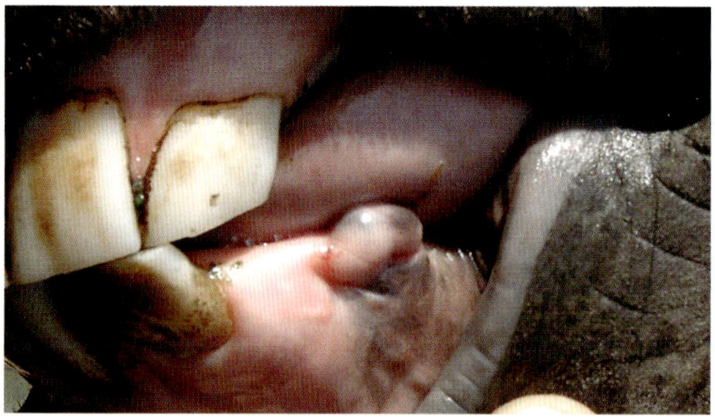

Abb. 4-7 Araber, Wallach, 6 Jahre. Vorbericht: gelegentliche Blutungen aus dem Maul. 303 ist phänotypisch nicht vorhanden, ein Hengstzahn oder Schleimhautwulst jedoch erkennbar. Auf dem Röntgenbild zeigte sich ein verkümmerter Hengstzahn. **Behandlung:** Da diese Partie unempfindlich war und auch keine Rittigkeitsprobleme vorlagen, wurde nicht eingegriffen.

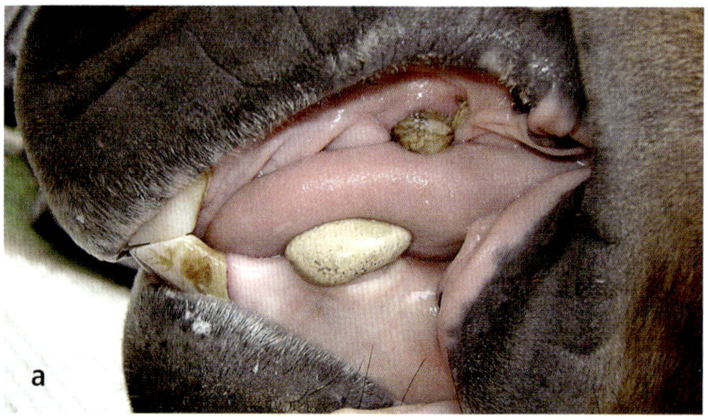

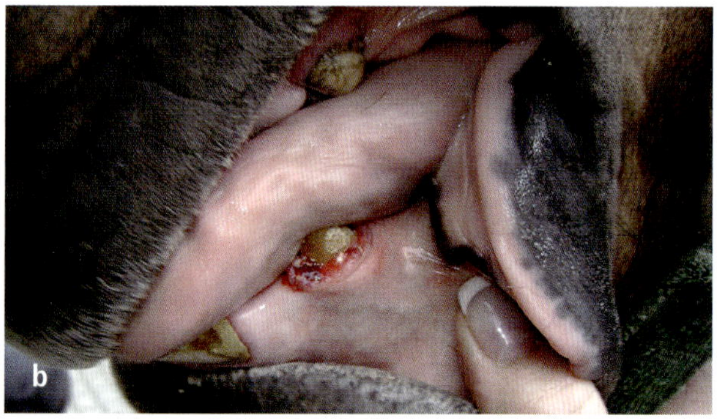

Abb. 4-8 Pura Raza Espanola, Wallach, 5 Jahre.
a Hochgradige Zahnsteinbildung auf dem Hengstzahn, für ein junges Pferd sehr ungewöhnlich. Die Erklärung könnte in der mangelnden Okklusion liegen. Das Pferd wurde, seit es 2 Jahre alt war, maschinell im Backenzahnbereich bearbeitet. Laut Vorbericht wurde ein extremes Wellengebiss mit 3 Jahren komplett ausgeglichen (Milchbackenzahnwechsel!). Die Folge dieses übermäßigen Raspelns (engl. Overfloating) war eine ca. 20-prozentige Okklusion. **Behandlung:** Nach Anpassung der Okklusion auf 100 Prozent reduzierte sich die Zahnsteinbildung fast vollständig!

! Merke: Während des Backenzahnwechsels ist die Herstellung einer 100-prozentigen Okklusion ein Kunstfehler. Abweichungen in der Zahnhöhe von bis zu 1 cm können in dieser Phase physiologisch sein. Das Lebensalter der Zähne wird bei einem zu frühen Ausgleich vorzeitig um bis zu 3 Jahre verkürzt, da von einem Zahnwachstum von bis zu 3 mm pro Jahr ausgegangen werden kann.

b Nach der Entfernung des Zahnsteines wird der Hengstzahn (304) erst sichtbar.

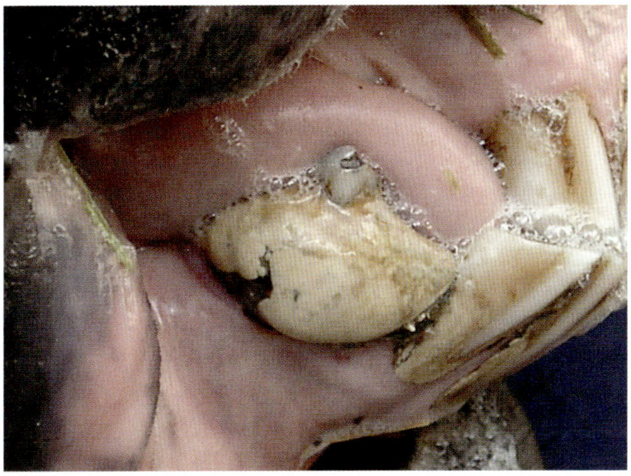

Abb. 4-9 Haflinger, Wallach, 17 Jahre. 404 ist fast vollständig mit Zahnstein überwuchert. An der Spitze liegt ein Schmelzdefekt vor. Deutliche Rötung der Schleimhaut am Übergang zwischen Zahnstein und lingualer Schleimhautseite. **Behandlung:** Entfernung des Zahnsteines mit sorgfältiger Desinfektion und Kürettage des umliegenden Schleimhautgewebes.

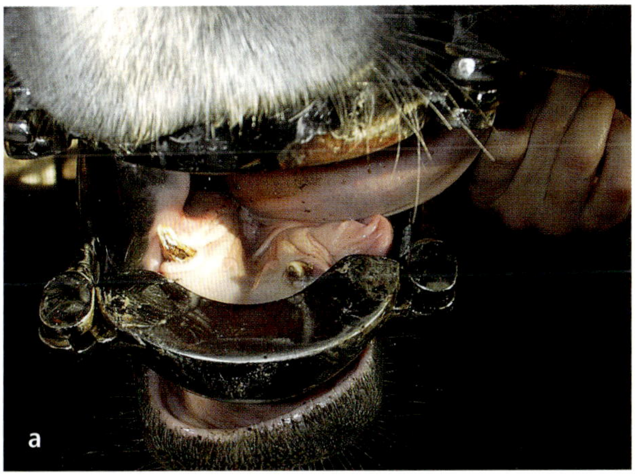

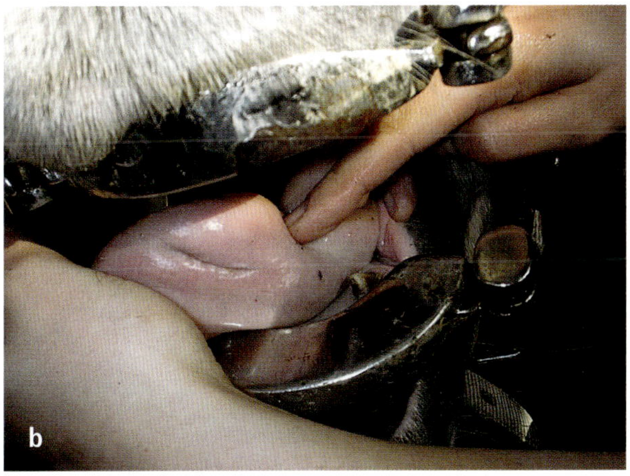

Abb. 4-10 Reitpony, Hengst, 7 Jahre.
a Fehlstellung des 3. und 4. Quadranten nach einem alten Kieferbruch. Beim Zusammenwachsen ist der 3. Quadrant medial verkippt, wodurch 304 in Richtung Zunge disloziert ist.

b Deutlich zu erkennende Einkerbung der Zunge durch den dislozierten Hengstzahn. **Behandlung:** Eine Kürzung auf Schleimhautniveau ist möglich, eine Extraktion auf Dauer sinnvoller.

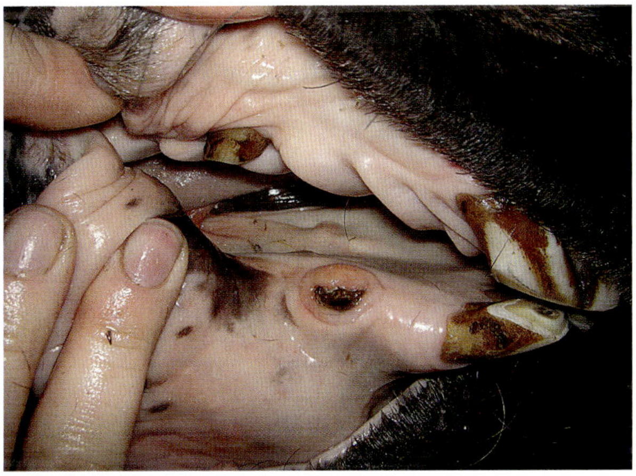

Abb. 4-11 Tinker, Wallach, 13 Jahre. 404 ist abgebrochen und ein Zahnrest an der Schleimhautoberfläche mit Rötung und Vernarbung sichtbar. **Behandlung:** Da das Pferd einseitige Rittigkeitsprobleme zeigte, wurde der Zahnrest extrahiert.

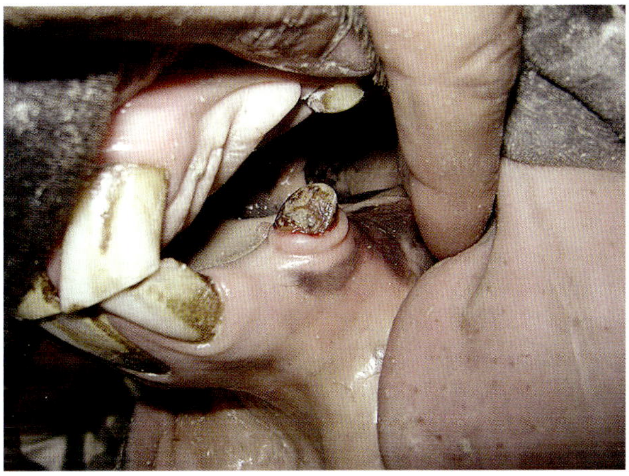

Abb. 4-12 Araber-Mix, Wallach, 16 Jahre. Frakturierter 304. **Behandlung:** Weil der Zahn schon dunkel verfärbt und die Pulpa ca. 3 cm tief sondierbar war, wurde er extrahiert.

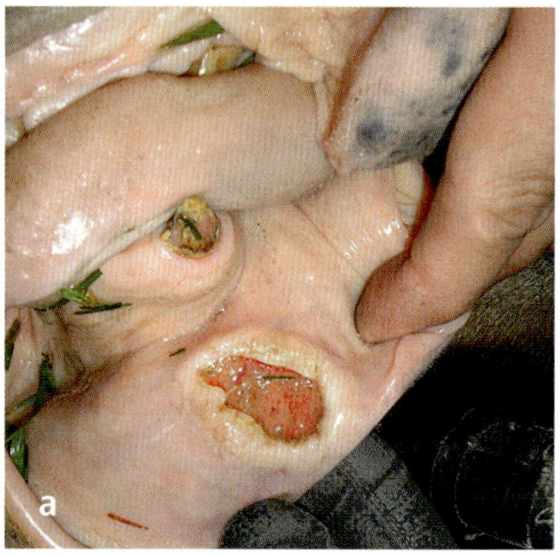

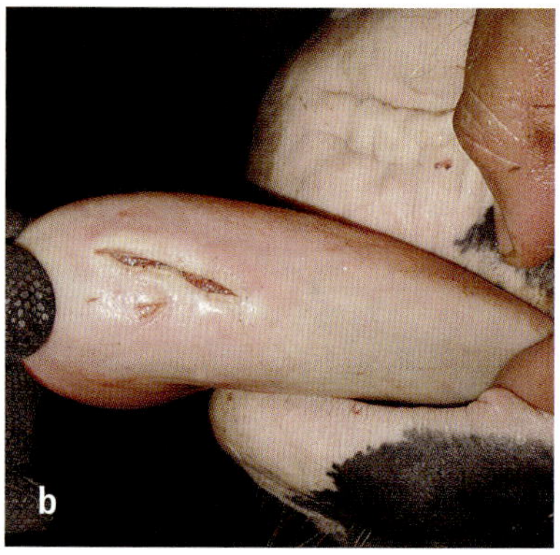

Abb. 4-13 Lewitzer, Wallach, 12 Jahre. **a** Atrophierter, extrem scharfer und druckempfindlicher Hengstzahn mit Schmelzhypoplasie, der ein hochgradiges Ulkus in der Unterlippe lateral des Hengstzahnes verursachte. Dieses Pferd war ohne Sedation nicht untersuchbar. **Behandlung:** Extraktion des Hengstzahnes, Kürettage und Wundauffrischung des Ulkus. **b** Der Hengstzahn hatte zusätzlich die hier sichtbare Zungenverletzung verursacht.

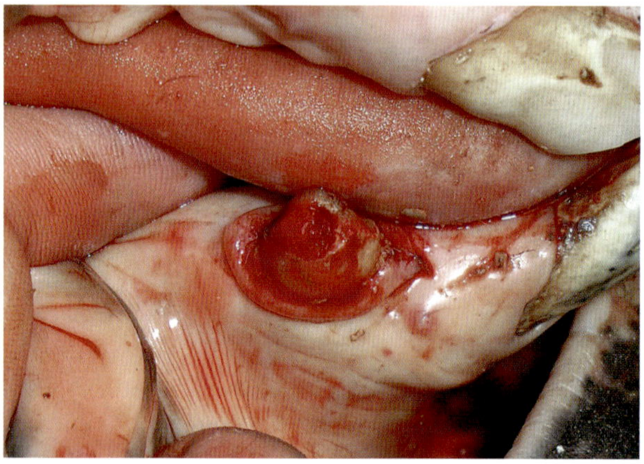

Abb. 4-14 Quarter-Horse, Wallach, 12 Jahre. Blutende Pulpa nach Zahnsteinentfernung. Hier liegt eine Schmelzhypoplasie oder Hengstzahnatrophie vor, da unter dem Zahnstein keinerlei reguläre Zahnsubstanz erkennbar ist. **Behandlung:** Pulpenverschluss mit Havardzement® oder Extraktion.

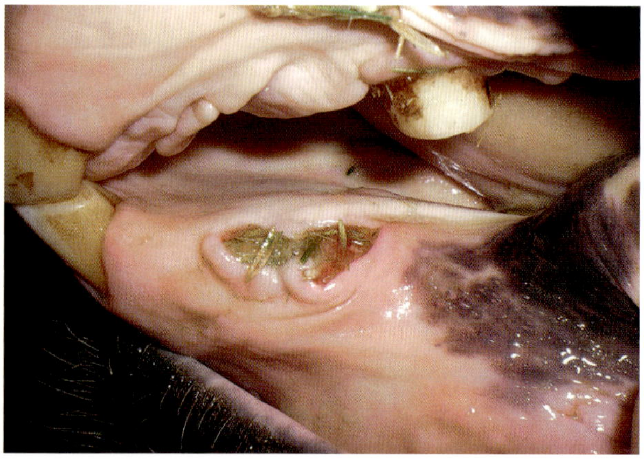

Abb. 4-15 Warmblut, Wallach, 11 Jahre. 304 nicht sichtbar, jedoch zwei mit Futter bedeckte Schleimhautulzera an der Stelle, wo 304 sitzen würde. Es lagen dort mehrere Zahnteile und die Zahnwurzel unter der Schleimhaut verborgen. Die Zahnteile waren teilweise spitz, sodass die Belastung durch das Gebiss beim Reiten Ulzera verursachte. **Behandlung:** Eine Extraktion der Zahnreste war unumgänglich.

4.1.1 Polyodontie

Auch im Hengstzahnbereich ist eine Überzahl möglich, wobei in **Abbildung 4-16** eine um 90 Grad veränderte zweite Anlage von 304 vorhanden ist, während in der **Abbildung 4-17** die physiologische Lage des Hengstzahnes in doppelter Ausführung zu sehen ist. Ob hier eine echte Polyodontie vorliegt oder ein Milch-Hengstzahn die Zahndopplung verursacht, ist nicht bekannt. Bis dato sind juvenile Hengstzahnvorläufer nicht beschrieben. Polyodontie kann in diesem Bereich zu zusätzlichen Problemen führen. Dazu zählen: 1. Interferenz mit dem Antagonisten (s. **Abb. 4-16**), 2. vermehrte Zahnsteinbildung (s. a. **Abb. 4-16**) und 3. häufigere Zahnfacherkrankungen im Interdentalspalt (s. **Abb. 4-17**).

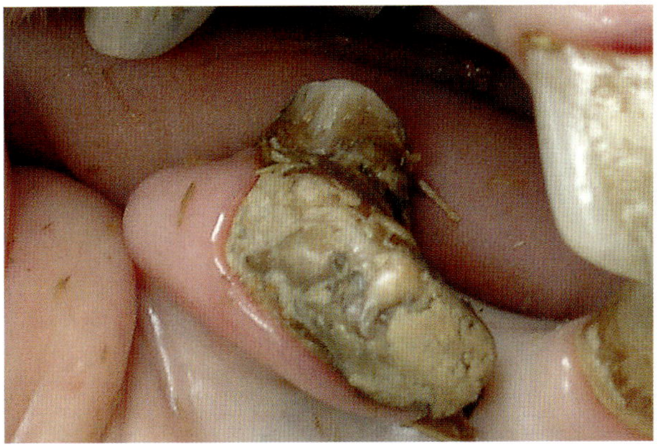

Abb. 4-16 Warmblut-Pura-Raza-Espanola-Mix, Wallach, 9 Jahre. Doppelanlage von 304, in vertikaler Richtung physiologisch, in horizontaler Richtung zusätzlich, vollständig mit Zahnstein überzogen. **Behandlung:** Die Teilzahnanlage wurde extrahiert.

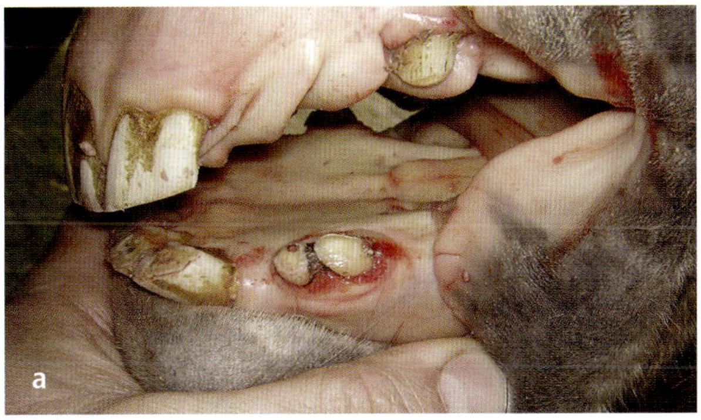

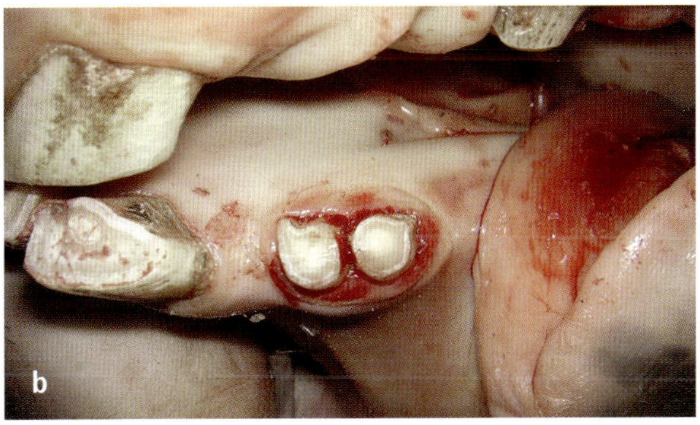

Abb. 4-17 Araber, Wallach, 9 Jahre.
a Doppelter Hengstzahn. Mögliches Indiz für das Vorhandensein von juvenilen Hengstzähnen, demnach 704. Ob hier eine echte Polyodontie oder eine Pseudopolyodontie vorlag, war nicht zu differenzieren.
b Okklusale Ansicht. **Behandlung:** Eine Extraktion kann in diesem Fall unterbleiben, da die Situation sich nicht störend auf die Zahngesundheit auswirkt.

4.2 Lade

Die häufig negative Einwirkung der Reiter- oder Fahrerhand auf die Lade, jenen Unterkieferbereich des Diastemas, wo das Trensengebiss aufliegt, wird hier schrittweise an Skelettpräparaten aufgezeigt (s. **Abb. 4-18** bis **4-22**). Je nach Handeinwirkung kann es von Schleimhautquetschungen über offene Schleimhautrisse bis zu Knochenveränderungen kommen (s. **Abb. 4-27**). Eine Verformung des Ladengrates bringt eine massive Knochenhautentzündung mit sich und kann bis zum Bruch von Leistteilen führen. Dieser Vorgang hat immer Schmerzen zur Folge. Betroffene Pferde sind ohne chirurgische Behandlung nicht mehr mit Gebiss reitbar. Die entsprechenden Schleimhautveränderungen in Form von Schwellungen, Quetschungen und zum Teil ulzerösen Prozessen werden oft als Zufallsbefunde bei Untersuchungen der Maulhöhle entdeckt (s. **Abb. 4-23** bis **4-26**). Wesentlich seltener sind solche Einwirkungen des Gebisses am Oberkiefer zu beobachten. Gelegentlich finden sich unter der Schleimhaut eingekapselte Futterteile, die durch Einspießung während des Fressens dorthin gelangt sind. Diese sind jedoch im Foto nicht darstellbar.

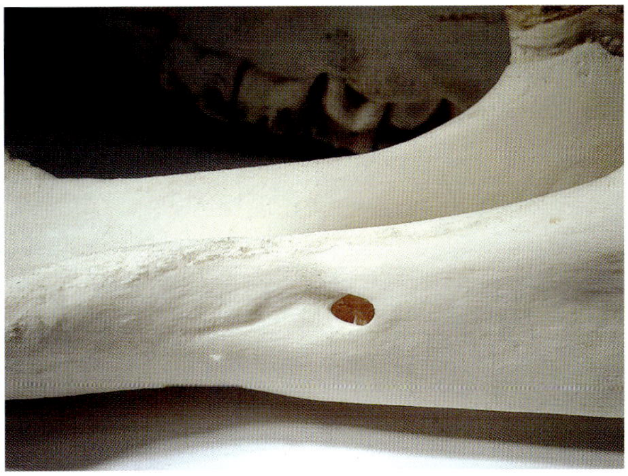

Abb. 4-18 Warmblut, Hengst, Jährling. Der Unterkieferknochen ist rund und es ist kein Knochenleist erkennbar.

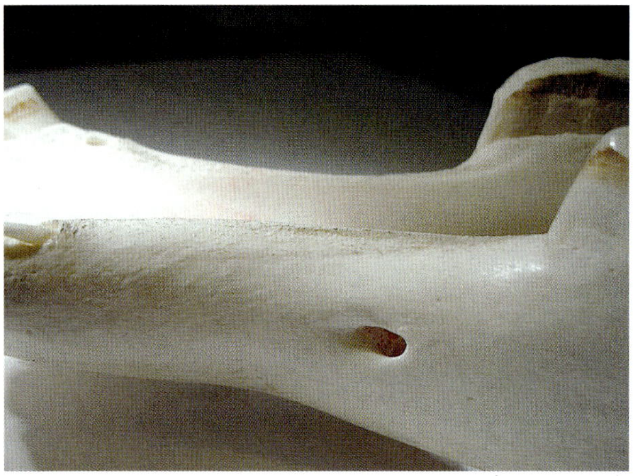

Abb. 4-19 Warmblut, Stute, 3 Jahre. An der linken Unterkieferseite der Lade im Lagebereich des Gebisses befindet sich ein deutlicher Knochenleist, 1–2 mm hoch und scharfkantig. Dieses Pferd ist noch nicht geritten worden.

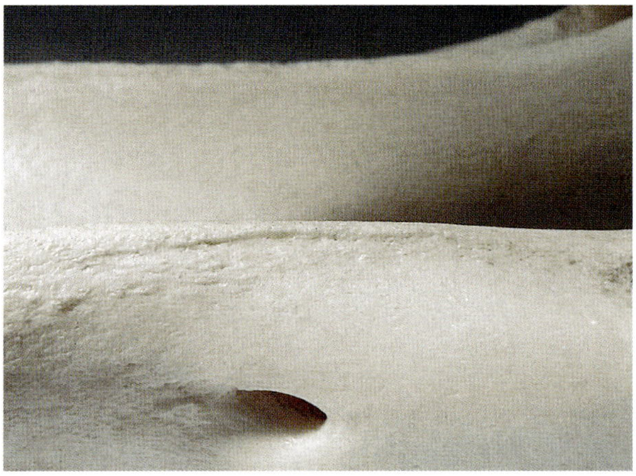

Abb. 4-20 Warmblut, Wallach, 4 Jahre. Detailaufnahme einer beginnenden Verdickung/Verbreiterung der Ladenleiste. Das Pferd war 1,5 Jahre lang unter Beritt.

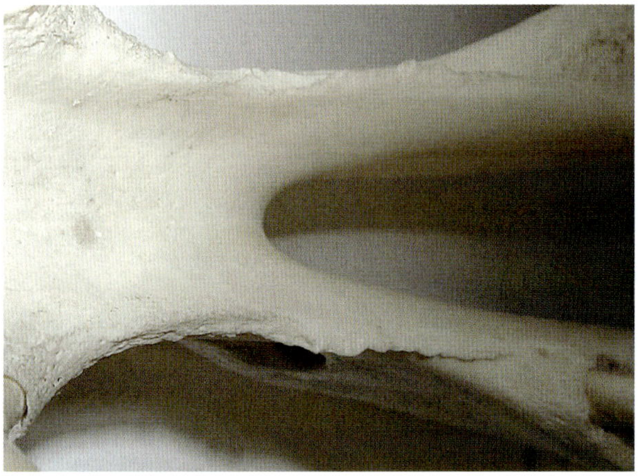

Abb. 4-21 Warmblut, Stute, 8 Jahre.
a Der Knochenleist der Lade ist deutlich verbreitert und teilweise nach außen verkippt.
b Lade von oben.

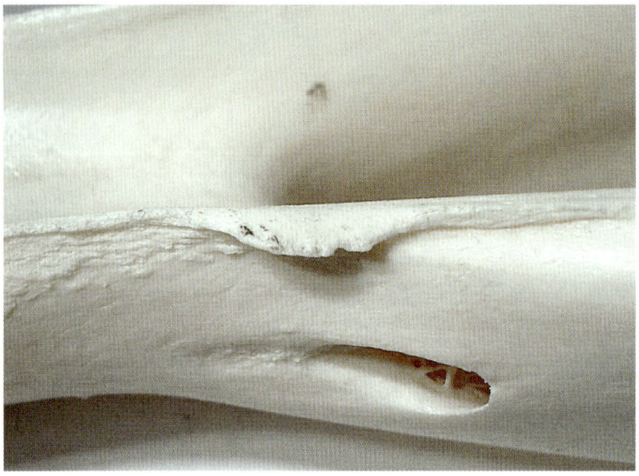

Abb. 4-22 Warmblut, Stute, 20 Jahre. 306 fehlt, das Gebiss hatte dadurch mehr Spiel. Die Einwirkung auf die Lade ist deutlich zu erkennen, die Verbreiterung des Knochenleistes in Lage des Trensengebisses beträgt hier etwas mehr als 5 mm an der weitesten Stelle, die Gefahr der Absplitterung war sehr groß.

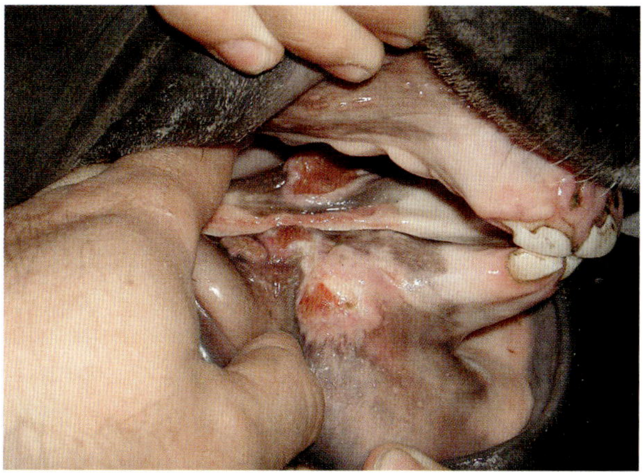

Abb. 4-23 Vollblut, Stute, 2 Jahre, nach der 2. Galopparbeit ihres Lebens. Vorbericht: Vorgestellt wegen Unwilligkeit, das Gebiss anzunehmen. Linke Unterkieferseite mit tief ulzerierender Quetsch-/Rissverletzung, rechts gering- bis mittelgradige Quetsch-/Rissverletzungen durch das Gebiss. An der rechten Unterkieferlade ist darüber hinaus eine kaudal der ersten gelegene, ältere Verletzung mit beginnender Vernarbung zu erkennen. **Behandlung:** Überprüfung des Gebisses und mindestens 2 Wochen Gebissverbot, um die Schleimhaut abheilen zu lassen, Spülung mit Chlorhexidinlösung zur Desinfektion und Granulationsförderung.

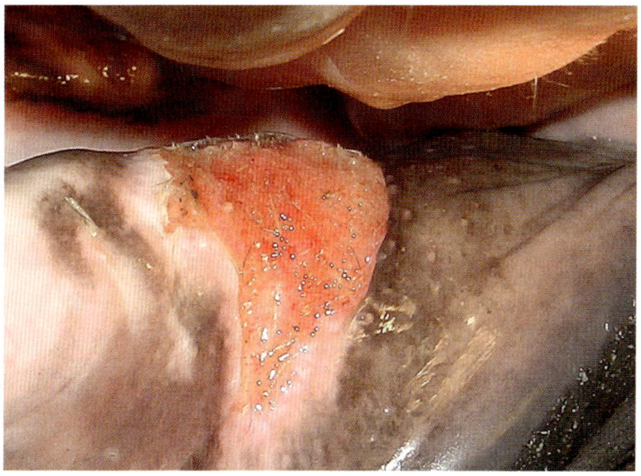

Abb. 4-24 Englisches Vollblut, Hengst, 2 Jahre. Quetschwunde der Lade mit beginnender Granulation, teilweise noch geringe Blutungen, durch Futtermittel verunreinigt.

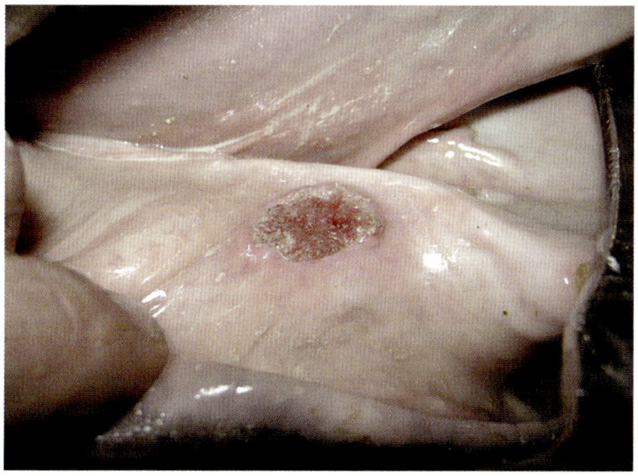

Abb. 4-25 Fjordpferd, Wallach, 15 Jahre. Ulzerative Schleimhautverletzung im Ladenbereich. Eine Biopsie zeigte einen chronisch-ulzerativen Entzündungsprozess. Bei Überprüfung des Gummigebisses wurde eine Kante gefunden, welche genau zu dieser Verletzung passte.

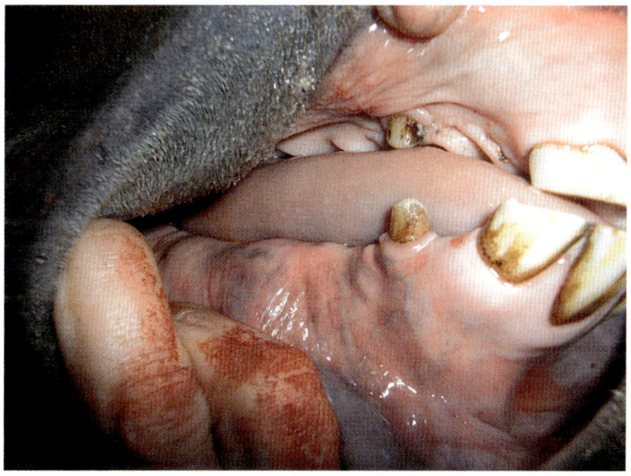

Abb. 4-26 Holländisches Warmblut, Wallach, 6 Jahre, Fahrpferd. Leichter Vorbiss mit hochgradiger Schwellung der Lade und Schleimhautquetschungen mit lila-bläulicher Verfärbung im rechten Unterkiefer. Die Ladenquetschung ist als hochgradig (durch submuköses Hämatom und deutliche Schwellungen gekennzeichnet) einzustufen. Mögliche Ursache für Veränderungen, wie sie in den Abbildungen 4-21 a, b und 22, S. 100 zu sehen sind. Ursächlich handelt es sich um einen schlechten Sitz des Gebisses oder Handfehler, die dann durch dauerhafte Reizung die Knochenveränderung bedingen.

4.2.1 Schleimhautverletzungen und Ulzera

Bei den Verletzungen der Schleimhaut steht die Gewebszerreissung im Vordergrund, die sowohl als offene Verletzung bei Eröffnung der Schleimhaut vorkommt (s. **Abb. 4-27 a, b**) als auch als gedeckte Verletzung bei unversehrter Schleimhautoberfläche (s. **Abb. 4-26**). Bei Geschwüren (Ulzera) steht indes der Gewebsabbau mit oft gleichzeitigen proliferativen Reparaturbemühungen des Körpers im Blickpunkt (s. **Abb. 4-24**). Verletzungen und Ulzera in der Maulhöhle werden nach ihrer Genese in nichtinfektiös und infektiös eingeteilt. Von den Zähnen ausgehende Probleme überwiegen bei den nichtinfektiösen Ursachen, gefolgt von traumatischen Auslösern wie unsachgemäßer reiterlicher Einwirkung, Fremdkörper und Kieferfrakturen. Selten sind auch neoplastisch bedingte Veränderungen wie in **Abbildung 4-31** zu finden. Bei den infektiösen Ursachen finden sich häufiger Aphten als Folge von virusbedingten Schleimhautentzündungen (Stomatitiden). Seltener trifft man bakteriell bedingte Abszesse oder Phlegmonen an. Durch Pilze und Parasiten verursachte Schleimhautulzera wurden innerhalb des vorliegenden Patientenaufkommens nicht beobachtet, sie werden jedoch bei Baker und Esley (2003) erwähnt.

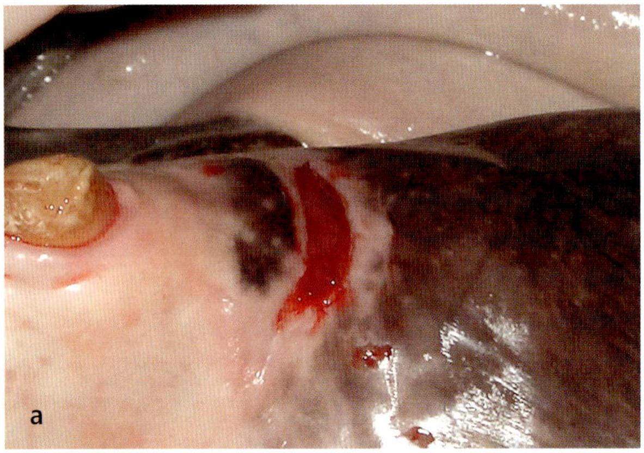

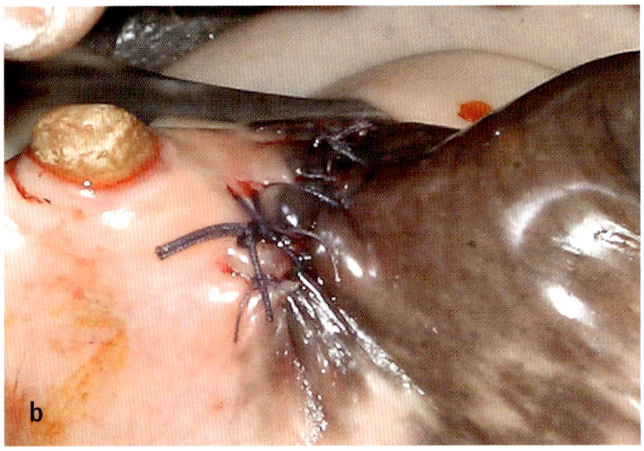

Abb. 4-27 Westfälisches Warmblut, Wallach, 8 Jahre.
a Rissverletzung nach Springtraining. 1. **Behandlungsschritt:** Das Bild zeigt die Wunde nach Säuberung und Lokalbetäubung.

b 2. Behandlungsschritt: Zustand nach chirurgischer Versorgung der tiefen Rissverletzung. Obwohl die Wunde bereits ca. 6 Stunden alt war, verlief die Heilung ohne Komplikationen.

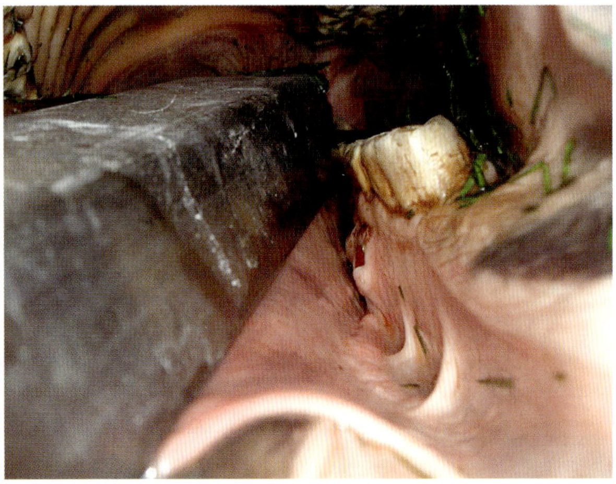

Abb. 4-28 Holsteiner, Stute, 11 Jahre. Erst mit Zungenfernhalter sichtbare Verletzung der Schleimhaut in Höhe von 307. Senkrecht in die Schleimhaut gehende Wundtasche, vermutlich durch einen Stock o. ä. verursacht.

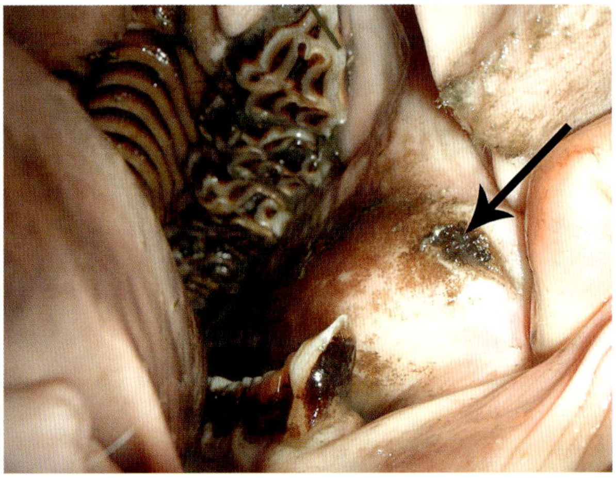

Abb. 4-29 Paint-Horse, Stute, 14 Jahre. Chronisch-narbige ulzerierende Wangenverletzung (Pfeil), verursacht durch Haken auf 306.

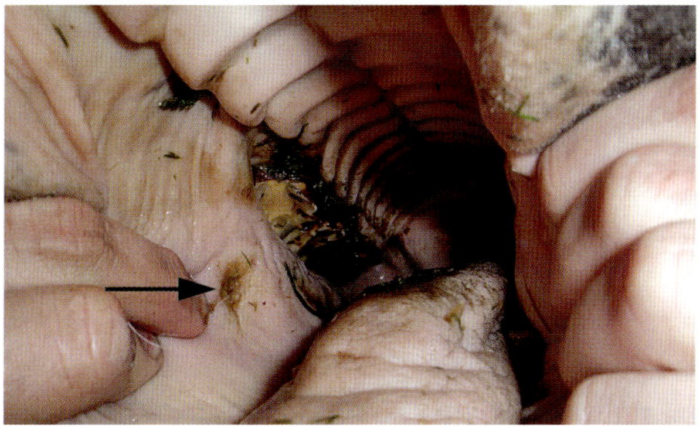

Abb. 4-30 Shagya Araber, Stute, 25 Jahre. Ulzeröse Wangenverletzung (Pfeil) durch starke Kantenbildung auf 106.

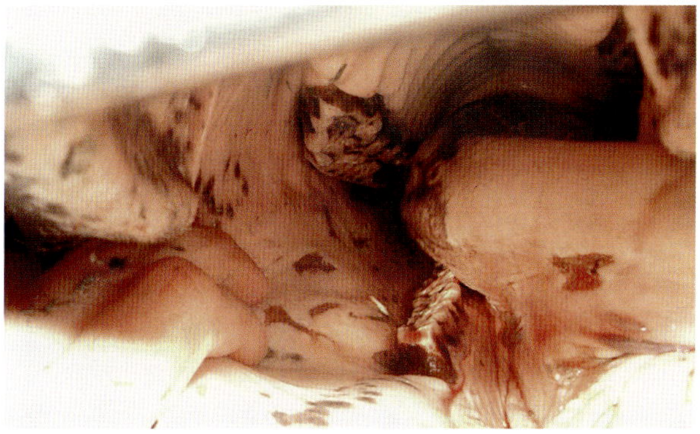

Abb. 4-31 Kaltblut-Mix, Wallach, 20 Jahre. Multiple Erosionen und Ulzera in der gesamten Maulschleimhaut bei einem Pferd mit fußballgroßer Sarkoidose am Penis.

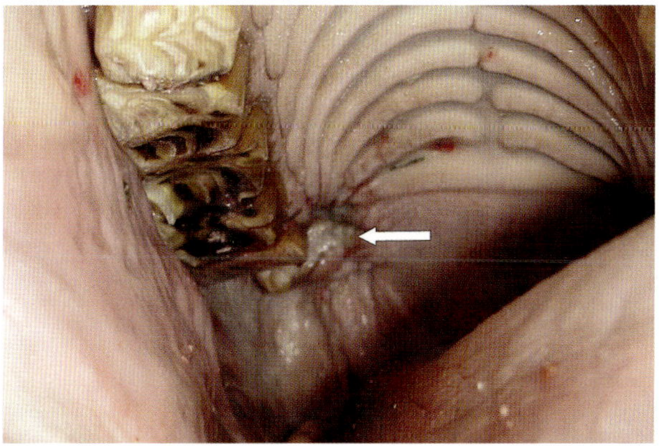

Abb. 4-32 Oldenburger, Wallach, 27 Jahre. Hochgradige Ulzera (Pfeil), hervorgerufen durch einen mehrere Zentimeter großen Haken auf 411.

4.3 Wolfszahn

Der Wolfszahn (Dens lupus) ist vergleichend anatomisch der P1, in der vorliegenden Nomenklatur 105 bis 805, und ist ein Relikt eines siebten Backenzahnes ohne Mahlfunktion. Er kommt rasseabhängig bei bis zu 50 Prozent der Population vor. Wolfszähne findet man sowohl im Oberkiefer als auch im Unterkiefer. Die Größen und Formen variieren dabei erheblich (s. **Abb. 4-33**). Je nach Lage des Zahnkeims kann der Wolfszahn lateral, rostral (s. **Abb. 4-34**) oder medial (s. **Abb. 4-35**) liegen. Palatinal gelegene Wolfszähne sind wegen ihrer Nähe zur Arteria palatina mit besonderer Vorsicht zu entfernen. Sie können ein- oder mehrwurzelig sein (s. **Abb. 4-39**), als Stiftzahn (meist im Unterkiefer, s. **Abb. 4-42 b**) oder caninusartig (s. **Abb. 4-44 b**) auftreten. Eine Doppelanlage (s. **Abb. 4-45 a, b**) ist ebenfalls möglich. Auch verkümmerte Zahnanlagen lediglich in Form eines Knochenleistes unter der Schleimhaut sind nicht selten. Für das Training eines Pferdes am problematischsten dürften die so genannten blinden Wolfszähne (s. **Abb. 4-41 a**) sein, die nicht durch die Schleimhaut brechen. Bei diesen meist sehr kleinen Zähnen drückt das Trensengebiss die Schleimhaut schmerzhaft gegen den darunter liegenden Zahn. Wolfszähne kommen auch als Milchwolfszähne vor, sodass eine Extraktion beim 6 Monate alten Pferd keine Garantie dafür ist, dass bei Ausbildungsbeginn keine Wolfszähne vorhanden sind. Es empfiehlt sich aus praktischen Gründen ohnehin, Wolfszähne im Alter von ca. 2 oder 3 Jahren zu ziehen, weil erst dann die 6er als Widerlager für die chirurgischen Instrumente (z. B. für den Beinschen Hebel) dienen können. Die Extraktion der Wolfszähne sollte unbedingt vor Trainingsbeginn erfolgen, um eine negative Erfahrung des jungen Pferdes durch schmerzhafte Gebisseinwirkung auf die Wolfszähne zu vermeiden.

Merke:
Sofern ein Pferd mit Gebiss geritten wird, sind die Wolfszähne zu entfernen, um dem Tier Schmerzen zu ersparen („Nur ein gezogener Wolfszahn ist ein guter Wolfszahn." – Zitat Tilman Simon/Isa Herold). Wenn das Trensengebiss einen kompletten Backenzahn (6er) berührt, wird auch bei kräftigerer Zügeleinwirkung keine Lageveränderung des Zahnes vorkommen. Bei einem kurzwurzeligen Wolfszahn kommt es nicht nur zur Quetschung der Schleimhaut zwischen 5er und 6er, der Zug führt auch zu einer kurzfristigen, schmerzhaften Lageveränderung des Zahnes. Dies kann so weit gehen, dass die reaktive, nicht eitrige Wurzelentzündung zu einem Granulom führt, sodass die Wurzel dicker als die Zahnkrone wird. Dieser Prozess ist schmerzlos nicht vorstellbar. Sofern der Wolfszahn unter der Schleimhaut (blind) liegt, ist bei jeder Berührung mit dem Trensengebiss eine schmerzhafte Schleimhautirritation die Folge. Bei Zuchtstuten, die nicht geritten werden, und Pferden, die ausschließlich gebisslos gearbeitet werden, kann die Extraktion entfallen. Sind während des Zahnwechsels der 6er Milchzahnkappen vorhanden, ist unbedingt erst der Wolfszahn zu extrahieren und danach die Milchzahnkappen zu entfernen, da sonst das Widerlager zur Lockerung der Wolfszähne fehlt.

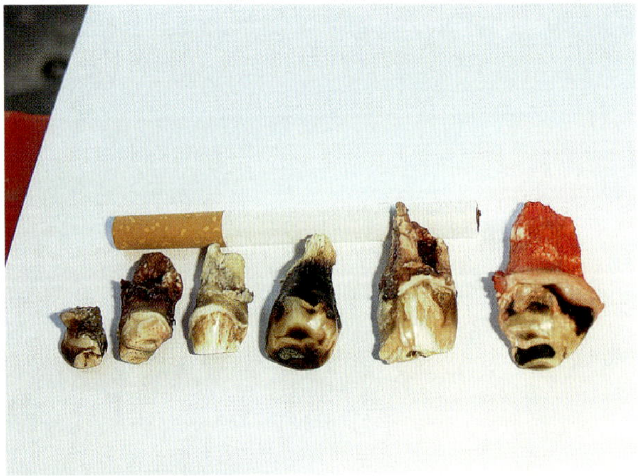

Abb. 4-33 Wolfszähne im Größenvergleich. Beachtenswert sind die unterschiedliche Ausprägung der Zahnwurzeln sowie die unterschiedliche Abrasion durch das Trensengebiss.

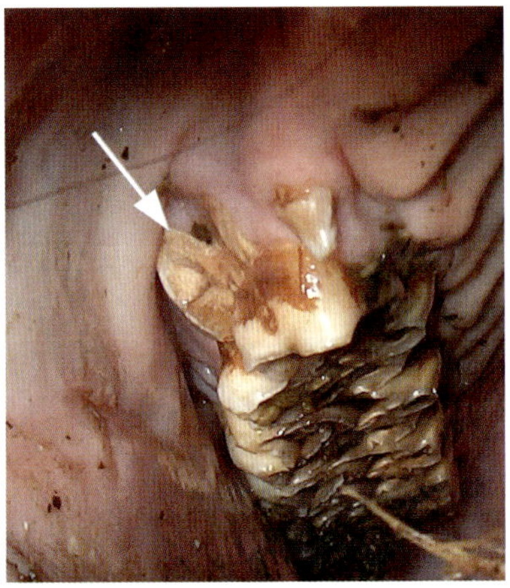

Abb. 4-34 Englisches Vollblut, Stute, 2 Jahre, 3 Monate. Leicht kaudal geneigter Wolfszahn (105), 506 noch vorhanden, 106 bereits sichtbar (Pfeil).

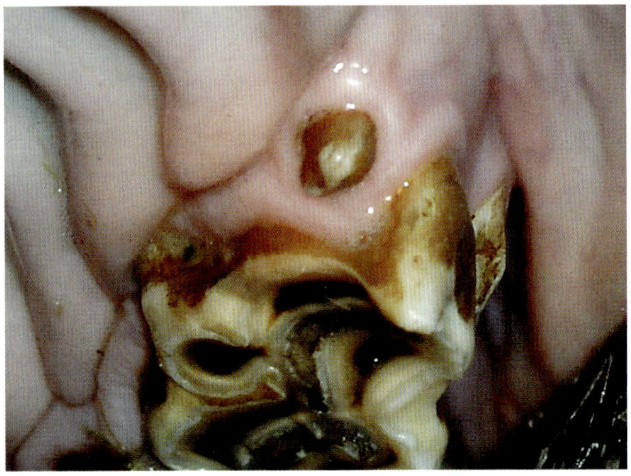

Abb. 4-35 Quarter-Horse, Wallach, 2,5 Jahre. 205 medial zu 606 erkennbar. 205 ist leicht palatinal gerichtet. 206 ist hinter der Milchzahnkappe sichtbar, diese ist zusätzlich mit einem rostralen Haken versehen.

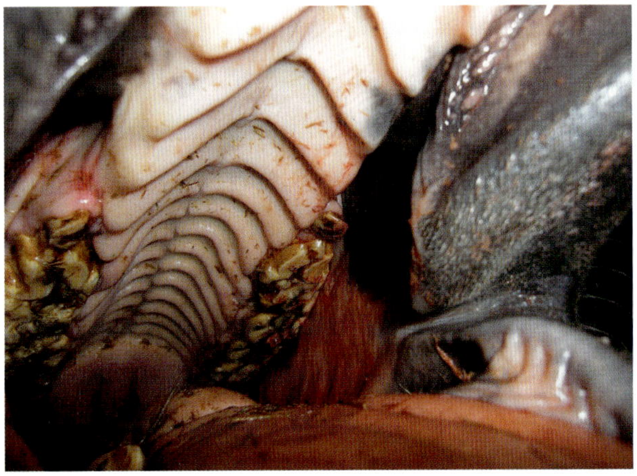

Abb. 4-36 Tinker, Stute, 3 Jahre. 105 nach ventral und 205 nach lateral gerichtet. Die Querfurche in beiden Zähnen kann auf eine Mehrwurzeligkeit hinweisen.

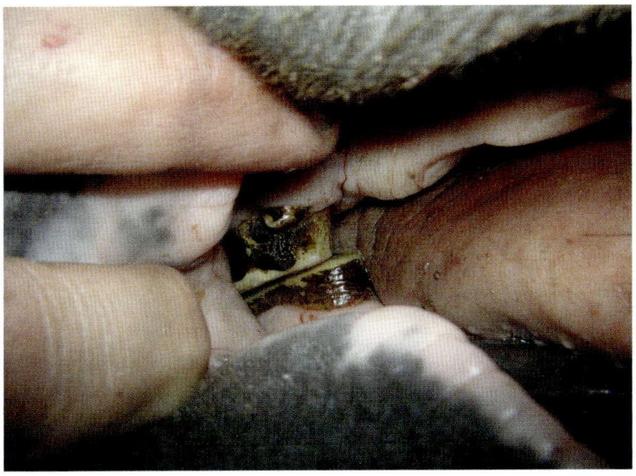

Abb. 4-37 Shetlandpony, Hengst, 6 Jahre. Leichter Unterbiss, der sich im Backenzahnbereich fortsetzt, erkennbar am Verschub von 406. 105 liegt lateral von 106.

! Merke: Allein durch Tasten am rostralen Rand der 6er lassen sich nicht alle Wolfszähne finden. Es ist stattdessen eine genaue Adspektion und Palpation des gesamten Diastemas geboten.

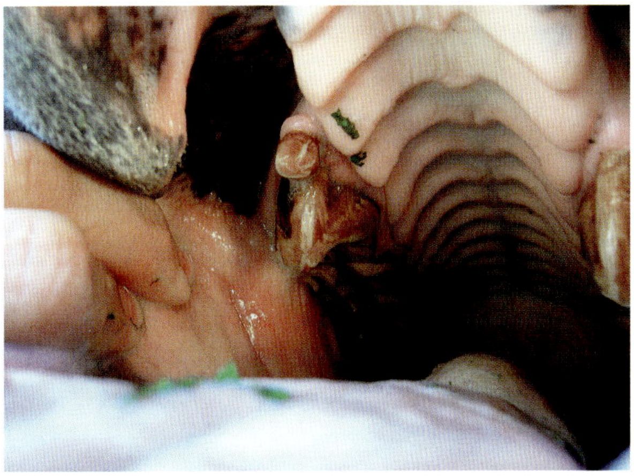

Abb. 4-38 Trakehner, Wallach, 11 Jahre. Durch langjährigen Gebissgebrauch abgeschliffener 105, der direkt rostral vor 106 liegt und sich durch den Kontakt mit dem Gebiss nach rostro-lateral weiter bewegt hat. Deutliche Haken auf 106 und 206.

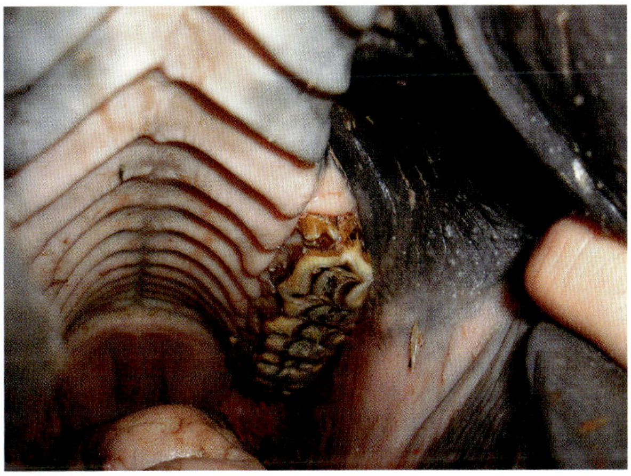

Abb. 4-39 Tinker, Stute, 8 Jahre. 205 ist rostro-medial gelegen. Hier ein backenzahnähnlicher (molarisierender) Wolfszahn, erkennbar u. a. durch die Schmelzeinfaltungen. Gegebenenfalls ist dies ein Hinweis auf Mehrwurzeligkeit.

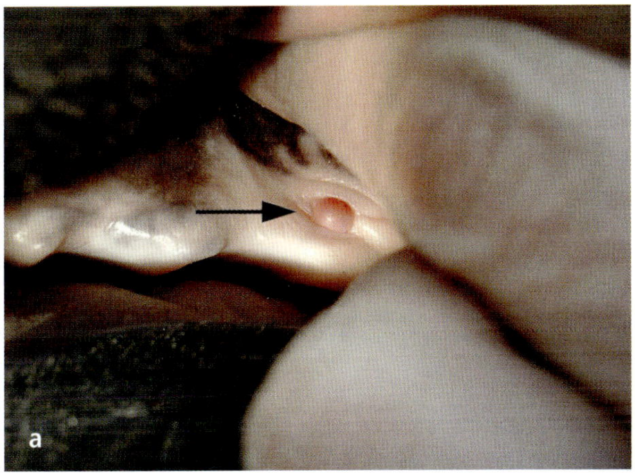

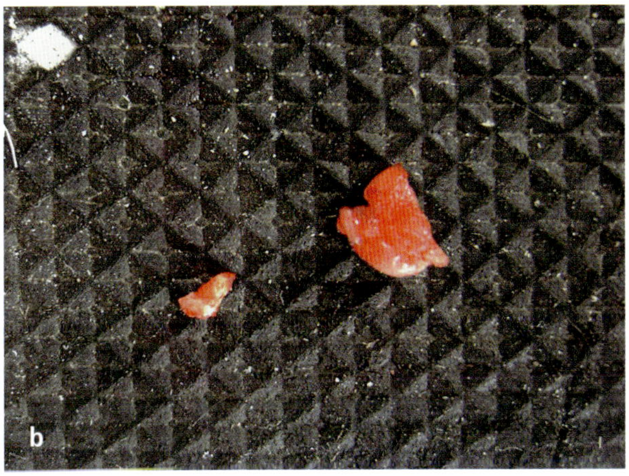

Abb. 4-40 Oldenburger, Wallach, 6 Jahre.
a Blinder Wolfszahn im Bereich 205 (Pfeil).
b Extrahierter Wolfszahn und rechts das knorpelige Schleimhautstück, welches darüber lag.

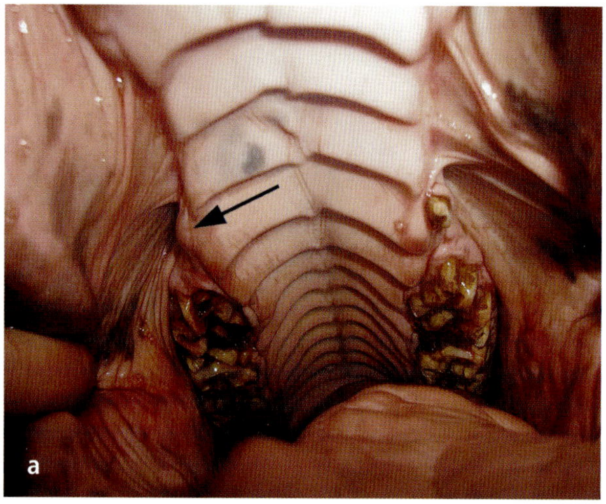

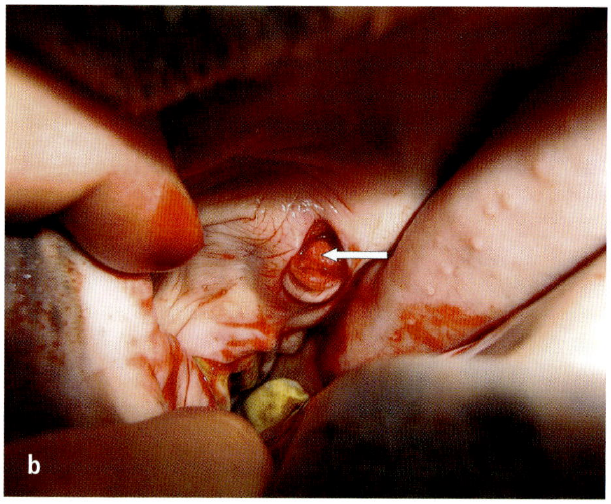

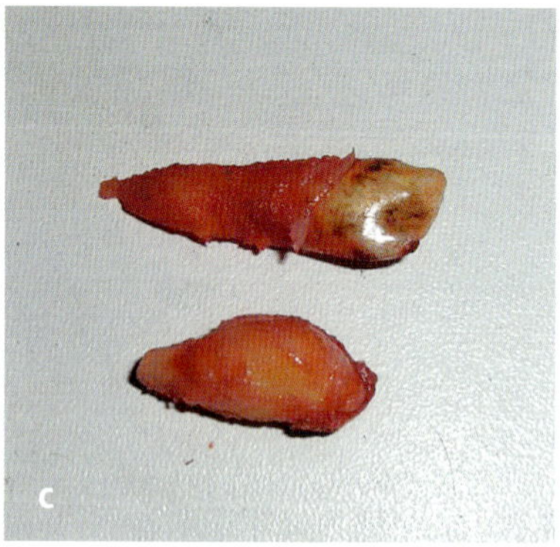

Abb. 4-41 Halbblut, Wallach, 2,5 Jahre.
a Deutlich sichtbarer blinder Wolfszahn auf 105 (Pfeil) und sichtbarer Wolfszahn auf 205, jedoch in gleicher Ebene liegend wie der blinde Wolfszahn.
b Zustand nach Eröffnung der Schleimhaut über 105 und Freilegung des Zahnes (Pfeil).
c Extrahierte Wolfszähne: 105 kugelig embryonal, 205 normaler sichtbarer Wolfszahn mit spitz zulaufender Wurzel.

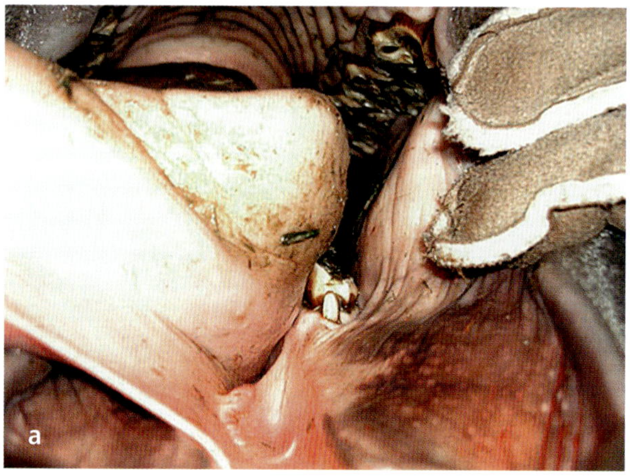

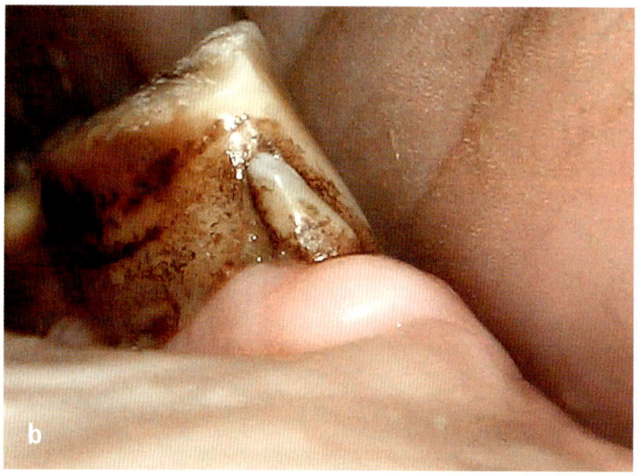

Abb. 4-42 Quarter-Horse, Stute, 6 Jahre.
a Stiftartiger 305, rostral vor 306 gelegen. Zusätzlich Haken auf 206.

b Detailaufnahme von 305, der kaudal dicht an 306 liegt.
Behandlung: Vorberichtliche Rittigkeitsprobleme können sowohl von dem 206er-Haken als auch von 305 herrühren, daher ist beides zu behandeln. 305 ist zu extrahieren, 206 ist entsprechend zu berunden und in der Höhe anzupassen.

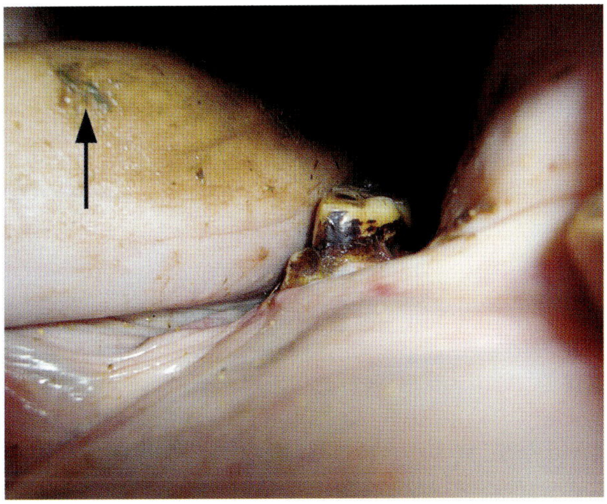

Abb. 4-43 Pony-Warmblut-Mix, Stute, 12 Jahre. Breit angelegter 305 mit Impression in die Zunge (Pfeil), rostro-lateral neben 306 gelegen und durch mehrjährige Gebisseinwirkung abgeschliffen.

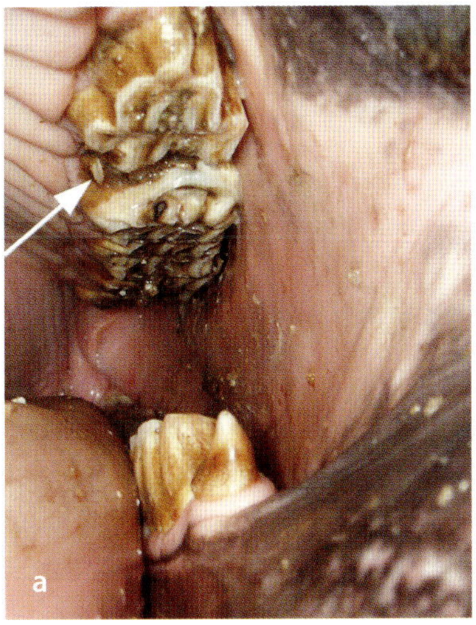

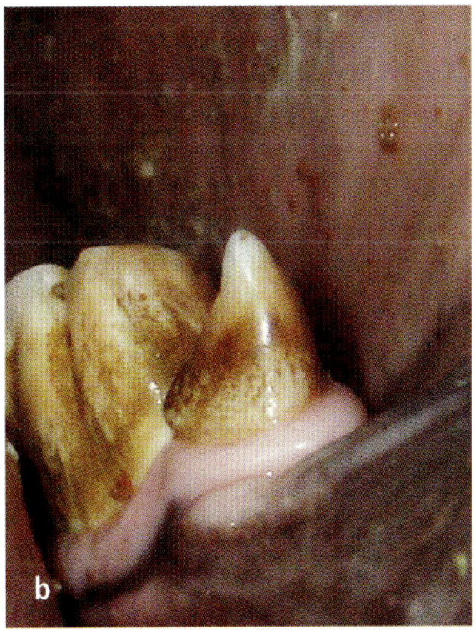

Abb. 4-44 Tschechisches Halbblut, Wallach, 13 Jahre.
a 606 Milchzahnsplitter medial (Pfeil) und caninusartiger 305, der deutlich abgesetzt vor 306 liegt.
b Detailaufnahme von 305.

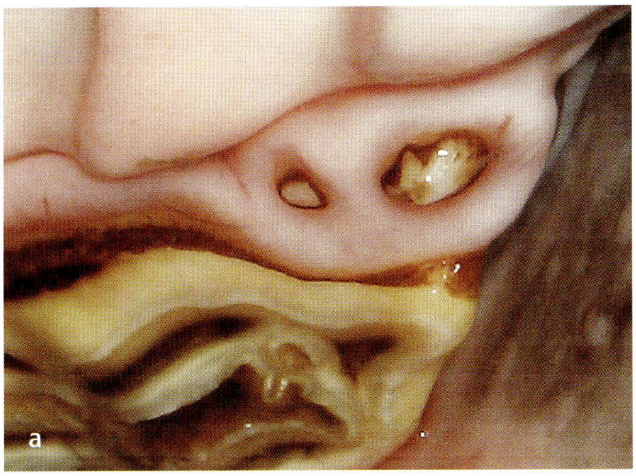

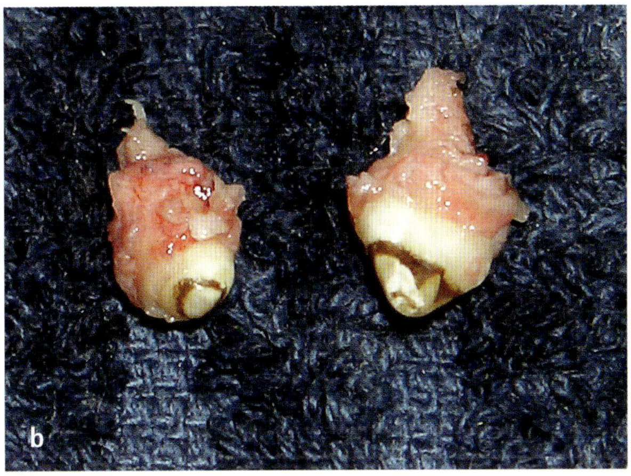

Abb. 4-45 Englisches Vollblut, Hengst, 2 Jahre.
a Bei der ersten Untersuchung war eine Doppelwurzeligkeit von 205 in Betracht zu ziehen. Bei der Extraktion stellte es sich jedoch heraus, dass es sich um zwei separat angelegte Zähne handelte.
b Beide Zähne nach der Extraktion. Die unterschiedliche Größe der extrahierten Zähne weist auf einen persistierenden 605 hin. Auch eine Doppelanlage von 205 ist möglich.

5 Mahlzähne

Im Gegensatz zu den Schneidezähnen ist bei den Mahlzähnen die Diagnostik und Differenzierung der Erkrankungen durch die räumliche Enge deutlich erschwert. Daher ist eine exzellente Ausrüstung (Stirnlampe, Zahnspiegel, Maulgatter und Dentalsonde) nötig. Die visuelle Untersuchung ist systematisch von rostral nach kaudal und in jedem Quadranten zunächst gesondert, dann im Verhältnis zueinander, durchzuführen. Die gleiche Vorgehensweise wird mittels Zahnspiegel und Dentalsonde (s. **Abb. 5-86 a, b**) zur Kontrolle der Infundibeln und Pulpen (s. **Schema 5-85**) sowie beim Betasten angewendet. Viele Befunde sind besser tast- als sichtbar. Dies betrifft z. B. kleine Milchzahnsplitter im Unterkiefer unter der Zunge oder Slabfrakturen (scheibenförmige Zahnteilfrakturen), die im Oberkiefer bukkal auf Schleimhautniveau liegen (s. Kap. 5.10, S. 141). Auch akustische Signale sind von Bedeutung, wenn sie wiederholbar sind. So hat z. B. das Quietschen bei der Latero-Lateralbewegung von Ober- und Unterkiefer seinen Ursprung in mangelndem Zahnschmelz und spiegelglatten Okklusionsflächen (Glatzen). Knallende Geräusche sind zu beachten, wenn der Kauwinkel so steil ist, dass sich die Kiefer nur noch in ventrodorsaler Richtung bewegen können. Das knallende Geräusch wird durch die große Vorspannung des M. masseter erzeugt, wenn bei seitlicher Scherung eine Lücke zwischen den Okklusionsflächen der Backenzähne entsteht, die dann implosionsartig geschlossen wird. Einzelne zu lange Zahnteile im Mahlzahnbereich erzeugen ein schabendes Geräusch. Lose Mahlzähne können zu einem schmatzenden oder dumpfen Geräusch führen.

Die Okklusionsebene der Backenzähne ist in rostro-kaudaler Richtung physiologisch mit einer ventral gerichteten Kurve versehen, welche man die Speesche Kurve nennt (s. Abb. V-6, S. 3). Diese ist kopfform- und rasseabhängig unterschiedlich ausgeprägt. So ist sie beim gerade geschnittenen Traberkopf kaum vorhanden, während sie bei Showarabern mit deutlichem Hechtkopf eine starke Ausprägung erfährt. Das ist für die Betrachtung und Bildinterpretation von Bedeutung. Bei der Korrektur der Mahlzähne darf sie etwas vermindert, jedoch nie ganz beseitigt werden.

Die Kapitel 5.1, S. 109, bis 5.5, S. 115, beschäftigen sich mit den okklusalnahen Erkrankungen. In den Kapiteln 5.6, S. 129, bis 5.10, S. 142, werden die okklusalfernen Veränderungen behandelt. Kapitel 5.11, S. 143 (Fremdkörper), und 5.12, S. 144 (Neoplasien), beschreiben zahnunabhängige Erkrankungen in der Maulhöhle.

In den ersten Kapiteln 5.1.1, S. 109, bis 5.1.3, S. 114, werden Abweichungen in der Zahnanzahl und Formveränderungen dargestellt. Dazu gehören die Zahnunterzahl (Oligodontie, s. **Abb. 5-1**) im Kapitel 5.1.1 und die Zahnüberzahl (Polyodontie, s. **Abb. 5-2/3**) im Kapitel 5.1.2, S. 110, mit einem eigenen Abschnitt über Probleme des Zahnwechsels (Pseudopolyodontie, s. **Abb. 5-4** bis **5-14**). Formveränderungen einzelner Zahnteile sind im Kapitel 5.1.3, S. 114, erläutert (s. **Abb. 5-15/16**).

Im Kapitel 5.2, S. 115, geht es um Haken und Rampen, die durch Fehlabnutzungen an den 6ern und 11ern entstehen. Da sie doch in sehr unterschiedlicher Ausprägung und klinischer Relevanz in Ober- und Unterkiefer vorkommen, ist ihre Vielfalt in den **Abbildungen 5-17** bis **5-38** fotografisch mit ihrer Graduierung festgehalten. Eine weitere Fehlabnutzung sind die Backenzahnkanten oder -schärfen, die im Kapitel 5.3, S. 121, diskutiert werden (s. **Abb. 5-39** bis **5-46**). Da der Oberkiefer deutlich breiter als der Unterkiefer ist und die Oberkiefermahlzähne ebenso breiter als die Unterkieferbackenzähne sind, ist die Entstehung der Zahnschärfen im Oberkiefer bukkal sowie im Unterkiefer lingual die am häufigsten vorkommende Fehlabnutzung. Deutliche Querrillen als Sonderform der Fehlabnutzung werden im Kapitel 5.4, S. 123, abgehandelt (s. **Abb. 5-47** bis **5-57**). Der Übergang dieser Accentuated Transverse Ridges (akzentuierte Transversalrillen = ATR) und Excessive Transverse Ridges (exzessive Transversalrillen = ETR) zu einem Meißelzahn, der im Kapitel 5.8, S. 133, charakterisiert wird, kann fließend sein. Im letzten Kapitel zum Thema der Fehlabnutzungen, Kapitel 5.5, S. 126, werden die Verhältnisse der Kau- oder Gebisswinkel dargelegt (s. **Abb. 5-55** bis **5-63**). Um beim Schließen der Kiefer eine optimale Mahltätigkeit ausführen zu können, ist erst ein Quetschen des Futters durch Andruck und dann ein Zermahlen durch eine kombinierte latero-laterale und rostrokaudale Mahlbewegung nötig. Der Andruck wird durch einen entsprechenden Kauwinkel unterstützt. Ohne korrekten Kauwinkel werden die Futterbestandteile bei der Mahlbewegung in den Maulhöhlenvorhof bzw. unter die Zunge verschoben und dadurch nicht richtig zerkleinert.

Die folgenden drei Kapitel beschäftigen sich mit der Fehlstellung von Mahlzähnen und deren Auswirkungen auf die zahnumliegenden Gewebstrukturen. Das Kapitel 5.6, S. 129, zeigt verkippte Backenzähne (s. **Abb. 5-64** bis **5-70**), Kapitel 5.7, S. 131, Zahnlücken (Diastasen) bzw. Schleimhauttaschen (s. **Abb. 5-71** bis **5-78**) und Kapitel 5.8, S. 133, Meißelzähne (s. **Abb. 5-79** bis **5-84**).

Das Kapitel 5.9, S. 134, beinhaltet die Themen Karies und Pulpitis (s. **Abb. 5-86** bis **5-95**) einschließlich eines Schemas mit Pulpenzählsystem (s. **Abb. 5-85**), und mit dem Kapitel 5.10, S. 138, werden die oft daraus resultierenden Extraktionen (s. **Abb. 5-96** bis **5-107**) mit dem entsprechenden Zahnersatz unter 5.10.1, S. 142, erklärt (s. **Abb. 5-108**).

Auch im Mahlzahnbereich kommen Fremdkörper vor, die im Kapitel 5.11, S. 143, dargestellt werden (s. **Abb. 5-109**).

Letztendlich wird im Kapitel 5.12, S. 143, auf Neoplasien und ihre Folgen eingegangen (s. **Abb. 5-110** bis **5-113**).

5.1 Anzahl und Form

5.1.1 Oligodontie

Die Unterzahl von Mahlzähnen ist selten, tritt aber bei Pferden mit Zwergenwuchs gehäuft auf. Man unterscheidet die genetisch bedingte, echte Oligodontie von der durch Zahnverlust erworbenen Oligodontie. Bei der echten Oligodontie ist eine Verringerung der Häufigkeit nur durch zahndokumentierte Eltern und entsprechende Zuchtselektion zu erreichen. Die Anzahl der erworbenen Oligodontien hingegen lässt sich durch regelmäßige Zahnpflege verringern. Die klinische Relevanz dieser Veränderung besteht aus einer Verzahnung der Mahlzähne durch Fehlen der Antagonisten. Dies führt zu einer deutlich verschlechterten Mahlfähigkeit.

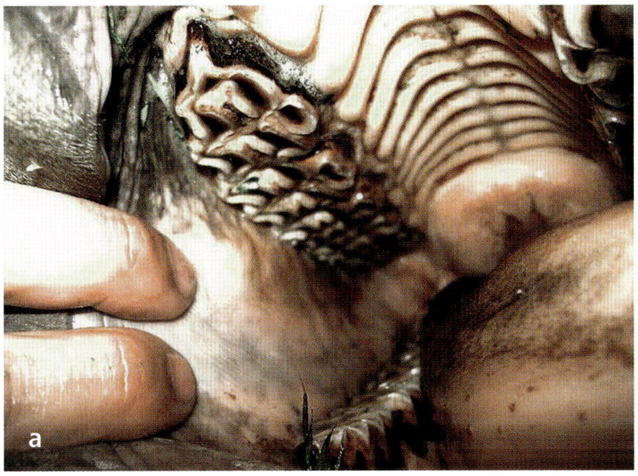

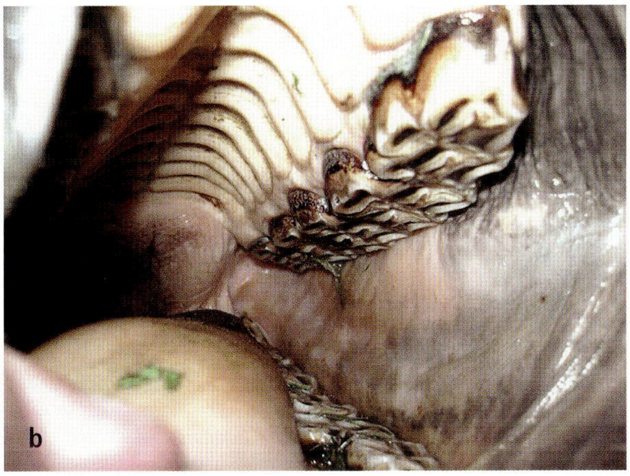

Abb. 5-1 Norweger, Wallach, 6 Jahre.
a Oligodontie von 111.
b 211 fehlt ebenfalls.

5.1.2 Polyodontie

Die Überzahl von Mahlzähnen tritt meistens in Form eines zwölften Zahnes im 1. und 2. Quadranten auf. Diese zusätzlichen Zähne können in Größe, Form und Anzahl der Wurzeln sehr variieren. Wie bei der Oligodontie besteht die klinische Relevanz der Polyodontie ebenfalls aus einer Verzahnung der Mahlzähne durch Fehlen der Antagonisten, was zu einer deutlich verschlechterten Mahlfähigkeit führt. Die Behandlung erfolgt mittels Zahnentfernung oder, sofern dies nicht möglich ist, durch regelmäßige Kürzung der überzähligen Zähne. Man unterscheidet die autotrophe und die heterotrophe Polyodontie. Während bei der autotrophen Polyodontie überzählige Zähne der gleichen Bauweise in Fortführung der Arkade vorkommen, können bei der heterotrophen Mehrzahnigkeit unterschiedlichste Formen der Zahnanlage auftreten. Dazu gehören auch die versprengten Zahnanlangen. Diese treten klinisch oft als Fistel am Ohrgrund in Erscheinung (s. a. Abb. 6-12, S. 148).

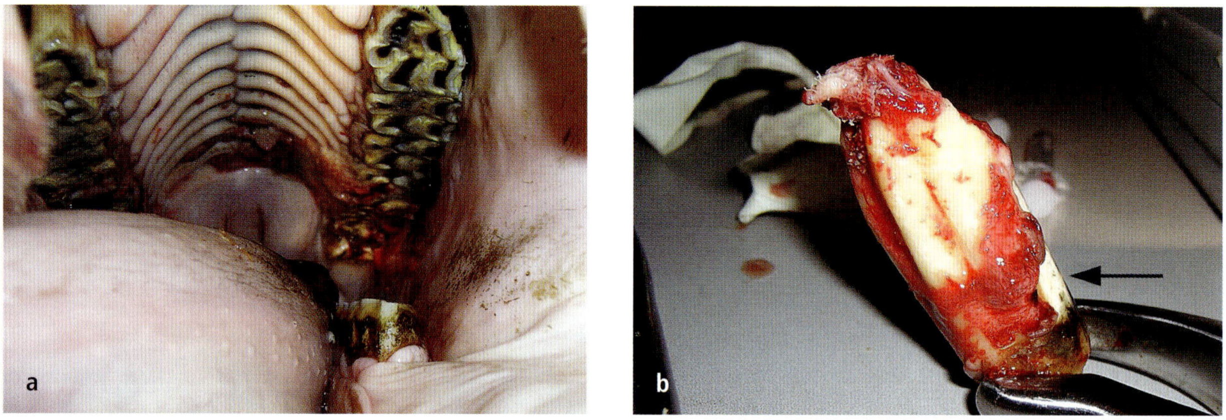

Abb. 5-2 Schweres Warmblut, Stute, 9 Jahre.
a 212 nach palatinal verschoben. Der Zahn wächst aufgrund eines fehlenden Antagonisten ohne Abrieb, ein Meißelzahn (s. Kap. 5.8, S. 133) ist zu erkennen. **Behandlung:** Eine Extraktion ist in den meisten Fällen sinnvoll. Dies gilt insbesondere, da sich bei diesen Zähnen im bukkalen Bereich fast immer größere Futtermengen ansammeln, die zu Parodontose führen können.
b Extrahierter 212. Wie am bukkalen Rand zu sehen ist, war die Parodontose bereits weit fortgeschritten. Auch im mesialen Bereich zeigt der Zahn Anzeichen einer Atrophie des Zahnhalteapparates. Die Reduktion der Schleimhaut und der Fasern des Zahnhalteapparates ist deutlich zu erkennen (s. Pfeil).

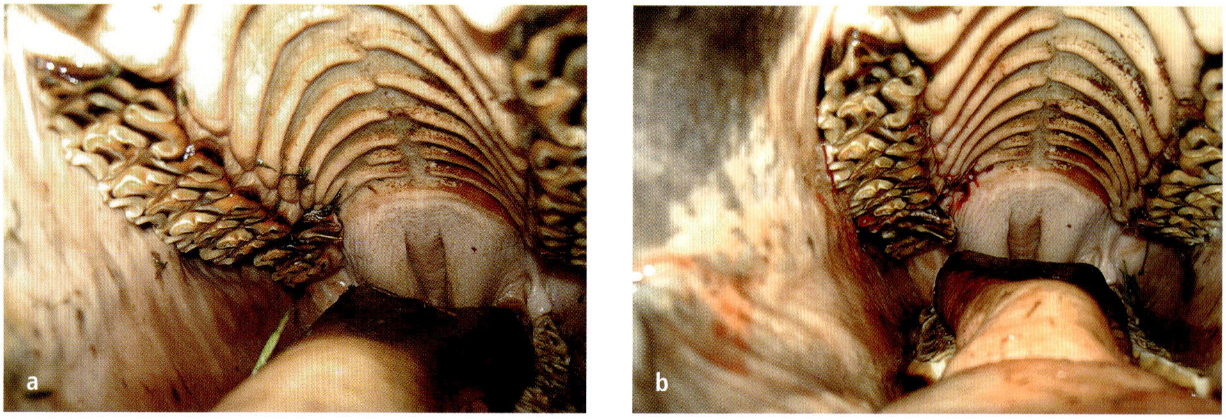

Abb. 5-3 Rheinisches Kaltblut, Stute, 12 Jahre.
a 112 vorhanden, palatinale Verlagerung von 110.
b **Behandlung:** Da 110 nicht in der Arkade stand, wurde nur dieser Zahn gezogen, um 111 und 112 die Möglichkeit zu geben, sich so weit nach vorn zu verschieben, dass eine normale Abrasion durch die Unterkieferbackenzähne auf lange Sicht erhalten bleibt.

! Merke: In rostro-kaudaler Richtung sollten die Backenzähne eines Quadranten annäherungsweise in einer Flucht hintereinander stehen. Dies wird Zahnarkade oder kurz Arkade genannt.

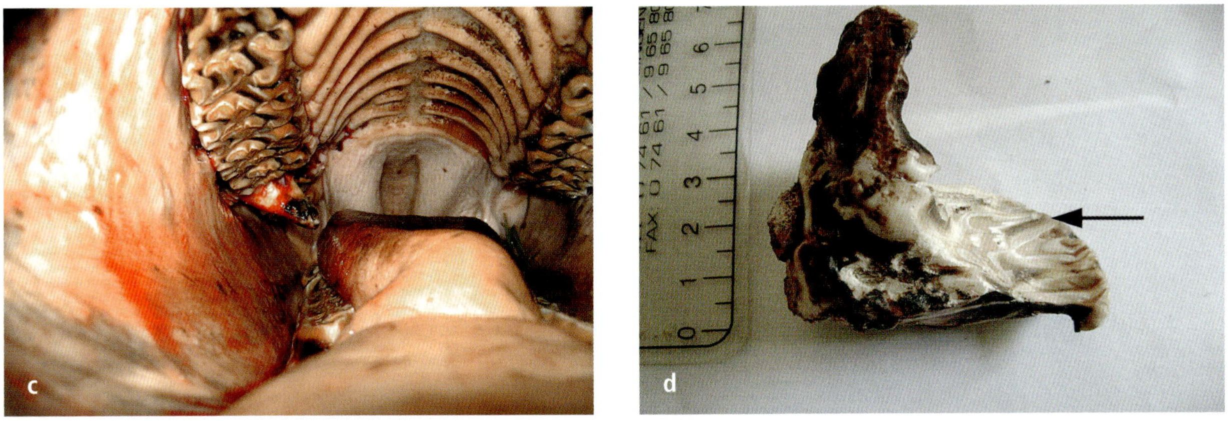

Abb. 5-3 Fortsetzung
c 110 lag quer im Maul, allerdings ließ sich der Zahn nicht weiter nach palatinal bewegen.
d Der extrahierte 110 hatte bukkal neben 109 eine deutlich ausgeprägte zusätzliche Zahnmasse (s. Pfeil), sodass der Zahn unbeweglich in rechtwinkliger Form in der Maulhöhle lag. Die dadurch zwischen dem bukko-kranialen Anteil von 110 und der bukkalen Seite von 109 entstandene Diastase hat zu parodontalen Krankheitsprozessen an 109 geführt. Nach der Extraktion des missgebildeten Zahnes verheilte die Parodontose. Durch die Verschiebung von 111 und 112 kam es im Laufe der Zeit zu einer annähernd normalen Okklusion.
e Verdeutlichung der Lage des missgebildeten 110 mithilfe eines Präparates.

Pseudopolyodontie

Eine Pseudopolyodontie bedeutet auch im Mahlzahnbereich, dass „reitende" Milchzahnkappen eine echte Polyodontie vortäuschen. Handlose Milchzahnkappen sind auf jeden Fall zu entfernen. Bei Unterkieferengstellungen, die beim Englischen und Arabischen Vollblut und bei Trabern häufig vorkommen, sind die Kappen auch dann zu entfernen, wenn sie noch etwas fester sitzen sollten. Bei verkippten Mahlzähnen sind die Kappenextraktionen als kieferorthopädische Maßnahme eher früher als später angeraten. Die permanenten Backenzähne sind deutlich breiter als die Milchzähne. Dies ist ein wesentliches Unterscheidungsmerkmal.

In der Schleimhaut steckende Milchzahnsplitter sind bei genauer Untersuchung tast- und sichtbar. Sie treten am häufigsten an den 7ern und 8ern auf und sind sowohl palatinal oder lingual als auch bukkal zu finden (s. **Abb. 5-9** bis **5-11**). Diese scharfen Zahnreste können unter anderem zu Zungenfehlern beim Reiten führen.

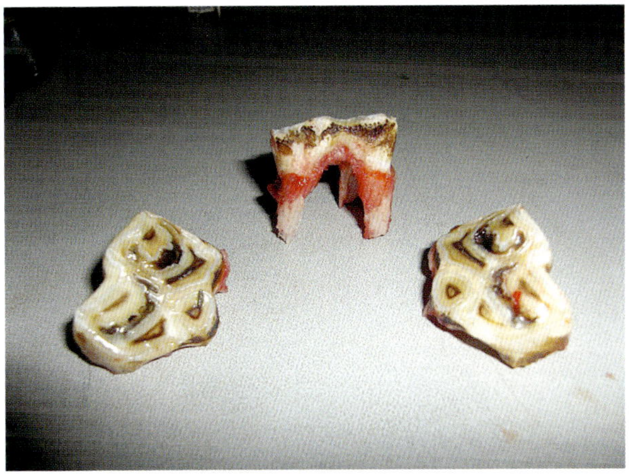

Abb. 5-4 Araber, Stute, 2 Jahre, 9 Monate. Extrahierte Milchbackenzähne (Zahnkappen), hier 507, 607 und 806. 507 und 607 waren altersgemäß abgerieben mit minimalen Zahnteilen zur Verankerung, während der persistierende 806 noch sehr deutliche Wurzelanteile hatte, die bei einer Extraktion auch leicht abbrechen können. Daher muss die Lockerung mit großer Vorsicht erfolgen.

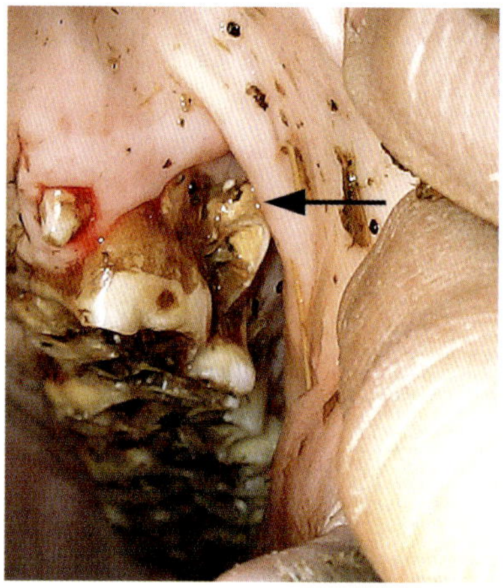

Abb. 5-5 Englisches Vollblut, Stute, 2 Jahre. 606 auf 206 reitend, medial ist bereits der durchbrechende bleibende Backenzahn zu erkennen (Pfeil). Das Foto entstand nach begonnener Lockerung von 105 zur Extraktion des Wolfszahnes.

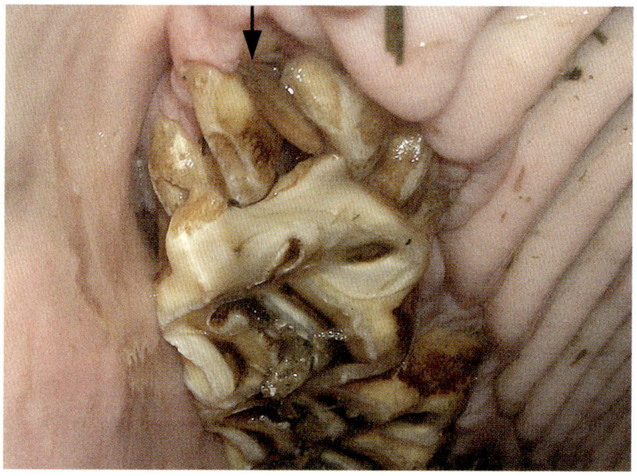

Abb. 5-6 Englisches Vollblut, Hengst, 2 Jahre, 8 Monate. Restmilchzahn 506 im kaudalen Teil vorhanden, im rostralen Teil 106 schon im vorderen Drittel deutlich. In den Zahnfurchen ist ein Haferkorn (Pfeil) eingequetscht.

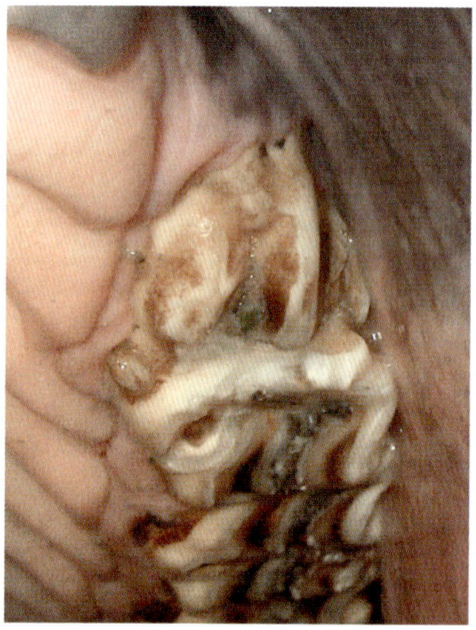

Abb. 5-7 Quarter-Horse, Stute, 2,5 Jahre. Vorbiss 3. Grades. 606 in kaudaler Hälfte vorhanden, in rostraler Hälfte schon 206 sichtbar. Beginnende Hakenbildung an 206 und bereits leichte kaudale Verkippung.

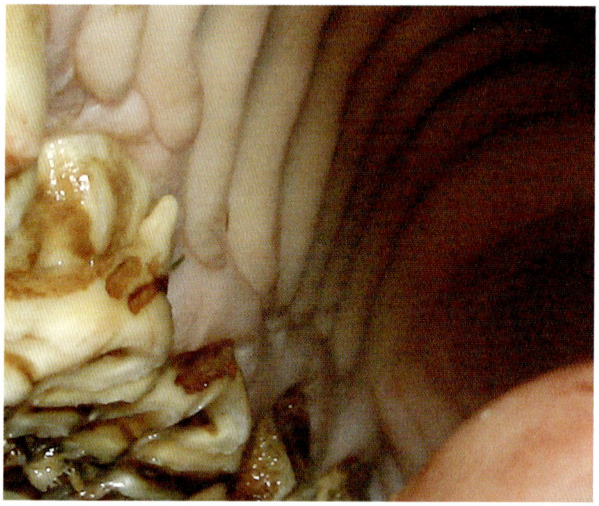

Abb. 5-8 Warmblut, Stute, 3 Jahre. 507 reitet auf 107, markant hier eine Zahnspitze palatinal schon tastbar und deutlich sichtbar. Diese Milchzahnkappe ließ sich auch manuell schon geringgradig bewegen, vorberichtlich war eine Kopfschiefhaltung beim Fressen beobachtet worden.

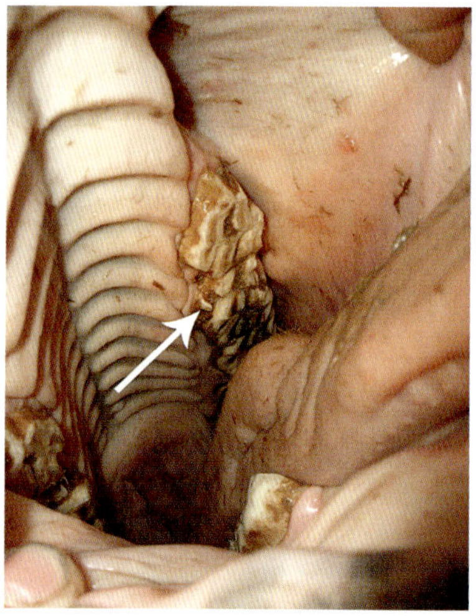

Abb. 5-9 Warmblut, Stute, 5 Jahre. Milchzahnsplitter von 607 medial an 207 liegend (Pfeil). Vorbericht: Auch bei Wechsel verschiedener Gebisse blieb das Pferd ein Zungenspieler.

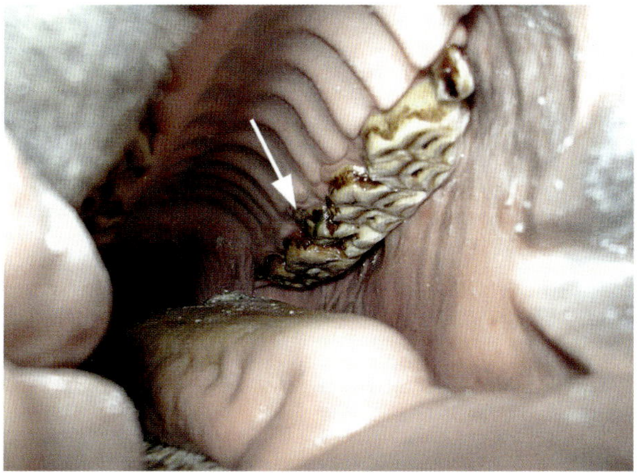

Abb. 5-10 Quarter-Horse, Wallach, 3 Jahre. Milchzahnfragmente palatinal im Bereich von 208 (Pfeil).

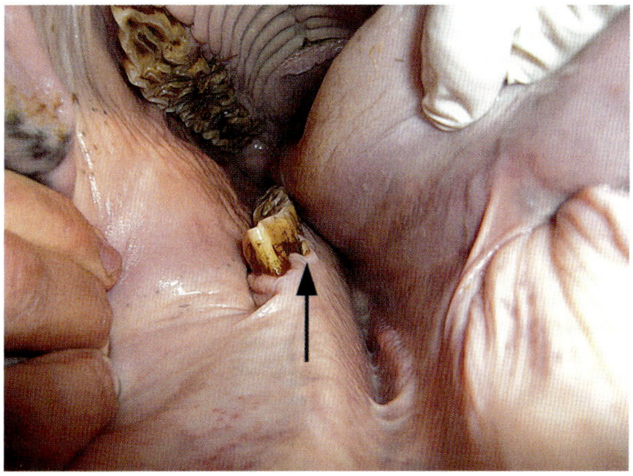

Abb. 5-11 Araber, Stute, 12 Jahre. Persistierender Milchzahnsplitter 806 (Pfeil), medial neben 406 gelegen, deutlich scharf, jedoch ohne Zungenverletzung.

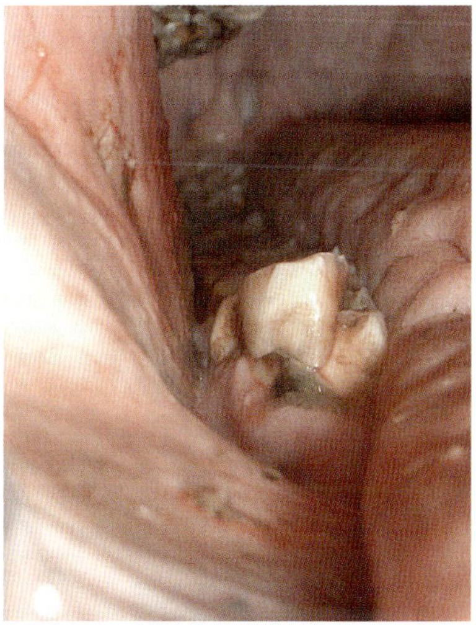

Abb. 5-12 Englisches Vollblut, Wallach, 2 Jahre, 10 Monate. Persistierender 806, lateral verschoben und auf 406 reitend mit Futterimpaktation.

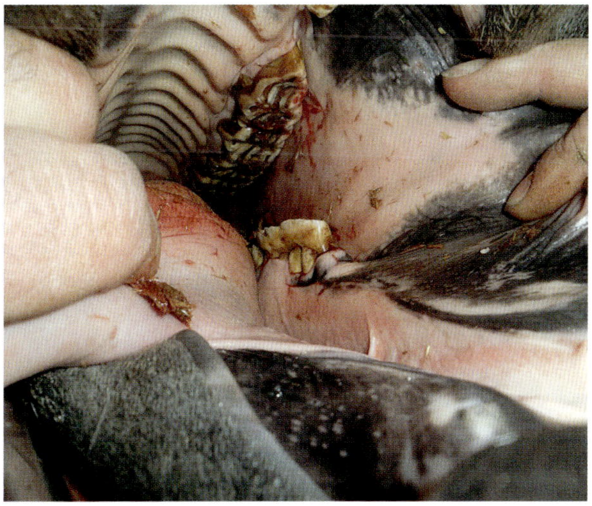

Abb. 5-13 Haflinger, Stute, 3 Jahre. Persistierender 706, auf 306 reitend. Die Kante zwischen dem Milchzahn und dem bleibenden Zahn ist deutlich sichtbar.

! Merke: Wenn bei Milchzahnkappen die Kante zwischen Milchzahn und bleibendem Zahn tastbar ist, lässt sich die Kappe in der Regel auch gut entfernen. Bei 506 bis 806 ist diese Kante zwischen Milch- und bleibendem Zahn gut sichtbar. Bei den 7er und 8er Milchzahnkappen ist dafür oft ein Spiegel oder Endoskop notwendig. In diesem Stadium hat der bleibende Zahn seinen Milchzahnvorläufer so weit in Richtung Okklusionsebene vor sich her getrieben, dass die Fixierung der Milchzahnkappen in der Schleimhaut überwiegend nur noch durch kleine seitliche Zahnausläufer besteht. Dies erleichtert die Extraktion.

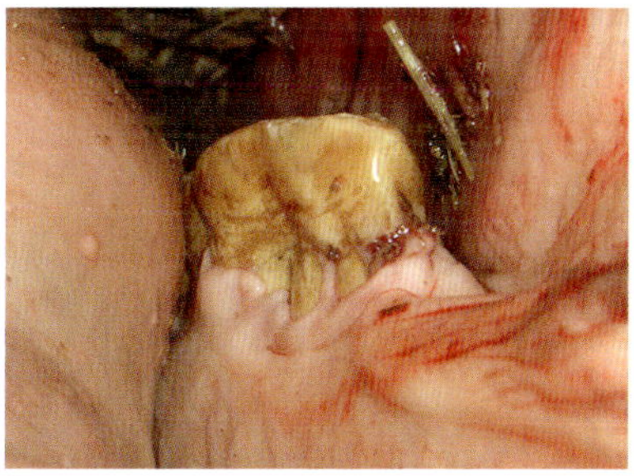

Abb. 5-14 Kaltblut, Hengst, 2,5 Jahre. Persistierender 706, auf 306 reitend. Hier ist die Grenze zwischen Milchzahn und bleibendem Zahn besser sicht- als tastbar.

5.1.3 Formveränderungen

Formveränderungen können Zahnteile (s. **Abb. 5-15 a–c**) oder den gesamten Zahn (s. **Abb. 5-16 a–c**) umfassen. Veränderungen der Zahnteile können als zusätzliche Wurzel und/oder zusätzliche Zahnkronenteile in unterschiedlicher phänotypischer Ausprägung auftreten, z. B. wolfszahnähnlich (s. **Abb. 5-15 a–c**). Sofern sie den ganzen Zahn betreffen, kann dies sowohl genetische als auch traumatische Ursachen haben, wie z. B. eine Beschädigung der Zahnanlage. Alle Formveränderungen bedingen abweichende Druckverhältnisse, die entweder eine Extraktion des veränderten Zahnes notwendig machen (s. **Abb. 5-16 a–c**) oder eine Formkorrektur durch Beschleifen erfordern. Dies würde bei dem in **Abbildung 5-15** gezeigten Beispiel in Form eines Bitseats erfolgen.

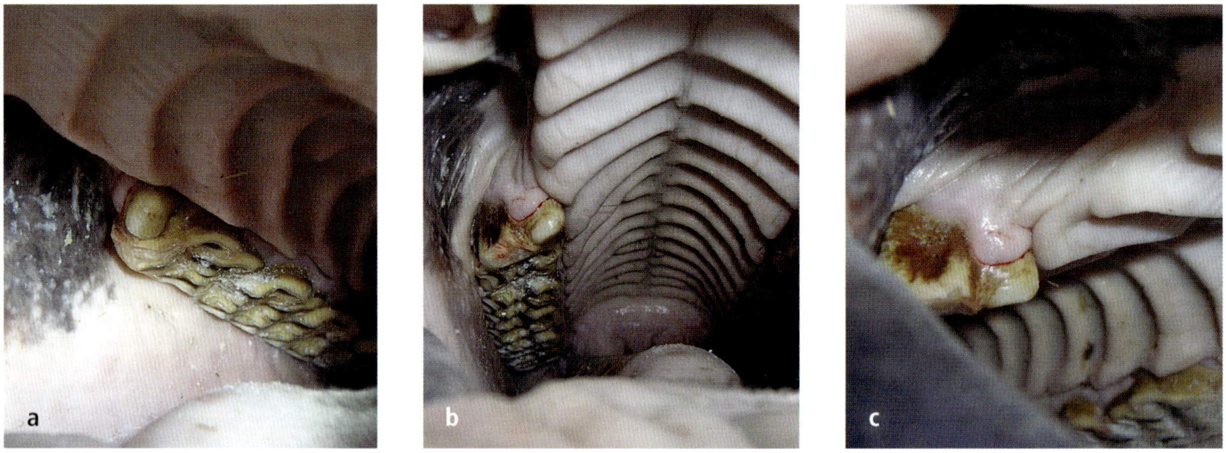

Abb. 5-15 Westfälisches Warmblut, Stute, 8 Jahre.
a Palatinale Ansicht einer Formveränderung im Bereich von 106. Es scheint, als ob eine zusätzliche Schmelzsäule (Cingula) ausgebildet wäre. Diese Schmelzfalte hat keine zusätzliche Pulpenhöhle, da im Schmelzanteil des Zahnes keine Pulpen vorhanden sind.
b Kraniale Ansicht.
c Bukkale Ansicht.

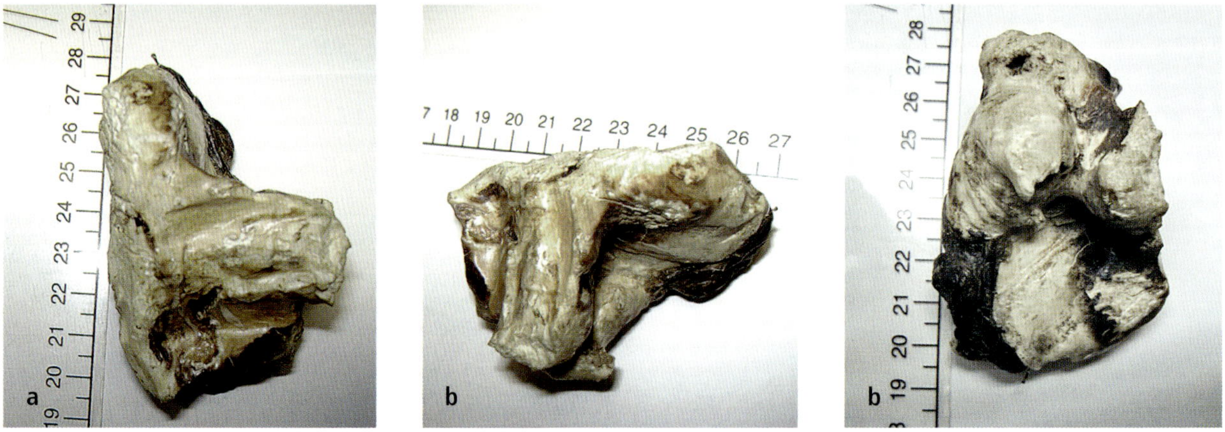

Abb. 5-16 Hessisches Warmblut, Wallach, 15 Jahre.
a Palatinale Ansicht eines im Bereich von 110 gelegenen Odontotoms (s. a. Kap. 5.12, S. 143) in einem Ausmaß von 8 x 4 x 4 cm.
b Okklusale Ansicht.
c Apikale Ansicht.

5.2 Haken und Rampen

Unter Zahnhaken versteht man die ungenügende Abnutzung eines Backenzahnteiles (6er rostral oder 11er kaudal), der in Hakenform ausgebildet ist. Im Gegensatz dazu ist eine Zahnrampe eine Erhebung der Okklusionsfläche, die mehr als die Hälfte einer Backenzahnlänge umfasst. Rampen kommen ebenfalls an den 6ern und 11ern vor. Haken und Rampen werden in drei Schweregrade eingeteilt. Bezugsgröße ist der aus dem Zahnfleisch herausragende Zahnanteil, der über die Arkade gemittelt wird. Geringgradig bedeutet bis zu einem halben Zahnanteil erhöht bzw. hängend, mittelgradig bis zu einem ganzen Zahnanteil. Bei hochgradigen Haken und Rampen geht die Erhöhung über einen ganzen Zahnanteil hinaus.

Durch eine Kieferverkürzung (Brachygnathie) können Fehlstellungen der Mahlzahnleisten in rostro-kaudaler Richtung entstehen, was zu 6er- und 11er-Haken und/oder Rampen führen kann. Zu hohe Raufen und Fresströge können ebenfalls Haken und Rampen verursachen, da der Unterkiefer in dieser Kopfposition nach kaudal verschoben ist.

Unabhängig von der Genese müssen Haken und Rampen so weit wie möglich abgetragen werden, um eine physiologische Kaufunktion wiederherzustellen. Da niemals einzuschätzen ist, welchen Abstand der vitale Anteil der Pulpen zur Okklusionsfläche hat (bei 6ern ist dieser, insbesondere im rostralen Bereich stark unterschiedlich, und beträgt lt. Prof. Simhofer, Universität Wien, zwischen 3 und 27 mm), muss während der Arbeit eine ständige visuelle Kontrolle stattfinden. Auslösende Faktoren sollten zusätzlich so weit wie möglich beseitigt werden. Da Haken und Rampen zu einer massiven Behinderung der rostro-kaudalen Mahlbewegung führen, ist ihre vollständige Entfernung bei Erhaltung der Speeschen Kurve und unter Schonung der Pulpahöhlen notwendig. Zur Verbesserung der Rittigkeit bzw. Durchlässigkeit des Pferdes und um das Wiederauftreten der 6er Haken zu verzögern, wird das rostrale Drittel von 106 und 206 über die Horizontalebene hinaus abgeschliffen. Diese Korrektur nennt man Bitseat. Die Gefahr, hierbei die rostralen Pulpen zu eröffnen, ist jedoch gegeben und bedarf besonderer Vorsicht des Pferdedentalpraktikers. Bevor die Pulpahöhle vollständig eröffnet wird, ist als Warnhinweis ein mimimaler Austritt von Flüssigkeit aus dem Pulpengebiet zu erkennen. Deshalb muss diese Korrektur schicht- und schrittweise erfolgen.

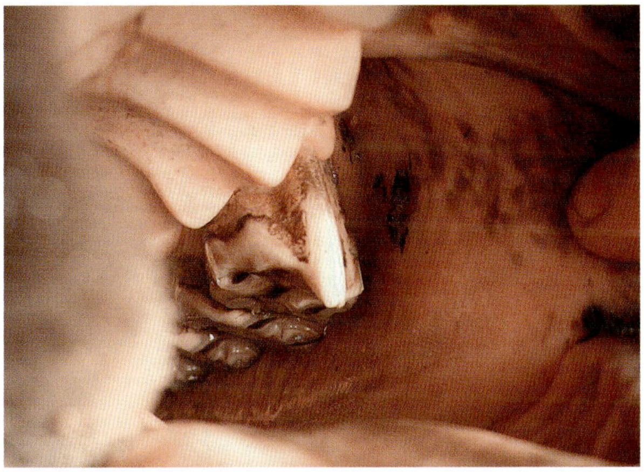

Abb. 5-17 Trakehner Halbblut, Stute, 6 Jahre. Scharfe Hakenbildung an 206. **Behandlung:** Die Entfernung des mittelgradigen Hakens mit Abrundung im Sinne des Bitseats wird empfohlen. Diese muss jedoch vorsichtig erfolgen, weil sich in diesem Fall durch die leichte Kaudaldrehung des Zahnes die rostralen Pulpen relativ oberflächlich befinden, da die Pulpenebene nach rostro-okklusal kippt.

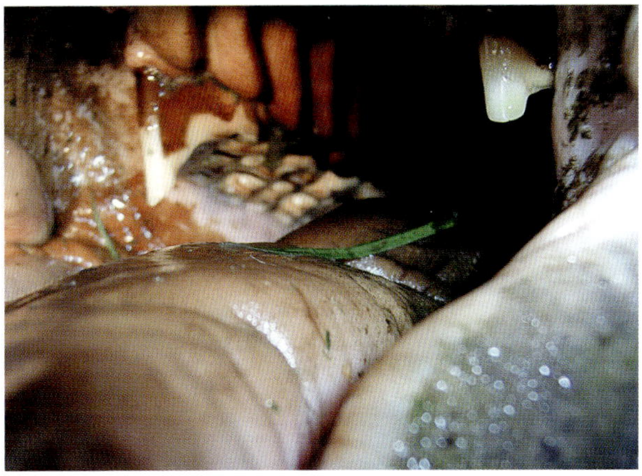

Abb. 5-18 Quarter-Horse, Wallach, 12 Jahre. Hochgradige Hakenbildung an 106, mittelgradige an 206. 106 war die Ursache für eine ulzerierende Wunde vor 406. Vorberichtlich stieg das Pferd beim Zügelaufnehmen immer wieder und hatte sich sogar schon überschlagen, was durch die schmerzhafte Wunde zu erklären ist. Nach der Korrektur und Abheilung der Wunde war das Pferd wieder reitbar.

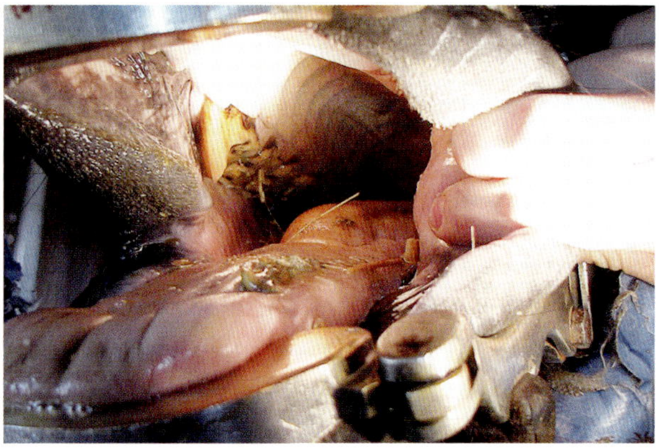

Abb. 5-19 Halbblut, Stute, 12 Jahre, Dressurpferd. Vorbericht: beim Bereiter sehr gut, in der Hand der 14-jährigen Besitzerin deutliche Anlehnungsprobleme. Befund: 106 mit hochgradigem Haken. **Behandlung:** Hier sind die Kürzung und ein Bitseat angeraten. Altersbedingt ist zu erwarten, dass sich die rostralen Pulpen schon zurückgebildet haben und eine deutliche Korrektur möglich ist.

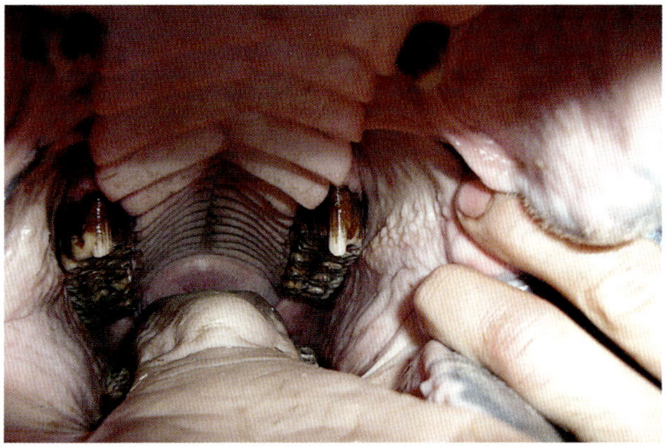

Abb. 5-20 Warmblut, Wallach, 8 Jahre. Geringgradige Rampe auf 106, mittelgradiger Haken auf 206, kaudal rampenähnlich auslaufend.

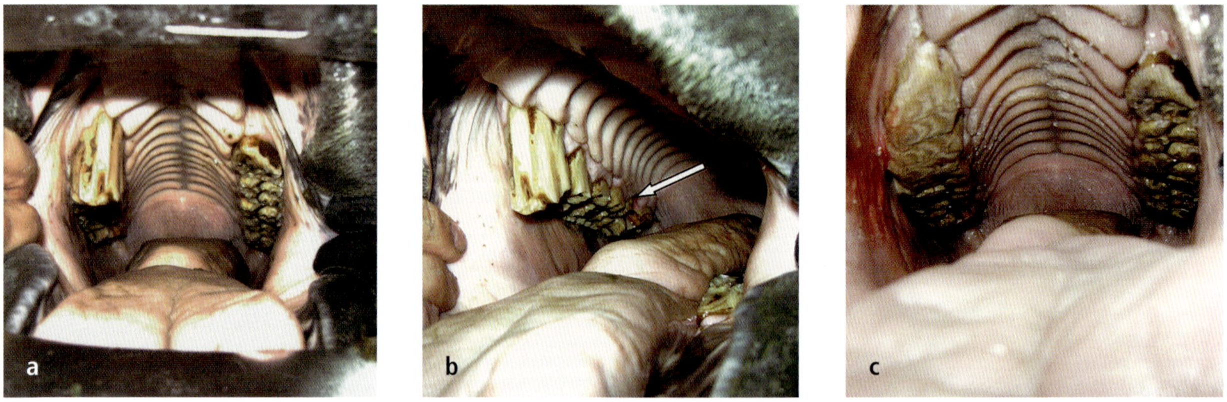

Abb. 5-21 Brandenburger Warmblut, Wallach, 20 Jahre.
a Rampenähnlicher Haken auf 106. Ursache war mangelnde Abnutzung, da 406 im Alter von 5 Jahren gezogenen worden war.
b Palatinale Ansicht. Die über 107 ziehende okklusale Erhöhung, die sich über 15 Jahre hinweg entwickelt hat, ist sichtbar. Zudem lässt sich palatinal von 110 vor einem ETR (Excessive Transverse Ridge, s. Kap. 5.4, S. 123) noch eine Diastase bzw. Zahnfleischtasche erkennen (Pfeil).
c Zustand nach Korrektur von 106/107. Hier zeigt sich deutlich, dass es sich nicht einschätzen lässt, in welchem Abstand zur Okklusionsfläche der vitale Anteil der Pulpen liegt. In diesem Fall konnten über 2 cm abgetragen werden, ohne dass es zu einer Eröffnung kam. Bei anderen Pferden kann die Pulpa aber durchaus schon nach wenigen Millimetern erreicht sein. Deshalb ist die ständige optische Kontrolle während der Arbeit obligatorisch.

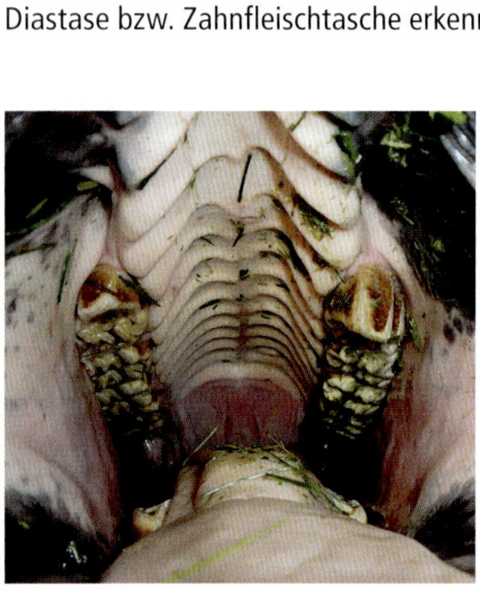

Abb. 5-22 Westfälisches Warmblut, Stute, 10 Jahre. Vorbericht: Das Pferd hatte infolge einer Koppelverletzung als Jährling eine mittelgradige Schiefnase. Kauwinkel und Neigung der Kauleiste sind im 2. Quadranten deutlich steiler als im 1. Quadranten. Geringgradige Hakenbildung auf 106, mittelgradige Hakenbildung auf 206 mit kaudaler Verkrümmung des Zahnes. Bei der Korrektur waren nach Erreichen der Kauflächenebene, die ihrerseits auch zu korrigieren war, rosa schimmernde Pulpen zu sehen. Daher ist hier eine weitere Korrektur nur schrittweise möglich.

! Merke: Bei 6ern, insbesondere im rostralen Bereich, liegen die Pulpen zwischen 3 und 27 mm unter der Okklusionsfläche. Es lässt sich somit nicht sicher voraussagen, wie weit Haken und Rampen ohne Eröffnung der Pulpen abgetragen werden können. Eine ständige visuelle Kontrolle ist daher bei der Bearbeitung obligatorisch.

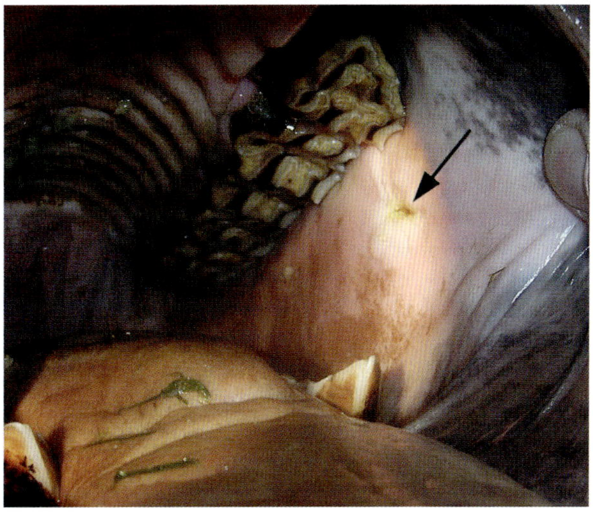

Abb. 5-23 Warmblut, Stute, 11 Jahre. Mittelgradige Rampenbildung auf 306 und mittelgradiger Haken auf 406. Deutlich sichtbar ist eine chronische, narbige Verletzung auf der Schleimhaut, welche durch 306 hervorgerufen worden ist (Pfeil).

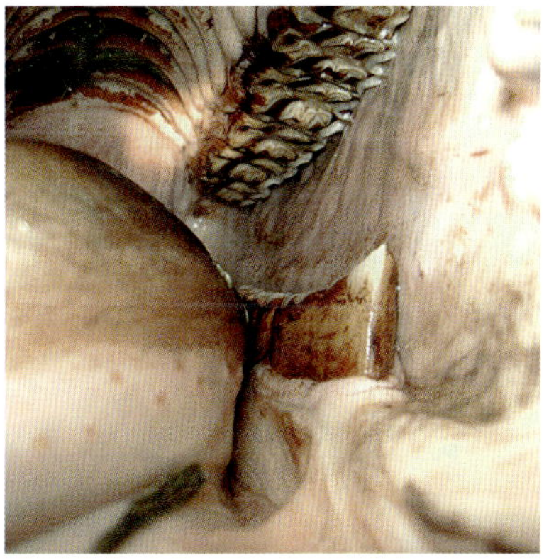

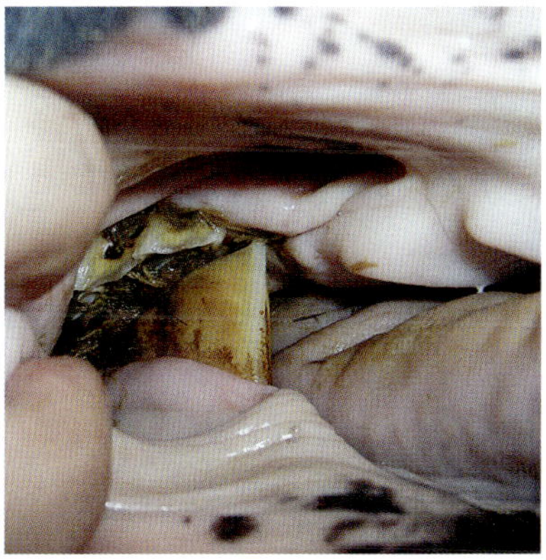

Abb. 5-24 Lusitano, Wallach, 13 Jahre. Mittelgradige Rampenbildung auf 306. Das Problem bestand nur linksseitig. Im Vorbericht hieß es, dass sich das Pferd rechts herum schlechter stellen ließ.

Abb. 5-25 Ardenner, Stute, 15 Jahre. Hochgradige Rampenbildung auf 406 und Reduktion von 106 im rostralen Bereich. Solche Veränderungen wurden häufig bei Pferden beobachtet, die viel oder fast ausschließlich auf der Weide gehalten werden. Ursache ist das Überangebot an Futter auf engem Raum und der daraus resultierende Bewegungsmangel des Hauspferdes im Gegensatz zum Steppentier. Durch den dauerhaften Unterkieferverschub nach rostral beim Herabsenken des Kopfes während des Grasfressens liegen die Okklusionsflächen nicht passend aufeinander. Diese Kaustellung begünstigt dann den mangelnden Abrieb im rostralen Bereich von 306 und 406.

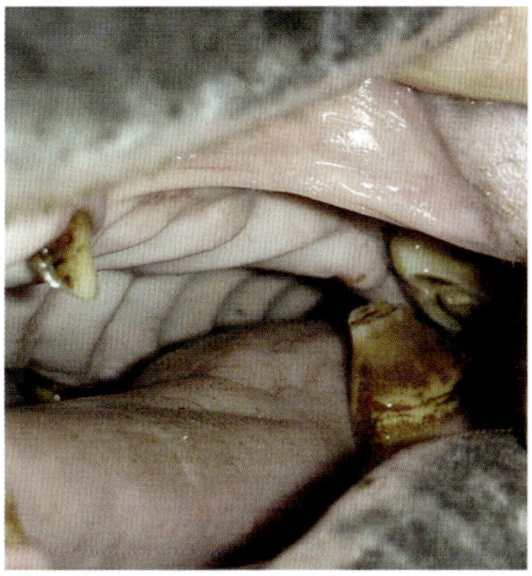

Abb. 5-26 Shetlandpony, Hengst, 10 Jahre. Mittelgradige Hakenbildung auf 306. Aufgrund des noch nicht allzu hohen Alters des Pferdes ist hier die ständige visuelle Kontrolle während der Korrektur besonders wichtig.

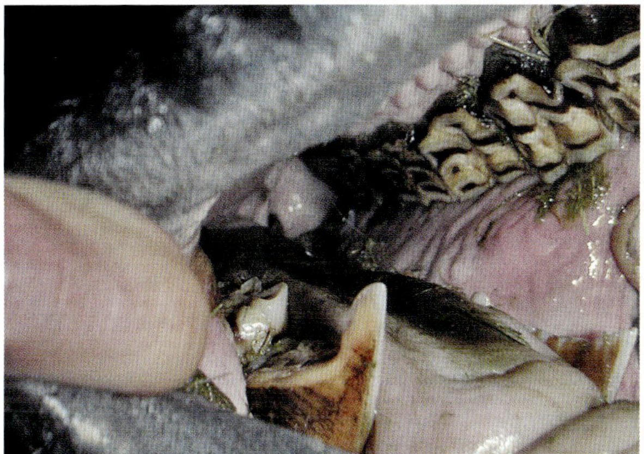

Abb. 5-27 Esel, Wallach, 17 Jahre. Hochgradige Haken auf 406 und Rampen auf 306 sowie ulzerierende Verletzung im Bereich rostral von 106.

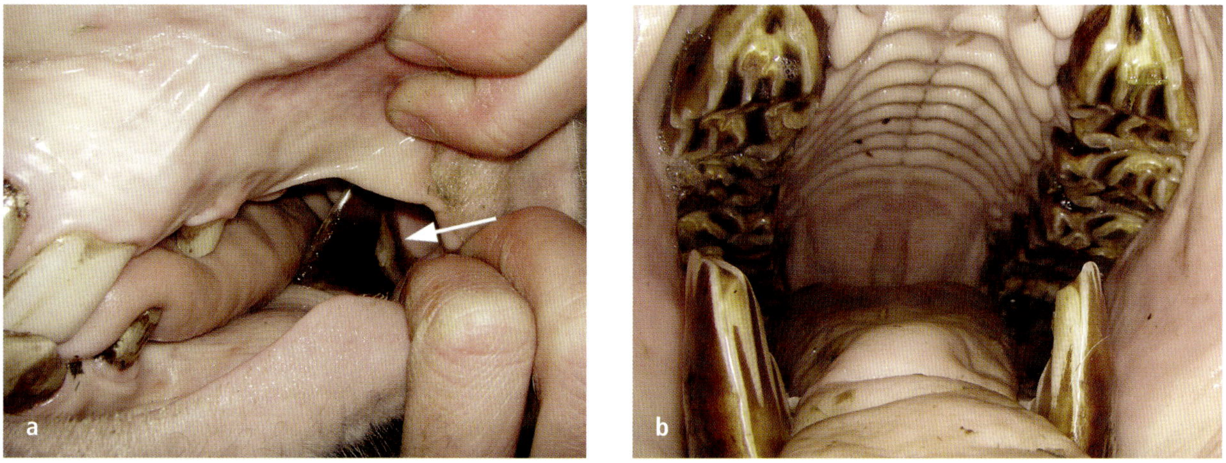

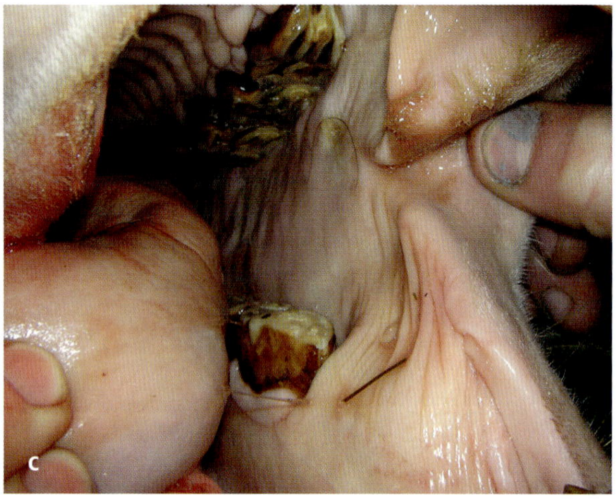

Abb. 5-28 Shetlandpony, Wallach, 19 Jahre. Tierschutzfall.
a Der Bodyscore-Index des Pferdes liegt unter 3, somit ist es als kachektisch zu bezeichnen. Bei seitlicher Anhebung der Oberlippe links erscheint 306 ungewöhnlich (Pfeil).
b Gesamtzustand nach Einlegen des Maulgatters. Hochgradiger Haken auf 306 und hochgradige Rampe auf 406, beidseitig Impressionsspuren auf 106 und 206 erkennbar.
c Zustand nach der Korrektur von 306. **Behandlung:** Kurz vor Erreichen der Kauebene schimmerten die Pulpen rosa durch, daher wurde eine weitere Korrektur in Richtung Bitseat gestoppt und die Behandlung nach einem halben Jahr fortgeführt.

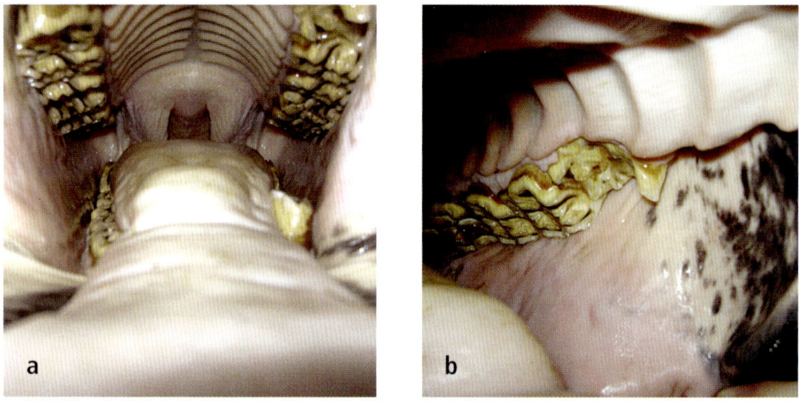

Abb. 5-29 Englisches Vollblut, Stute, 9 Jahre.
a Einseitige Buckelrampenbildung (eine rampenähnliche Veränderung, die sich mittig auf der Okklusalfläche befindet) auf 306. Die Kauebene des 4. Quadranten liegt über 1 cm tiefer als die des 3. Quadranten. Dieser Veranlagung leistet der Diagonalbiss Vorschub. Rampen sind auf auf 411 mittelgradig zu erkennen.
b Die Reduktion von 206 ist deutlich sichtbar. Bei genauerer Betrachtung der Okklusionsfläche zeigt der Zahn atypische okklusale Strukturen. Die Ursache könnte eine Missbildung, wie beispielsweise eine Schmelzhypoplasie, sein. Aufgrund eines relativen oder absoluten Mangels an hartem Schmelz erfolgt hier möglicherweise ein leichterer Abrieb als beim Antagonisten des Zahnes. Ein traumatisches Ereignis im jugendlichen Alter, bei dem die Zahnanlage geschädigt wurde, kann ebenfalls nicht ausgeschlossen werden.

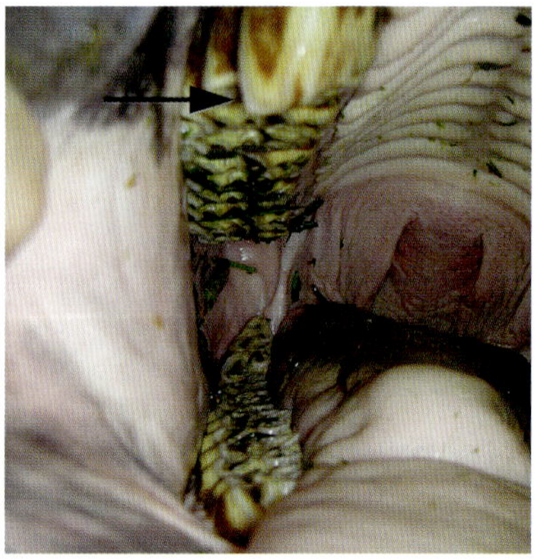

Abb. 5-30 Trakehner, Stute, 9 Jahre. Mittelgradiger Haken auf 106 (Pfeil) und hochgradige Rampe auf 411.

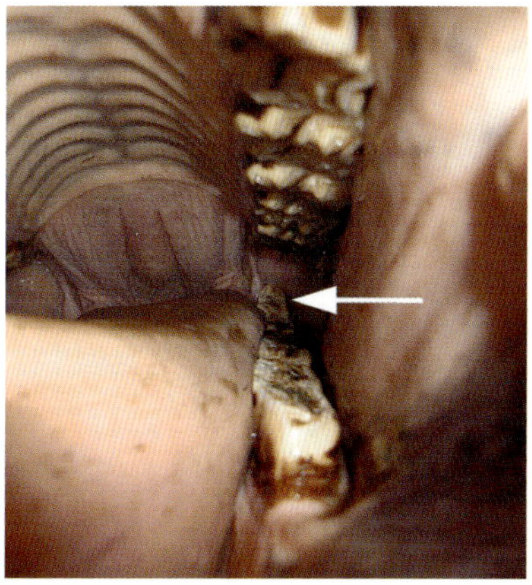

Abb. 5-31 Araber, Stute, 8 Jahre. Deutliche ATR (Accentuated Transverse Ridge, s. Kap. 5.4, S. 123) im 2. Quadranten und mittelgradiger Haken auf 311 (Pfeil). **Behandlung:** Entfernung des Hakens maschinell oder mit Cutter.

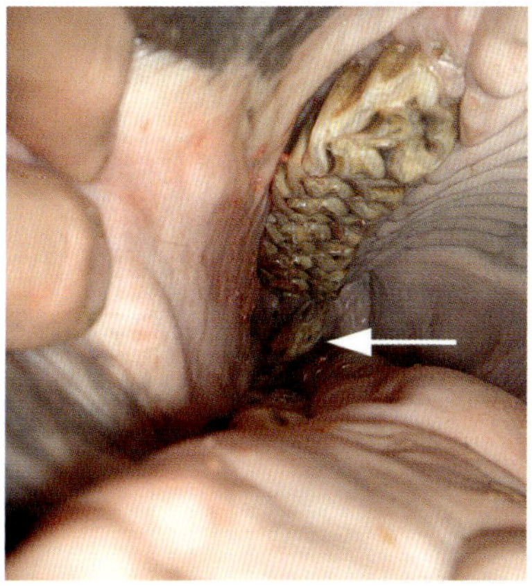

Abb. 5-32 Araber, Wallach, 11 Jahre. Hochgradiger Haken auf 411 (Pfeil), der zusätzlich lingual verkippt ist. Es gibt unterschiedliche Behandlungsmöglichkeiten: 1. Einsatz des (Sliding) Cutters; bei geübter Handhabung reduziert sich hierbei die Behandlungszeit auf weniger als eine Minute. 2. Maschineller Abschliff von lateral beginnend, da man von kaudal den höchsten Punkt kaum erreichen wird. Die manuelle Entfernung mit der Raspel scheidet hier aus, da eine Verletzung der Schleimhaut nicht vermieden werden könnte.

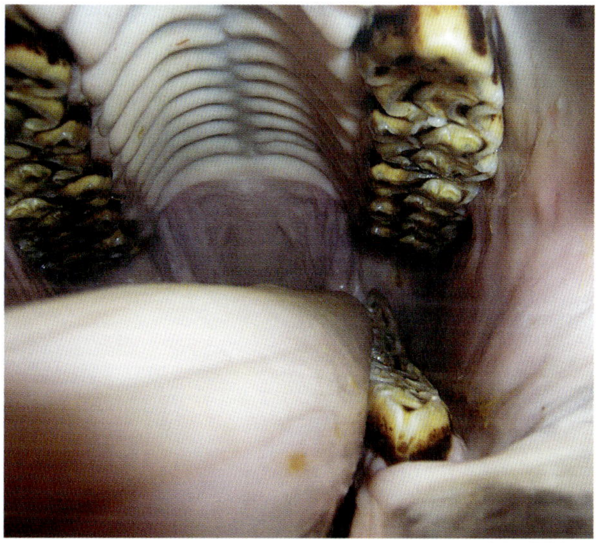

Abb. 5-33 Paint-Horse, Wallach, 9 Jahre. Mittelgradige Rampe auf 311. Wichtig zur Beurteilung einer solchen Rampenbildung ist die palpatorische Untersuchung. Da durch die Veredlung vieler Pferderassen mit „kurzköpfigen" Vollblütern häufig starke Speesche Kurven vorkommen, ist es obligatorisch, den Zahnfleischanteil kaudal der beiden korrespondierenden 11er zu vergleichen. Ist der Abstand des kaudalen Anteiles beider 11er zum Zahnfleisch identisch, so ist von einer physiologischen Stellung auszugehen. Ist allerdings der kaudale Abstand zum Zahnfleisch eines 11ers größer, ist eine Reduktion des längeren Zahnes vorzunehmen.

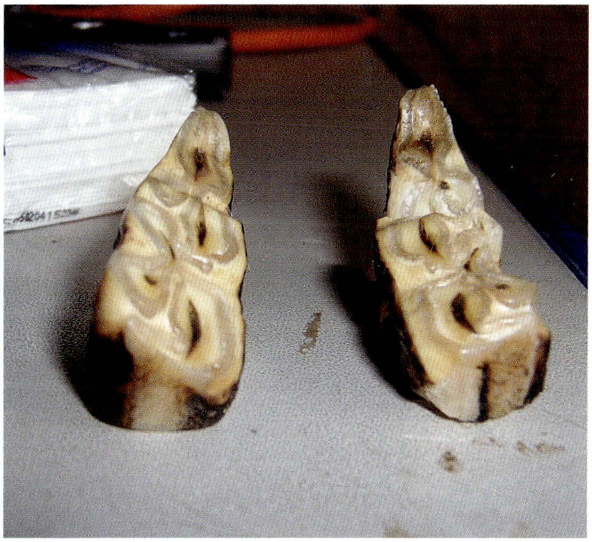

Abb. 5-34 Araber, Wallach, 14 Jahre. Zwei gecuttete Haken. Von dieser Art der Entfernung der Überstände, wie sie früher aufgrund mangelnder Instrumentarien häufig durchgeführt wurde, ist aus heutiger Sicht eher abzuraten, da auf diese Weise die Pulpen unkontrolliert eröffnet werden können.

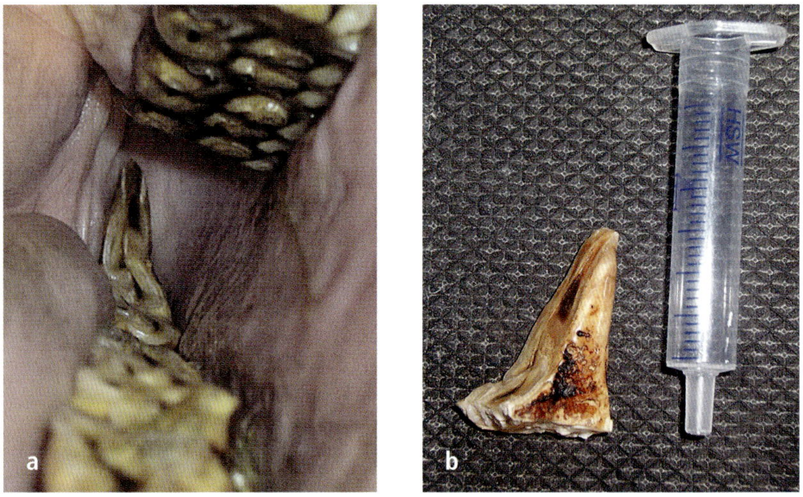

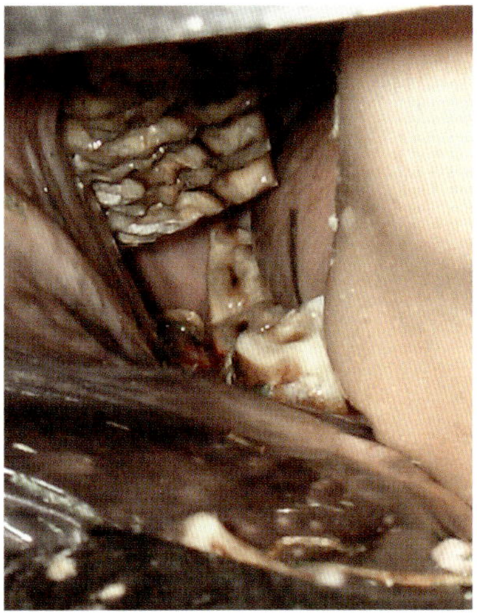

Abb. 5-35 Englisches Vollblut, Stute, 20 Jahre.
a Ca. 3 cm langer einseitiger, hochgradiger Haken auf 311. Das Pferd konnte seit einigen Jahren nicht mehr in der Dressur gearbeitet werden, da es bei jedem Versuch der Versammlung stieg und sich mehrfach mit dem Reiter überschlug. Im Vorbericht solcher Fälle wird häufig geschildert, dass das Pferd Raufutter nicht mehr am Boden, sondern nur mit erhobenem Kopf frisst. Der Bereich kaudal von 211 war hochgradig ulzerös. Da das Pferd bei der Manipulation in diesem Bereich trotz Sedierung extrem nervös reagierte, kam der Zahncutter zum Einsatz. Die Arbeit mit diesem Instrument beinhaltet die Gefahr, die Pulpahöhlen zu eröffnen, kann aber andererseits die Behandlungsdauer in dieser sehr empfindlichen Region erheblich verkürzen. In der vorliegenden Abbildung ist die Schnittebene jedoch optimal getroffen worden.
b Gecutteter Zahn. Nach der Entfernung des Hakens legte sich die Nervosität des Tieres sofort, und es konnte mit einer dem Alter und Gesundheitszustand angepassten Sedierung in Ruhe weiterbehandelt werden (Berundung der Zahnkanten).

! Merke: Falls möglich sind die schmerzhaftesten Probleme immer zuerst zu lösen, da dem Pferd damit unnötige zusätzliche Sedierungen erspart werden können.

Abb. 5-36 Warmblut, Stute, 14 Jahre. Dressurpferd mit zunehmenden Rittigkeitsproblemen. Ausgeprägte Speesche Kurve mit hängendem 109 und 110 sowie ETR. Im Unterkiefer hochgradige Schärfe auf 406 und hochgradiger Haken auf 411. 410 mit pulpitisverdächtiger brauner Stelle.

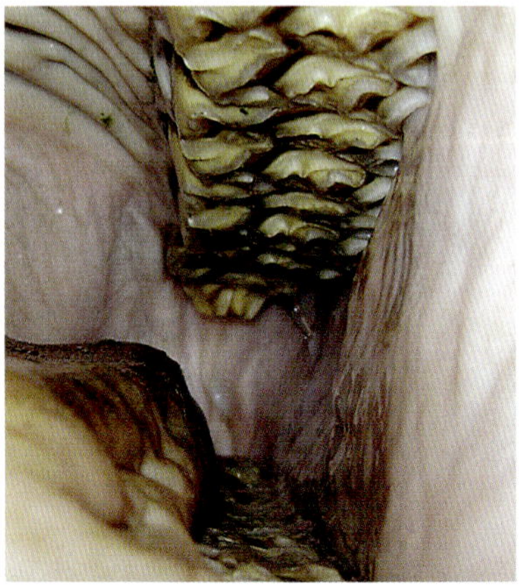

Abb. 5-37 Haflinger, Stute, 9 Jahre. Geringgrade Hakenbildung auf 211.

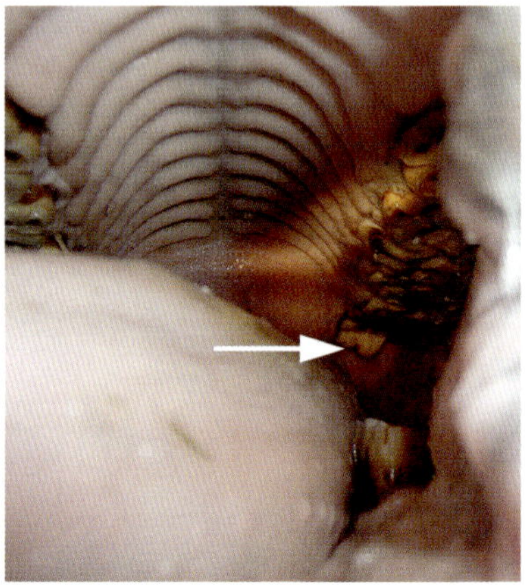

Abb. 5-38 Pinto-Mix, Stute, 10 Jahre. Mittelgradige Hakenbildung auf 211 (Pfeil). Das Pferd hatte eine ulzerierende Verletzung auf der Zungenwurzel links sowie Schwellungen und Entzündungen im gesamten linksseitigen Larynxbereich.

5.3 Zahnkanten

Backenzahnkanten oder Schärfen sind spitze Zahnteile, die an den Rändern der Kauflächen auftreten, am Oberkiefer überwiegend bukkal, am Unterkiefer meist lingual. Sie entstehen durch eine unvollständige laterale Übermahlung der Okklusionsflächen in Kombination mit dem Kauwinkel (physiologisch 12 bis 15 Grad). Man unterscheidet gering-, mittel- und hochgradige Schärfen. Geringgradige Schärfen überragen die Okklusionsebene nicht, mittelgradige überragen diese Ebene ein wenig, hochgradige Schärfen deutlich.

Backenzahnkanten oder Schärfen sind grundsätzlich zu berunden, dabei gilt, dass die Berundung gleichmäßig vom 6er bis zum 11er durchgeführt werden muss. Bei der Berundung ist darauf zu achten, dass die Kaufläche so weit wie möglich geschont wird, sodass die Oberfläche der Backenzähne weitgehend erhalten bleibt. Backenzahnkanten sind verantwortlich für massive Verletzungen (Ulzera) und Entzündungen im Backenzahnbereich, die bis zu Phlegmonen reichen können. Dies führt oft auch zu Rittigkeitsproblemen, da z. B. bei Schärfen von 106 und 206 durch zu engen Verschluss des Nasenriemens die Backenzahnkanten in die bukkale Schleimhaut gepresst werden (s. **Abb. 5-39**). Da der Oberkiefer deutlich breiter als der Unterkiefer ist, und die Oberkiefermahlzähne ebenso breiter als die Unterkieferbackenzähne sind, kommen die Zahnschärfen am häufigsten im Oberkiefer bukkal sowie im Unterkiefer lingual vor. Bei speziellen Fehlabnutzungen (fehlende latero-laterale, d. h. ausschließliche ventro-dorsale Kaubewegung) können die Schärfen jedoch auch im Oberkiefer palatinal und im Unterkiefer bukkal auftreten (s. **Abb. 5-44**).

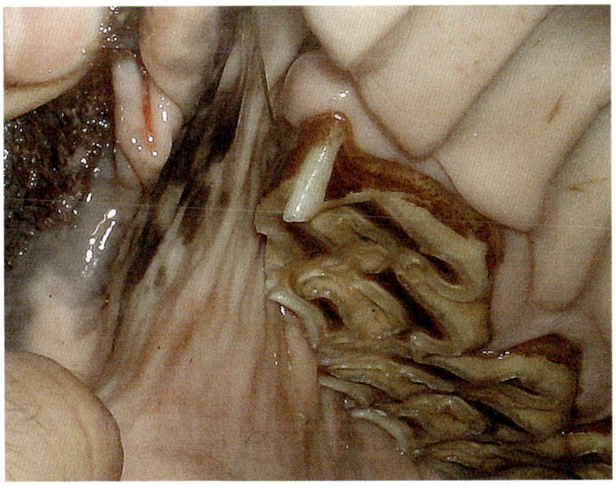

Abb. 5-39 Warmblut, Wallach, 11 Jahre. Geringgradige Schärfe auf dem 1. Quadranten bukkal und geringgradiger Haken auf 106.

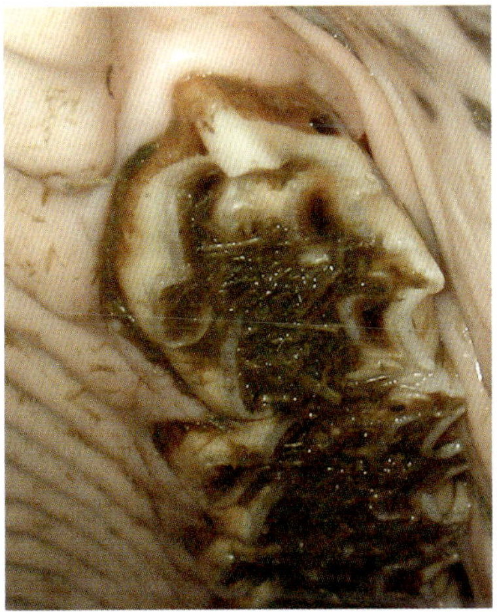

Abb. 5-40 Warmblut, Stute, 6 Jahre. Bukkal gering- bis mittelgradige Schärfe im 2. Quadranten und kleiner Haken auf 206.

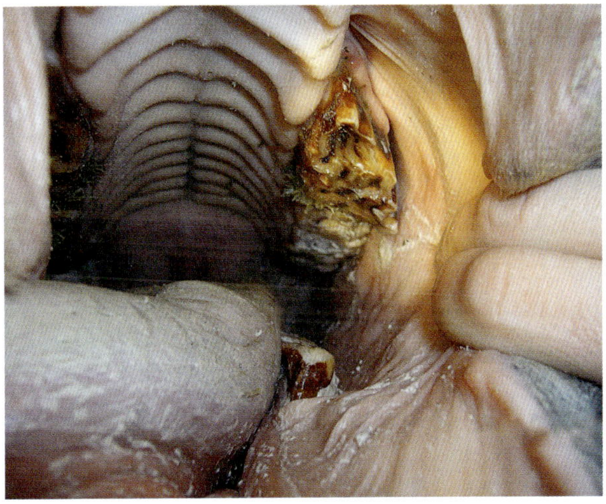

Abb. 5-41 Shetlandpony, Wallach, 16 Jahre. Hochgradige Kantenbildung bei zu steilem Kauwinkel und bukkaler Verkippung. Diastase zwischen 206/207. Außerdem ist eine Gingivitis bukkal im rostralen Bereich von 206 erkennbar. 206 war bereits durch Atrophie des Zahnhalteapparates gelockert und wurde extrahiert.

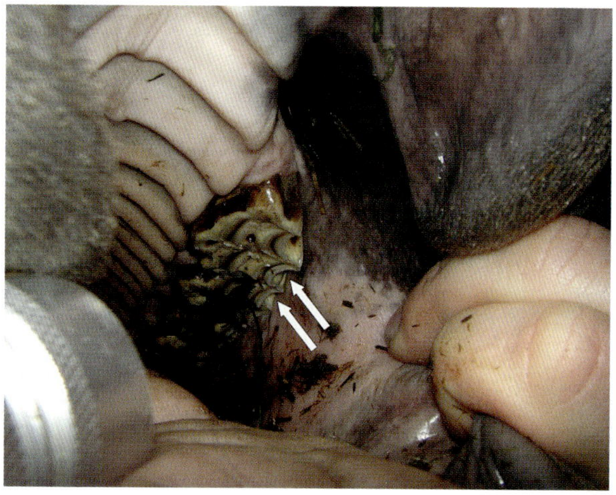

Abb. 5-42 Trakehner, Stute, 12 Jahre. Mittelgradige Schärfe im 2. Quadranten mit deutlichen bukkalen Einkerbungen (Pfeile). Schleimhautverletzungen sind angedeutet und z. T. mit Futter überlagert.

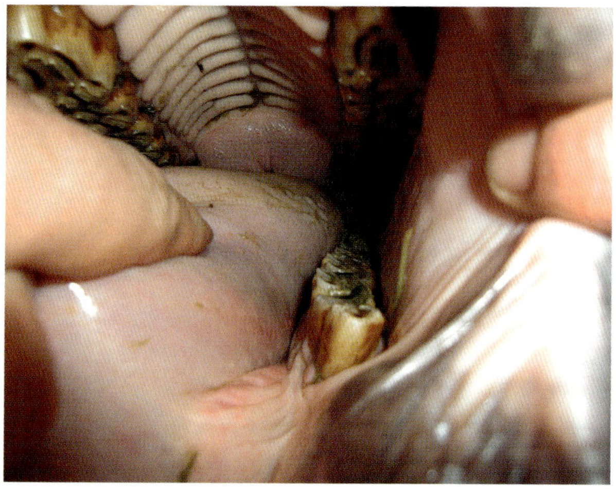

Abb. 5-43 Esel, Wallach, 12 Jahre. Linguale Schärfen, geringgradig auf 306, 309 und 310 sowie mittelgradig auf 307 und 308.

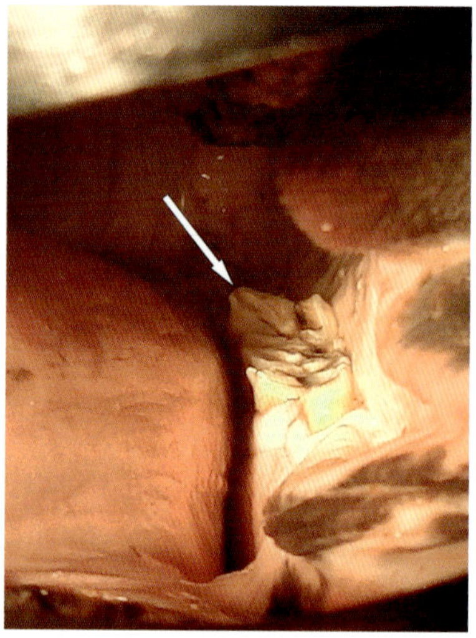

Abb. 5-44 Araber, Wallach, 26 Jahre. Teils schon fehlende Mahlzähne, 306 nur noch fragmentarisch vorhanden. Beginnender Meißelzahn 308 (Pfeil) und somit sowohl lingual als auch bukkal mittelgradige Schärfen auf 308. Bukkal geringgradige Schärfen auf 306 und 307.

! Merke 1: Wenn bei alten Pferden die laterale Mahltätigkeit nur noch eingeschränkt möglich ist, kann dies zur Rinnenbildung auf der Kaufläche im Unterkiefer führen, sodass sowohl lingual als auch bukkal Schärfen entstehen.

! Merke 2: Wenn bei alten Pferden mehrere Backenzähne nur noch in meist schmelzlosen Resten vorhanden sind, nennt man dies ein „Stummelgebiss", wenn nur einzelne Backenzähne betroffen sind, nennt man diese Glatzenzähne oder „Smooth Teeth".

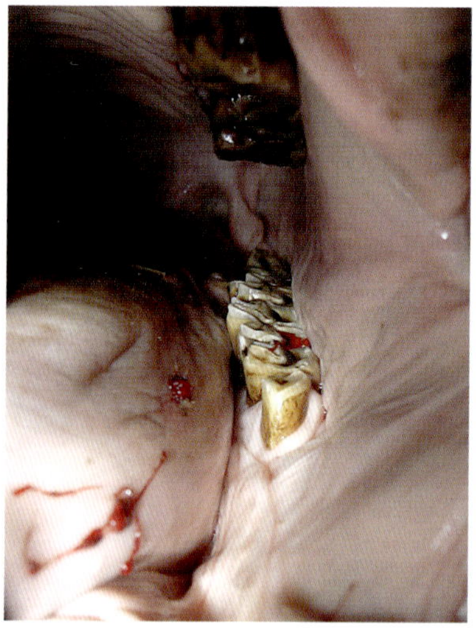

Abb. 5-45 Haflinger-Mix, Stute, 22 Jahre. Unterschiedliche Kauwinkel im 2. Quadranten (s. Kap. 5.5, S. 126), stark ausgeprägte Speesche Kurve und deutlich hängender 208. Im Unterkiefer verlaufen die Mahlzähne in einem nach lingual gewölbten Bogen. Dadurch entstehen lingual deutlich unterschiedliche Graduierungen der Schärfen: 306 ohne Schärfe, mittelgradige Schärfe auf 307, 310 und 311, hochgradige Schärfe auf 308 und 309.

! Merke: Ein „hängender" Zahn ist ein Mahlzahn, der komplett aus der Okklusionsfläche im Oberkiefer heraustritt.

! Merke: Ist die Unterkieferlänge im Vergleich zur Zahngröße nicht ausreichend, sind die Unterkieferbackenzähne entweder verschachtelt, links und rechts verkippt oder aber bogenförmig nach lingual hintereinander aufgereiht, um trotz der Enge Platz zu finden. Da sie nicht in einer Flucht stehen, lassen sich linguale Schärfen im Bereich der 7er, 8er und 9er schlechter beseitigen und treten schneller wieder auf, sodass bei solchen Pferden die Behandlungsintervalle in der Regel kürzer gehalten werden müssen. Eine linguale Beschleifung des Zahnes bis auf die Flucht der mesial und distal liegenden Zähne ist wegen der Gefahr der seitlichen Eröffnung der Pulpen nicht anzuraten.

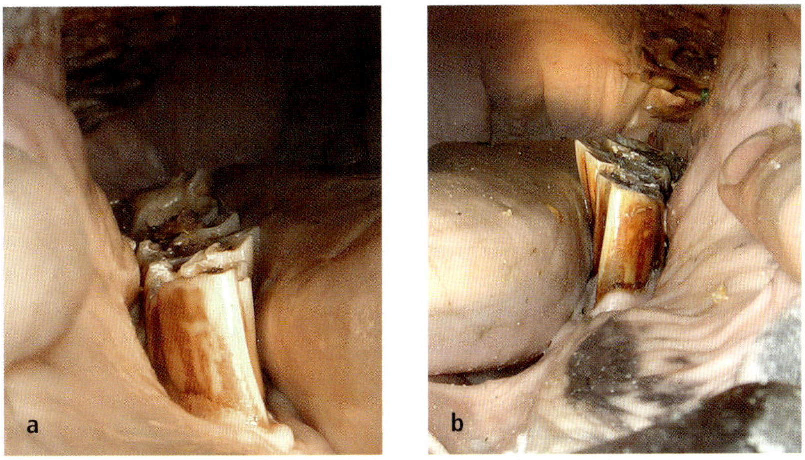

Abb. 5-46 Brandenburger Warmblut, Wallach, 14 Jahre.

a Unterschiedliche Kauwinkel (s. a. Kap. 5.5, S. 126) im 1. Quadranten, sehr flach auf 106 beginnend, etwas steiler und hängend auf 107, immer steiler werdend auf 109, 110 und 111. Auch im Unterkiefer ist die Kaufläche differenziert, der rostrale 406 ist annähernd horizontal, auf 407 und 408 ist der Kauwinkel deutlich steiler. Dadurch auch Schärfen lingual: geringgradig auf 406, mittelgradig auf 407 und 408, hochgradig auf 409. Zudem bei 408 ein beginnender Meißelzahn.

b Ansicht der linken Seite. Hier ist die Unterkiefersituation deutlich anders. Die Zähne liegen nicht in einer Flucht hintereinander, sondern in einer gebogenen Linie, die sich von 306 bis 310 nach lingual wölbt. Dementsprechend sind die Schärfen auf 306 geringgradig, auf 307, 308 und 309 jedoch hochgradig. 310 und 311 sind im Niveau niedriger und hier nicht zu erkennen.

5.4 Akzentuierte und Exzessive Transversalrillen

Die physiologischen Querrillen der Oberkieferbackenzähne dienen zusammen mit den Gaumenrillen zum Weitertransport des Futters in Richtung Schlund. Pathologische Querrillen entstehen durch Mangelabnutzung. Gering- bis mittelgradig treten sie bis zu einer Höhe von 5 mm über die gemittelte Okklusionsfläche hinaus und werden als Accentuated Transverse Ridges oder Akzentuierte Transversalrillen (ATR, s. **Abb. 5-47** bis **5-49**) bezeichnet. Die ATR können pro Zahn ein- bis zweimal vorkommen (s. **Abb. 5-50 c**). Die Okklusionsfläche hochgradig überragender Querrillen (über 5 mm) sind unter dem Begriff Excessive Transverse Ridges oder Exzessive Transversalrillen (ETR, s. **Abb. 5-50** bis **5-54**) bekannt. Diese Querrillen verhindern zum einen die rostrokaudale Kieferbewegung beim Kauen und sind zum anderen wahrscheinlich häufig für Slabfrakturen der Antagonisten verantwortlich, da sie zu einer Fehlbelastung führen. Die Behandlung der ATR und ETR besteht in einer Kürzung und erfolgt im Sinne der Herstellung einer funktionalen Okklusionsfläche.

! Merke:
Eine vollständige Einebnung der Okklusionsfläche der Oberkieferbackenzähne zur Eliminierung der pathologischen Transversalrillen ist kontraindiziert (sog. Overfloating). Grundsätzlich ist zu beachten, dass nur die überstehenden Protuberanzen entfernt werden sollten. Ein Mindestmaß an Querrillen ist zu erhalten, sodass der Mahlzahn weiterhin als Mahlstein für das Raufutter funktioniert.

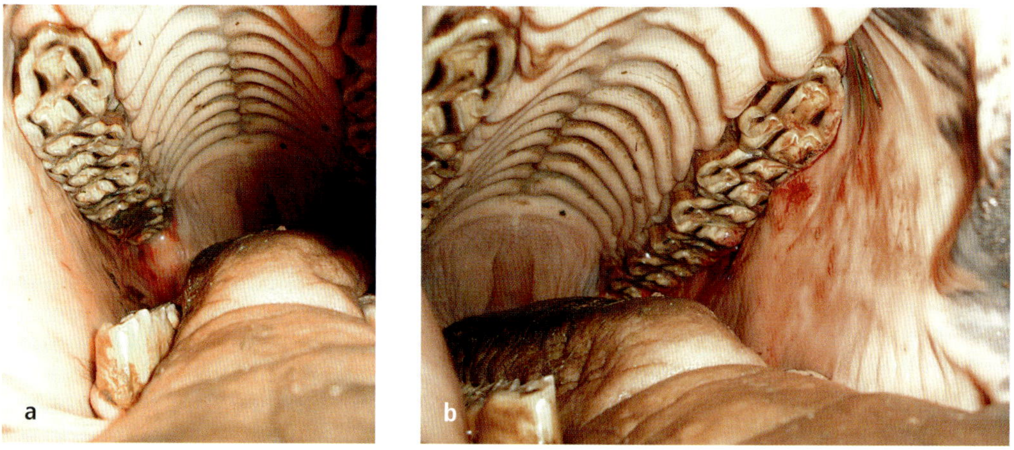

Abb. 5-47 Warmblut, Stute, 7 Jahre.
a Geringgradige ATR auf 107 und 109, mittelgradige ATR auf 108.
b Ansicht der linken Seite von palatinal. Erkennbar ist eine durch hochgradige Schärfen an 106 und 207 bedingte Schleimhautverletzung. Geringgradige ATR auf 207, mittelgradige ATR auf 208, 209 und 210.

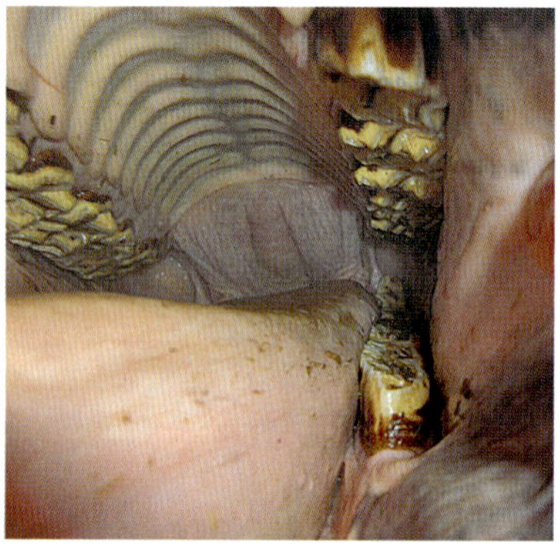

Abb. 5-48 Mecklenburger Warmblut, Stute, 9 Jahre. 207 und 208 mit hochgradigen ATR, 209 und 210 mit mittelgradigen ATR, kleiner Haken auf 206. 1. Quadrant schon etwas vorbearbeitet, 2. Quadrant noch unbearbeitet.

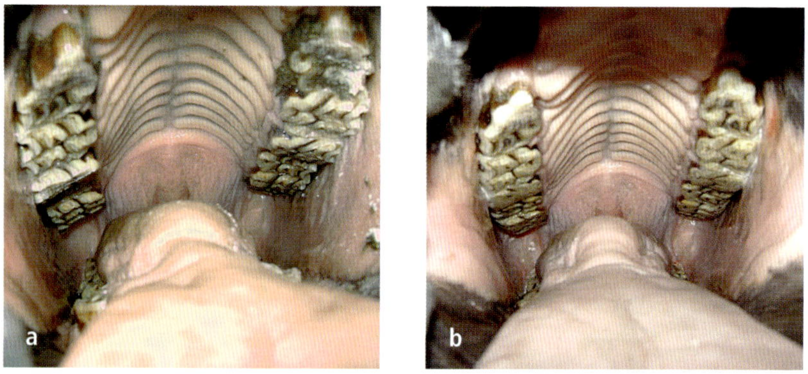

Abb. 5-49 Hessisches Warmblut, Wallach, 9 Jahre.
a ATR-Bildung im Bereich von 107 und 108.
b Zustand nach der Korrektur.

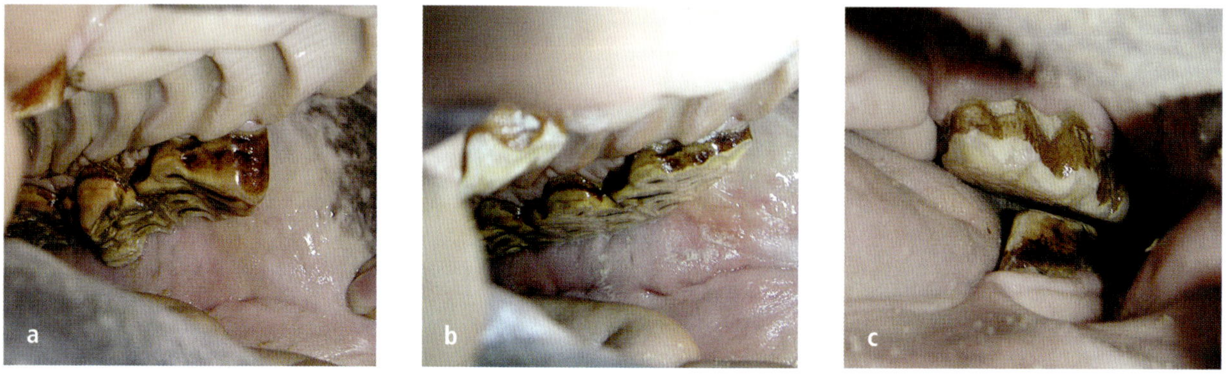

Abb. 5-50 Ungarisches Warmblut, Wallach, 6 Jahre.
a Hakenbildung auf 206 und ETR auf dem rostralen Anteil von 207. 307 fehlt, dadurch war 306 um eine halbe Zahnbreite kaudal verschoben, woraus sich eine Diastase von der Breite eines halben Zahnes ergab. Da die Ursache ein fehlender Zahn ist, lässt sich der ETR von 207 auch als halber Meißelzahn (s. Kap. 5.8, S. 133) auslegen. Der Übergang von ETR zu einem Meißelzahn ist fließend. Bei der Kürzung solcher Zähne bei jungen Pferden ist die ständige visuelle Kontrolle aufgrund der oberflächennah zu vermutenden Pulpen obligatorisch.
b Zustand nach der Behandlung. Die Protuberanzen konnten fast vollständig beseitigt werden.
c Rostrale Ansicht. Die kaudale Verlagerung von 306 ist zu erkennen.

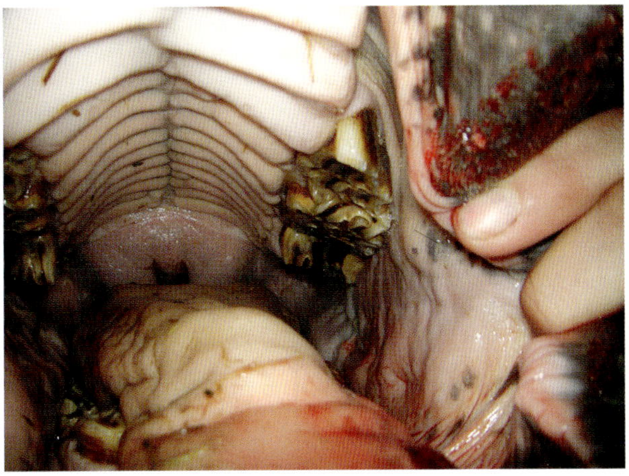

Abb. 5-51 Schweres Warmblut, Wallach, 12 Jahre. Kleiner Haken auf 206, ATR auf 207 rostral, hochgradige ETR auf 209 und beginnender Meißelzahn 109, ebenfalls mit ETR.

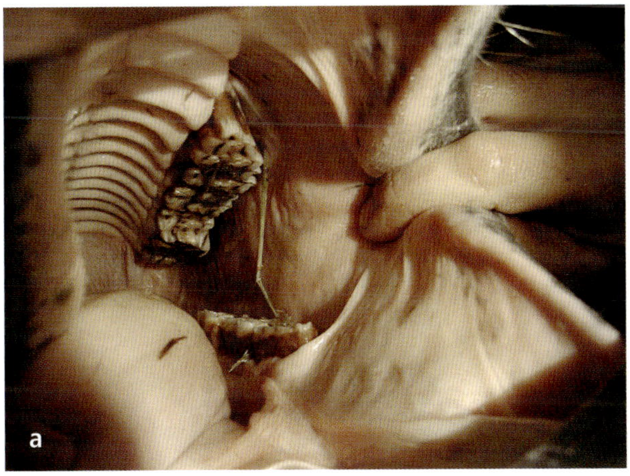

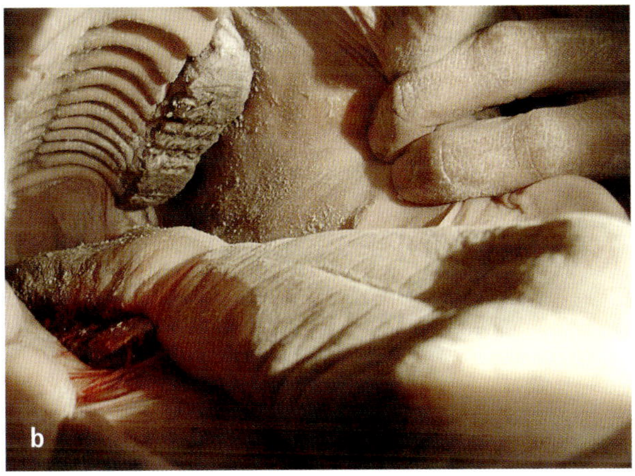

Abb. 5-52 Arabo-Haflinger, Stute, 19 Jahre.

a Keilförmige ETR auf 209 am Übergang zu 210. Außerdem Rampen auf 206 und deutliche Welle auf 308. Die ETR hatten im Unterkiefer im Laufe der Jahre eine so große Diastase hervorgerufen, dass 310 durch die Meißelwirkung zermörsert wurde und schließlich gezogen werden musste.

b Zustand nach der okklusalen Bearbeitung.

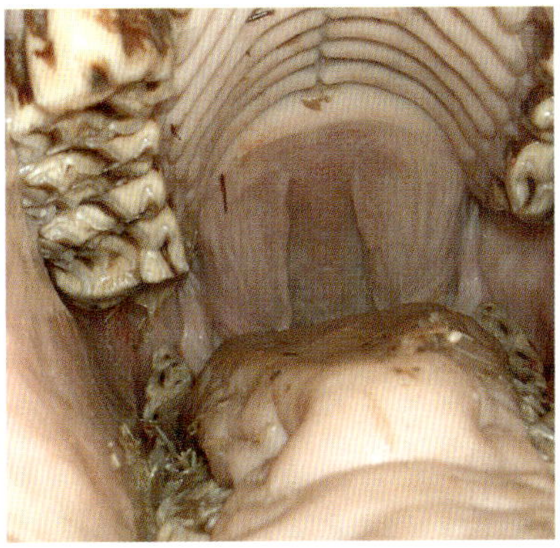

Abb. 5-53 Tschechisches Warmblut, Wallach, 8 Jahre. Kleiner Haken auf 106, geringgradige ATR rostral auf 107, mittelgradige ETR rostral auf 108 und hochgradige ETR auf 109. Auf 311 und 411 geringgradige Rampenbildung.

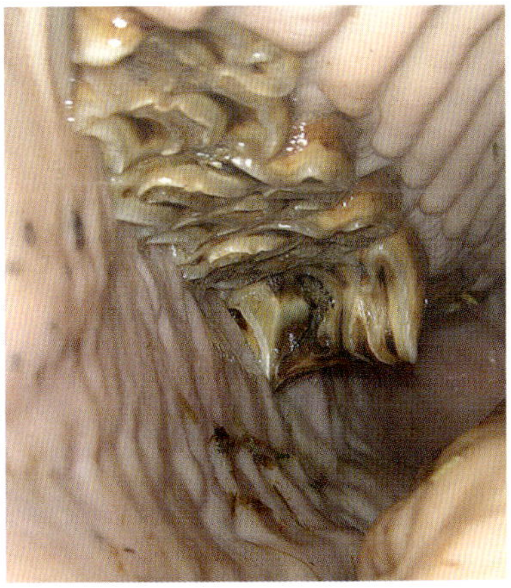

Abb. 5-54 Schweres Sächsisches Warmblut, Wallach, 9 Jahre. 108 mit hochgradigen ETR, die Grenze zu einem Meißelzahn (s. Kap. 5.8, S. 133) ist fließend.

5.5 Gebisswinkel

Die Gebisswinkel (Abweichungen der Okklusionsflächen von der Horizontalebene, in rostro-kaudaler Richtung beurteilt) der Backenzähne betragen zwischen 10 und 15 Grad lingual aufsteigend. Abweichungen des physiologischen Gebisswinkels kommen in Form zu flacher Kauwinkel – kleiner als 10 Grad, negativer Kauwinkel – lingual abfallend (hervorgerufen durch massiv fehlerhafte Zahnbehandlung), zu steiler Kauwinkel – 15 bis 20 Grad, deutlich zu steiler Kauwinkel 20 bis 25 Grad, und schließlich hochgradig zu steiler Kauwinkel – über 25 Grad vor. Eine Veränderung des Gebisswinkels in Richtung waagerecht (kleiner als 10 Grad) bedeutet eine massiv schlechtere Mahltätigkeit, da der Vorgang des Anquetschens des Futters unmöglich wird.

Bei der Behandlung von Zahnproblemen sind die Gebisswinkel generell zu erhalten, wobei jedoch darauf zu achten ist, dass eine bilaterale Symmetrie hergestellt wird. Der Kauwinkel jedes einzelnen Zahnes ist zu ermitteln und ggf. so zu korrigieren, dass möglichst eine Vollokklusion im Mahlzahnbereich erreicht werden kann. Hierbei ist die Speesche Kurve je nach Kopftyp und Nasenbiegung in das Behandlungskonzept mit einzubeziehen.

! Merke:
Die natürlicherweise vorhandene Speesche Kurve verläuft (gedacht) in der Okklusionsebene der Mahlzähne in rostro-kaudaler Richtung. Das bedeutet, dass die Herstellung einer horizontalen Okklusionsfläche der Backenzähne in rostro-kaudaler Richtung eine übermäßige Korrektur darstellt (Overfloating).

Zusätzlich zu den Abweichungen von Einzelzahnkauwinkeln (s. **Abb. 5-55/56**), gibt es Veränderungen, die mehrere Zähne desselben Quadranten (s. **Abb. 5-57** bis **5-59 a**), einen ganzen Quadranten (s. **Abb. 5-60/61**), oder sogar mehrere Quadranten betreffen können (s. **Abb. 5-63 a, b, c**). Eine Besonderheit ist das Scherengebiss, bei dem der Kauwinkel mindestens eines gesamten Quadranten hochgradig zu steil ist (größer als 25 Grad), sodass es durch Fehlabnutzung zu langen Haken und Schärfen kommt und ein seitlicher Mahlausschlag zu der betroffenen Seite nicht mehr möglich ist, weil die Zähne wie bei einer Schere aneinander vorbeigleiten.

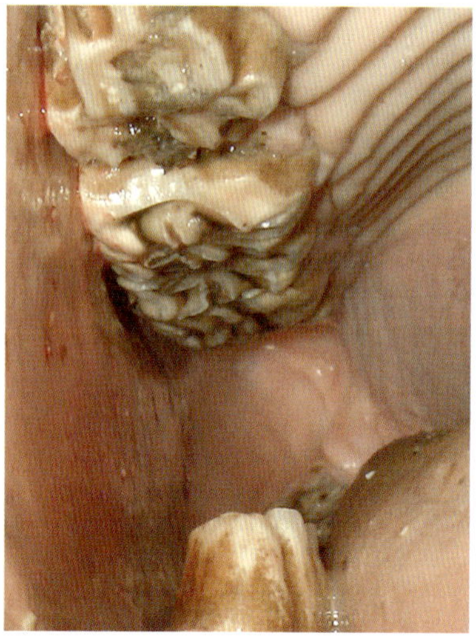

Abb. 5-55 Trakehner, Stute, 3 Jahre. Zu flache Kauwinkel von 107 und 108. 106 und 109 sind zwar auf unterschiedlichem Niveau, der Kauwinkel ist jedoch physiologisch.

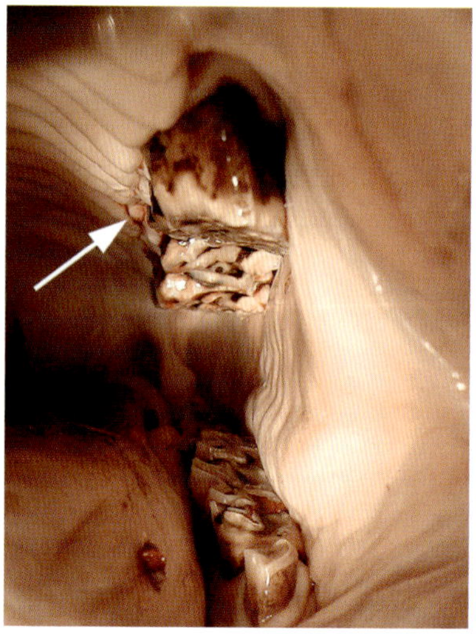

Abb. 5-56 Araber, Stute, 22 Jahre. 206 mit physiologischem Kauwinkel, jedoch nach rostral verkippt. 207 nach kaudal verkippt, Kauwinkel etwas steiler mit palatinaler Parodontose (Pfeil). 208 mit horizontaler Kaufläche. Im Unterkiefer ist die Kaufläche von 306 horizontal, bei 307 etwas zu steil und bei 308 deutlich zu steil.

Abb. 5-57 Kaltblut, Wallach, 11 Jahre. Die Zähne des linken Oberkiefers weisen außer hochgradigen Schärfen auch sehr differierende Kauwinkel auf: bei 206 bis 208 zunehmend steiler werdend, bei 209 horizontal, 210 mit physiologischem Kauwinkel.

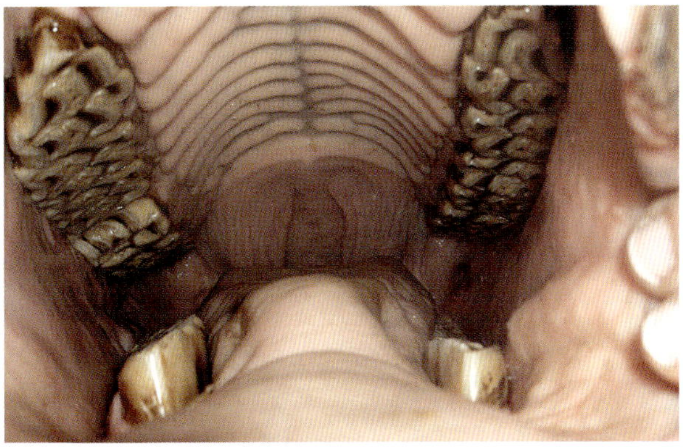

Abb. 5-58 Paint-Horse, Hengst, 9 Jahre. Zustand 1,5 Jahre nach einem Unterkieferanbruch auf der rechten Seite. 106 bis 108 mit physiologischem Kauwinkel, 109 mit massiver Verschiebung von Arkadenteilen (109 bis 111), hier als Ventralstufe zu erkennen, bei 109 bis 111 Kauwinkel etwas zu steil. 406 bis 408 Kauwinkel zu steil, 207 bis 210 mit palatinalen Schärfen, aber physiologischem Kauwinkel. 306 mit zu flachem Kauwinkel, 307 weist eine horizontale Kaufläche auf. Die extrem unterschiedlichen Mahlzahnniveaus zwischen dem 3. und 4. Quadranten (4. Quadrant massiv erhöht) müssen bei der Korrektur berücksichtigt und in mehreren Schritten angeglichen werden.

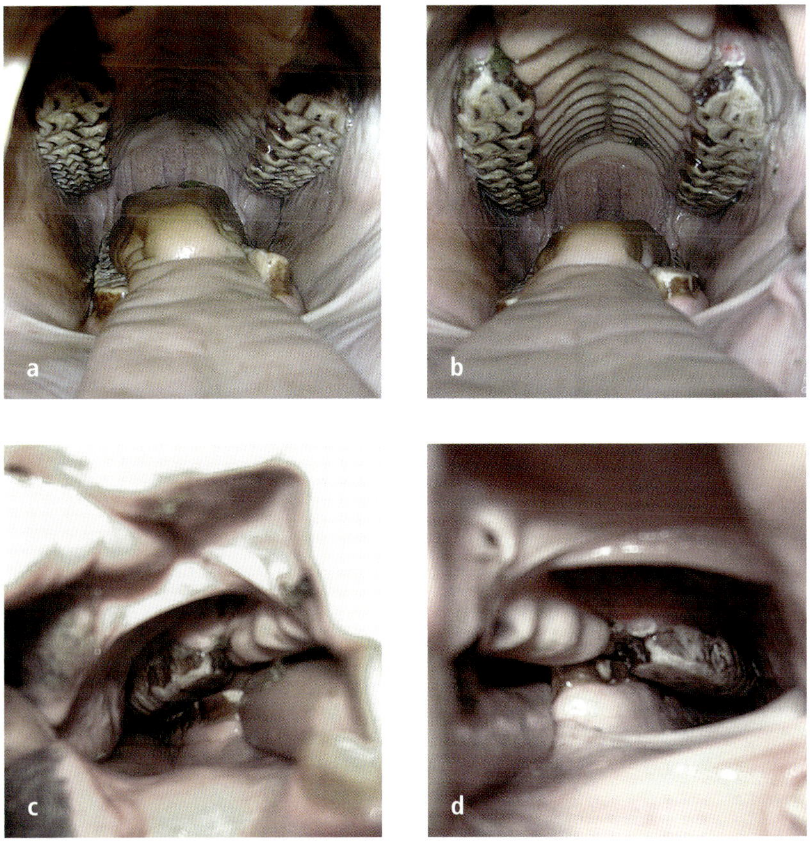

Abb. 5-59 Andalusier, Wallach, 4,5 Jahre.
a Linksseitiger Unterkieferengstand und geringgradige Rampenbildung. Der Kauwinkel des 1. Quadranten ist physiologisch, der des 2. Quadranten geringfügig zu steil. Im 3.Quadranten ist der Kauwinkel physiologisch, im 4. Quadranten bei 406 zu flach und bei 407 und 408 physiologisch. Weiter kaudal sind die Zähne zum Teil von der Zunge verdeckt. **1. Behandlungsschritt:** Kürzung verschiedener Zähne, um bessere Kauwinkel herzustellen.
b Zustand nach der maximal möglichen Korrektur (sowohl auf 306, als auch auf 307 schimmerten die Pulpen durch).
c Unterkieferstand rechts nach der Bearbeitung.
d Unterkieferstand links nach der Bearbeitung. Deutlich sichtbar ist das Unvermögen, eine Mahlbewegung durchzuführen, ohne das Maul vorher zu öffnen. Der einseitige Kieferengstand war die Folge einer Fraktur im lingualen Alveolenbereich, die vor ca. einem halben Jahr erfolgt war. **2. Behandlungsschritt:** Trotz aller Korrekturmaßnahmen mussten 306 und 307 gezogen werden, um die Verriegelung der Kiefer zu beseitigen. Seit dieser Zeit nimmt das Pferd stetig zu, hat keine Koliken mehr und ist gut reitbar.

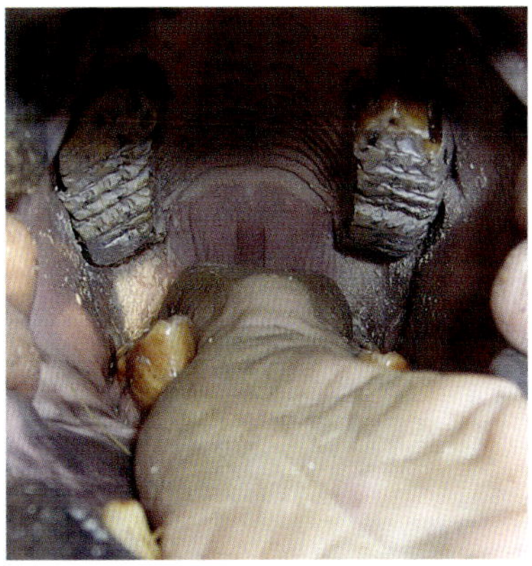

Abb. 5-60 Welsh A, Wallach, 12 Jahre. Deutlich unterschiedliche Höhenniveaus zwischen dem 3. und 4. Quadranten, vor allem im Bereich von 406. Die rechtsseitige Scherengebissstellung ist selbst nach Behandlung noch zu erkennen. Solche Veränderungen lassen sich selten auf einmal korrigieren. Behandlungsintervalle von ca. 3 bis 4 Monaten sind hier ratsam.

! Merke: Ursache oder/und Folge eines Scherengebisses können einseitige massive Kiefergelenksprobleme sein, sodass nur eine begleitende Diagnostik und Behandlung des Kiefergelenks einen dauerhaften Erfolg möglich macht.

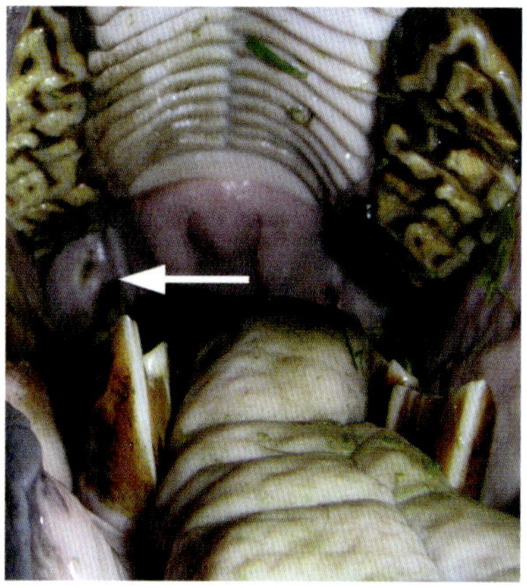

Abb. 5-61 Zwergesel, Wallach, 17 Jahre. Deutliche Scherengebissbildung im 2. Quadranten, verursacht durch die hochgradig schmerzhaften Befunde im 4. Quadranten (Haken auf 406 und 411, 407 lingual verkippt und mit hochgradigen Schärfen). Im kaudalen Bereich ist die Ulzeration durch den einseitigen Haken auf 411 erkennbar (Pfeil).

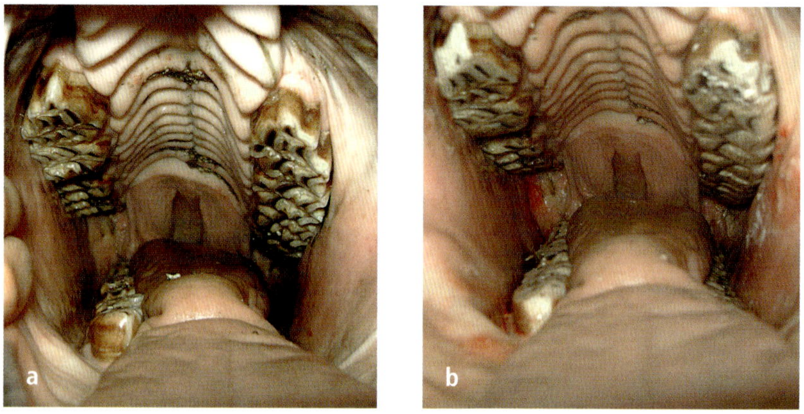

Abb. 5-62 Reitpony, Stute, 6 Jahre.
a Deutlich scherengebissartige Winkelveränderung. Auffallend ist der in der Höhe hochgradig reduzierte 3. Quadrant. Ursache war eine Fraktur der Lade im Alter von einem halben Jahr, die unentdeckt und daher unbehandelt blieb.
b Zustand nach aggressiver Korrektur der Okklusionsflächen.

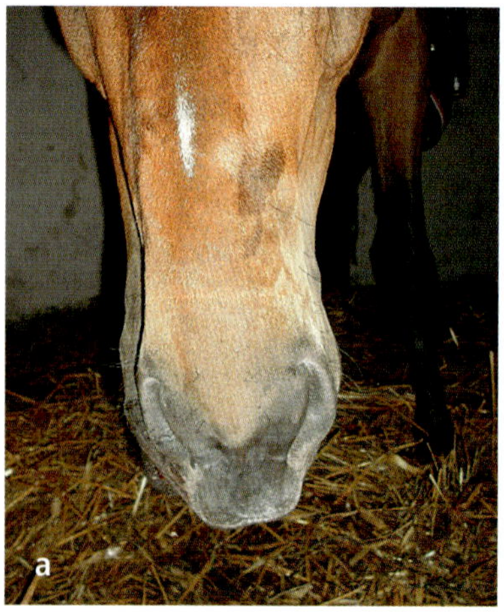

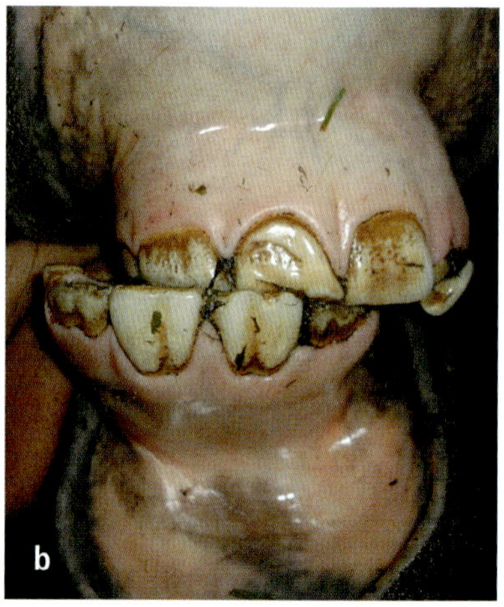

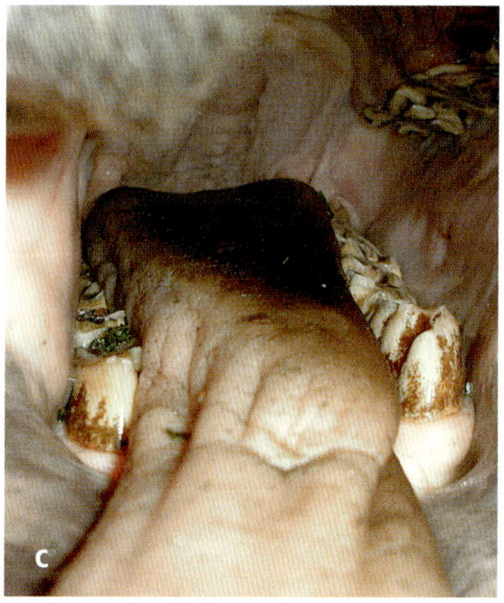

Abb. 5-63 Westfälisches Warmblut, Stute, 5 Jahre.
a Erworbene Schiefnase. Der rostrale Teil des Oberkiefers ist nach links schief.

b Ansicht in Sedation. Frontalansicht der Schneidezähne. Der stark abfallende Diagonalbiss weist einen seitlichen Verschub um 1 ½ Zähne auf.

c Die im Schneidezahnbereich gefundene Verschiebung spiegelt sich rostral im Mahlzahnbereich durch eine links bis zu 1 cm höhere Kauebene wieder. Im kaudalen Mahlzahnbereich ebbt dieser Unterschied deutlich ab.

5.6 Verkippte Mahlzähne

Von einem verkippten Mahlzahn spricht man bei einer Richtungsabweichung des gesamten Zahnes nach palatinal, lingual oder bukkal. Dies beinhaltet oftmals zusätzlich eine Rotation des betroffenen Zahnes um die eigene vertikale Achse. Verkippungen in ventro-kaudaler Richtung kommen seltener vor. Diese sind jedoch nach Backenzahnextraktionen physiologisch zu beobachten, weil die umliegenden Zähne in die Lücke kippen. Bei der Behandlung von Verkippungen stehen das vermehrte Abschleifen des Zahnanteiles, der durch die Verkippung einer Fehlabnutzung unterliegt, das Slicing, um den Zahn ggf. in seine physiologische Position zurückzuverlagern, oder auch die Extraktion als Ultima Ratio zur Auswahl.

! Merke:
Eine regelmäßige Behandlung der Verkippungen im Zahnwechsel oder kurz danach bedeutet eine wesentlich höhere Wahrscheinlichkeit, nur durch Schleifen eine physiologischere Zahnstellung zu erreichen.

Abb. 5-64 Tinker, Stute, 7 Jahre. Hochgradige ATR kaudal auf 208. 209 palatinal um ⅓ Zahnbreite verkippt. Hängender 210.

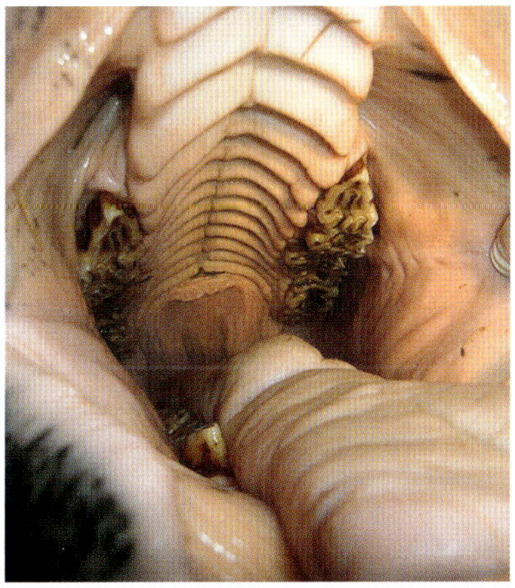

Abb. 5-65 Lipizzaner, Hengst, 19 Jahre. 109 bukkal um ⅕ Zahn verlagert. 208 nach palatinal verkippt, rostral um ⅓ Zahnbreite, kaudal um ¼ Zahnbreite. Auf der Kaufläche von 209 und 210 sind Schmelzhypoplasien (Glatzengebiss) zu erkennen.

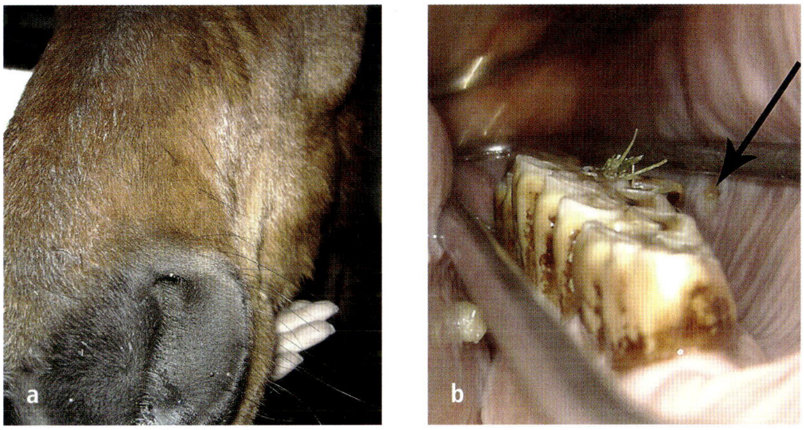

Abb. 5-66 Araber, Wallach, 9 Jahre.
a Umfangsvermehrung im Backenbereich.
b Ursache war ein bukkal verkippter 308 mit hochgradigen Diastasen zwischen 307/308 und 308/309, zudem bukkal eine ulzerierende Verletzung (Pfeil). Das Pferd hat immer wieder Futter zwischen Backe und Zahn gelagert, um diesen Prozess abzupolstern. Kombiniert mit Entzündungssymptomen hat dies die von außen sichtbare Schwellung hervorgerufen. Der Zahn wurde extrahiert, da eine Rückführung in eine physiologische Stellung nicht möglich war. Kurze Zeit später klangen die Entzündungssymptome ab.

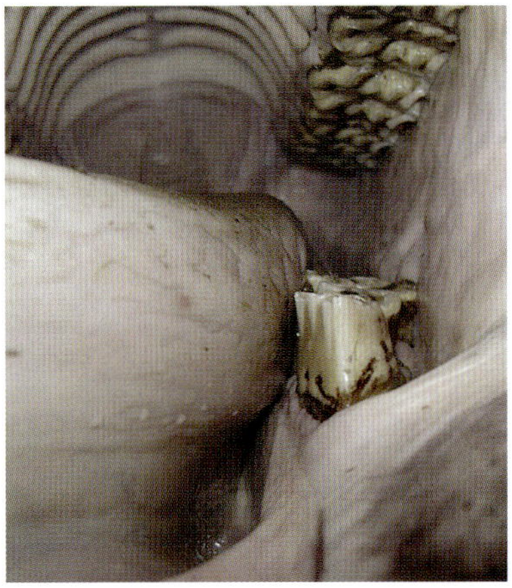

Abb. 5-67 Wielkopolska, Stute, 16 Jahre. Bukkal verkippte 307 und 308, wobei 307 um ¼ und 308 um ½ Zahnbreite verkippt sind. 308 mit Diastasenbildung zu 307 und 309.

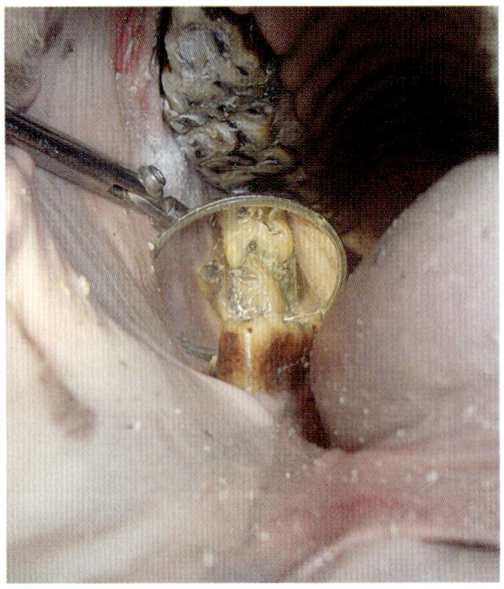

Abb. 5-68 Hessisches Warmblut, Wallach, 19 Jahre. Hochgradig (um mehr als ½ Zahnbreite) bukkal verkippter 407, der zapfenartig mit 408 verzahnt ist. **Behandlung:** Bei einem Pferd dieses Alters ist eine Positionskorrektur nicht mehr zu erwarten, sodass nur die Folgen der mangelnden Abrasion des Antagonisten, die bukkale Berundung von 407 und die linguale Berundung von 408, vorgenommen werden sollten. Diese Berundungen dürfen jedoch nicht so massiv sein, dass die Pulpenhörner von der Seite her eröffnet werden. Auch eine Extraktion muss in Erwägung gezogen werden.

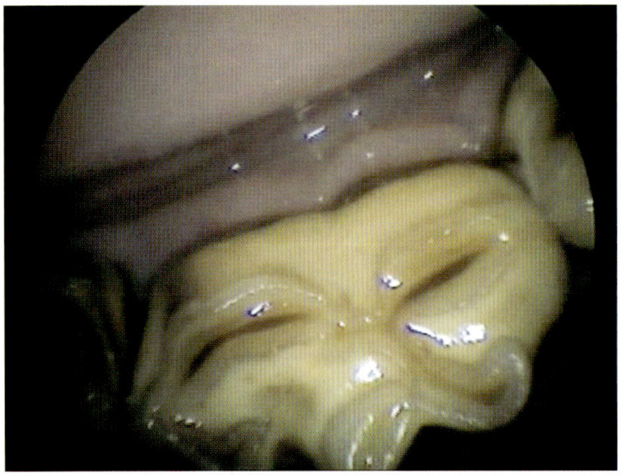

Abb. 5-69 Appaloosa, Stute, 4,5 Jahre. Maßgeblich im rostralen Bereich lingual verkippter 308. **Behandlung:** Aufgrund des jugendlichen Alters des Pferdes ist eine Positionierung in die physiologische Stellung noch zu erwarten. Dazu wird unter endoskopischer bzw. Spiegelkontrolle ein Slicing durchgeführt und der Zahnspalt zwischen 307 und 308 sowie zwischen 308 und 309 erweitert. So wird Platz geschaffen, damit der Zahn in seine physiologische Position rutschen kann. Die Erfolgschancen liegen bei ca. 50 Prozent. Wichtig ist, dass beim Slicing keine Pulpen eröffnet bzw. weggefräst werden.

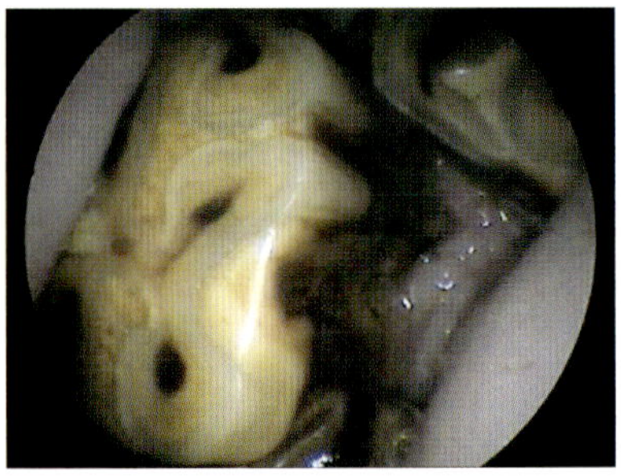

Abb. 5-70 Fjordpferd, Stute, 21 Jahre. Hochgradige Verlagerung (Rotation um mehr als ½ Zahnbreite) von 407 nach bukkal. Im unteren Bildrand sieht man den nach kaudal verlagerten Anteil von 406. **Behandlung:** Eine Korrektur wäre bei dieser Fehlstellung auch in jungen Jahren wahrscheinlich nicht möglich gewesen. Somit bleibt als Therapie nur die Extraktion.

5.7 Diastasen und Parodontaltaschen

Unter einer Diastase versteht man eine unphysiologische Lücke zwischen zwei Zähnen. Bei einer offenen Diastase berühren sich die beiden Zähne nicht (s. **Abb. 5-75**). Wenn sich die Zähne okklusal berühren, was meist der Fall ist, bildet sich ein Ventildiastema mit Erweiterung des Zahnzwischenraumes zur Schleimhaut hin (s. **Abb. 5-74**).

Durch Abbau des zwischen den Zähnen liegenden Gewebes kommt es zu einem Hohlraum, der Parodontaltasche als Zeichen einer Zahnfachererkrankung. Der Abbau des Periodontiums kann entzündlich durch das eingestempelte Futter eines Ventildiastemas geschehen oder durch die wiederholte mechanische Fehlbelastung eines wackelnden Backenzahnes. Oftmals sind beide Formen kombiniert. Das Einstempeln von Futterbestandteilen in Diastasen und Parodontaltaschen führt zu extrem schmerzhaften Entzündungen im Bereich der Maulhöhle, die oft auch sehr gut mit dem Geruchssinn (olfaktorisch) wahrzunehmen sind (süßlich-stechender Geruch). Bei der Versorgung dieser „Problemzonen" (1. mechanische Säuberung, 2. Druckspülung, 3. eventuell Füllung) entscheidet sich die Überlebensdauer der beteiligten Zähne. Sofern die Reduktion des Zahnhalteapparates deutlich mehr als die halbe Zahnlänge umfasst, sinkt die Überlebenschance des Zahnes rapide.

Abb. 5-71 Shetlandpony, Stute, 12 Jahre. Linguale Verlagerung von 411. Kaudal des 411 hat sich im Laufe der Zeit eine Zahnfleischtasche gebildet, in welcher sich Futter einlagert, was ohne Spiegel oder Endoskop nicht sichtbar wäre.

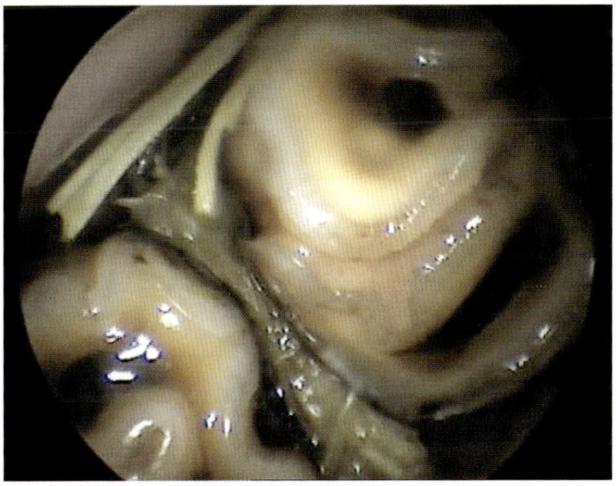

Abb. 5-72 Arabo-Haflinger, Stute, 19 Jahre. Diastase zwischen 408 und 409. Ursache ist eine geringgradige Verlagerung von 408 nach bukkal, wodurch Futterteile zwischen Zahnfleisch und verkipptem Zahn verblieben sind, welche im Laufe der Zeit zuerst eine Zahnfleischtasche und dann weiter fortschreitend eine Diastase hervorgerufen haben. Um derartige Veränderungen sichtbar zu machen, eignet sich ein Spiegel oder Endoskop. Er sollte auch zur Beurteilung der Pulpen niemals fehlen.

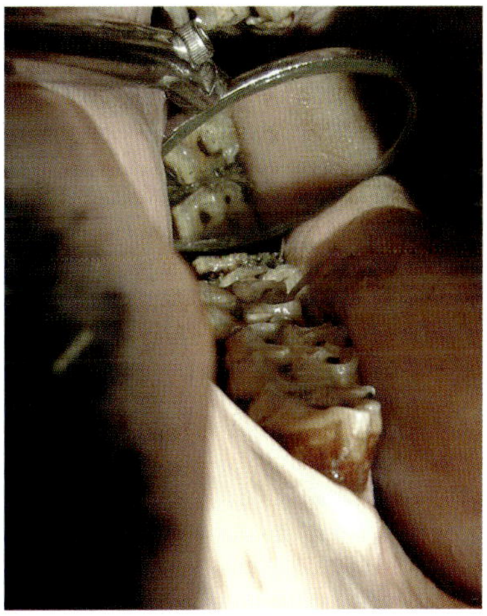

Abb. 5-73 Araber, Wallach, 15 Jahre. Deutliche Diastasenbildung und Futteransammlung. **Behandlung:** Die Reinigung dieser Zwischenräume ist ambulant sehr schwierig und zeitraubend. Sie sollte sowohl mechanisch als auch mit Druckwasserspülung und Druckluft durchgeführt werden. Die Beseitigung der resultierenden keilartigen Querrillen im Bereich des Antagonisten ist wichtig, damit kein weiteres Material in die Lücke gestopft wird. Behandlungsintervalle von drei bis sechs Monaten haben sich bewährt. Auch eine Wundauffrischung nach Reinigung kann Erfolg haben. Dauerhafte Diastasenverschlüsse aus humanmedizinischer Abdruckmasse, mit Antibiotika versetzt (alternativ können auch Jodoformpulver getränkte Tupfer verwendet werden), zeigen zurzeit noch nicht den gewünschten Langzeiterfolg. Die Autoren sehen derzeit das Débridement der gereinigten Diastasen als erfolgversprechendste Therapie an.

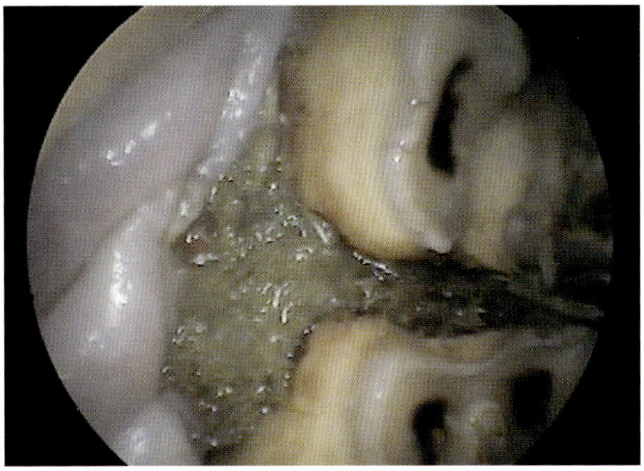

Abb. 5-74 Hessisches Warmblut, Stute, 6 Jahre. Diastase mit Futteransammlung. Dieses Krankheitsbild führte hier zu einer ins Zahnfach fortschreitenden Parodontitis, welche häufig vorkommt und für Zahnverlust verantwortlich sein kann.

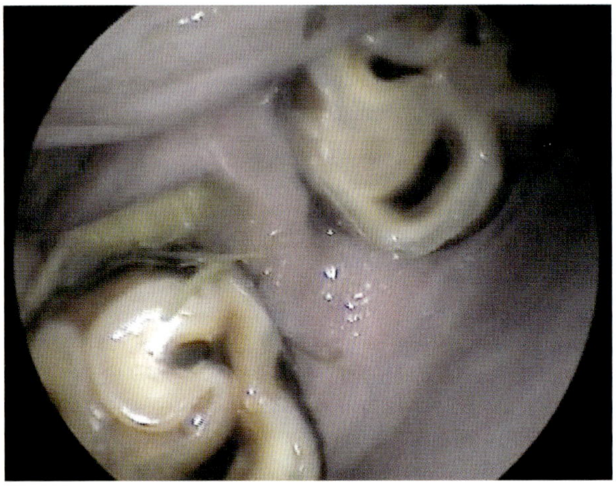

Abb. 5-75 Warmblut, Wallach, 8 Jahre. Große Diastasen sind im Gegensatz zu kleinen relativ unproblematisch, da Futter, welches hineingelangt, auch sehr leicht wieder aus der Lücke herausfällt. Daher wird bei kleinen Diastasen eine Auffräsung des Zahnzwischenspaltes durchgeführt, damit Futterreste nicht dauerhaft im Spalt verbleiben und vergären können. Wie in der Endoskopie ersichtlich, befinden sich sowohl die Pulpa 3 als auch die Pulpa 4 (Pulpenzählsystem s. Abb. 5-85, S. 135) sehr nahe am mesialen Rand. Fräsen über 3 mm Durchmesser sind nur mit äußerster Vorsicht zu benutzen.

! **Merke:** Bei der Diastasenfräsung ist die konsequente visuelle Kontrolle zwingend, da sehr leicht die mesial stehenden Pulpenhörner eröffnet werden können.

Abb. 5-76 Pony, Stute, 19 Jahre. Lingual liegende Zahnfleischtasche mit Diastase und eingequetschtem Futter zwischen 306 und 307. 306 ist im kaudalen Teil bukkal verkippt.

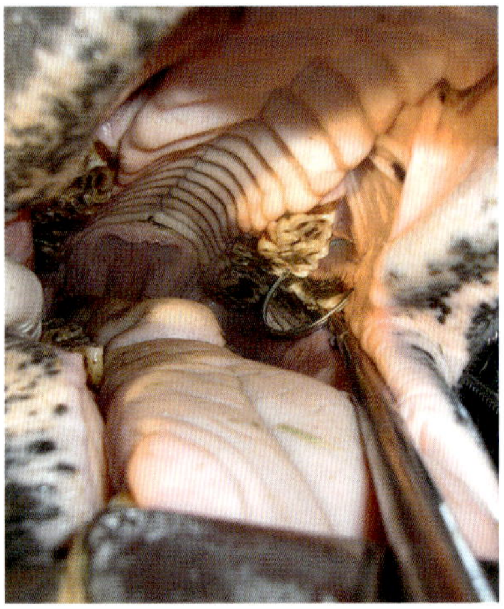

Abb. 5-77 Lipizzaner, Hengst, 21 Jahre. Nur mit Spiegel bzw. Endoskop sichtbare bukkale Parodontaltasche. **Behandlung:** Nach Druckwasserreinigung, Desinfektion und kurzzeitiger Tamponade der Parodontaltasche mit Chitosangel als Platzhalter mit gering desinfizierender Wirkung wurde eine Extraktion des 208 vermieden.

Abb. 5-78 Esel, Wallach, 23 Jahre. Hochgradige Parodontose und Diastase zwischen 207 und 208.

5.8 Meißelzahn

Als Meißelzahn wird ein sehr weit über die Kaufläche hinausragender und somit in die gegenüberliegende Kauleiste eindringender Mahlzahn bezeichnet. Ein mittelgradiger Meißelzahn reicht maximal bis zum Schleimhautniveau des Gegenkiefers. Wenn er in den Gegenkiefer eindringt, handelt es sich um einen hochgradigen Meißelzahn. Wie in dem Glasplattenmodell der Abbildung V-2, S. 2 dargestellt, konzentriert sich der gesamte Kaudruck auf diesen Meißelzahn und zerstört zwangsläufig seinen bzw. seine Antagonisten. Bei der Behandlung kommen die Kürzung des Meißelzahnes auf das Niveau der Okklusionsebene (s. **Abb. 5-81 a, b**) oder die Extraktion in Betracht. In **Abbildung 5-82** ist zu erkennen, dass der Meißelzahn nicht ausschließlich aus einem einzelnen Mahlzahn bestehen muss. Es kann sich auch um mehrere Zähne handeln.

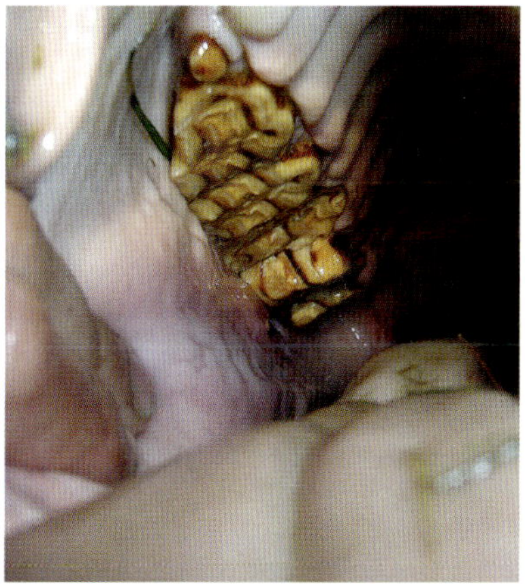

Abb. 5-79 Pony, Wallach, 16 Jahre. Meißelzahnbildung auf 109. 409 war deutlich unter Schleimhautniveau reduziert.

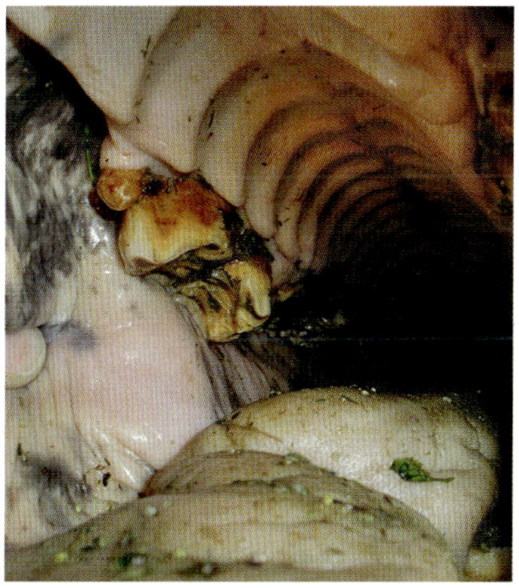

Abb. 5-80 Bayerisches Warmblut, Wallach, 15 Jahre. Welle auf 107, 108 deutlich mit Wellenbauch, 109 wieder ventral aufsteigend. Isoliert könnte 107 auch als ETR bezeichnet werden, im Gesamtbild ist jedoch eine Welle zu erkennen, der Übergang zwischen ETR und Meißelzahn (107) ist fließend.

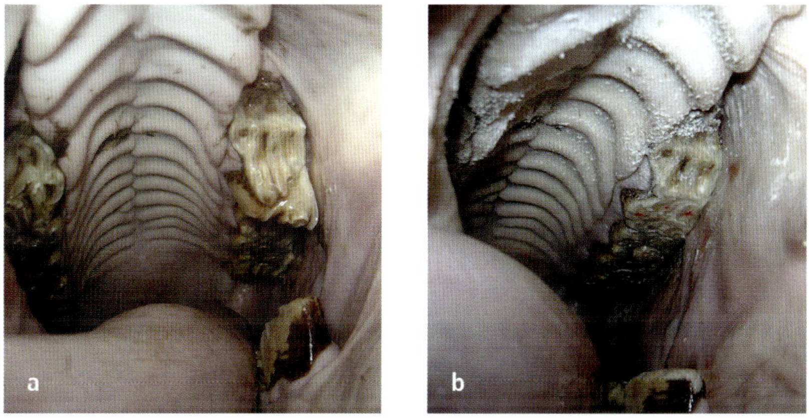

Abb. 5-81 Araber, Wallach, 26 Jahre. **a** Deutliche Meißelzahnbildung auf 206 (kaudaler Teil) und 207 (rostraler Teil).

b Zustand nach der Korrektur. Bei der Behandlung kam es zur Eröffnung der Pulpen 1, 3 und 5. Ein sofortiger Verschluss der Pulpen ist unumgänglich.

! Merke: Ein „Meißel" kann aus mehreren Backenzähnen bestehen.

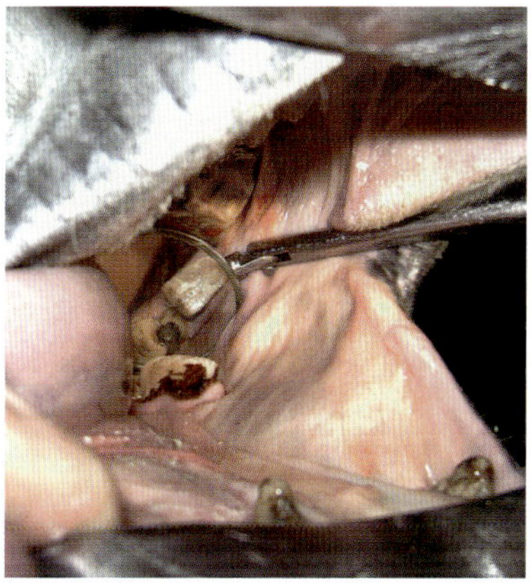

Abb. 5-82 Warmblut, Wallach, 15 Jahre. Durch einen Meißelzahn hervorgerufene Pulpitis am Antagonisten, welche zur Extraktion des betroffenen 307 führte.

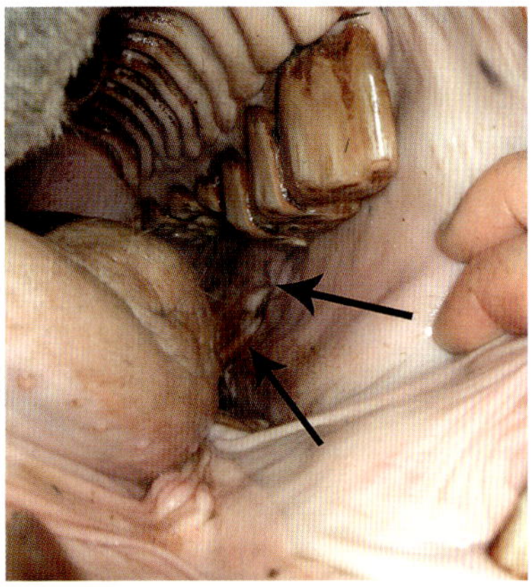

Abb. 5-83 Friese, Wallach, 15 Jahre. Meißelzähne 206 bis 208. Nicht nur die bukkale Schleimhaut weist massive Narben auf, die Verletzung ist so tief, dass der M. bukkinator (Pfeile) zum Teil perforiert wurde, was der Tastbefund bestätigte.

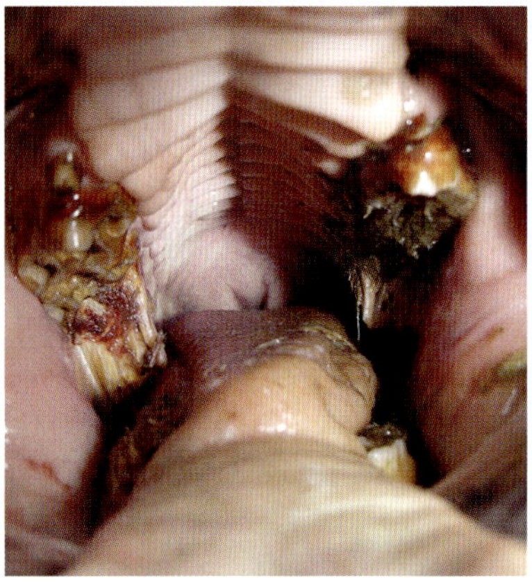

Abb. 5-84 Edles Warmblut, Stute, 18 Jahre (s. a. Abb. 1-7, S. 9). Die Ursache für den schlechten Ernährungszustand sind 108 als hochgradiger und 208 als mittelgradiger Meißelzahn. 108 reichte bis in den Unterkieferknochen.

5.9 Karies und Pulpitis

Das Infundibulum ist eine Schmelzeinstülpung (harte Substanz) auf der Okklusionsfläche, gefüllt mit Zement (weiche Substanz), und hat in der Regel keine Verbindung zu den Pulpen. Physiologischerweise dürfen sich in kleineren Kunden geringgradige Futteransammlungen finden. Dennoch sind jede einzelne Kunde und die Infundibula zu überprüfen. Unter Infundibularnekrose versteht man eine degenerative Erkrankung des Zements im Infundibulum. Die Infundibularkaries ist eine lokalisierte, opportunistische Infektion des Zements im Infundibulum, die an den Oberkieferbackenzähnen auftritt. Die Karies der Kunden der Oberkiefermahlzähne unterscheidet man in Karies der rostral gelegenen Kunde eins und Karies der kaudal gelegenen Kunde zwei. Die nekrotischen, zersetzenden Prozesse können so intensiv sein, dass beide Kunden sich durch den „Zahnfraß" vereinigen und die Pulpen, die normalerweise keine Verbindung zu den Kunden haben, ebenfalls infiziert werden. Solche Defekte können nach gründlicher Reinigung und Ausbohrung mit handelsüblichen zahnärztlichen Ersatzmassen gefüllt werden. Betroffene Zähne sind regelmäßig zu überprüfen.

Als Ursache für die Pulpitiden sind die Slabfraktur (s. Kap. 5.9, S. 134), die Infundibularnekrose (s. **Abb. 5-88**), die seltene hämatogene Zahnwurzelinfektion und die sekundäre Zahnwurzelinfektion durch fortschreitende Zahnfachentzündung zu nennen. Die häufigsten Ursachen sind Teilfrakturen der Krone (Slabfrakturen). Das kann sowohl die Ober- als auch die Unterkiefermahlzähne betreffen, wobei hier aufgrund von handwerklichen Problemen, der Enge des Behandlungsraumes und des derzeitigen Mangels an geeignetem Werkzeug eine gründliche Säuberung der Pulpen noch sehr schwierig ist. Ein weiterer Grund ist die anatomische Form der Pulpen, die z. T. korkenzieherartig im Zahn liegen und nicht nur im Wurzelbereich, sondern auch im Inneren des Zahnes miteinander korrespondieren können. So ist eine optimale Versorgung betroffener Pulpen nur im Einzelfall und meist nur im Bereich der Prämolaren möglich. Dadurch können Entzündungsprozesse häufig nicht zum Stillstand gebracht werden.

> **! Merke:**
> Bei einer Infektion von mehr als drei der existierenden Pulpen eines Zahnes, also über 50 Prozent, ist eine Extraktion angeraten, da sich dieser Prozess nicht zum Stillstand bringen lässt.

Zur Befunderhebung hat sich das Pulpenzählsystem von Dr. Ian Dacre, wie in **Abbildung 5-85** dargestellt, bewährt. Karies und Pulpitis spielen zunehmend eine größere Rolle bei der Behandlung, da sich die Diagnostik in den letzten Jahren sprunghaft verbessert hat.

Karies ist ein chemisch parasitärer Prozess, der in zwei Phasen verläuft: 1. Dekalzifizierung des Zahnschmelzes und des Dentins, 2. Zersetzung des aufgeweichten Zahngewebes.

Pulpitis ist eine Entzündung der Pulpahöhle, die entweder durch physikalische Reize (thermische oder mechanische Beschädigung) oder durch eine Infektion verursacht sein kann. Man unterscheidet die von der Okklusionsfläche absteigende (durch Karies verursachte) und die von dem Zahnfach über die Wurzelspitze aufsteigende bakterielle Pulpitis (s. Kap. 5.7, S. 131).

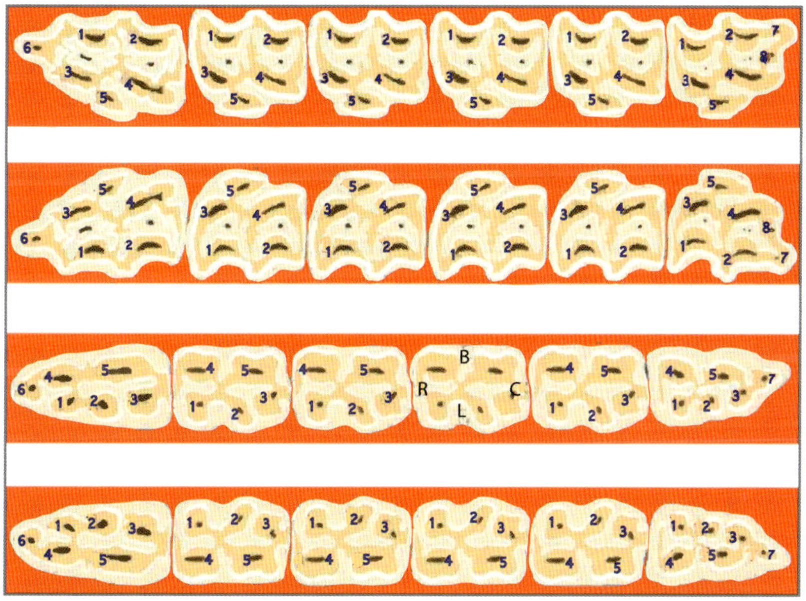

Abb. 5-85 Pulpenzählsystem verifiziert nach Dr. Ian Dacre, University of Edinburgh. Von oben nach unten: 2. Quadrant, 1. Quadrant, 4. Quadrant, 3. Quadrant. Richtungsbezeichnungen: B für bukkal, L für lateral, R für rostral und C für kaudal (caudal). Alternativ kann auch das von du Toit und Mitarbeitern veröffentlichte Pulpenzählsystem verwendet werden (du Toit et al. 2008).

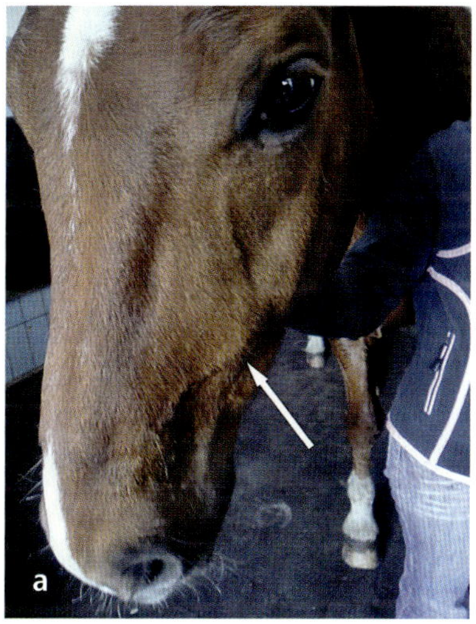

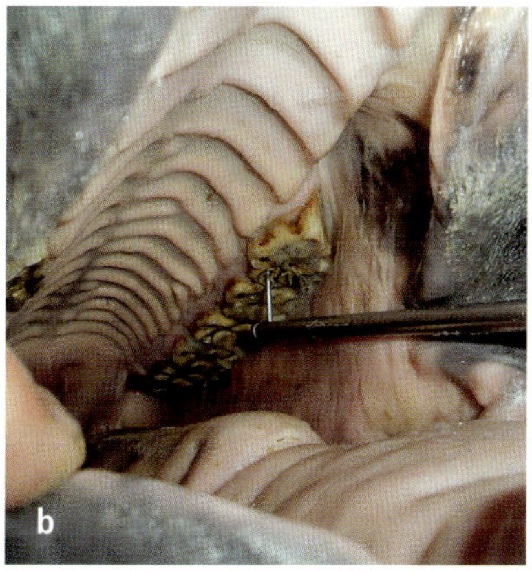

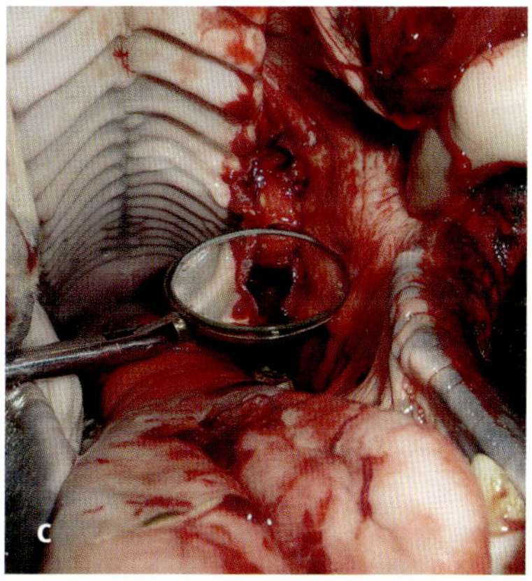

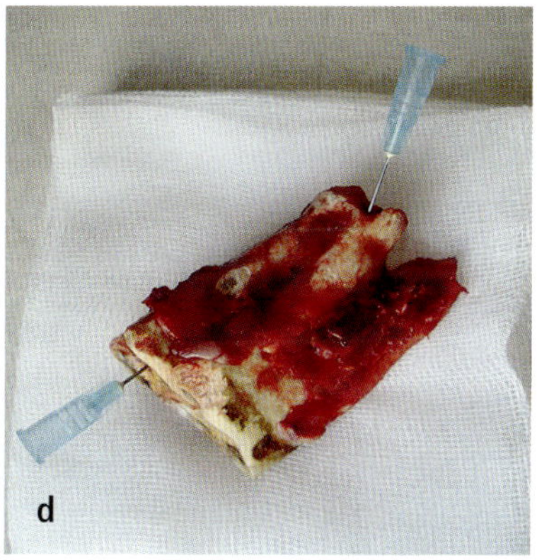

Abb. 5-86 Brandenburger Warmblut, Wallach, 6 Jahre, Springpferd.

a Deutliche Schwellung des linken Oberkiefers (Pfeil), seit 2 Monaten Fress- und Rittigkeitsprobleme.

b Ursache für die klinischen Beschwerden ist eine Infundibularnekrose mit Infektion einer Pulpa.

c Zustand direkt nach der Extraktion von 206.

d Extrahierter Zahn, an dem der Infektionsweg mittels Kanülen verdeutlicht wurde.

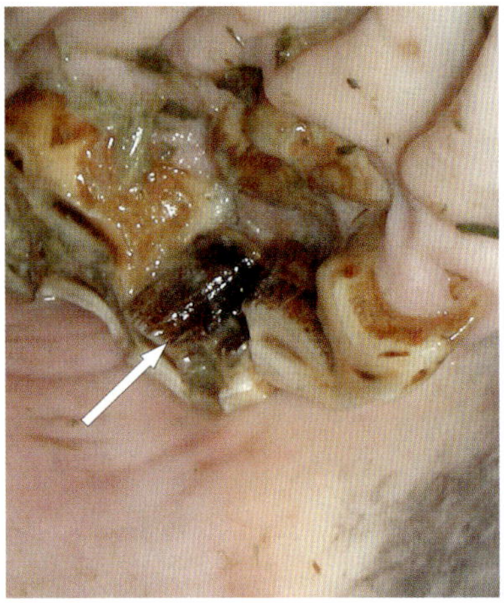

Abb. 5-87 Englisches Vollblut, Wallach, 4 Jahre. Infundibularnekrose von 206 (kariös verfärbter Zahnteil mit Pfeil gekennzeichnet) mit Absprengung der medialen Zahnteile und körpereigene „Reparatur" mittels Schleimhautabdeckung direkt auf 206.

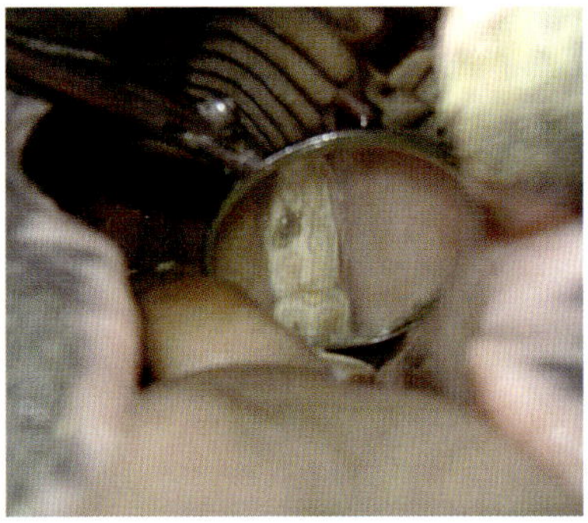

Abb. 5-89 Warmblut, Wallach, 10 Jahre. Infizierte Pulpa 2 auf 306.

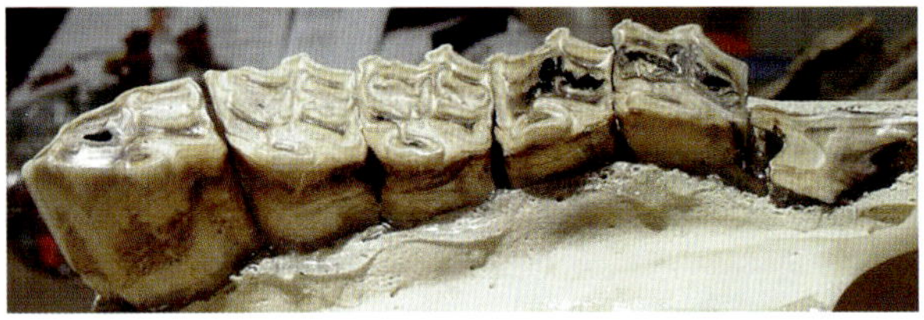

Abb. 5-88 Przewalskipferd, Stute, ca. 22 Jahre. Das Präparat zeigt deutlich den Unterschied zwischen Pulpitis und Karies. Am 6er lässt sich eine Karies der Kunde 1 erkennen. Am 8er sieht man eine Pulpitis der Pulpen 3 und 5. Auf dem 9er und 10er sind starke kariöse Prozesse mit durchgängiger Nekrose der Kunde 1 und 2 erkennbar.

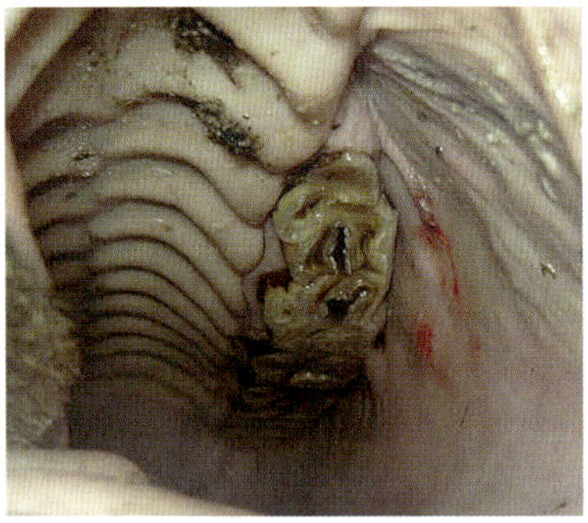

Abb. 5-90 Pony, Stute, 15 Jahre. Karies auf 206, Kunde 2 und 207, Kunde 1.

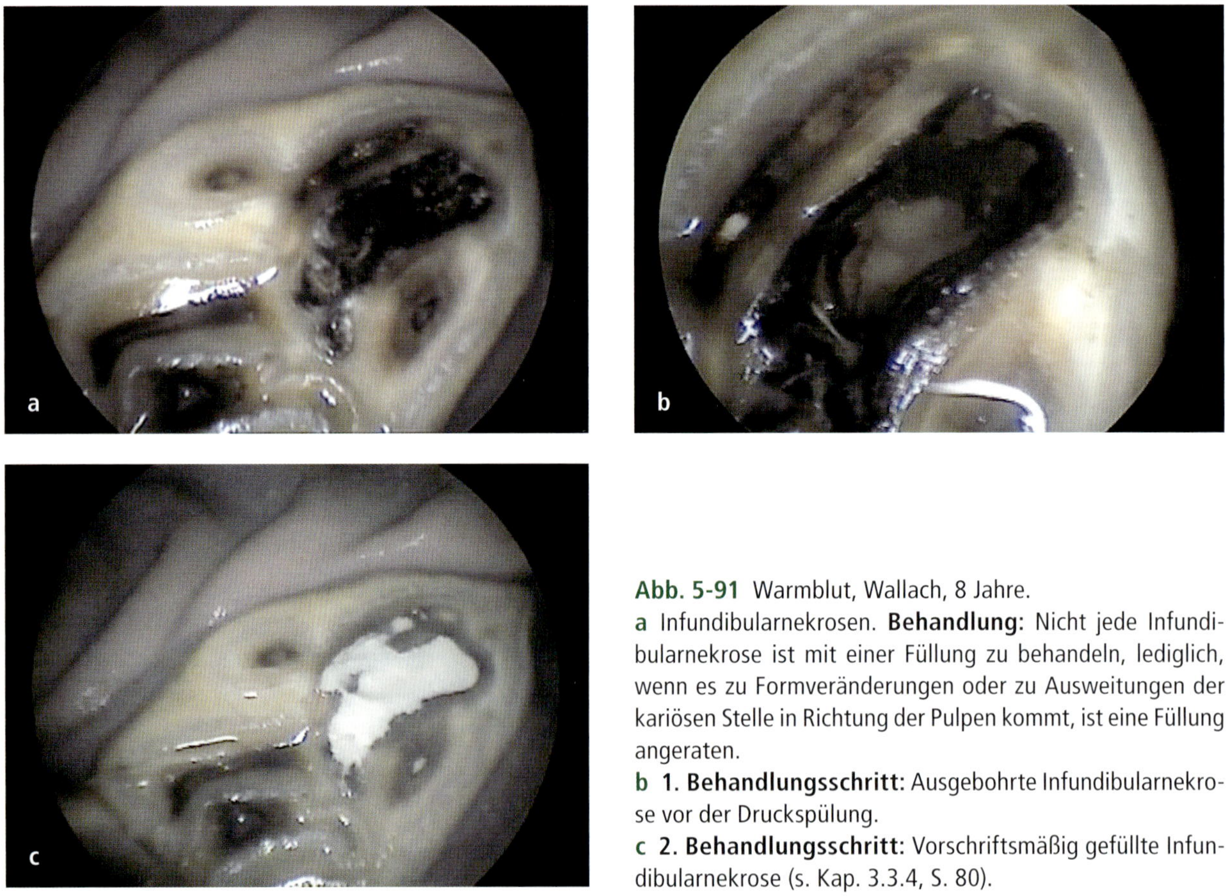

Abb. 5-91 Warmblut, Wallach, 8 Jahre.

a Infundibularnekrosen. **Behandlung:** Nicht jede Infundibularnekrose ist mit einer Füllung zu behandeln, lediglich, wenn es zu Formveränderungen oder zu Ausweitungen der kariösen Stelle in Richtung der Pulpen kommt, ist eine Füllung angeraten.

b 1. Behandlungsschritt: Ausgebohrte Infundibularnekrose vor der Druckspülung.

c 2. Behandlungsschritt: Vorschriftsmäßig gefüllte Infundibularnekrose (s. Kap. 3.3.4, S. 80).

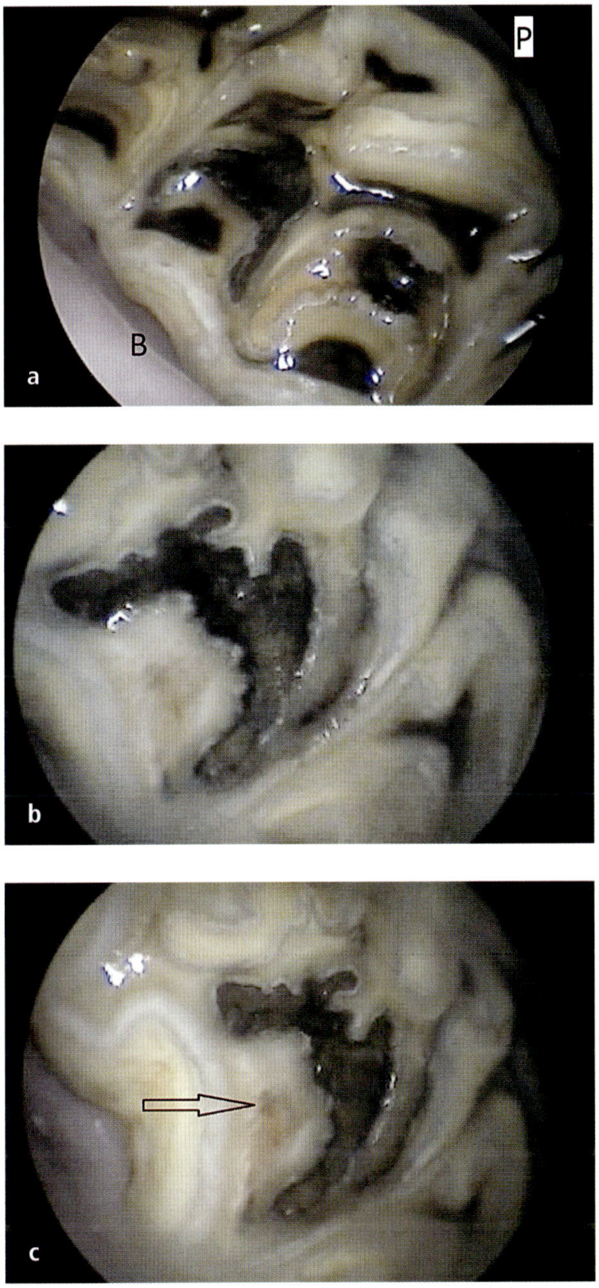

Abb. 5-92 Kaltblut, Stute, 13 Jahre.
a Karies der Kunde 2 mit bukkaler Ausweitung. Eine Rissstruktur auf Pulpa 1 ist deutlich sichtbar. Dies kann ein Indiz für eine Kommunikation der Kunde mit der Pulpa sein.
b Zahn in einer etwas bukkalen Ansicht. Hier ist deutlich die Formveränderung der Kunde 1 erkennbar. Die Rissstruktur vermittelt den Eindruck, dass der ganze Zahn kariös unterminiert sein könnte. Eine Füllung der Kunde ist daher nicht unbedingt hilfreich, weil damit eine tiefer sitzende Zahnwurzelentzündung versiegelt werden könnte. Eine weitere Abklärung mittels bildgebender Verfahren ist hier zwingend notwendig.
c Zahn aus einer lateralen Ansicht. Hier zeigt sich die relative Nähe der Karies zu Pulpa 1 (s. Pfeil) und die Dentinverfärbung bukkal der Kunde 1. Würde man solch eine Karies füllen, entspräche das der Abdeckung eines aktiven Vulkans. Jedes im Zahn verbliebene Bakterium stellt ein Risiko dar, das bei der Behandlung bedacht werden muss.

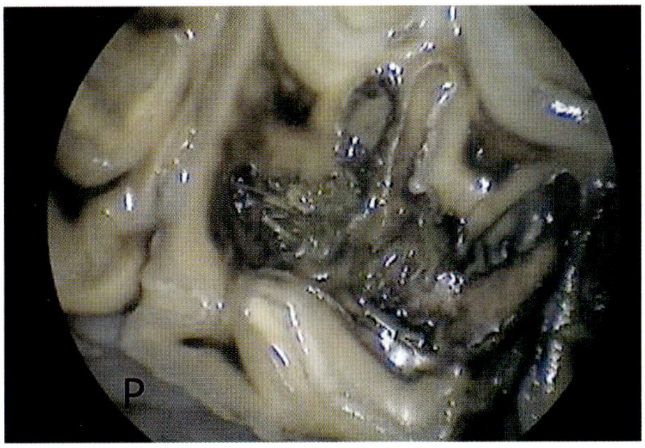

Abb. 5-93 Haflinger, Stute, 10 Jahre. Deutliche kariöse Veränderungen der Kunden 1 und 2 auf 209. Von den Pulpenhörnern ist nur noch die palatinal (P) gelegene Pulpa 5 unverändert. Sofern eines oder mehrere der folgenden Symptome auftreten: Schmerzhaftigkeit beim Bearbeiten des Zahnes, rechtsseitiger Nasenausfluss, Kopfschiefhaltung und Fressstörungen, ist eine Extraktion hier sinnvoller als eine Füllung.

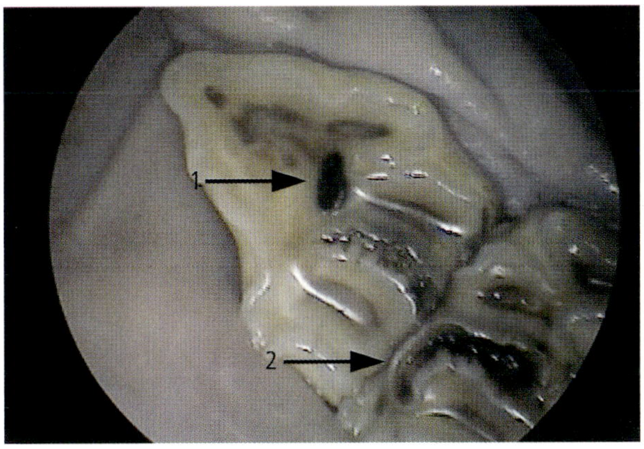

Abb. 5-94 Pony, Wallach, 17 Jahre. Deutlich isolierte Karies an Kunde 1 auf 106 (Pfeil 1). Außerdem eine Kunde mit einem in Richtung Pulpa 1 abknickendem Verlauf bei 107 (Pfeil 2).

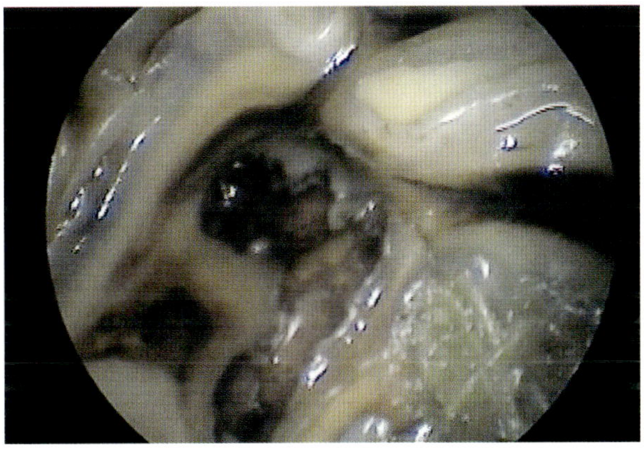

Abb. 5-95 Schweres Warmblut, Stute, 15 Jahre. Tiefe kariöse Veränderungen einer Kunde 2 auf 209. Im oberen Bereich des Bildes ist der Ansatz einer Rissverbindung zu einer Pulpa zu erkennen.

5.10 Extraktion

Backenzahnextraktionen können durch Pulpitiden, Frakturen und Zahnfachentzündungen notwendig werden. Beim juvenilen Patienten, wie in **Abbildung 5-97 a, b, c** beschrieben, ist eine fortschreitende Zahnfachvereiterung ebenso wie eine hämatogene Zahnwurzelinfektion als Ursache möglich. Sonderformen der Extraktion sind die Entfernung der Milchzahnkappen bei jungen Tieren und die Entnahme von Backenzahnresten bei geriatrischen Patienten.

In den Abbildungen zu diesem Kapitel handelt es sich ausschließlich um ambulante Extraktionen, die sämtlich intraoral durchgeführt werden konnten.

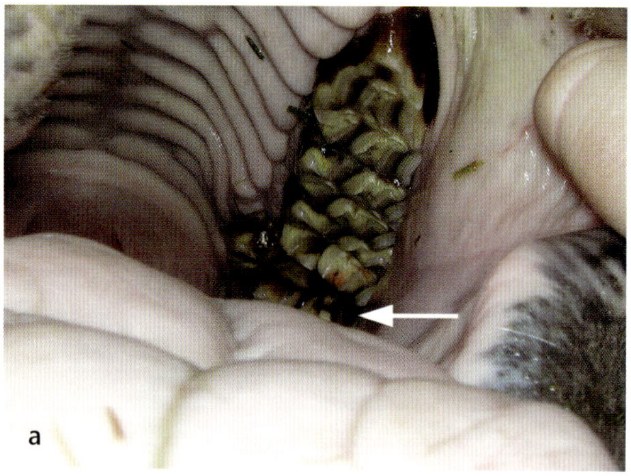

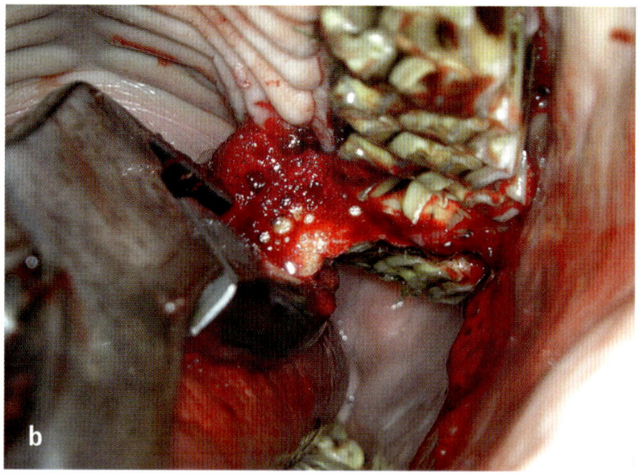

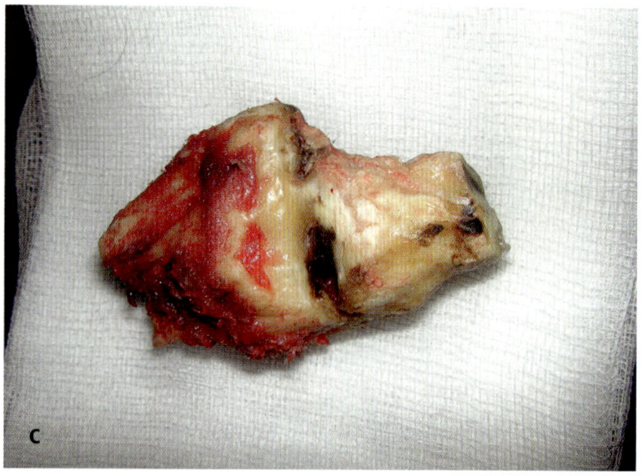

Abb. 5-96 Rheinländer Warmblut, Wallach, 17 Jahre.
a Bukkale Slabfraktur und Vereiterung. Der palatinale Anteil von 209 (Pfeil) war durch eingepresste, gärende Futtermittel nach palatinal verschoben. Das Pferd zeigte keinen Nasenausfluss, dafür aber Headshaking (s. a. Abb. 5-64, S. 129).
b Nach Lockerung mittels mehrerer Zahnspreader (Instrument zur Weitung der Interdentalräume) konnte der Zahn nach palatinal entwickelt werden.
c Extrahierter Zahn.

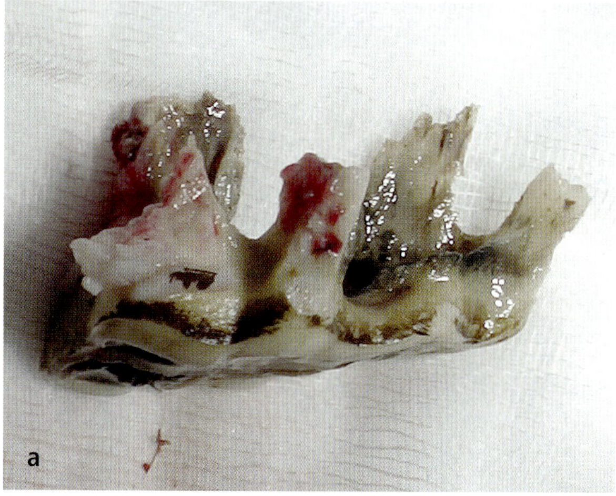

Abb. 5-97 Traber, Hengst, 2 Jahre.
a Vereiterter und daher extrahierter 606.

! Merke: Infektionen der juvenilen Mahlzähne sind im Vergleich zu adulten Zähnen vom Krankheitsverlauf her wesentlich drastischer und rasanter, da die Blutzufuhr des juvenilen Zahns ein Vielfaches beträgt und schnell eine hämatogene Infektion des Kiefers oder auch eine Blutvergiftung (Septikämie) nach sich ziehen kann.

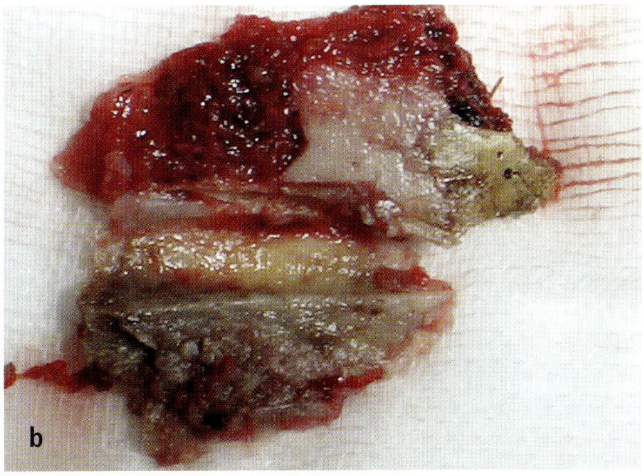

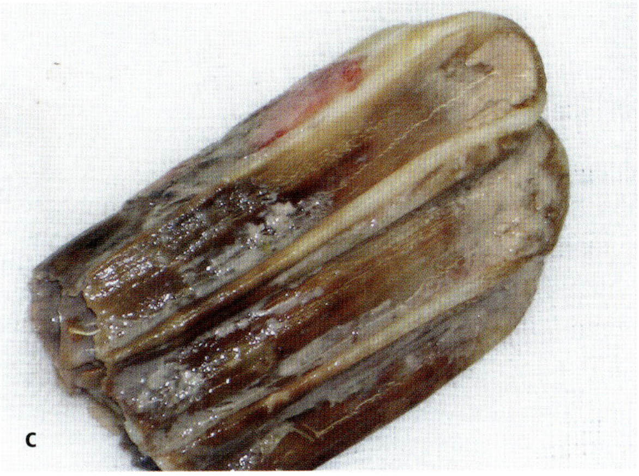

Abb. 5-97 Fortsetzung
b Die laterale Alveolarwand war grünlich stinkend vereitert (purulent) und wurde bei der Milchzahnkappenextraktion ebenfalls entfernt, um die Zahnfachinfektion zu stoppen.
c Extrahierter 206. Nach knapp zwei Wochen traten erneut Kieferschwellung und Fieber auf. Im Bild der noch nicht voll ausgereifte, extrahierte 206, massiv bis in die – altersgemäß sehr weiten – Pulpenkanäle vereitert. Erst nach Antibiogramm und daraufhin durchgeführter Therapie mit einem geeigneten Antibiotikum in Verbindung mit fast täglicher Wundbehandlung mithilfe von Jodoformtupfern konnte die Kieferinfektion gestoppt werden.

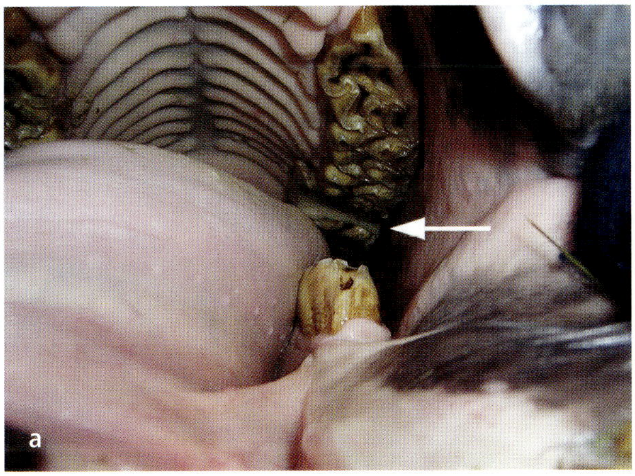

Abb. 5-98 Württemberger Warmblut, Wallach, 14 Jahre.
a Befund ein Jahr nach dem Ziehen von 109. Das Pferd war niemals nachkontrolliert worden und zeigte Foetor ex ore. Ursache hierfür ist das Implantat (Pfeil).
b Unterhalb des entfernten Implantates befand sich eine Eiterfistel, welche nach chirurgischer Aufbereitung des Zahnfaches (Débridement) mehrfacher Reinigung und intraoraler Auffrischung schließlich abheilte.

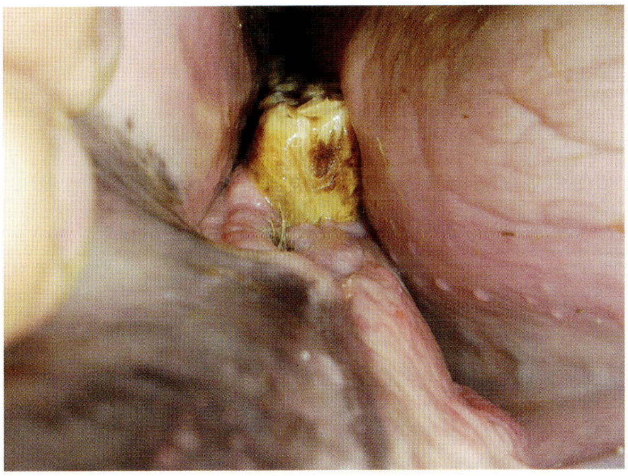

Abb. 5-99 Holsteiner, Stute, 5 Jahre. Fistelöffnung nach unvollständiger Entfernung des 306, ca. 5 Monate nach Erstoperation.

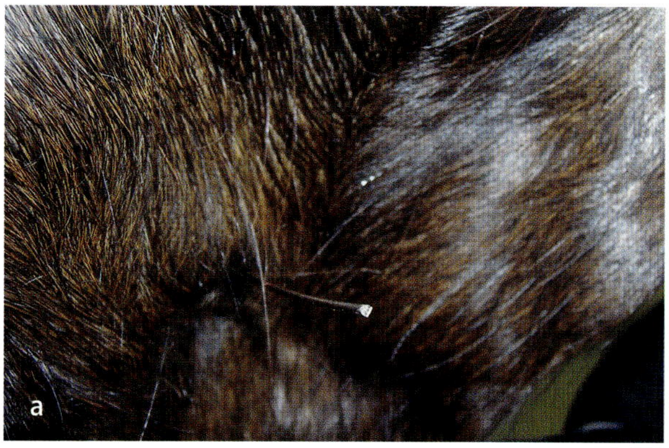

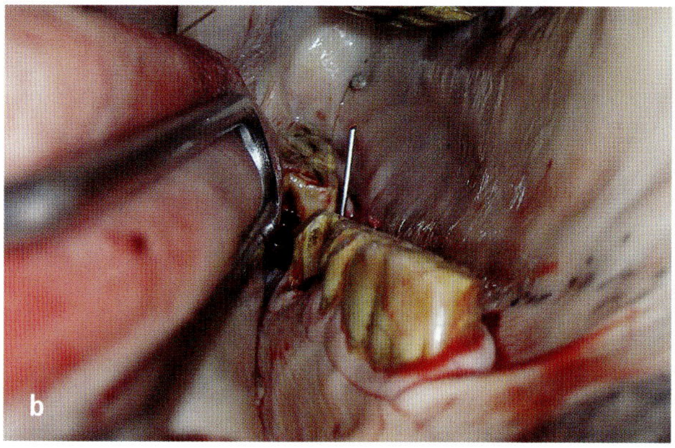

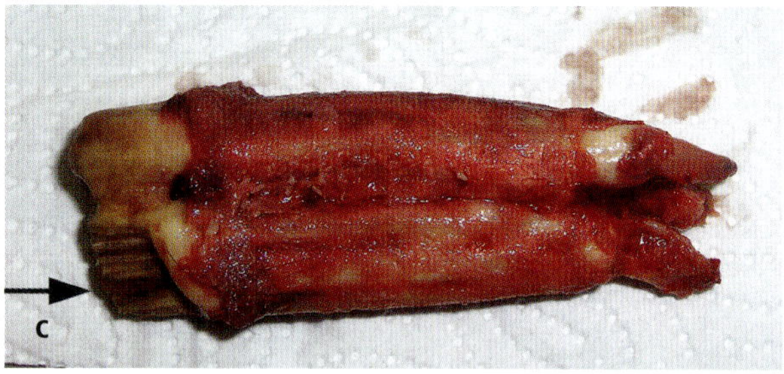

Abb. 5-100 Hessisches Warmblut, Stute, 10 Jahre.

a Seit 7 Jahren wiederholt fistelnde Wunde in Höhe von 309, mit einem Drahtstift von außen sichtbar gemacht.

b Intraorale Verbindung der Fistel bukkal von 310.

c Extrahierter 309 Deutlich sichtbar ist die Slabfrakur (Pfeil) im Bereich der Pulpa 4. Von dieser Stelle aus hat die Infektion zur Fistel geführt.

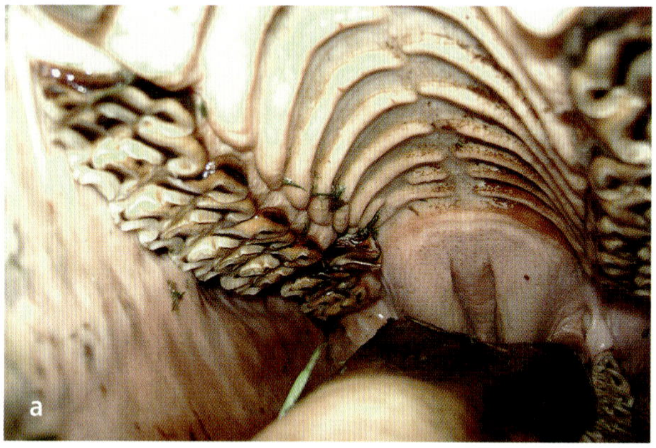

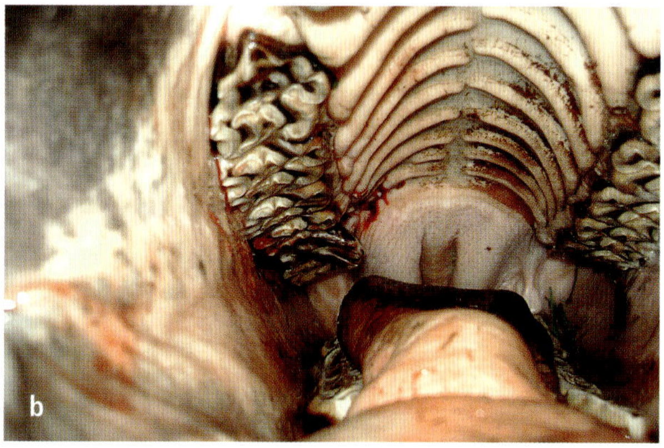

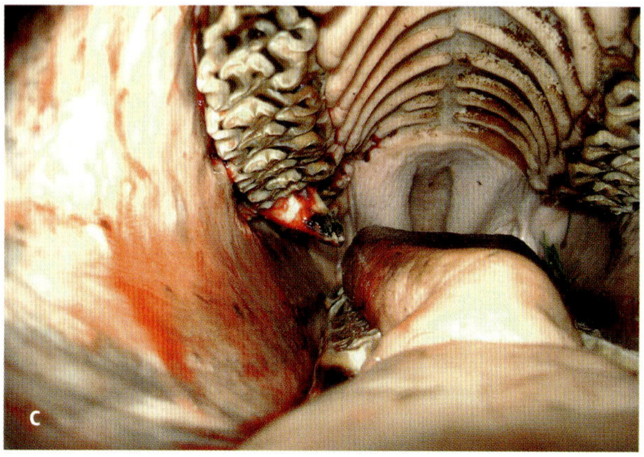

Abb. 5-101 Rheinisches Kaltblut, Stute, 11 Jahre.

a Das Pferd hat einen 112, sodass sich 110 nach palatinal verlagerte (s. a. Abb. 5-16 a, S. 114).

b Zustand nach Lockerung von 110 mittels Zahnspreader und Dentalpicks (schraubenzieherförmiges Instrument mit langem Griff zur Mobilisierung von Schleimhaut oder Lockerung von Zahnsplittern).

c Die Extraktion konnte nur durch Kippung nach bukkal erfolgen.

d Extrahierter Zahn, der einen rechten Winkel hatte, welcher bukkal von 109 lag. Daher war er nur in eine Richtung extrahierbar.

Abb. 5-102 Shetlandpony, Stute, 8 Jahre.

a 1 Jahr alte Fistelung von 306. **1. Behandlungsschritt:** Nach Extraktion des Zahnes wurde in die Wunde Metronidazolpulver eingebracht.

b **2. Behandlungsschritt:** Temporärer Verschluss der Wunde mit Abdruckmasse. Ebenso ist es möglich, die Wunde mit einem Jodoformtupfer zu verschließen. In beiden Fällen ist eine zeitnahe Nachkontrolle, Erneuerung der Implantate und Reinigung notwendig, bis die Wunde vollständig durchgranuliert ist.

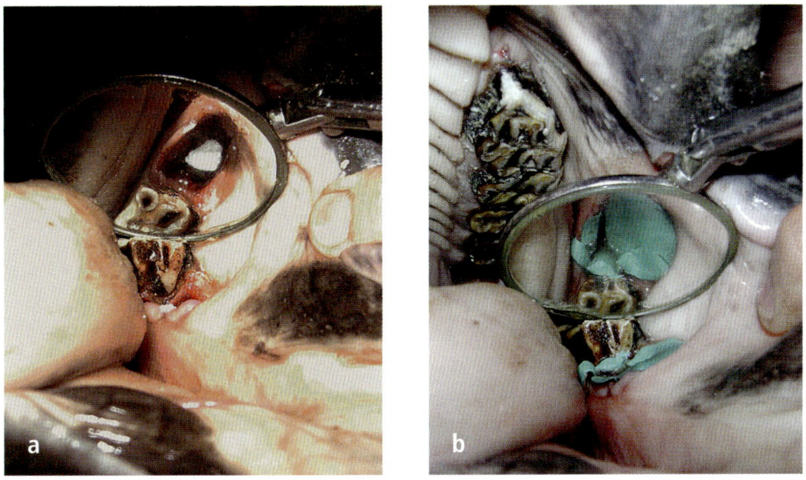

Abb. 5-103 Englisches Vollblut, Stute, 29 Jahre.

a Extrahierter 408. Da der Zahnhauptteil (Teil 1) perforiert war, der eine Splitter (Teil 2) ventral unter Teil 1 lag und Teil 3 durch das Perforationsloch lugte, waren die Tastbefunde im Maul ungewöhnlich.

b 408 in der *in vivo* gefundenen Konfiguration.

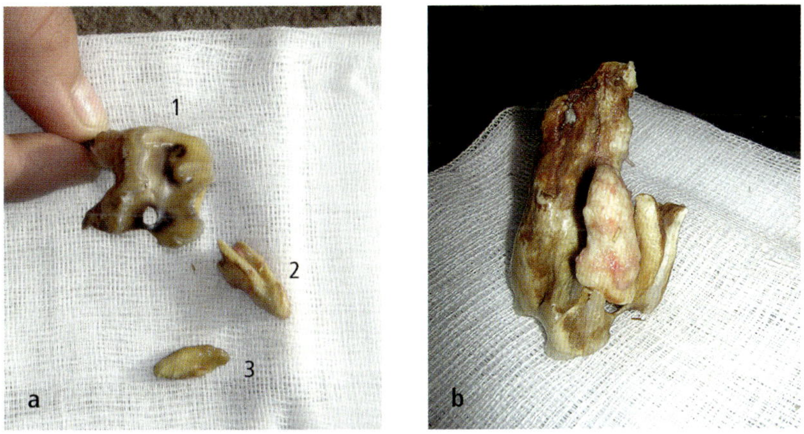

Abb. 5-104 Englisches Vollblut, Hengst, 3 Jahre. Milchzahnkappen, die bei der Extraktion „zusammenklebten".

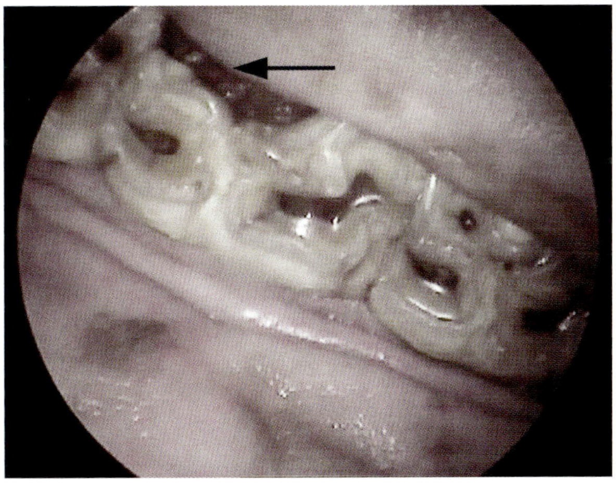

Abb. 5-105 Lipizzaner, Hengst, 19 Jahre. Slabfraktur lingual (Pfeil) mit Eröffnung der Pulpa 2 und 3 auf 408.

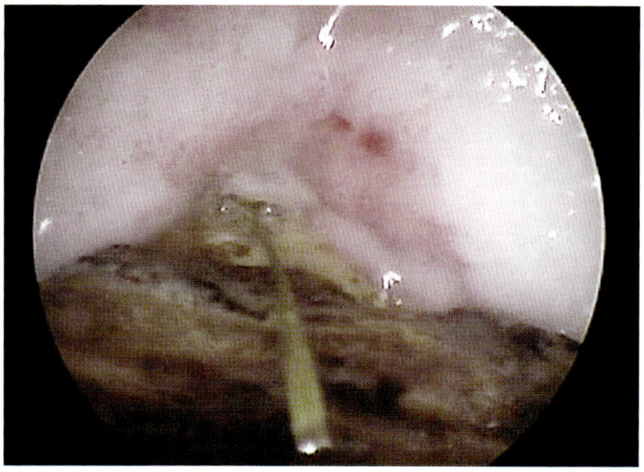

Abb. 5-106 Pony, Wallach, 24 Jahre. Mesiale Fistel im Bereich der distalen Wurzel von 208. Ein halbes Jahr zuvor wurde 209 extrahiert. Die Infektion ist jedoch niemals vollständig abgeheilt. Das Pferd hatte immer noch Foetor ex nasi. Nach Wundauffrischung heilte der Prozess ab.

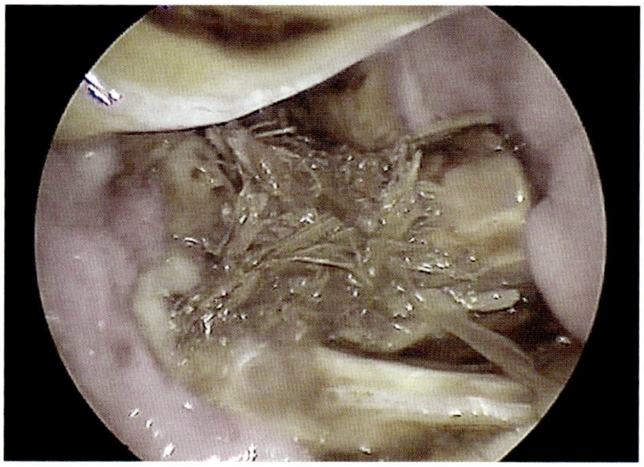

Abb. 5-107 Westfälisches Warmblut, Stute, 19 Jahre. Multiple Fraktur und Verlagerung von 108, was eine Extraktion notwendig machte. Deren Durchführung gestaltete sich schwierig, da viele einzelne Zahnteile entfernt werden mussten.

! Merke: Eine Extraktion ohne konsequente Nachkontrolle ist fahrlässig, da Infektionen in den Kieferknochen fortschreiten können, wenn das Wundmanagement nicht ausreichend ist.

5.10.1 Zahnersatz

Hier wird der erste, von den Autoren selbst entwickelte Zahnleistenersatz vorgestellt. Es werden nicht wie üblich einzelne Zähne überkront, sondern eine komplette Brückenbildung pro Quadrant modelliert. Ob diese Methode des Ersatzes schlecht korrespondierender Okklusionsflächen eine langfristig einzusetzende Therapiemöglichkeit darstellt, bleibt abzuwarten. Wenn die Anzahl der miteinander mahlenden Zähne so gering ist, dass eine Zerkleinerung von Futter nicht mehr erfolgen kann, ist eine weitere Ernährung des Pferdes entweder nur noch mit Futterbrei zu gewährleisten oder aber durch Wiederherstellung der Kaufunktion mittels Zahnersatz.

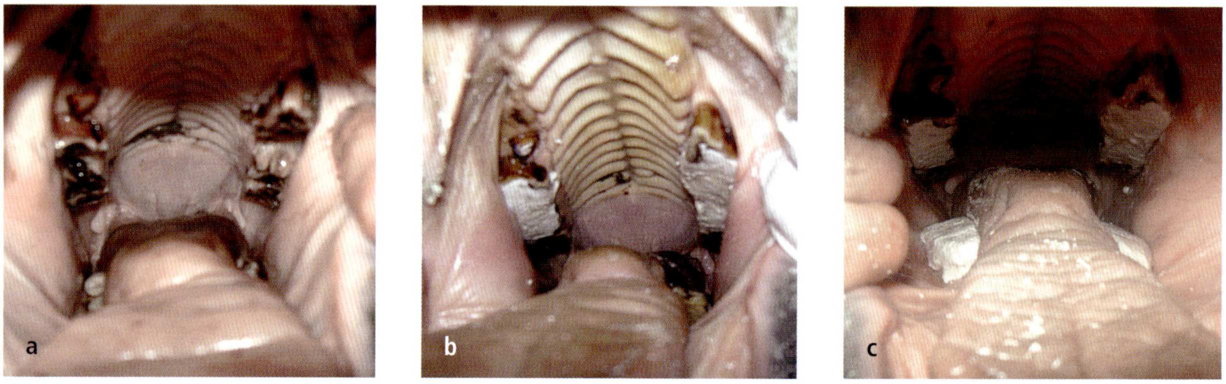

Abb. 5-108 Pony, Wallach, 27 Jahre.

a Pferd mit multiplen Zahnlücken bzw. Wurzelresten, hochgradig kachektisch.

b Zustand nach **Behandlung:** Nach Reinigung wurden die vorhandenen Zahnanteile mittels eines modifizierten humanen Knochenklebers überbrückt. Das Material hat eine ähnliche Abrasion wie Pferdezähne.

c Komplettansicht der Brückenbildung. Das Allgemeinbefinden des Pferdes ist gut, der Ernährungszustand hat sich verbessert.

5.11 Fremdkörper

Fremdkörper kommen im Mahlzahnbereich sowohl zwischen einzelnen Zähnen, oft in Diastasen, als auch in Form einer „Spange“ über dem Gaumen, wie in **Abbildung 5-109 a, b, c** dargestellt, vor. Bei den Fremdkörpern handelt es sich meist um nicht originäre Nahrungsbestandteile wie Holz, Plastik oder Heunetzreste. Manchmal sind nur noch die Auswirkungen der Fremdkörper erkennbar (s. Abb. 2-35, S. 29), sofern eine Entfernung aus eigener Kraft erfolgte.

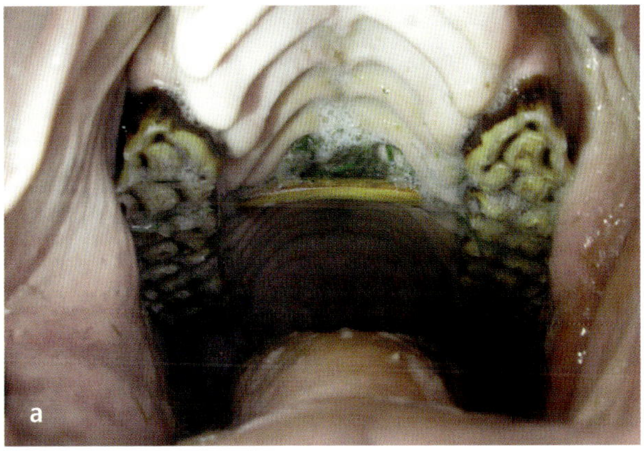

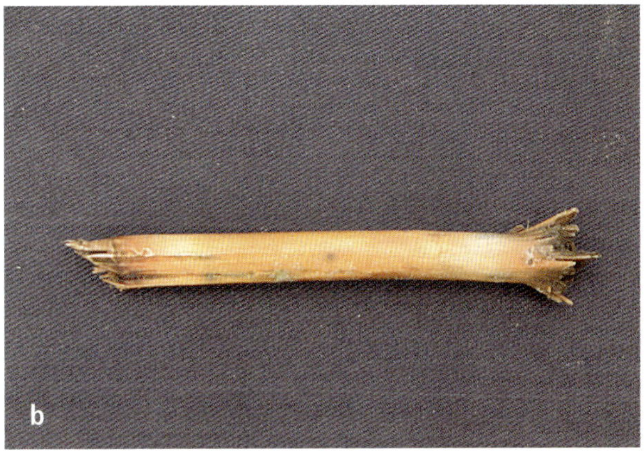

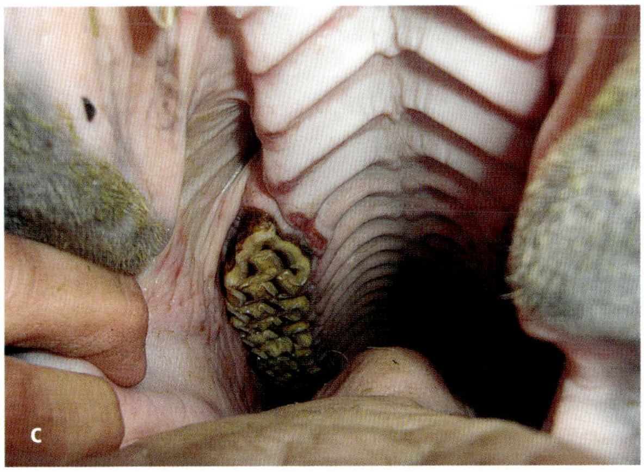

Abb. 5-109
a Befund eines zwischen 107 und 207 eingeklemmten Fremdkörpers aus dem Bilderfundus der Lehrmeisterin und Prüferkollegin der Autoren Marion Eltze (Pferdedentalpraktikerprüferin PDPP nach IGFP).
b Das Holzstück war zwischen den palatinalen Anteilen von 107 und 207 eingekeilt.
c Deutlich sichtbare Verletzungen, die durch den Fremdkörper verursacht wurden.

5.12 Neoplasien

Neoplasien kommen beim Pferd selten vor, im eigenen Patientenaufkommen von über 17 000 Pferden nicht mehr als 150 Mal. Über die Hälfte dieser Tumore waren Melanome. Die Neoplasien der Maulhöhle des Pferdes werden üblicherweise unterteilt in osteogene Tumore (z. B. Osteosarkom), odontogene Tumore (z. B. Odontotom), Tumore der Weichteile (z. B. Plattenepithelkarzinom, s. **Abb. 5-110**) und andere orale Zubildungen (Melanom, s. Abb. 2-7, und Fibrosarkom, s. **Abb. 5-111**). Die oft genannten Zementome im Schneidezahnbereich werden durch das EOTRH (s. Kap. 3.3.3, S. 77) besser beschrieben und sind daher dieser Erkrankung zuzuordnen.

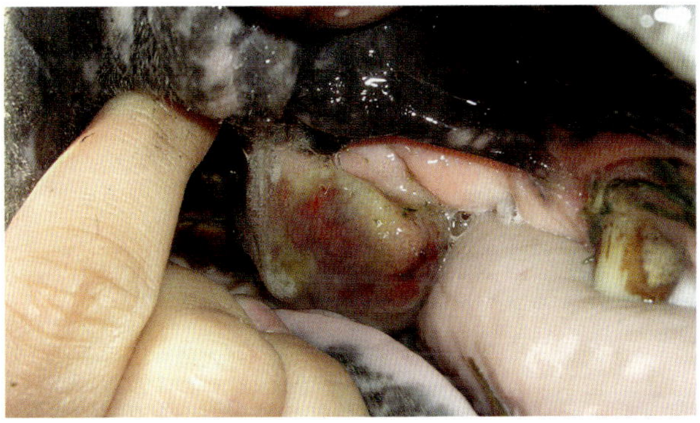

Abb. 5-110 Quarter-Horse, Wallach, 26 Jahre. Rezidivierendes Plattenepithelkarzinom. **Behandlung:** Diese Zubildung war trotz zweimaliger Operation, Formalininjektionen und komplementärmedizinischer Maßnahmen auf Dauer nicht beherrschbar.

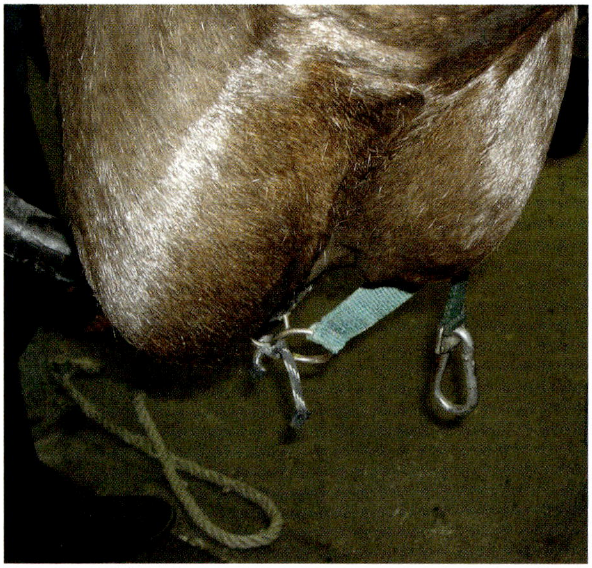

Abb. 5-111 Warmblut, Wallach, 12 Jahre. Schnell wachsendes Fibrosarkom des linken Unterkiefers mit infauster Prognose, da es inoperabel ist und hochgradige Schmerzen verursacht.

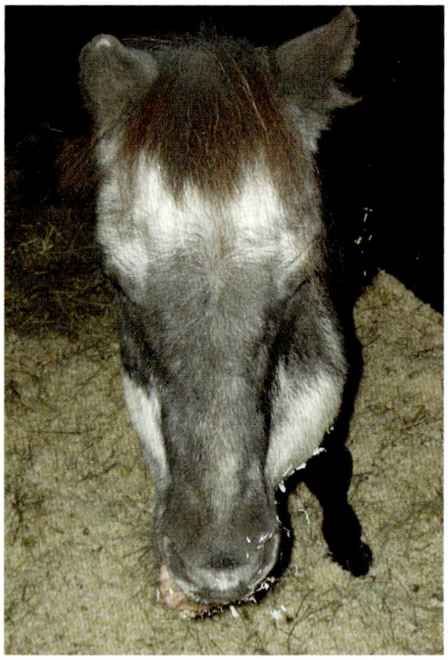

Abb. 5-112 Shetlandpony, Stute, 25 Jahre. Osteosarkom des linken Oberkiefers. Pferd wurde nach Röntgen euthanasiert, da eine Therapie (Chirurgie, Strahlen etc.) nicht aussichtsreich war.

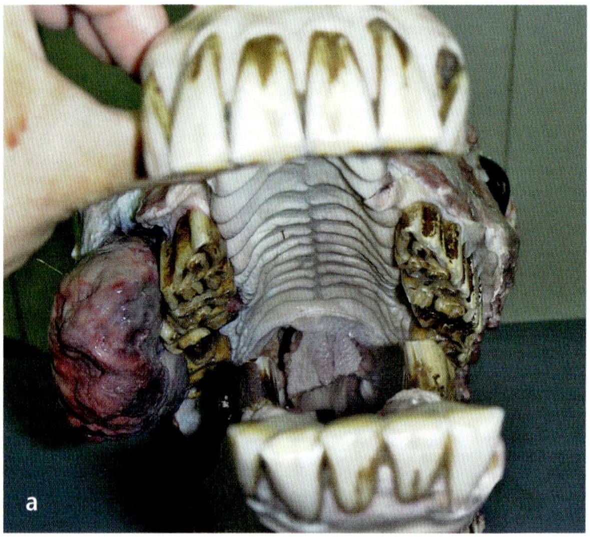

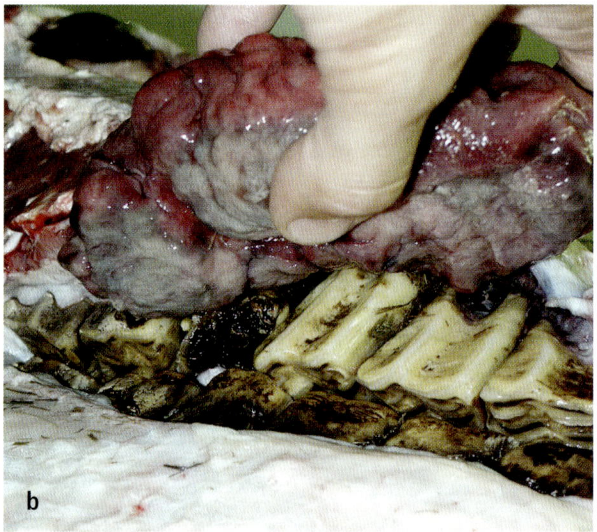

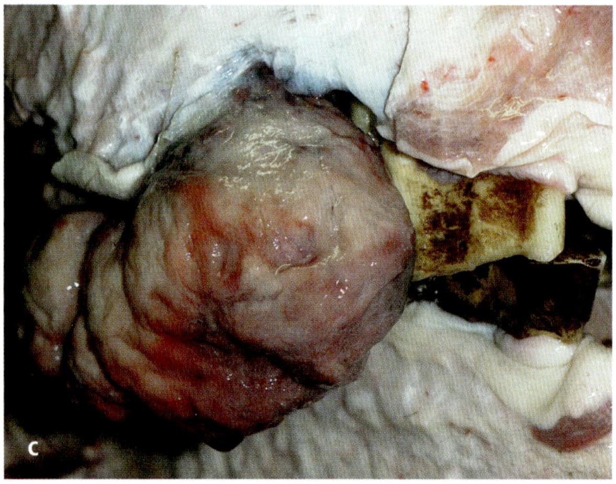

Abb. 5-113 Hessisches Warmblut, Stute, 21 Jahre.

a Osteosarkom. Das Pferd wurde wegen hochgradiger Umfangsvermehrungen des rechten Oberkiefers mit Foetor ex ore und hochgradiger Kachexie euthanasiert. Bei der pathologischen Untersuchung zeigte sich die hochgradige tumoröse Veränderung im Bereich des 1. Quadranten.

b Bukkale Ansicht.

c Die tumorösen Massen hatten zu einer Osteolyse der Zahnfächer geführt. Alle vorhandenen Backenzähne im 1. Quadranten waren dadurch handlose. Bei der pathohistologischen Untersuchung wurde ein Mischtumor aus Plattenepithelkarzinom und Osteosarkom diagnostiziert.

6 Bildgebende Verfahren

Nach der visuellen und palpatorischen Untersuchung können ergänzende Untersuchungen durch bildgebende Verfahren weiteren Aufschluss über Befunde geben. Hier werden vier verschiedene Methoden besprochen. Die Szintigrafie hat eine gute Sensitivität bezüglich Entzündungen, ist jedoch in der räumlichen Zuordnung der Veränderungen den anderen bildgebenden Verfahren unterlegen und wurde deshalb nicht aufgenommen. Die Stärke der Sonografie liegt in der Darstellung von Weichteilveränderungen. Durch die nur dünne Knochenlamelle ist auch ein Blick in die Nasennebenhöhlen möglich, obwohl Knochen sonst eine Ultraschalluntersuchung verhindern. Allerdings ist sie sehr gut dazu geeignet, Knochenfrakturen oder -fissuren im Gesichtsschädel nachzuweisen. Im Bereich der Maulhöhle wird diese Technik aber erst in der Zukunft eine größere Rolle spielen.

Die Radiologie (s. **Abb. 6-1** bis **6-12**) kann wesentliche weiterführende Informationen über Erkrankungen im Kopfinneren liefern, und bietet durch die im Schädel vorliegende Kombination von luftgefüllten Bereichen und mineralisiertem Gewebe ausgezeichnete Kontrastmöglichkeiten. Allerdings erschwert die Vielfalt der übereinander projizierten Strukturen beim Röntgen die Analyse. Im Gegensatz dazu sind diese Strukturen bei der Computertomografie (CT, s. **Abb. 6-13** bis **6-23**, mit freundlicher Genehmigung der Pferdeklinik Seeburg zur Verfügung gestellt) in den Einzelschichtaufnahmen sehr genau zu differenzieren.

Die Stärke des Magnetresonanztomogramms (MRT, s. **Abb. 6-24** bis **6-26**, mit freundlicher Genehmigung von Dr. Stephan Bluhm und Partner, Gundersheim) liegt in der Unterscheidung von Strukturen mit unterschiedlichem Wassergehalt. Dadurch ist die Diagnose von Pulpitiden und kariösen Prozessen besonders gut möglich.

Mit der Thermografie (s. **Abb. 6-27** und **6-28**, mit freundlicher Genehmigung des Thermografie Instituts – Infrared Solutions, Köln) werden Temperaturunterschiede im oberflächennahen Bereich dargestellt, was die Gelegenheit zur Identifizierung entzündlicher Prozesse gibt, die sowohl physiologisch bei der Bildung von Zahnkeimen als auch pathologisch bei Gewebszerreißungen oder Druckänderungen entstehen. Ebenso können degenerative Prozesse lokalisiert werden, die durch Mangeldurchblutung und die daraus folgende Temperaturabsenkung charakterisiert sind.

6.1 Röntgen

Die ersichtliche Hell-Dunkel-Differenzierung in Grautönen und -schattierungen liegt in der Summierung der Gewebe begründet, welche die Röntgenstrahlung unterschiedlich absorbieren. Je mehr Gewebe hintereinander von Röntgenstrahlen durchdrungen werden muss, desto heller wird es auf dem Röntgenfilm dargestellt. Auch die Dichte spielt eine Rolle, so wird der Knochen mit einer höheren Dichte heller dargestellt, als Weichteile mit einer geringeren Dichte (s. **Abb. 6-1**, hier sind die Zähne fast weiß dargestellt, die Lippen und Schleimhäute grau).

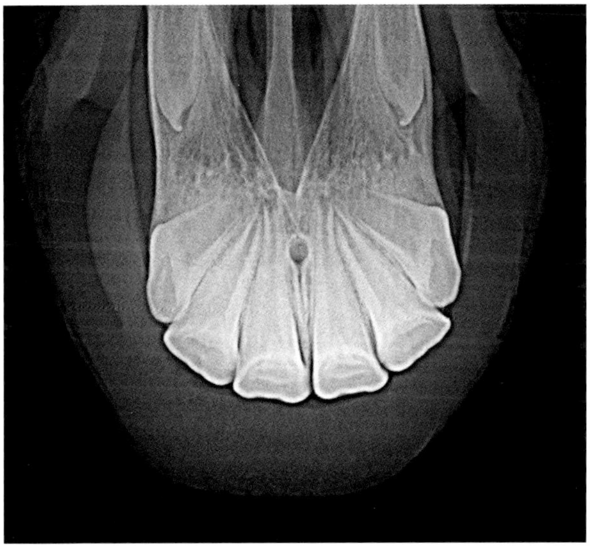

Abb. 6-1 Warmblut, Wallach, 6 Jahre. Physiologischer Oberkiefer. Dorso-ventrale Aufnahme der Schneidezähne.

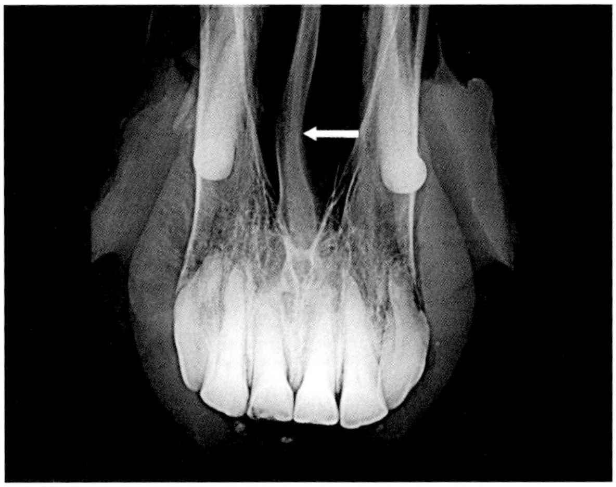

Abb. 6-2 Traber, Hengst, 22 Jahre. Dorso-ventrale Aufnahme: Oberkiefer mit rechtsseitiger Schiefstellung der Nasenscheidewand (Septum nasi, s. Pfeil) und Zahnfachentzündung von 203 lateral.

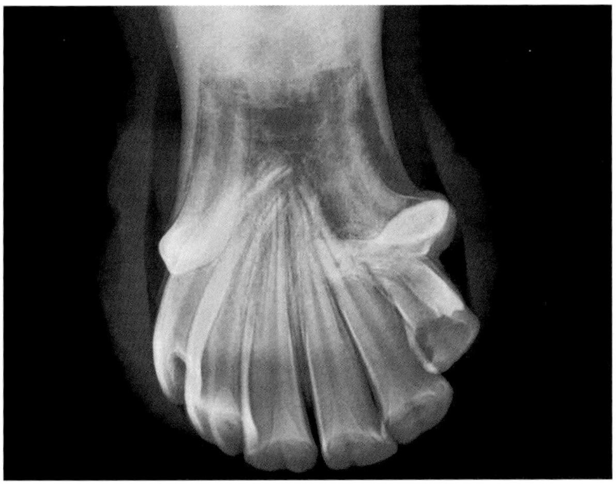

Abb. 6-3 Quarter-Horse, Wallach, 5 Jahre. Ventro-dorsale Aufnahme: Torsion von 303 im apikalen Bereich nach medial und im okklusalen Bereich nach kaudal.

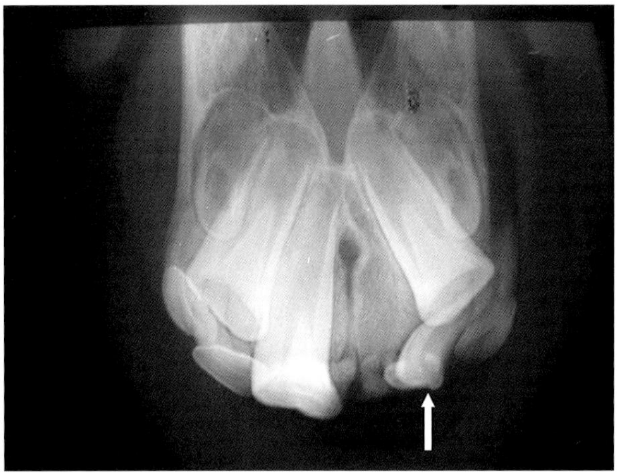

Abb. 6-4 Quarter-Horse, Hengst, 2 Jahre. Dorso-ventrale Aufnahme: Durch ein hochgradiges stumpfes Trauma der Oberkieferschneidezahnreihe als Jährling mit Verlust von 501 und Teilverlust von 601 (Pfeil), schob sich 101 vorzeitig in die entstandene Lücke. Die Anlage von 201 wurde zerstört, die von 202 nach lateral verlagert. Die Anlagen von 102, 103 und 203 sind regulär vorhanden.

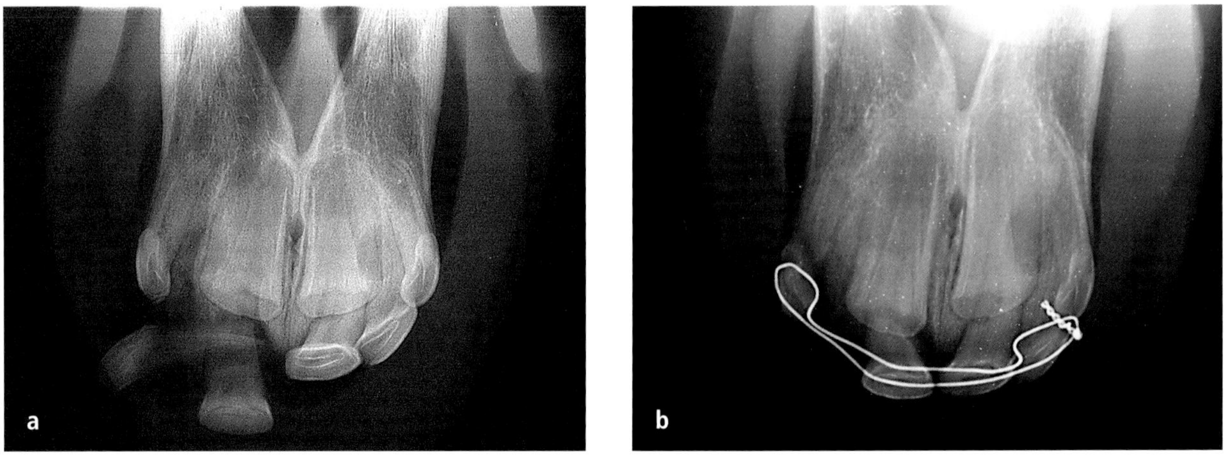

Abb. 6-5 Warmblut, Hengst, 2 Jahre. Dorso-ventrale Aufnahme:

a 601 weit nach rostral disloziert, 602 entwurzelt und um 90 Grad nach lateral rotiert. 501 gering ventral disloziert.

b Dorso-ventrale Aufnahme: Zustand nach der Behandlung: 602 wurde zwar reimplantiert, wuchs jedoch trotz Druckentlastung nicht wieder an und wurde entfernt. Der frakturierte 601 bleibt erhalten. Ob die Zahnanlagen der bleibenden Zähne geschädigt wurden, wird erst nach 1 bis 2 Jahren ersichtlich sein.

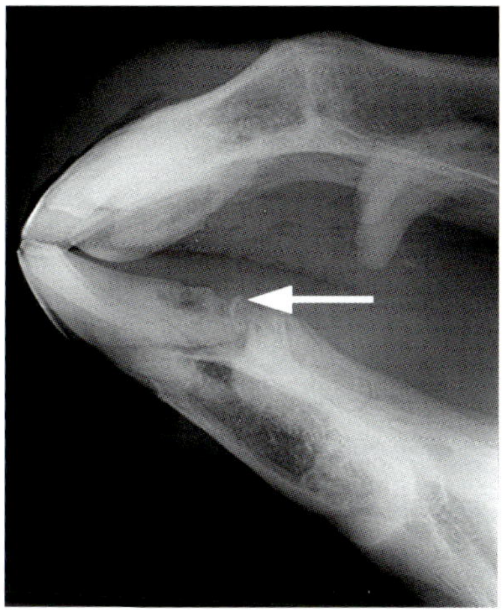

Abb. 6-6 Araber, Wallach, 17 Jahre. Latero-laterale Aufnahme: Dorsale Zahnfachentzündung an 303. 304 ist frakturiert, es ist jedoch keine Pulpitis erkennbar.

! Merke: Bei älteren Pferden können an den Zähnen häufig „Selbstreparaturen" der Pulpen mittels Ersatzdentin vorkommen! Sie sind an der vom Restzahn abweichenden gräulichen bis rosanen Färbung zu erkennen.

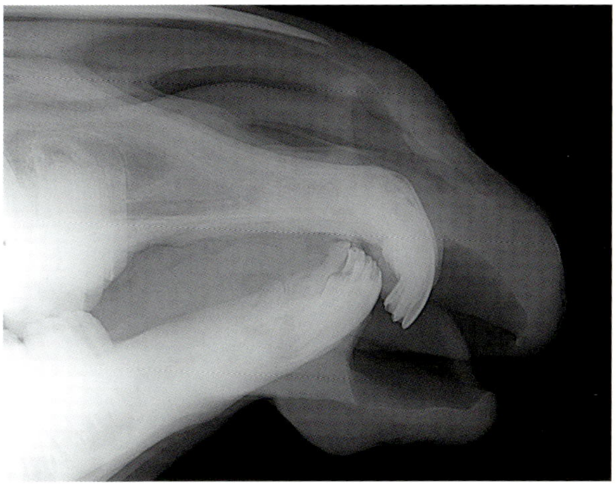

Abb. 6-7 Trakehner, Wallach, 4 Jahre. Latero-laterale Aufnahme eines angeborenen Überbisses (Brachygnatia superior).

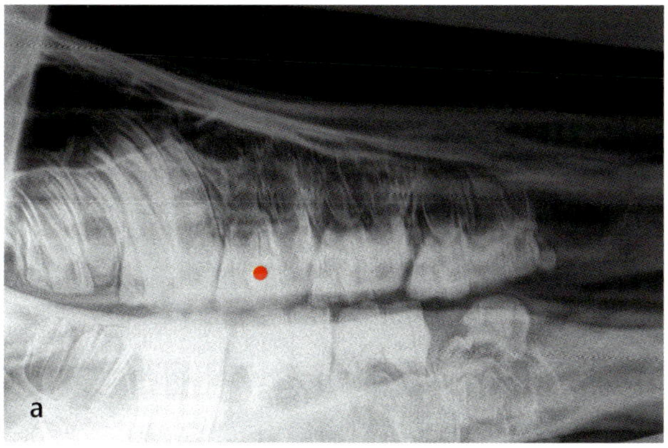

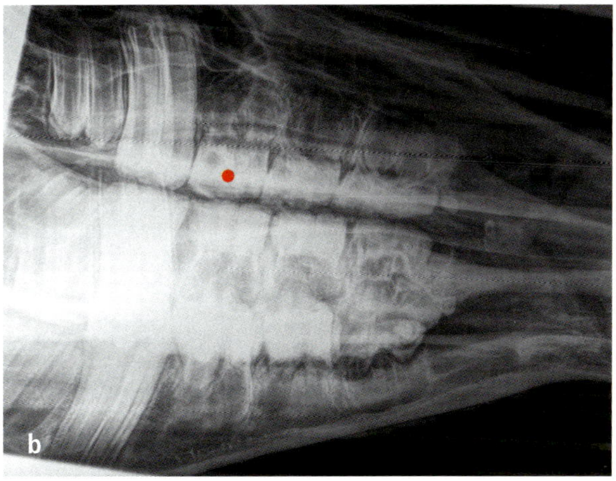

Abb. 6-8 Quarter-Horse, Wallach, 1,5 Jahre. Latero-laterale Aufnahme:

a Purulenz mit Foetor ex ore. Röntgenologisch ist die starke Beteiligung des juvenilen 608 (Punkt) (Milchzahnkappe des 3. Backenzahnes im linken Oberkiefer) erkennbar. Der Übergang zum bleibenden Mahlzahn (208) erscheint aufgelockert.

b Latero-laterale Schrägaufnahme. Hier wird der Übergang zwischen den Milchzahnkappen (606 bis 608 [Punkt]) und den sich entwickelnden permanenten Backenzähnen verdeutlicht. Auch die „reitende" Funktion der Milchzähne ist hier besonders anschaulich dargestellt.

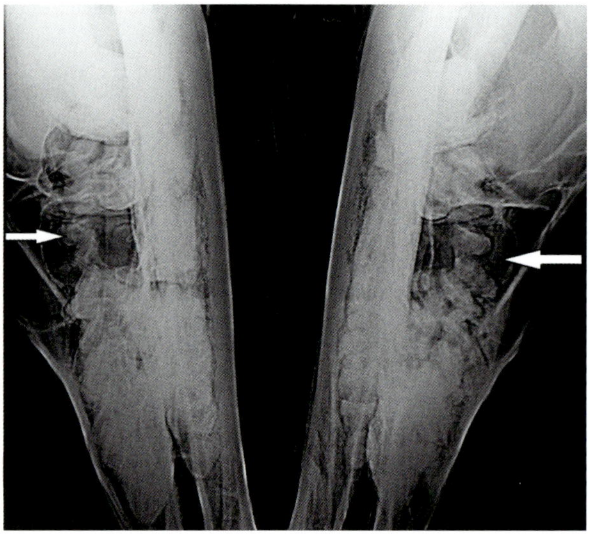

Abb. 6-9 Schweres Warmblut, Stute, 25 Jahre. Dorso-ventrale Aufnahme eines Glatzengebisses (Smooth Teeth). Die Kurzstummeligkeit (zum Teil schmelzlose Wurzelreste) ist an einzelnen Zähnen (Pfeile) erkennbar.

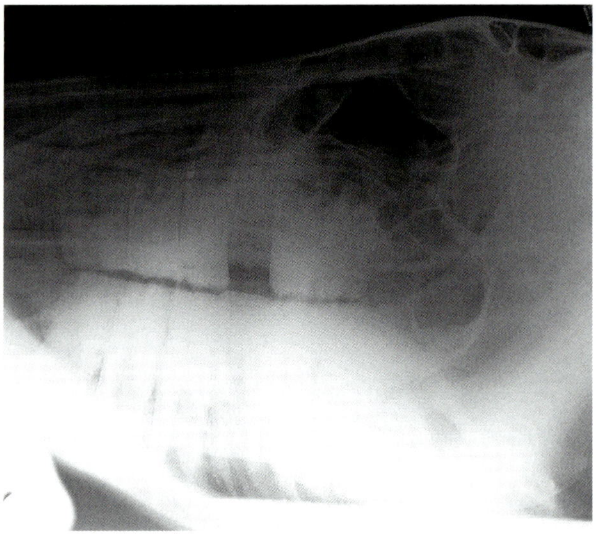

Abb. 6-10 Warmblut, Stute, 14 Jahre. Latero-laterale Aufnahme: Kontrollbild nach Extraktion von 110 wegen bukkal gelegener oro-nasaler Fistel.

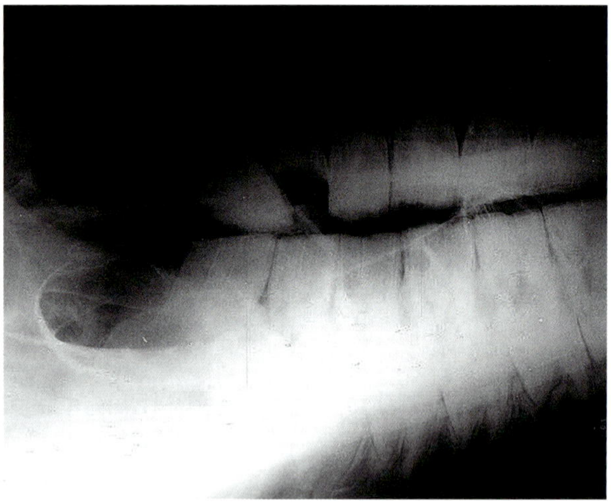

Abb. 6-11 Halbblut, Wallach, 16 Jahre. Latero-laterale Aufnahme: 210 frakturiert und eingekeilt zwischen 209 und 211. **Behandlung:** Um den eingekeilten Zahn oral zu extrahieren, wurde 211, welcher nach rostral verschoben war, zuerst entfernt und dann erst die Reste des 210.

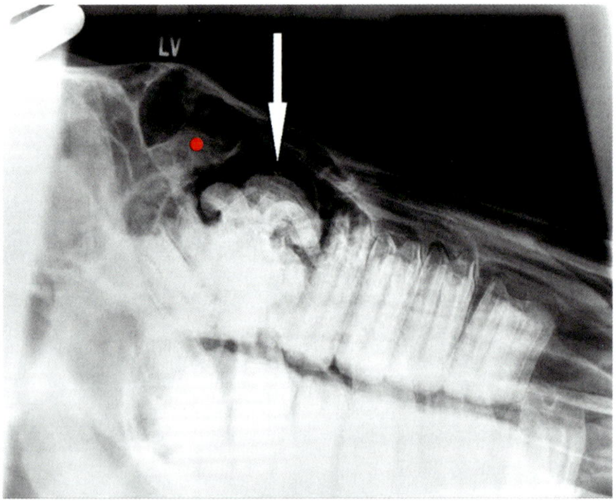

Abb. 6-12 Warmblut, Wallach, 4 Jahre. Latero-laterale Aufnahme: 210 um 90 Grad verdreht. Die deutlich divergierende Richtung der Wurzelanteile (Pfeil) ist markant. 211 mit Odontotomenveränderung. 212 ist im kaudalen Bereich zu sehen und trat zum Zeitpunkt der Aufnahme gerade durch das Zahnfleisch. Zusätzlich ist im Sinus eine Verschattung (hellerer Bereich, Punkt) zu sehen, bei der es sich um eine weitere Zahnanlage handeln könnte.

6.2 Computertomografie

Die Computertomografie besteht aus schichtweisen Röntgenaufnahmen und wird hier in Querschnitten durch den Kopf abgebildet. Die Dichtenablesung gleicht der eines Röntgenbildes (s. Kap. 6.1, S. 145). Luftgefüllte Hohlräume (Nasennebenhöhlen) sind somit schwarz dargestellt. Durch die Möglichkeit der schichtweisen Aufnahmen ist hier sogar die Abbildung einzelner Pulpen möglich (s. **Abb. 6-15**)

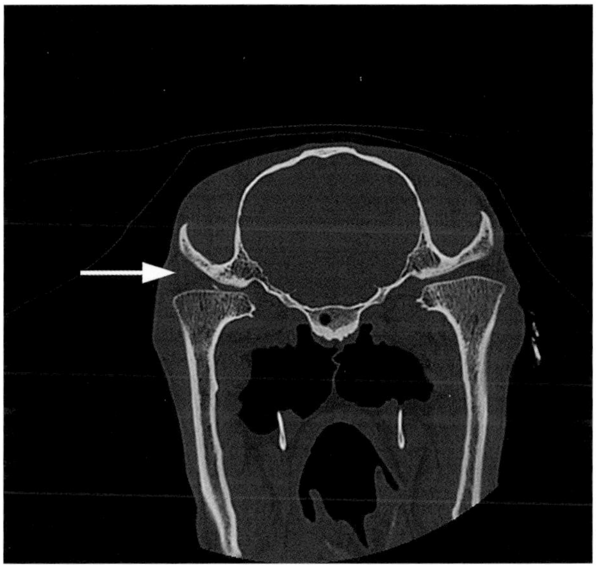

Abb. 6-13 Isländer, Wallach, 24 Jahre. Trotz mehrfacher Zahnbehandlung war es dem Pferd nicht möglich Raufutter zu mahlen. Kiefergelenksinjektion mit Hyaluronsäure und Cortison bewirkte nur rechtsseitig eine annähernd normale Kautätigkeit. Zu sehen ist hier eine isolierte Verschattung im Meniskus des linken Kiefergelenks. Knorpeldefekte und Verformung der Gelenkflächen sind erkennbar, linksseitig stärker ausgeprägt. Es handelt sich um eine degenerative Gelenkveränderung, die durch Ab- und Umbau der Strukturen innerhalb des Gelenkes (Knorpel) zum Funktionsverlust führt. Fortschreitend verändern sich auch die um das Gelenk liegenden Strukturen wie Gelenkkaselknochen, Sehnen und Bänder (Arthropathia deformans).

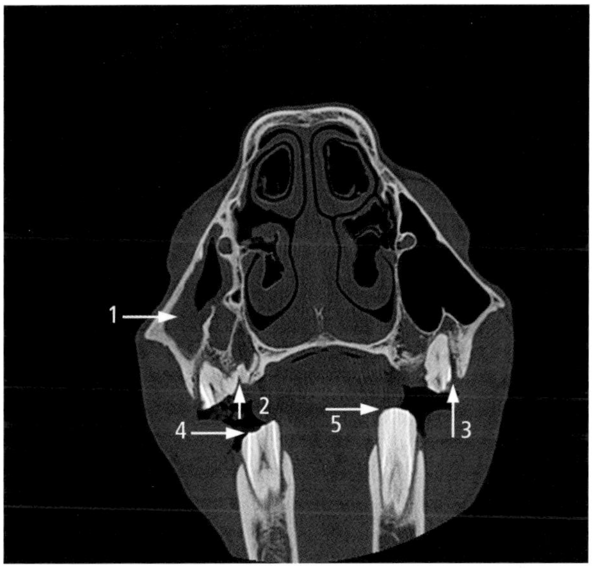

Abb. 6-14 Warmblut, Wallach, ca. 18 Jahre. Deutliche Schwellung der Schleimhaut in der linken Kieferhöhle (Pfeil 1). Kronenteilfraktur auf 209 (Pfeil 2), 109 mit Längsfraktur (Pfeil 3). 309 (Pfeil 4) und 409 (Pfeil 5) sind aufgrund der einseitigen Mahltätigkeit auch im Bereich der Zahnkrone (im koronalen Anteil) sehr unterschiedlich abgenutzt.

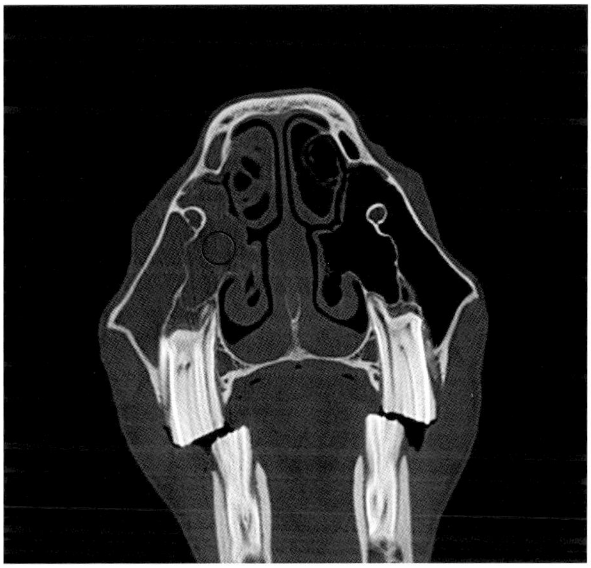

Abb. 6-15 Mecklenburger Warmblut, Stute, 8 Jahre. Im Bereich der lingualen Wurzelspitze von 210 Durchbruch der Alveole zur ventralen Nasenmuschelhöhle, hier als graue, kompakte Masse zu erkennen (radiologisch: weichteildicht verschattet) (s. Kreis).

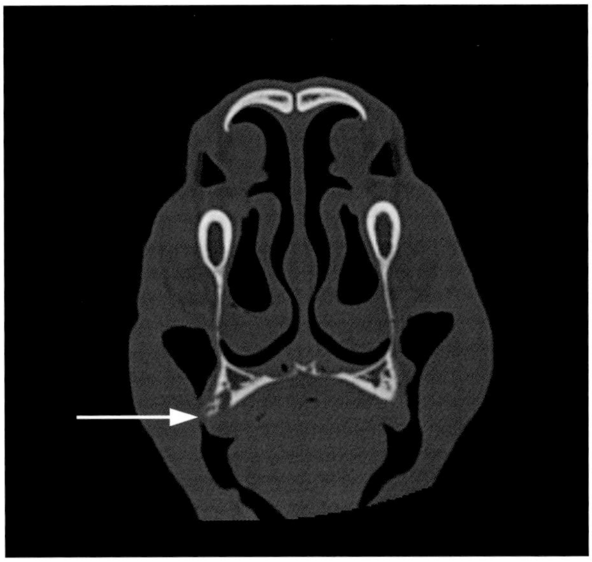

Abb. 6-16 Hannoveraner Warmblut, Wallach, 6 Jahre. Im Bereich des 205 (Wolfszahn) ist nach der Extraktion des Zahnes bukkal eine knochendichte isolierte Verschattung zu sehen (Pfeil). Dies weist auf eine Wundheilungsstörung im Alveolarbereich des extrahierten Zahnes hin, möglicherweise mit abgestorbenen Zahnfachanteilen (Sequester). Dadurch ist die unter der Schleimhaut liegende Struktur schmerzempfindlich. Da an dieser Stelle das Trensengebiss liegt, lassen sich durch diesen Befund die im Vorbericht geschilderten Rittigkeitsprobleme erklären.

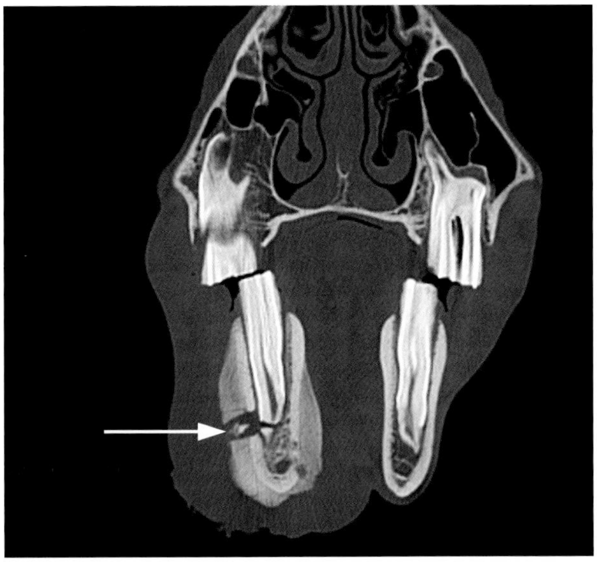

Abb. 6-17 Holsteiner Warmblut, Stute, 13 Jahre. Linker Unterkiefer mit massiver Weichteilschwellung. Zahnwurzelspitzenfraktur des 308 und Sequester (Knochenfragmente) (Pfeil) im bukkalen Unterkieferknochen. Unterkieferfistel seit Wochen. Im linken Oberkiefer weist der Zahnhalteapparat von 208 eine geringere Knochendichte auf.

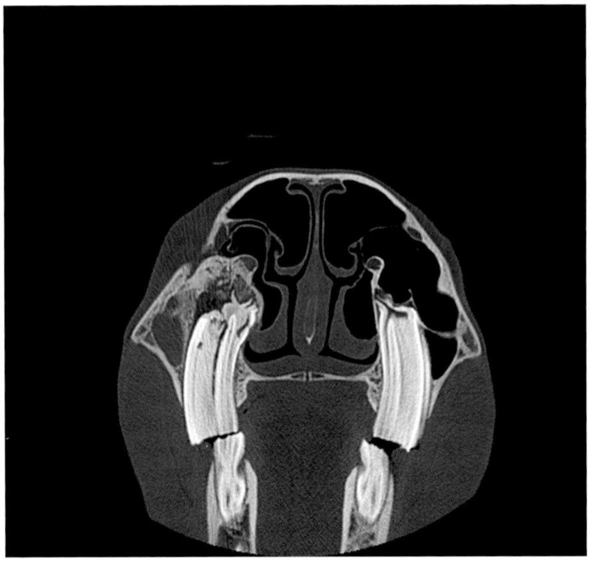

Abb. 6-18 Fjordpferd, Stute, 6 Jahre. Vorberichtlich Schlagverletzung mit Öffnung der linken Kieferhöhle vor ca. 3 Jahren. Die Frakturlinie ist oberhalb des Jochbeins zu sehen. 210 mit erweitertem Alveolarraum, unregelmäßig gezeichneten Pulpen und massiver knöcherner Reaktion um die gesamte Wurzel herum. Weichteildicht verschattet. Dieser linksseitig im Oberkiefer liegende schmerzhafte Prozess führt zu einer rechtsseitig verstärkten Mahltätigkeit. Durch diese sind der größere Kauwinkel und die ausgeprägteren Schärfen zu erklären.

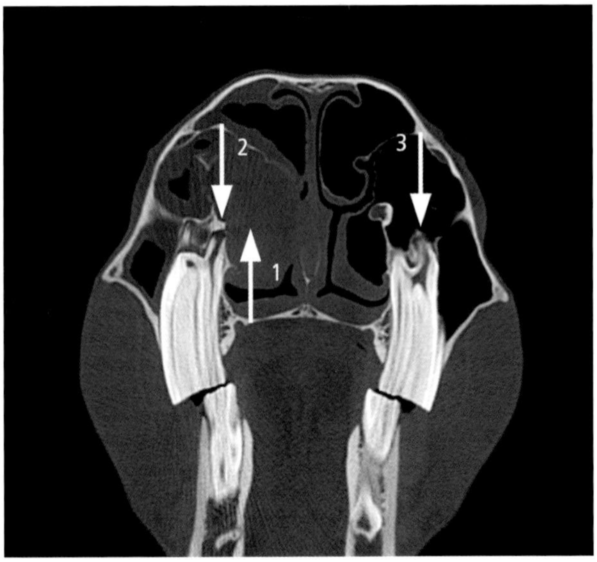

Abb. 6-19 Brandenburger, Stute, 5 Jahre. Die linke Kieferhöhle ist weichteildicht verschattet. Reaktion der Alveole um 209 (Pfeil 1) mit knöcherner Veränderung des Infraorbitalkanals (Pfeil 2). Geringgradig erweiterter Alveolarraum, Infundibulum erweitert. Geringgradige Reaktion der Schleimhaut um 109 (Pfeil 3).

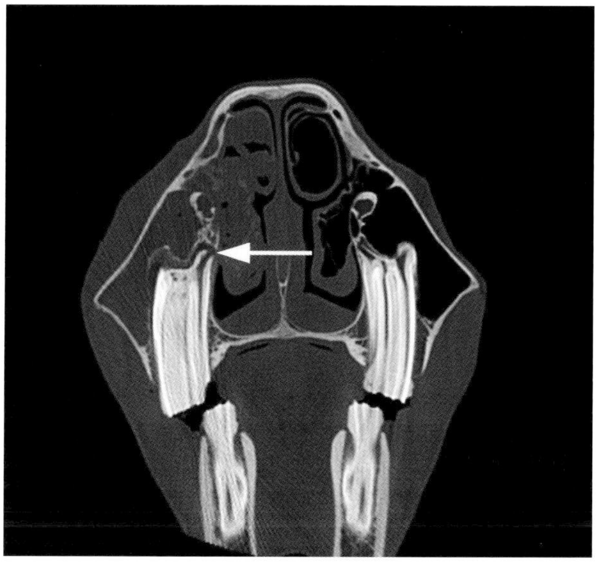

Abb. 6-20 Warmblut, Stute, 11 Jahre. 209 mit erweitertem peridontalem Raum (Pfeil), vollständige Verschattung der linken Kieferhöhle und teilweise Verschattung der linken, ventralen Nasenmuschelhöhle. Eine Slabfraktur lingual ist als wahrscheinliche Ursache für die Pulpitis erkennbar.

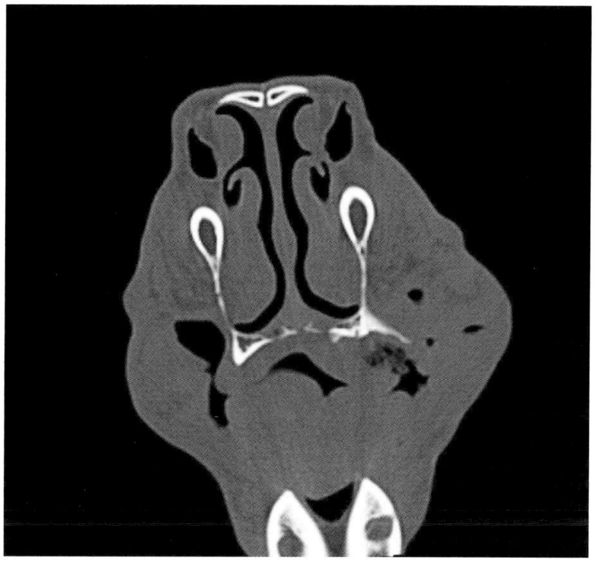

Abb. 6-21 Hannoveraner, Wallach, 18 Jahre. Knöcherne Umbildung des harten Gaumens im rechten Diastema, bukkal ausgezogen. Weichteilschwellung am Gaumen aufgrund eines Myxosarkoms.

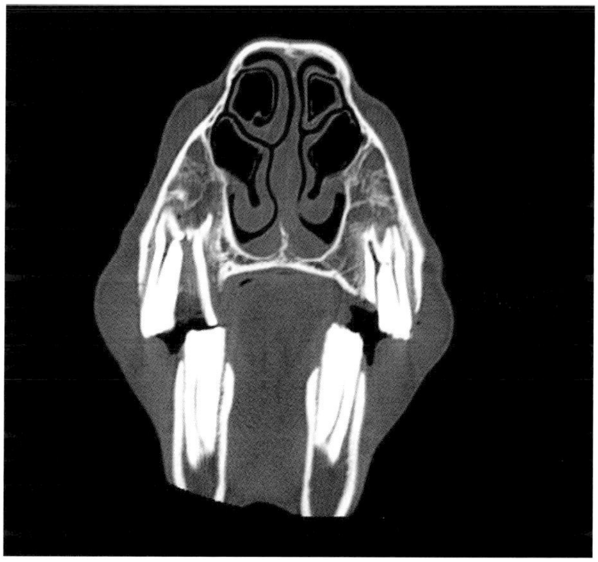

Abb. 6-22 Sachsen-Anhaltiner, Stute, 12 Jahre. Zahnlängsfraktur von 208 mit erweitertem Alveolarraum. Teilfraktur der Krone des 108 mit eröffneter Pulpa. Die lingualen Schärfen von 308 bedingen eine latero-mediale Scherung des palatinalen Anteils von 208 und führten zu der oben genannten Fraktur. Hier ist der Engstand des Unterkiefers Auslöser für die massiven Veränderungen der Oberkieferzähne.

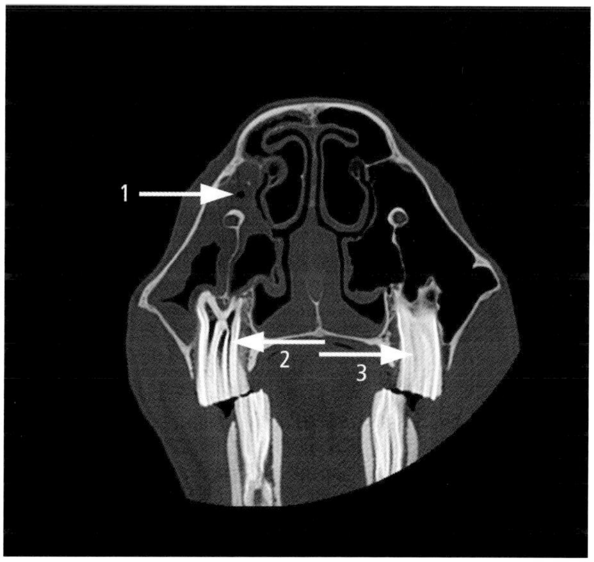

Abb. 6-23 Halbblut, Wallach, 4 Jahre. 209 mit Teilfraktur der Krone und Eröffnung der Pulpa. Es besteht ein Durchbruch der Alveole in die ventrale Nasenmuschelhöhle. Weichteil der Nasenmuschel- und Kieferhöhle dicht verschattet. Auflösungserscheinungen der knöchernen Begrenzung der Nasenmuschelhöhle (Pfeil 1). Die Pulpen sind bei 209 sehr exakt (Pfeil 2), bei 109 nur schemenhaft (Pfeil 3) zu erkennen.

6.3 Magnetresonanztomografie

Wie beim Röntgen und bei der Computertomografie handelt es sich bei der Magnetresonanztomografie um eine Darstellung von Geweben in Grautönen. Hier werden flüssigkeitsreiche Gewebe heller dargestellt als flüssigkeitsarme Gewebe. Dadurch sind einzelne Pulpen gut erkennbar (s. **Abb. 6-24** und **6-25**) und die Zahnsubstanzen erscheinen annähernd schwarz.

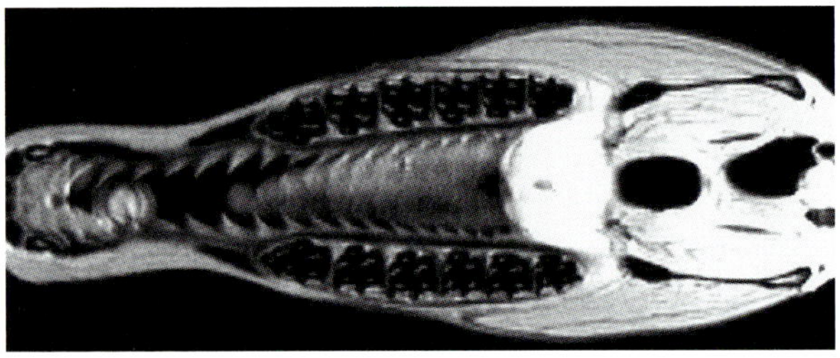

Abb. 6-24 Dorso-ventrale Ansicht des Oberkiefers auf Höhe der Mahlzähne. Die Pulpen sind deutlich als Verschattungen sichtbar. MRT-Bilder eignen sich für alle mit Flüssigkeiten in Verbindung stehenden Erkrankungen, wie zum Beispiel Pulpitiden.

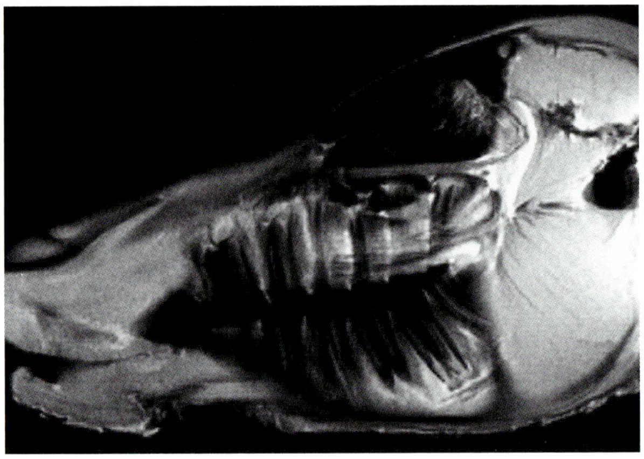

Abb. 6-25 Latero-laterale Aufnahme: In der seitlichen Schnittebene lassen sich die Pulpen sehr deutlich darstellen.

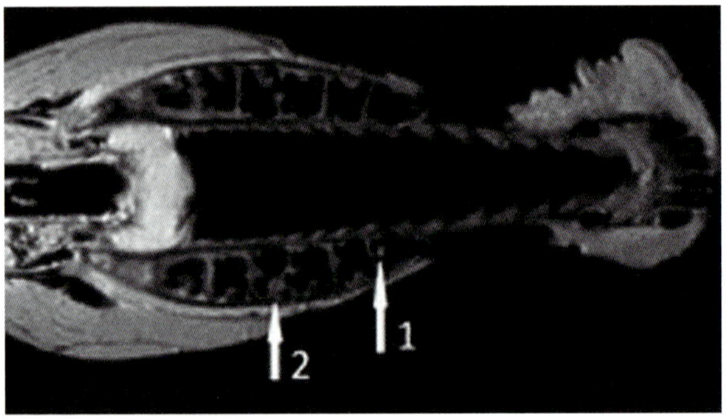

Abb. 6-26 Die Flüssigkeitsansammlungen im Bereich von 206 lassen auf eine Infindibularnekrose der Kunde 2 schließen (Pfeil 1). Auch die Flüssigkeitsansammlungen im Bereich 209 zeigen Veränderungen, welche auf eine Karies hindeuten (Pfeil 2).

6.4 Thermografie

Bei der Termografie werden Temperaturunterschiede zwischen einzelnen Messpunkten der Körperoberflächen farblich dargestellt. Prinzipiell sind die Farbdarstellungen dabei frei wählbar. Die hier gewählte Farbdarstellung geht zum einen von blau = kalt über orange zu rot = warm (s. **Abb. 6-27**) sowie von blau = kalt via grün – gelb zu rot = warm (s. **Abb. 6-28**). Erst Temperaturabweichungen, die über den physiologischen Bereich hinaus gehen, dürfen zur Diagnostik herangezogen werden.

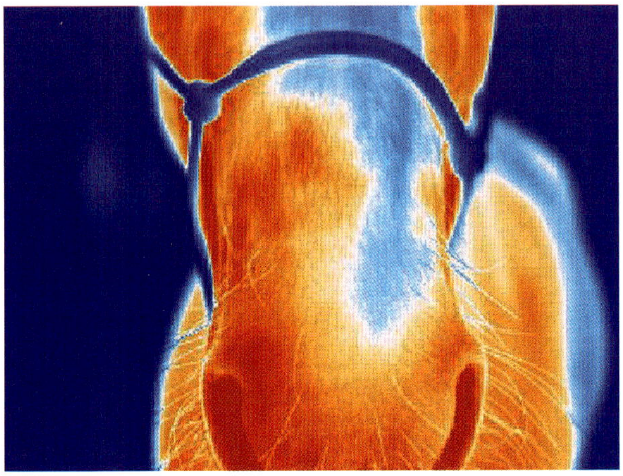

Abb. 6-27 Warmblut, Stute, 12 Jahre. Rechtsseitige, radiologisch nicht darstellbare Nasenbeinfissur mit großer Berührungs- und Schmerzempfindlichkeit. Es ist eine deutlich verstärkte Durchblutung der rechten Nasenseite erkennbar.

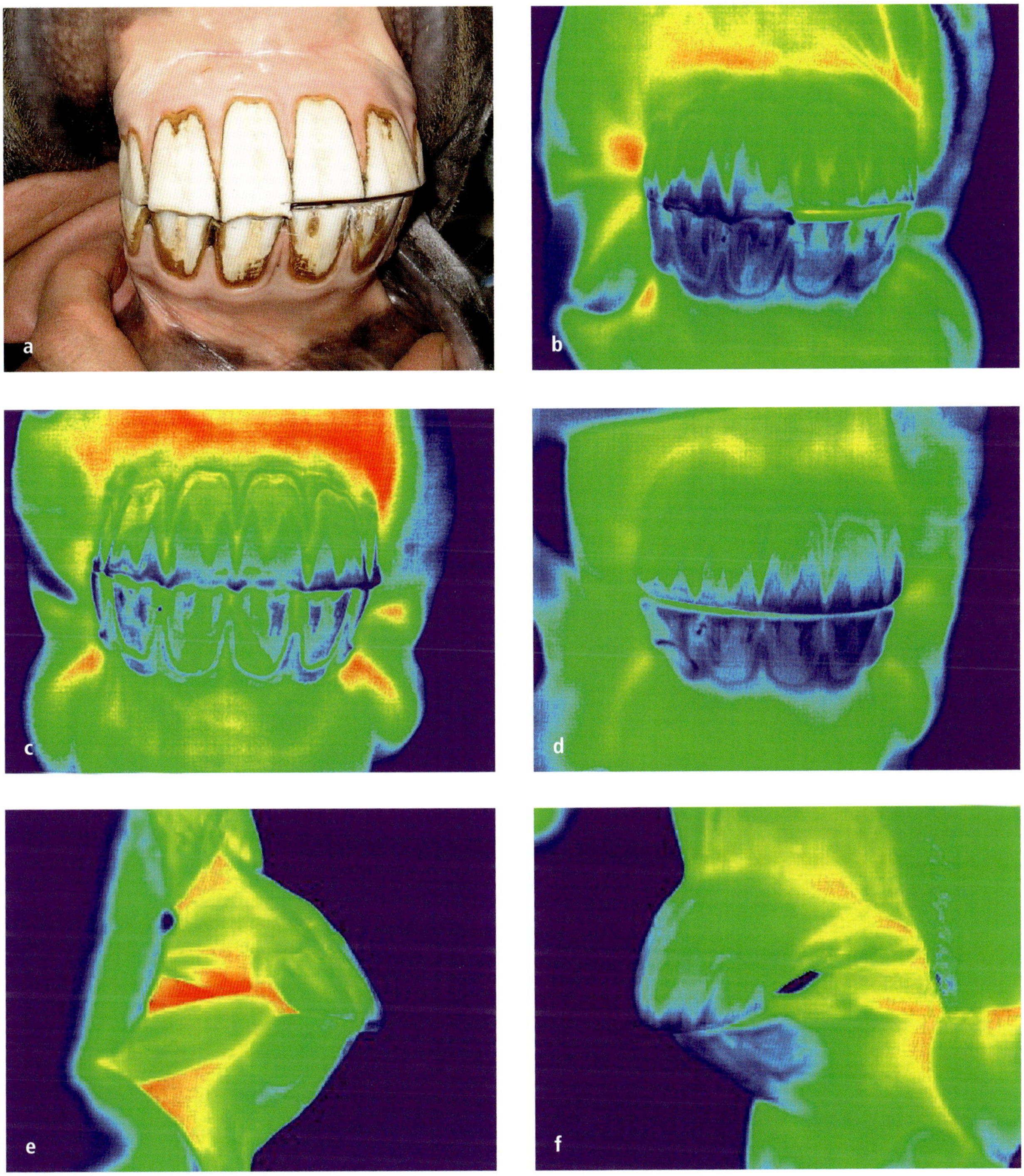

Abb. 6-28 Holsteiner, Stute, 10 Jahre.

a Frontalansicht nach halbseitiger Korrektur (Half cut) im Foto.

b Frontalansicht. Thermografischer Nachweis der abnehmenden Druckbelastung (Absinken der Temperatur) im Zahnfachbereich (Schneidezähne durch mechanischen Schliff noch gereizt und daher wärmer) bereits 10 Sekunden nach „Half cut".

c Frontalansicht. Thermogramm vor der Korrektur.

d Frontalansicht. Thermogramm nach der Korrektur. Deutliche Entlastung der Zahnfächer und Zahnwurzeln nach der Korrektur.

e Thermogramm vor der Korrektur, Seitenansicht rechts: Deutliche Druckbelastung im nicht korrigierten Bereich.

f Thermogramm nach der Korrektur, Seitenansicht links: Deutliche Entlastung der Zahnfächer und Zahnwurzeln nach der Korrektur.

Glossar

Abrasion: Abrieb

Accentuated Transverse Ridges: ATR (Akzentuierte Transversalrillen); gering- bis mittelgradige pathologische Querrillen, die bis 5 mm über die gemittelte Okklusionsfläche hinausragen; können pro Zahn ein- bis zweimal vorkommen

adipös: entspricht dem Body Score Index: 9 = stark übergewichtig/extrem fett

Alveole: knöchernes Zahnfach

Alveolitis: entzündliche Veränderung des Zahnfaches

Angina: Entzündung des weichen Gaumens und der Mandeln

Anorexie: Appetitlosigkeit, Herabsetzung des Triebs zur Nahrungsaufnahme

Antagonist: Gegenspieler eines Agonisten in einem dual funktionierendem System

Aphte: Schleimhautbläschen; schmerzhafte, von einem entzündlichen Randsaum umgebene Erosionen der Mundschleimhaut mit weißlichem Fibrinbelag

apikal: zur Zahnspitze hin

Arkade: Backenzähne eines Quadranten stehen physiologisch in rostro-kaudaler Richtung annäherungsweise in einer Flucht, der Arkade, hintereinander

Arthropathia deformans: degenerative Gelenkveränderung, d. h. eine sich zunehmend verschlechternde Gelenkerkrankung

Atrophie: Rückbildung eines Organs oder Gewebes

Backenzähne: im kaudalen Bereich der Maulhöhle gelegene Zähne mit Mahlfunktion

Backenzahnschärfen: spitze Zahnteile, im Oberkiefer meist bukkal in die Wangenschleimhaut spießend, im Unterkiefer meist lingual

Bastmatten: grobförmige Nahrungsbestandteile, die durch ungenügende Mahltätigkeit nicht vollständig zerkleinert werden konnten

Bitseat: rostrales Viertel von 106, 206, 306 und 406 wird über die Horizontalebene hinaus abgeschliffen, um das Wiederauftreten der 6er Haken zu verzögern und die Rittigkeit bzw. Durchlässigkeit des Pferdes zu verbessern

Blutvergiftung: s. Septikämie

bösartiger Tumor: s. Fibro-, Osteosarkom und Plattenepithelkarzinom

Brachygnathie: Kieferverkürzung

Brachygnatia inferior: Überbiss; die Zahnreihen sind dermaßen verschoben, dass durch einen verkürzten Unterkiefer kein Kontakt zwischen Ober- und Unterkieferschneidezähnen möglich ist

Brachygnatia superior: Unterbiss; die Oberkieferschneidezähne haben durch einen verkürzten Oberkiefer keinerlei Kontakt zu den Unterkieferschneidezähnen

BSI: Body Score Index; Index zur Beurteilung des Fütterungszustandes; eingeteilt von 1 = schlecht (kachektisch) bis 9 = extrem fett (adipös)

Buckelrampenbildung: rampenähnliche Veränderung, die sich mittig auf der Okklusionsfläche von 6-ern oder 11-ern befindet

bukkal: wangenwärts

Bumps: Knäste; Knochenauftreibungen an Unter- und Oberkiefer

Caninus: Hengstzahn; im Diastema gelegener Kampfzahn

Cavum oris: Maulhöhle; besteht aus der eigentlichen Maulhöhle (Cavum oris proprium) und dem Maulhöhlenvorhof (Vestibulum oris), der von dieser durch die Zahnreihen des Ober- und Unterkiefers getrennt wird

- **Cavum oris proprium:** eigentliche Maulhöhle; Raum innerhalb des oberen und unteren Zahnbogens, wird dorsal vom Gaumen abgedeckt, lateral liegen die Zähne, den Boden bilden die Zunge und der Maulhöhlenboden
- **Vestibulum oris:** Vorhof der Maulhöhle; Spaltraum zwischen Lippe bzw. Backe und Zahnbogen

Cheilitis: entzündliche Veränderung der Lippe

Chitosangel: Tamponade aus sterilem Chitin

Cingula: Schmelzsäule; anatomischer Mahlzahnbestandteil um den Schmelzanteil im Zahn zu erhöhen

Crista facialis: Gesichtsleiste; markante Leiste, vom Oberkieferbein und dem Jochbein gebildet, geht kaudal in den Jochbogen über

Cutter: Gerät zum Schneiden/Kürzen von Backenzähnen

Débridement: Wundexzision; Wundauffrischung durch Ausschneiden der Wundränder

degenerative Gelenkveränderung: s. Arthropathia deformans

Dekubitus: Druckgeschwür

Dens lupus: Wolfszahn; Relikt eines siebten Backenzahnes ohne Mahlfunktion, sowohl im Ober- als auch im Unterkiefer zu finden; je nach Lage des Zahnkeims kann der Wolfszahn lateral, rostral oder medial liegen; Größen und Formen variieren erheblich; Wolfszähne kommen auch als Milchwolfszähne vor

- **blinder Wolfszahn:** meist sehr kleiner Wolfszahn, der nicht durch die Schleimhaut bricht

Dentalpick: schraubenzieherförmiges Instrument mit langem Griff zur Mobilisierung von Schleimhaut oder Lockerung von Zahnsplittern

Dentalsonde: Gerät zum Untersuchen von Pulpen und Dentaltaschen

Dentalwerkzeug: Werkzeug zur Bearbeitung von Zähnen

Dentin: Zahnbein; Hauptanteil der Backenzahnsubstanz, von Einfaltungen des Zahnschmelzes durchzogen; umschließt die Pulpenhöhle mit der darin liegenden Pulpa; Härtegerad liegt zwischen dem von Zement und Zahnschmelz

Dentinverfärbung: durch eingelagerte Substanzen rötlich-braune bis schwarze Verfärbungen des Dentins

Diagonalbiss: Gebissformveränderung der Schneidezähne; Abweichung von der Horizontallinie in Richtung einer Diagonale; die Bezeichnung wird vom Höhenstand von 103 zu 203 aus Sicht des behandelnden Praktikers in Lese-Richtung der europäischen Schreibweise abgeleitet

- **absteigender Diagonalbiss:** 103 höher als 203
- **aufsteigender Diagonalbiss:** 103 tiefer als 203

Diastase: Zahnlücke; Auseinanderweichen zu einer Zwischenzahnspalte als Dauerzustand

Diastasenfräsung: Erweiterung eines Zwischenzahnspaltes mittels Bohrer oder Fräse

Diastema: der Raum zwischen den Schneide- und Backenzähnen, der rostral durch die kaudalen Flächen von 103 bis 403 begrenzt wird; die kaudale Grenze bilden die rostralen Flächen von 106 bis 406; dorsal stellt der Gaumen die Begrenzung dar, ventral die Zungenspitze und der Unterzungenboden

diphteroid: Bezeichnung für Krankheiten oder Symptome, die Ähnlichkeiten mit einer Diphtherie haben, d. h. mit Bildung von Pseudomembranen einhergehen

distal: weiter vom Rumpf entfernte Teil der Extremitäten; die auf dem Alveolarbogen von der Mittellinie abgewandte Seite des Zahns; vom Zentrum weg gerichtet

Doppelanlage: eine zweifache Anlage eines baugleichen Zahnes

Doppelwurzeligkeit: Anlage einer physiologisch nicht vorkommenden Zahnwurzel desselben Zahnes

dorsal: rückenwärts

Drahtcerclage: Verfahren zur osteosynthetischen Versorgung einer Fraktur; Drahtumschlingung an Röhrenknochen zur Fixierung fugenlos reponierter, meist kleinerer Knochenfragmente

Drainage: therapeutische Ableitung einer pathologischen Flüssigkeitsansammlung (Wundsekret, Blut, Eiter, Lymphe); prophylaktisch zur postoperativen Wund- und Heilkontrolle, zur Verminderung von Wundinfektionen sowie zur Kontrolle von Nachblutungen; auch zur Spülung von Wundhöhlen

Dreipunktbalance: Schneidezähne, Mahlzähne und Kiefergelenke sollten bei der Kautätigkeit eine gleichmäßige Druckverteilung erfahren; dies ist nur bei einem physiologischen Gebisswinkel gegeben

Drucknekrose: s. Nekrose

Einbiss: Formveränderung von 103 und 203 durch fehlenden Abrieb im kaudalen Zahnanteil; direkte Folge ist eine Blockierung der rostro-kaudalen Mahlbewegung; Einbisse werden in die Schweregrade 1–4 eingeteilt

Einstempeln: s. Impression

Einzelzahngebisswinkel: Gebisswinkel eines einzelnen Zahnes

Eiterfistel: s. Fistel

Endoskopie: Ausleuchtung und Inspektion von Körperhohlräumen und Hohlorganen mit Hilfe eines Endoskops

EOTRH: Englisch: Equine Odontoclastic Tooth Resorption and Hypercementosis; Equine Odontoklastische Absorptions- und Resorptionsvorgänge; schmerzhafte Störung im Schneidezahnbereich, die unterschiedliche Formen von Periodontitis mit resorptiven oder schweren Veränderungen der verknöcherten Zahnstruktur hervorruft

Epulis: dem Alveolarfortsatz halbkugelig oder pilzförmig aufsitzende, begrenzte, periphere Granulationsgewebebildung mit unterschiedlichen klinischen Bild; kein echter autonom wachsender Tumor, sondern entzündlich, reaktives (resorptives), meist in Beziehung zum gingivo-parodontalen Gewebe stehendes Granulom

Ermüdungsbruch: Knochenbruch durch Materialermüdung

Erosion: begrenzter, oberflächlicher Gewebeverlust der Haut oder Schleimhaut; kann ohne Narben abheilen oder sich zu einem Geschwür entwickeln

Ersatzdentin/Sekundärdentin: zum Verschluss des Zahnes gegenüber der Umwelt gebildeter Reparaturwerkstoff des Zahnes

Erythem: entzündliche Rötung der Haut

Excessive Transverse Ridges: ETR (Exzessive Transversalrillen), pathologische Querrillen, die mehr als 5 mm über das Niveau der gemittelten Okklusionsfläche hinausragen

Exophthalmus: ein- oder beidseitiges Hervortreten des Augapfels aus der Augenhöhle mit Bewegungseinschränkung

Exostosen: von der Knochenoberfläche ausgehende, höckerige und spornartige Knochenvorsprünge

Extractio dentis: Zahnextraktion

Extraktion: Herausziehen; Entfernung von erkrankten (pathologischen) Zähnen

Fibrosarkom: hartes, kollagenfaserreiches Sarkom; zell- und mitosereich; aus maligne entarteten Fibroblasten aufgebaut

Fissur: Haarriss im Knochen, inkomplette Fraktur

Fistel: röhrenförmige, mit Granulationsgewebe (Röhrenfistel) oder Epithelgewebe (Lippenfistel) ausgekleidete Verbindung zwischen Körperhöhlen bzw. Hohlorganen untereinander (innere Fistel) oder mit der Körperoberfläche (äußere Fistel)

Foetor ex nasi: Geruch aus der Nase

Foetor ex ore: Geruch aus dem Maul

Fractura dentis: s. Zahnfraktur

Frenulum linguae: Zungenbändchen; unter der Zunge gelegene bandhafte Verbindung zum Zungenunterboden

Frosch: Tastorgan; im Oberkiefer palatinal gelegene Schleimhauterhebung in der Form eines auf dem Rücken liegenden Frosches

Frown: Gebissformveränderung der Schneidezähne; Abweichung von der Horizontallinie in Form einer negativen Lachlinie; kann durch Bezug auf den Höhenstand von 103 und 203 in ein aufsteigendes und absteigendes Frown differenziert werden, wobei sich die Bezeichnung aus Sicht des behandelnden Praktikers in Lese-Richtung der europäischen Schreibweise ergibt

- **absteigendes Frown:** 103 höher als 203
- **aufsteigendes Frown:** 103 tiefer als 203

Futterimpaktation: Einspießen von Futterbestandteilen in den Zwischenzahnraum

Gap: Lücke zwischen den Okklusionsflächen, der sich sonst berührenden Zähne

Gaumenstaffeln: s. Rugae palatinae

Gebisswinkel: physiologische Abweichungen der Okklusionsflächen von der Horizontalebene, in rostro-kaudaler Richtung beurteilt; Gebisswinkel der Backenzähne betragen zwischen 10 und 15 Grad lingual aufsteigend; auch als Kauwinkel bezeichnet

- **negativer Gebisswinkel:** lingual abfallender Gebisswinkel; hervorgerufen durch massiv fehlerhafte Zahnbehandlung
- **zu flacher Gebisswinkel:** Gebisswinkel kleiner als 10 Grad
- **zu steiler Gebisswinkel:** Gebisswinkel von 15–20 Grad
- **deutlich zu steiler Gebisswinkel:** Gebisswinkel von 20–25 Grad
- **hochgradig zu steiler Gebisswinkel:** Gebisswinkel von über 25 Grand

Gefäßpolster: submukös gelegenes Gefäßgeflecht des Gaumens

Geschwür: s. Ulkus

Gesichtsleisten: s. Christae facialis

Gingiva: Zahnfleisch; Teil der Maulauskleidung, blasser als die eigentliche Maulschleimhaut

Gingivitis: Zahnfleischentzündung

Glatze: s. Schmelzhypoplasie

Glatzengebiss: s. Smooth Teeth

Glossitis: Zungenentzündung; entzündliche Veränderung der Zungenschleimhaut

Granulom: knötchenförmige Neubildung aus mononukleären Entzündungszellen und Epitheloid- oder Riesenzellen als Gewebereaktion auf allergisch-infektiöse oder chronisch-entzündliche (resorptive) Prozesse

Guttaperchastifte: antibiotisch wirkende oder entzündungshemmende dünne Stifte, die in die Wurzelhöhle zum Verbleib eingelegt werden

Haken: ungenügende Abnutzung eines Backenzahnteiles (6er rostral oder 11er kaudal), der in Hakenform ausgebildet ist

half cut: halbseitige Korrektur

Hämatom: Bluterguss; durch Trauma entstandene Blutansammlung im Weichteilgewebe oder in einer vorgebildeten Körperhöhle; bei längerem Bestehen erfolgt eine bindegewebige Umbildung

hängender Zahn: Mahlzahn, der komplett aus der Okklusionsfläche im Oberkiefer heraustritt

harte Okklusion: Mahlzähne stehen im Winkel von ca. 15 Grad; bei manueller Lateralverschiebung der Kiefer gegeneinander erzeugt das ein härteres, klackendes Geräusch

Hauptkaumuskel: s. Musculus masseter bei Kaumuskulatur

Headshaking: Kopfschütteln; unkontrollierte, dauerhaft oder intermittierend auftretende, vertikale, horizontale oder rotierende Bewegung von Kopf und Nacken; als Begleitsymptome können Schnauben, Reiben der Nase am Vorderbein oder aktives Vermeiden von Licht, Wärme oder Wind auftreten; Ursache ist ein Schmerzreiz

Hechtgebiss: Unterbiss 5. Grades, bei dem sich Ober- und Unterkieferschneidezähne nicht mehr berühren

Hengstzahn: Kampfzahn im Diastema; bei männlichen Tieren physiologisch immer vorhanden, ca. 20 % der weiblichen Tiere weisen ebenfalls Hengstzähne auf

Hengstzahnatrophie: Rückbildung der Zahnsubstanz des Hengstzahnes

heterotrope Polydontie: Auftreten von Zahnanlagen an unphysiologischen Orten im Maul: sie kommen im Bereich der Schneidezähne, des Diastemas oder der Mahlzähne vor

horizontale Kaufläche: waagerechte Okklusionsfläche mit einer Neigung von 0 Grad

Hyperplasie: Wucherung; Vergrößerung eines Gewebes oder Organs durch Zunahme der Zellzahl bei unveränderter Zellgröße

Hypoplasie: Reduktion; anlagebedingte morphologische Unterentwicklung, bei der die Organanlage vorhanden, das Organ aber nicht vollständig entwickelt ist

Implantat: Gegenstand zum zeitweiligen oder dauerhaften Verbleib im Körper

Impression: Einpressen von Futterpartikeln in die Zahnzwischenräume durch die gegenüberliegenden Zähne

Impressionsfraktur: Knochenbruch durch Einstempelung

Impressionsspuren: durch Härteereignis oder Fremdkörper entstandener sichtbarer Gewebeeindruck

Infraorbitalkanal: knöcherne Röhre im Schädelknochen, dient v. a. als Durchlass des Nervus infraorbitalis

Infundibularkaries: lokalisierte, opportunistische Infektion des Zements im Infundibulum, die an den Schneidezähnen und an den Oberkieferbackenzähnen auftritt

Infundibularnekrose: degenerative Erkrankung des Zements im Infundibulum

Infundibulum: zementgefüllte (weiche Substanz) Schmelzeinstülpung (harte Substanz) auf der Okklusionsfläche der Schneide- und Oberkieferbackenzähne; hat in der Regel keine Verbindung zu den Pulpen, bei den Schneidezähnen auch Kunde oder Marke genannt

Interdentalspalte: Zwischenzahnspalte

intraoral: innerhalb der Maulhöhle gelegen

intraorale Verbindung: Verbindung zur Maulhöhle

Ischämie: Mangeldurchblutung; Verminderung oder Unterbrechung der Durchblutung eines Organs, Organteils oder Gewebes infolge mangelnder arterieller Blutzufuhr

juvenil: jugendlich

kachektisch: entspricht dem Body Score Index: 1 = schlecht

Kappenextraktion: Entfernung der Milchzahnkappen im Mahlzahnbereich

Karies: chemisch parasitärer Prozess, der in zwei Phasen verläuft: 1. Dekalzifizierung des Zahnschmelzes und des Dentins, 2. Zersetzung des aufgeweichten Zahngewebes

Karpfengebiss: „Parrot Mouth"; es besteht kein Kontakt zwischen Ober- und Unterkieferschneidezähnen, wird auch als Vorbiss 4. Grades oder Überbiss bezeichnet; hochgradiger Überbiss s. Bradygrathie inferior

Kauausschlag: die bei der eiförmigen Mahlbewegung maximale Lateralverschiebung des Kauausschlages

kaudal: schwanzwärts

Kauflächenebene: gedachte Fläche der aneinandergereihten Einzelzahnkauflächen

Kaumuskelatrophie: Rückbildung der Kaumuskulatur

Kaumuskeln: Muskeln, die bei der mechanischen Zerkleinerung der Nahrung in der Maulhöhle mitwirken; das sind Maulöffner und Maulschließer

- **Maulöffner:**
  - **M. digastricus:** zweibäuchiger Muskel; rostraler Bauch ist für das Rückwärtsziehen des Unterkiefers und Öffnen der Maulspalte zuständig
  - **Pars occipitomandibularis:** kaudaler Muskelbauch, Öffner der Maulspalte
- **Maulschließer:**
  - **M. masseter:** äußerer Kaumuskel; vermag bei beidseitiger Kontraktion den Unterkiefer gegen den Oberkiefer hochzuziehen und anzupressen, bei einseitigen Kontraktionen sind Mahlbewegungen möglich
  - **M. pterygoideus lateralis:** seitlicher Teil des Flügelmuskels; ist für das Anziehen, Verschieben und Vorwärtsziehen des Unterkiefers zuständig

- **M. pterygoideus medialis:** mittiger Teil des Flügelmuskels; ist für das Anziehen des Unterkiefers zuständig
- **M. temporalis:** Schläfenmuskel; ist für das Anziehen des Unterkiefers zuständig

Kauwinkel: s. Gebisswinkel

Kiefergelenk: Articulatio temporomandibularis; Gelenk zwischen Unter- und Oberkiefer zur Kieferöffnung

Kieferschwellung: krankhafte Verdickung des Unterkiefers

Kieferverkürzung: Brachygnathie

Knäste: s. Bumps

Knochenfalz/Knochenleist: millimeterdünner, über der Knochenoberfläche der Lade hervortretender länglicher Vorsprung

Kolik: keine Krankheit, sondern ein Symptomkomplex, ausgelöst von einer abdominalen Fehlfunktion

Koppen: Verhaltensstörung; Öffnen des Schlundkopfes durch anspannen der unteren Halsmuskulatur, woraufhin Luft in die Speiseröhre einströmt; dabei entsteht meist ein deutlich hörbares Geräusch

Kunden: Schmelzeinstülpungen, die sich an der Okklusalfläche der Schneidezähne befinden, und einen erhöhten Abriebwiderstand bewirken

Kunststofffüllung: s. Zahnersatz

Kürretage: Ausschabung; Verfahren zur Gewinnung bzw. Entfernung von Gewebe

labial: lippenwärts

Lade: Bezeichnung des Diastemas im Unterkieferbereich, wo das Trensengebiss aufliegt

Längsfraktur: s. Zahnfraktur

Larynx: Kehlkopf

lateral: zur Seite hin gelegen

Lateralverschiebung: manueller seitlicher Verschub der Kiefer gegeneinander; dient der Okklusionsüberprüfung und als Kontrollmaßnahme für den gleichmäßigen Gebisswinkel im Mahlzahnbereich

lingual: zur Zunge hin; die der Zunge zugewandte Fläche eines Zahns der unteren Zahnreihe

linguale Bogenführung: zungenwärtige Verlagerung der gesamten Arkade als Unterkieferengstand

Lippenentzündung: s. Cheilitis

Mahlbewegung: zuerst werden die Okklusionsflächen aufeinander gepresst und dann seitlich gegeneinander verschoben; durch den Gebisswinkel und die entsprechende Scherung wird eine intensive Zerkleinerung der Futteranteile gewährleistet

Mahlfläche: s. Okklusionsfläche

Mahlzahnniveau: Höhe des Mahlzahnanteils der über der Schleimhautebene sichtbar ist

Malokklusion: fehlerhafte Mahltätigkeit

Mangeldurchblutung: s. Ischämie

Maulgatter: Gerät zum Aufhalten des Pferdemauls während der Behandlung

Maulhöhle: s. Cavum oris

Maulhöhlenvorhof: s. Vestibulum oris

Mehrwurzeligkeit: Anlagen von physiologisch nicht vorkommenden Zahnwurzeln des selben Zahnes

medial: zur Mitte hin gelegen

median: in der Mitte gelegen

Meißelzahn: sehr weit über die Kaufläche hinausragender und somit in die gegenüberliegende Kauleiste eindringender Mahlzahn

Melanom: an der Haut bzw. Schleimhaut vorkommender, von Melanozyten ausgehender Tumor

Mensikus: Knorpelscheibe im Gelenk, gleicht nicht passende Gelenkflächen aus (Knie und Kiefergelenk)

Metronidazolpulver: Chemotherapeutikum bei Infektionen mit Trichomonaden, Lamblien, Amöben, auch Anaerobier

Milchwolfszahn: s. Dens lupus

Milchzahn: Dentes decidives; erste Generation von Zähnen, die bei der Geburt bereits zum Teil durch die Schleimhaut gebrochen sind; werden ein einziges Mal durch die bleibenden Zähne (Dentes permanentes) ersetzt

Milchzahnkappe: Restmilchzahnanteil, der auf dem permanenten Backenzahn „aufreitet“

molarisierender Zahn: mahlzahnähnlicher Zahn

multiple: mehr-/vielfach

Musculus bukkinator: Backenmuskel; bildet die muskuläre Grundlage der Backe; spannt sich zwischen die Alveolarfortsätze des Ober- und Unterkiefers als flächenhaft verbreiterter Muskel und schließt damit seitlich die Maulhöhle ab; durch Kontraktion verengt sich der Backenvorhof

Muskelriss: Zerreißen eines Skelettmuskels infolge direkter Gewalteinwirkung oder starker Kontraktion; unter Umständen mit Ausbildung einer sogenannten falschen Muskelhernie

Mutulismus: Selbstzerstörung

Myxosarkom: zellreiches malignes Myxom (bösartiger gallertiger Tumor) aus primitiven Mesenchymzellen und schleimiger Grundsubstanz

Nekrose: intravitale, morphologische Veränderung einer Zelle oder eines Gewebes, die nach irreversiblem Ausfall der Zellfunktion (sog. Zelltod) auftritt

Neoplasien: autonome Neubildung von Gewebe, die (im Gegensatz zu Hyperplasie, Hypertrophie und Regeneration) auf einer Störung oder dem Verlust der Wachstumsregulation beruht

Nonokklusion: Schneidezähne lassen sich um mindestens zwei Schneidezahnbreiten verschieben, ohne dass die Mahlzähne in Kontakt kommen

Normokklusion: ausbalancierte, gleichmäßige Druckbelastung der Okklusionsflächen aller Zähne im Sinne einer 3-Punkt-Balance

Noxe: krankheitserregende Ursache

Nullokklusion: s. Nonokklusion

Oberkiefereinbiss: s. Einbiss

Odontotom: seltener, meist am Unterkiefer auftretender Tumor aus Zahngewebe (Dentin, Schmelz, Zement)

okklusal: zur Kaufläche; kauflächenwärts

Okklusionsebene: gedachte Kaufläche

Okklusionsfläche: tatsächliche Kaufläche

Oligodontie: Zahnunterzahl durch Fehlen von physiologisch vorkommenden Zähnen

Osteolyse: Auflösung und Abbau von Knochengewebe, z. B. bei primären und sekundären Knochentumoren oder -entzündungen

Osteolyse des Zahnfaches: Auflösung und Abbau des Zahnfaches

Osteosarkom: hochmaligner, osteogener, knochenbildender Tumor mit frühzeitiger Bildung von intramedullären und Fernmetastasen

Overfloating: übermäßiges Raspeln der Zähne, sodass die physiologische Unebenheit der Okklusionsflächen verloren geht

palatinal: zum Palatinum; zum Gaumen hin gelegen

Palatum durum: der vordere, harte Teil des Gaumens

Palatum molle: weicher Gaumen, hinterer Teil des Gaumens (Gaumensegel)

parodontal: veraltet für degenerative Vorgänge, die um den Zahn gelegen sind

Parodontaltaschen: Schleimhauttaschen; durch Parodontose entstandene Gewebelücke

Parodontitis/Parodontose: entzündliche (Parodontitis) und degenerative (Parodontose) Veränderungen der Zahnwurzel und des Zahnhalteapparates

Parodontium: Zahnhalteapparat

Parrot Mouth: s. Karpfengebiss

Perforation: Durchbruch, Durchbohren; Eröffnung einer geschlossenen Körperhöhle oder Struktur, meist eines Hohlorgans

Perforationsloch: durch eine Perforation entstandenes Loch oder Höhle

periodontal: räumlich um den Zahn liegend

Periodontitis: Entzündung des Zahnhalteapparates

persistierende Milchzahnkappe: festsitzende Milchzahnkappe

Phlegmone: eitrige, flächige Entzündung des Unterhautbindegewebes

physiologischer Gebisswinkel: beträgt zwischen 10 und 15 Grad lingual aufsteigend

Plattenepithelkarzinom: auch Spinaliom, spinozelluläres Karzinom, Stachelzellenkrebs; maligner Tumor der Haut und Schleimhaut

Polyodontie: Vorhandensein von zusätzlichen, physiologisch nicht vorhandenden Zähnen

Powerstroke: Kauausschlag mit maximaler Kraft

Protuberanz: Hervorhebung; Hervorragung

proximal: rumpfwärts gelegener Teil einer Extremität

Pseudocampylognathie: Schiefnase

Pseudopolyodontie: unechte Zahnvielzahl; Vielzahnigkeit durch persistierende Milchzahnkappen, die nicht zeitnah zum physiologischen Wechsel stehen.

Ptyalismus: übermäßig gesteigerter Speichelfluss

Pulpahöhle: Höhle im Inneren des Zahnes, auffüllendes feinfaseriges Bindegewebe, reich an Blutgefäßen und Nervenfasern

Pulpakanal: der wurzelseitige Eingang zur Pulpahöhle

Pulpenzählsystem: Methode um die Pulpen der einzelnen Backenzähne exakt zu beschreiben

Pulpitis: Entzündung der Pulpa

purulent: vereitert, eitrig

Querfurchen/Querrillen: dienen zusammen mit den Gaumenrillen dem Weitertransport des Futterbreis in Richtung Schlund

Rampe: Erhebung auf der Okklusionsfläche, die mehr als die Hälfte einer Backenzahnlänge umfasst, wobei der Antagonist mit dem Agonisten in vollständiger Reibung steht

raspeln: manuelle Bearbeitung der Zähne durch entsprechend belegte Metallraspeln

Reimplantation: Wiedereinpflanzung eines zuvor verlagerten Organs

rezidivierend: wiederkehrend

rostral: nasenseitig, zum vorderen Körperende hin gelegen

Rotation: Drehung um die eigene Achse

Rückbiss: s. Brachygnatia superior

Rugae palatinae: Gaumenstaffeln

Sarkoid: nicht einheitliche, sarkomähnliche Neoplasie mit subkutanen, schmerzlosen, nicht einschmelzenden und gut abgrenzbaren Infiltraten mit hoher Rezidivneigung

Sarkoidose: systemisch granulomatöse Erkrankung mit verstärkter zellulärer Immunaktivität in den betroffenen Organen

Scherengebiss: Gebisswinkel ist mindestens einen gesamten Quadranten hochgradig zu steil (größer als 25 Grad), sodass es durch Fehlabnutzung zu langen Haken und Schärfen kommt und ein seitlicher Kauausschlag zu der betroffenen Seite nicht mehr möglich ist, weil die Zähne wie bei einer Schere aneinander vorbeigleiten

Schlagmeißel: scharfes Instrument zum Kürzen von Zähnen mittels Stoß oder Schlag

Schleimhautaufwölbung: durch Entzündung, Zubildung oder Knochenfachverbreiterung bedingte Schleimhautveränderung

Schleimhautbläschen: s. Aphten

Schleimhauterosionen: begrenzter, oberflächlicher Gewebeverlust der Schleimhaut; kann ohne Narbe abheilen oder sich zu einem Geschwür entwickeln

Schleimhautniveau: Ebene in der die Zähne in die Schleimhaut eingebettet sind

Schleimhautreduktion: s. Hypoplasie

Schlund: Pharnyx

Schmelz: härteste Substanz des Zahnes und des Körpers

Schmelzdefekt: Gewebeverlust eines Zahnes mit Kennzeichnung der überwiegenden Zahnsubstanz

Schmelzeinfaltung/Schmelzfalten: seitlich vorhangartige Einfaltung des Schmelzes in den Zahnkörper zur Erhöhung des Schmelzanteiles im gesamten Zahn

Schmelzeinstülpung: s. Infundibulum

Schmelzhypoplasie: Glatze; durch fehlenden Schmelzanteil abgenutzte spiegelglatte Zähne

Schmelzleiste: geringgradig über die Okklusionsfläche herausragender, länglicher Schmelzanteil

Schmelzsäule: s. Cingula

Schneidezähne: Dentes incisivi

Sekret: Absonderungsprodukt von Zellen, im engeren Sinne von Drüsen

Septikämie: Blutvergiftung; Allgemeininfektion mit Krankheitserscheinungen, die infolge konstanter oder periodischer Aussaat von Mikroorganismen (meist Bakterien, seltener Pilze, Viren oder Parasiten) von einem Herd aus in die Blutbahn austreten

Septum nasi: Nasenscheidewand

Sequester: abgestorbenes Gewebe, z. B. Knochenstück, das vom gesunden Gewebe rundherum abgetrennt (demarkiert) ist

Sharpey'sche Fasern: von der Knochenhaut in die Grundsubstanz des Knochens eintretende kollagene Bindegewebefasern; besonders am Ansatz von Bändern und Sehnen. Der Zahn ist durch die Sharpey'schen Fasern, die von der Alveolarwand in den Zement einstrahlen, federnd in der Alveole aufgehängt.

Sinus: Nasennebenhöhle; luftgefüllte mit Atemschleimhaut ausgekleidete Kammern im Oberkieferbein (Maxilla) und dem Stirnbein (Os frontale)

Sinus frontalis: Stirnhöhle; Nasennebenhöhle im Stirnbein

Sinusitis: Nasennebenhöhlenentzündung

Slabfraktur: scheibenförmige Zahnteilfraktur

Slicing: Herstellung einer künstlichen Zahnlücke; probates Mittel, um eine Dislokation zweier Zähne zu korrigieren

Smile: Gebissformveränderung der Schneidezähne; Abweichung von der Horizontallinie in Form einer positiven Lachlinie. Kann durch Bezug auf den Höhenstand von 103 und 203 in ein aufsteigendes und absteigendes Smile differenziert werden, wobei sich die Bezeichnung aus Sicht des behandelnden Praktikers in Lese-Richtung der europäischen Schreibweise ergibt

- **absteigendes Smile:** 103 höher als 203
- **aufsteigendes Smile:** 103 tiefer als 203
- **V-Form:** Spezialform des Smiles in V-Form

Smooth Teeth: Glatzengebiss; Zahnreihen mit mangelndem Zahnschmelz und spiegelglatten Okklusionsflächen

Speesche Kurve: Okklusionsebene der Backenzähne ist in rostro-kaudaler Richtung physiologisch mit einer ventral gerichteten Kurve versehen

Steady State: Abnutzung erfolgt im gleichen Maße wie das Nachwachsen/Schieben der Zähne; dabei wird gleichmäßiger Druck auf alle Zähne ausgeübt

Step: Stufe in der Okklusionsfläche der Mahlzähne

Stiftzahn: Formabweichung; stiftartig

Stirnhöhle: s. Sinus frontalis

Stomatitis: Entzündung der Mundschleimhaut, häufig in Verbindung mit einer Gingivitis auftretend

Stoßmeißel: s. Schlagmeißel

Stummelgebiss: Gebiss, in dem nur noch Zahnhälse und Wurzeln vorhanden sind (s. Smooth Teeth)

sublingual: unter der Zunge liegend

submukös: unter der Schleimhaut liegend

Submukosa: Gewebeschicht zwischen der Schleimhaut und der Muskulatur

Symphyse: bandhafte Verbindung zwischen Knochen (unechtes Gelenk)
Symphysenfraktur: Bruch der Symphyse
Szintigrafie: nuklearmedizinisches bildgebendes Verfahren zur Aufzeichnung der räumlichen und/oder zeitlichen Verteilung von Radiopharmaka im Körper oder in Organen
Tamponade: dichte Gaze- oder Verbandfüllung von Körperhohlräumen, Hohlorganen, Wundhöhlen oder Wundkanälen, z. B. zur Blutstillung oder offenen Wundbehandlung bei sekundärer Wundheilung
Tastorgan: s. Frosch
Thermografie: bildgebendes Verfahren, das die Wärmestrahlung von Körpern misst und als Wärmebild sichtbar macht
Torsion: Drehung; Achsendrehung
Totalextraktion: komplette Entfernung
Überbiss: s. Brachygnatia inferior
Ulkus: Geschwür; Plural: Ulzera; Substanzdefekt der Haut oder Schleimhaut (und darüberhinausgehender Schichten); meist mit intensiver Entzündungsreaktion verbunden
ulzerativ: chronisch-geschwürig
Unterbiss: s. Brachygnatia superior
Unterkieferengstellung: die Arkade der Unterkieferäste weist eine zungenwärtige Kurve auf und engt somit die Zunge in ihrem Platz deutlich ein
Unterkieferverschub: Lateralbewegung des Unterkiefers; in mm gemessen
Unterkieferwolfszahn: s. Dens lupus
Unterlippengeschwür: s. Ulkus
Unterzungenboden: Gewebeanteil zwischen den Unterkieferästen, der die Zunge trägt
Ventildiastema: Erweiterung des Zahnzwischenraumes zur Schleimhaut hin, apikal berühren sich die Zähne
ventral: bauchwärts
Ventralstufe: Verriegelung im Schneidezahnbereich
Verformung der Gelenkfläche: s. Arthropathia deformans
verkippte Mahlzähne: Richtungsabweichung des gesamten Zahnes nach palatinal, lingual oder bukkal; beinhaltet oftmals zusätzlich eine Rotation um die eigene vertikale Achse
Verkippung: Richtungsabweichung des gesamten Zahnes nach palatinal, lingual oder bukkal
Verriegelung: latero-lateraler Verschub der Kiefer nicht möglich
verschachtelt/verzahnt: gegenseitige Blockierung der Schneidezähne, die eine Kaubewegung bei geschlossenem Maul unmöglich macht
versprengte Zahnanlagen: Zahnanlagen an unphysiologischen Orten (z. B. am Ohrgrund)
Vollokklusion: s. Normokklusion
Vorbiss: rostro-kaudale Fehlstellung, bei der die Schneidezähne des Oberkiefers unphysiologisch weit über die Unterkieferschneidezähne hinausragen; Einteilung in die Grade 1–4
weiche Okklusion: Mahlzähne stehen im Winkel von ca. 10 Grad; bei manueller Lateralverschiebung der Kiefer gegeneinander erzeugt dies ein sanft reibendes Geräusch
weicher Gaumen: s. Palatum molle
Welle: mehrfache, fließende Änderung der Kurvenrichtung in der Schneidezahnebene und der Okklusionsfläche im Mahlzahnbereich
Wetzen: ein „Krippenwetzer“ beißt mit seinen Schneidezähnen in die Kante von Gegenständen, z. B. Krippe oder Gitterstäbe, und wetzt daran entlang
Wolfszahn: s. Dens lupus
Wunddébridement: s. Débridement
Wurzeldrehung: Verlagerung der Wurzelrichtung durch mechanische Fehlbelastung des Zahnes, Trauma oder Zahnwechsel z. B. permanenter 6er breiter als Milchzahnvorläufer, dadurch Änderung der Zahnwurzelrichtung des Wolfzahnes
Wurzelentzündung: meist durch Pulpites und Pulpennekrose hervorgerufener apikaler Abszess; traumatisch bedingt ist meist auch die Wurzelhaut entzündet (Periodontitis); dringen Futter und Bakterien über eine Zahnfleischtasche oder Diastase ein, kann der gesamte Zahnhalteapparat erkranken (Parodontitis)
Zahn: besteht aus Zahnkrone und Zahnwurzel und dient zur mechanischen Zerkleinerung der Nahrung
Zahnabrieb: Abnutzung des Zahnes beim Kauen; entspricht physiologisch dem nachwachsenden bzw. nachschiebenden Zahnanteil
Zahnanlage: embryonaler Zahnvorläufer
Zahnarkade: s. Arkade
Zahnersatz: körperfremde Substanz als Ersatz fehlender Zähne oder Zahnteile; z. B. Kunststofffüllung
Zahnfach: s. Alveole
Zahnfachentzündung: s. Alveolitis
Zahnfachinfektion/Zahnfachvereiterung: eitrige Zahnfachentzündung
Zahnfleisch: s. Gingiva
Zahnfleischaphte: s. Aphte
Zahnfleischatrophie: Zahnfleischrückgang
Zahnfleischentzündung: s. Gingivitis
Zahnfleischtaschen: s. Parodontaltasche

Zahnfragment: abgesprengter Zahnteil
Zahnfraktur: Fractura dentis; Bruch eines Zahnes oder Zahnteiles in 2 oder mehrere Teile
Zahnfüllung: s. Zahnersatz
Zahnhalteapparat: s. Parodontium
Zahnkeim: frühembryonale Zahnanlage
Zahnkrone: schmelzhaltiger Anteil des Zahnes
Zahnleistenersatz: es werden nicht, wie üblich, einzelne Zähne überkront, sondern eine komplette Brückenbildung pro Quadrant modelliert
Zahnlockerung: durch Altersabnutzung oder Erkrankung bedingte Schwächung des Zahnhalteapparates mit nachfolgender Beweglichkeit des Zahnes
Zahnlücke: s. Diastase
Zahnschärfen: s. Backenzahnschärfen
Zahnschmelz: s. Schmelz
Zahnspiegel: Gerät zur Betrachtung versteckter Zahnproblemzonen
Zahnsplitter: s. Zahnfragment
Zahnspreader: Instrument zur Weitung der Zahnzwischenräume
Zahnstein: Ablagerung von überwiegend mineralischen Substanzen an den Zähnen
Zahnstein-Futter-Konglomerat: Zusammenballen von Zahnstein und Pflanzenbestandteilen zu einem Gebilde
Zahnsteinkonglomerat: Zusammenballen von Zahnstein, zum Teil zahnübergreifend
Zahnteilfraktur: s. Slabfraktur
Zahnverfärbung: s. Dentinverfärbung
Zahnwechsel: Zeitspanne, in der Milchzähne durch permanente Zähne ersetzt werden (beim Pferd im Alter von 2 ½ bis 5 Jahren)
Zahnwechselgebiss: Gebissform während des Zahnwechsels
Zahnwurzelhaut: hautartiger Überzug über die Zahnwurzel; Teil des Zahnhalteapparates, enthält unter anderem Sharpey'sche Fasern
Zahnwurzelspitzenfraktur: s. Zahnfraktur
Zement: ist die weicheste der drei Zahnhartsubstanzen; bildet die äußere Schicht und schützt durch die Elastizität den Zahnschmelz vor dem Bruch; überzieht das Dentin im Wurzelbereich der Zähne und ist gleichzeitig Bestandteil des Zahnhalteapparates
Zementom: veralteter Begriff für eine Wurzelverdickung mittels Zementzubildung
zervikal: halswärts
Zunge: Multifunktionsorgan, das Schmerz empfinden, tasten, schmecken und als Muskel arbeiten kann; zusätzlich ist sie für die Positionierung des Futters in der Maulhöhle zuständig

- **Zungenspitze:** rostraler Teil der Zunge
- **Zungenkörper:** Hauptteil der Zunge, mittig gelegen
- **Zungenwurzel:** kaudaler Teil der Zunge, das schlundwärtige Ende der Zunge
- **Zungenbändchen:** s. Frenulum linguae

Zungenentzündung: s. Glossitis
Zungenschälwunde: durch scharfe Zahnteile verursachte, flächige Abtragung der Zungenoberfläche
Zwergenwuchs: genetisch bedingte Wachstumsstörung

Weiterführende Literatur und Links

Literatur

Allen T. Manual of Equine Dentistry. Mosby, St. Louis 2003.

American Association of Equine Practitioners. www.aaep.org. Dental examination record 2006.

American Veterinary Dental College. Recommendations from the AVDC Nomenclature Committee adopted by the AVDC Board, 2009.

Baker GJ, Easley J. Zahnheilkunde in der Pferdepraxis. Schlütersche, Hannover 2003.

Barakazai S. How to Radiograph the Erupted (clinical) Crown of Equine Cheek Teeth. Clinical techniques in Equine Practice 2005; 4, 171–4.

Bartmann CP, Bienert-Zeit A. Ursachen und chirurgische Therapie von Unterkieferfisteln beim Pferd. Pferdeheilkunde 2010; 26, 191–8.

Beckerle E. Das Ergebnis von 30.000 Zahnuntersuchungen bei Truppenpferden. Zschr. Veterinärk. Berlin 1945; 1, 32–6.

Bienert A, Bartmann CP, Verspohl J, Deegen E. Bakteriologische Befunde bei endodontischen und apikalen Erkrankungen der Backenzähne des Pferdes. Dtsch. tierärztl. Wschr. 2003; 110, 358–361.

Bröckner C, Nørgaard P, Søland TM. The effect of grain type and processing on equine chewing time. Pferdeheilkunde 2006; 22, 453–60.

Buckley LA. The relationship between malocclusion, gingival inflammation, plaque and calculus. J periodontol. 1981; 52, 35–40.

Caldwell L. Canine Teeth in the Equine Patient – The Guide to Eruption, Extraction Reduction and Other Things You Need to Know. Carmalt JL, Rucker BA. Treatment of Periodontitis Associated with Diastema Formation in the Horse – an Alternative Approach. Carmalt JL, Wilson DG. Treatment of a valve diastema in two horses. Equine Vet. Educ. 2004; 16, 188–92.

Castell J. Klinische Untersuchung zur Zahnbehandlung. pferde spiegel 2010; 13: 17–24.

Collins NM, Dixon P. Diagnosis and Management of Equine Diastemata. Clin. Tech. Equine Pract. 2005; 4, 148–54.

Craybill MR, Schumacher J. Pathophysiology of Aquired Dental Diseases of the Horse. Vet. Clin. North Am. Equine Pract. 1998; 14, 291–307.

Dacre IT. Physiology of Mastication. Dämmrich K, Loppnow H. Regressive Veränderungen. In: Stünzi H, Weiss E (Hrsg). Allgemeine Pathologie. Paul Parey, Berlin 1982; 184–262.

Dietz O, Huskamp B. Handbuch Pferdepraxis, 3. Auflage. Enke, Stuttgart 2006.

Dixon PM. Removal of Equine Dental Overgrowths. Equine Vet. Educ. 2000; 12, 68–81.

Dixon PM. Cheek Teeth Diastemata and Impactions. Dixon PM. Quelle Attitude Face aux Diastèmes des Molaires et Prémolaires chez le Cheval? Dixon PM, Tremaine WH, Pickles K, Kuhns L, Hawe C, McCann J, Mc Gorum B, Railton DI, Brammer S. Equine Dental Disease Part 1: A Long Term Study of 400 Cases: Disorders of Incisor, Canine and First Premolar Teeth. Equine Vet. J. 1999; 31, 369–77.

du Toit N, Kempson SA, Dixon PM. Donkey dental anatomy: Part 1. Gross and computed axial tomography examinations. Vet. J. 2008; 176, 338–44.

Easley J. A New Look at Dental Radiology. Easley KJ. Equine Canine and First Premolar (Wolf) Teeth. Engelke E, Schnapper A. Zum Bau der Pferdezähne. pferde spiegel 2003; 2, 20–3.

Gasse H, Westenberger E, Staszyk C. The Endodontic System of the Equine Cheek Teeth: A Re-Examination of Pulp Horns and Root Canals in View of age-related Physiological Differences. Pferdeheilkunde 2004; 20, 13–8.

Goldstein G. The Diagnosis and Treatment of Orthodontic Problems. Probl. Vet. Med. 1990; 2, 195–213.

Graham BG. Dental Care in the older Horse. Equine Vet. Clin. 2002; 18, 509–22.

Green SK, Basile TP. Recognition and Treatment of Equine Periodontal Disease. Herold I, Simon T. „Ins Maul geschaut. Pferdezähne: Ambulant behandeln in der Stallgasse." VetJournal Österreich 2010; 4, 36–41.

Hübner H. Backenzahnveränderungen bei alten Warmblutpferden (ab 15 Jahren) und anderen Equiden. Dissertation. Hübner H, Hertsch H. Backenzahnveränderungen bei alten Warmblutpferden (ab 15 Jahren) und anderen Equiden. Prakt. Tierarzt 2006; 87, 276–82.

IGFP (Internationale Gesellschaft zur Funktionsverbesserung der Pferdezähne e.V.)-Tagungsbericht 2008; 6. IGFP – Tagung in Niedernhausen bei Wiesbaden. www.igfp.eu.

IGFP-Tagungsbericht 2009; 7. IGFP – Tagung in Niedernhausen bei Wiesbaden. www.igfp.eu.

IGFP-Tagungsbericht 2010; 8. IGFP – Tagung in Niedernhausen bei Wiesbaden. www.igfp.eu.

Jeffrey D, Allen T. Common Dental Abnormalities. In: Allen T. Manual of Equine Dentistry. Mosby, St. Louis 2003; 71–107.

Johnson TJ, Porter CM. Common Disorders of Incisor Teeth and Treatment. Johnson TJ. Correction of Common Dental Malocclusions with Power Instruments. In: Robinson, NE. (Ed). Current Therapy in Equine Medicine 5. W.B. Saunders, Philadelphia 2006; 81–7.

Cynthia M, Kahn CM (Ed). The Merck Veterinary Manual, 8. Auflage. Merck inc., Whitehouse Station 2005.

Keller H. Aufnahmetechnik und Belichtungswerte bei der Röntgendiagnostik im Kopfbereich des Pferdes, Teil 1. Prakt. Tierarzt 2009; 90, 1142–6.

Kilic S, Dixon PM, Kempson SA. A light microscopic and ultrastructural examination of calcified dental tissues of horses. 1. The occlusal surface and enamel thickness. Equine Vet J. 1997; 29, 190–7.

Klugh DO. Principles of Equine Dentistry. Manson Publishing, London 2010.

Klugh DO. Treating equine Periodontal Disease. Comp. Cont. Educ. Pract. Vet. 2005; 27, 551–6.

König HE, Liebich HG. Anatomie der Haussäugetiere, 3. Auflage. Schattauer, Stuttgart 2005.

Kowelka M, Simhofer H. Erscheinungsbilder und mögliche Therapieansätze bei periodontalen Erkrankungen. Proceedings des IGFP Kongresses, Frankfurt 2008; www.igfp.de.

Leue G. Beziehungen zwischen Zahnanomalien und Verdauungsstörungen beim Pferd unter Heranziehung von Kaubildern. Dissertation, Tierärztliche Hochschule Hannover 1941.

Linkous M. Dental Conditions Affecting the Juvenile Performance Horse. Nickel R, Schummer A, Seiferle E. Lehrbuch der Anatomie der Haustiere, Band II, 9. Auflage. Paul Parey, Berlin 2004.

Nomina Anatomica Veterinaria. 5. Auflage., World Association of Veterinary Anatomists, Hannover, Columbia 2005.

Pence P. Equine Dentistry: A Practical Guide. Lippincott Williams and Wilkins, Philadelphia 2002.

Percivall W. Hippopathology. In: Mechner CB: Special report on diseases of the horse. US Dept. Of Agriculture, Washington DC 1852; 42–3.

Pschyrembel Klinisches Wörterbuch, 262. Auflage. de Gruyter, Berlin 2010.

Rucker BA. Incisor and Molar Occlusion: Normal Ranges and Indications for Incisor Reduction. Rucker BA. Treatment of Equine Diastemata. Scruchfield WL, Johnson TJ. Corrective Procedures for Cheek Teeth. Scruchfield WL, Johnson TJ. Corrective Procedures for Incisors. Silbersiepe E, Berge E, Müller H. (1986): Fehlerhafte Zustände am ganzen Gebiß. In: Lehrbuch der speziellen Chirurgie für Tierärzte und Studierende. Nachdruck der 16. Auflage. Enke, 1997; 91–2.

Simhofer H, Zetner K. Störungen im Zahnwechsel. In: Dietz O, Huskamp B (Hrsg). Handbuch Pferdepraxis, 3. Auflage. Enke, Stuttgart 2006.

Simon T. Traîtement de la Carie Infundibulaire par Obturation avec une Résine Médicale. Simon T, Herold I. Extraktion des ersten Prämolaren (P2) am rechten Unterkiefer und Fistelsanierung am stehenden Pferd: Ein Fallbericht. Prakt. Tierarzt 2006; 87, 612–6.

Simon T, Herold I, Schlemper H. Praxisleitfaden Zahn- und Kiefererkrankungen des Pferdes. Paul Parey, Stuttgart 2009.

Staszyk C. Das Ligamente Periodontale des Pferdebackenzahnes: Untersuchungen zur Morphologie unter Berücksichtigung der besonderen Gestalt und Morphodynamik des Pferdebackenzahnes. Habilitationsschrift, Tierärztliche Hochschule Hannover 2006.

Stelzer P. Die Extraktion des Wolfszahnes beim Pferd. Prakt. Tierarzt 2004; 85, 188–9.

Stubbs RC. Dentistry of Equine Cheek Teeth. Taylor FRG, Hillyer MH. Chronischer Gewichtsverlust. In: Klinische Diagnostik in der Pferdepraxis. Schlütersche, Hannover 2004; 87–92.

Tremaine WH. Diastema and periodontal disease in the horse. Equ. Vet. Educ. 2004; 16, 192–3.

Wilewski KA, Green S, Basile T, Pence P. Basic dental techniques. In: Pence P. (Ed): Equine dentistry: A practical Guide. Lippincott Williams and Wilkins, Philadelphia 2002; 79–114.

Wissdorf H, Gerhards H, Huskamp B, Deegen E (Hrsg). Praxisorientierte Anatomie und klinische Propädeutik des Pferdes, 3. Auflage. Schaper, Hannover 2010.

Links

Alberts Equine Dental Supplies	www.albertsequine.com
Albrecht GmbH	www.albrecht-vet.de
Capps Manufacturing Inc.	www.cappsmanufacturing.com
Dental-Werkzeuge Holger Rosenberg	www.pz-technik.de
Dentalvet – Silvia Häußler	www.haeussler-dentalvet.de
Dr. Fritz Endoskope GmbH	www.drfritz.de
Medizintechnik für Tierärzte	www.eickemeyer.de
Erbrich hippo-dent; Erbrich Instrumente GmbH	www.erbrich-instruments.com
Gebr. Brasseler GmbH	www.kometdental.de
Harlton's Equine Specialities, Inc.	www.harltons.com
Heiland Vet GmbH & Co. KG	www.henryschein.de
Henry Schein Dental Depots	www.henryschein.de
Horse Dental Equipment – WDT	www.horse-dental-equipment.com
Internationale Gesellschaft zur Funktionsverbesserung der Pferdezähne e. V.	www.igfp-ev.de
K&K pharma Arzneimittel-Vertriebsgesellschaft mbH und Veterinärfachhandel	www.kkpharma.de
Kruuse Group	www.kruuse.com
Pferdefit.de – Manfred Stoll	www.pferdefit.de
Scil animal care company GmbH	www.scilvet.com
Wirtschaftgenossenschaft deutscher Tierärzte eG (WDT)	www.wdt.de
World Wide Equine, Inc.	www.horsedentistry.com